Technisches Zeichnen

Susanna Labisch · Georg Wählisch

Technisches Zeichnen

Eigenständig lernen und effektiv üben

5., überarbeitete Auflage

Springer Vieweg

Susanna Labisch
Hochschule Bremen
Bremen, Deutschland

Georg Wählisch
FH Aachen
Jülich, Deutschland

Bis zur vierten Auflage einschließlich war Prof. Dr.-Ing. Christian Weber Ko-Autor des Buches.

ISBN 978-3-658-18312-7
ISBN 978-3-658-18313-4 (eBook)
DOI 10.1007/978-3-658-18313-4

Die Deutsche Nationalbibliothek verzeichnet diese Publikation in der Deutschen Nationalbibliografie; detaillierte bibliografische Daten sind im Internet über http://dnb.d-nb.de abrufbar.

Springer Vieweg

Lektorat: Thomas Zipsner

Springer Vieweg ist Teil von Springer Nature
Die eingetragene Gesellschaft ist Springer Fachmedien Wiesbaden GmbH
Die Anschrift der Gesellschaft ist: Abraham-Lincoln-Str. 46, 65189 Wiesbaden, Germany

Vorwort

Dieses Lehr- und Übungsbuch richtet sich an Studierende der technischen Fächer, die sich fundiert die Grundlagen des Konstruierens aneignen und deswegen Technische Zeichnungen anfertigen und interpretieren wollen. Auch Lernende in einer gewerblich-technischen Berufsausbildung und angehende Techniker, die mit dem Lesen und Anfertigen von Technischen Zeichnungen konfrontiert werden und sich schnell und gründlich in die Materie einarbeiten wollen, werden mit diesem Buch gezielt unterstützt. Übungsaufgaben am Ende eines jeden Kapitels ermöglichen das Erarbeiten des Stoffs im Selbststudium.

Das vorliegende Buch gliedert sich in drei Teile. Der erste Teil bringt die Regeln des Technischen Zeichnens anhand von vielen Beispielen näher. Der zweite Teil des Buches stellt exemplarisch Maschinenelemente vor, die in der betrieblichen Praxis häufig eingesetzt werden und deshalb nicht nur in den Abmessungen genormt sind, sondern auch in der Darstellung besonderen Regeln unterliegen. Im dritten Teil wird am Beispiel einer Baugruppe die Herangehensweise an komplexere Zeichnungen bzw. am Beispiel eines Bauteils die Erstellung einer Einzelteilzeichnung schrittweise und themenübergreifend besprochen.

Die hier vorliegende Auflage ist gründlich überarbeitet worden. Neben der Aktualisierung der Normen wurde ein Kapitel neu erstellt, das als Repetitorium die Vorbereitung auf eine Prüfung erleichtern soll. Um hierfür Platz zu machen, wurden einige Themen sowie die Lösungen der Übungsaufgaben ins Internet „ausgelagert".

Damit ist es uns, Dank vieler Anregungen, hoffentlich gelungen, die Inhalte für die Leser wieder einmal interessanter und verständlicher zu gestalten. Deshalb geht ein großer Dank der Autoren zunächst an die Studierenden, die durch ihre Fragen jederzeit verdeutlichen, was wirklich schwierig zu verstehen ist. Ein herzliches Dankeschön hier an die Firma TANDLER Zahnrad- und Getriebefabrik GmbH & Co. KG, die ihre Zeichnungen zur Verfügung gestellt hat. Vielen Dank an Herrn Helmut Jansen für die Makrofotografien. Ebenfalls ein großer Dank für die gute Zusammenarbeit an den Verlag und besonders an Herrn Zipsner und Frau Zander, ohne die diese Auflage nicht möglich gewesen wäre.

Die Autoren wünschen Ihnen – den Lesern – Spaß und Erfolg bei der Lektüre und im weiteren Verlauf Ihrer Ausbildung.

Juli 2017

Susanna Labisch

Georg Wählisch

Inhaltsverzeichnis

1 Einleitung

1.1 Was ist das „Technische Zeichnen“?

Technisches Zeichnen ist eine Möglichkeit, Formen und Gedanken bildhaft darzustellen. Das Produkt – die Technische Zeichnung – dient als Informationsträger, als Verständigungsmittel zwischen den einzelnen Abteilungen innerhalb eines Unternehmens und nach außen für die Fremdfertigung in anderen Fabrikationsstätten, wie **Bild 1-1** veranschaulicht. In Verbindung mit dem Schriftfeld und der Stückliste gibt die Technische Zeichnung alle zur Fertigung notwendigen Angaben wieder. Das betrifft Formen, Werkstoffe, Maße, Fertigungsverfahren, Vorgehensweise bei der Bearbeitung sowie die zulässigen Abweichungen des Werkstücks. Diese verschiedenen Themen werden hier behandelt.

In der Konstruktion wird ein Werkstück bzw. eine Maschine nach den Gesichtspunkten der Funktion, Beanspruchung und günstigsten Fertigung und Montage entworfen und gezeichnet. Soll es in einer anderen Abteilung oder Firma dann gefertigt bzw. montiert werden, muss die Technische Zeichnung einwandfrei gelesen und die Form des Werkstücks klar erkennbar sein, damit kein Fertigungsfehler passiert und somit Nacharbeit notwendig wird oder Ausschuss entsteht. Diskussionen über die Technische Zeichnung dürfen nicht zugelassen werden.

Die Aussage der Technischen Zeichnung muss deshalb *vollständig*, *eindeutig* und *gut verständlich* sein, was voraussetzt, dass der Ersteller sie nach verbindlichen Regeln – den Zeichnungsnormen – anfertigt, die auch über Ländergrenzen hinweg keine Unklarheiten zulassen.

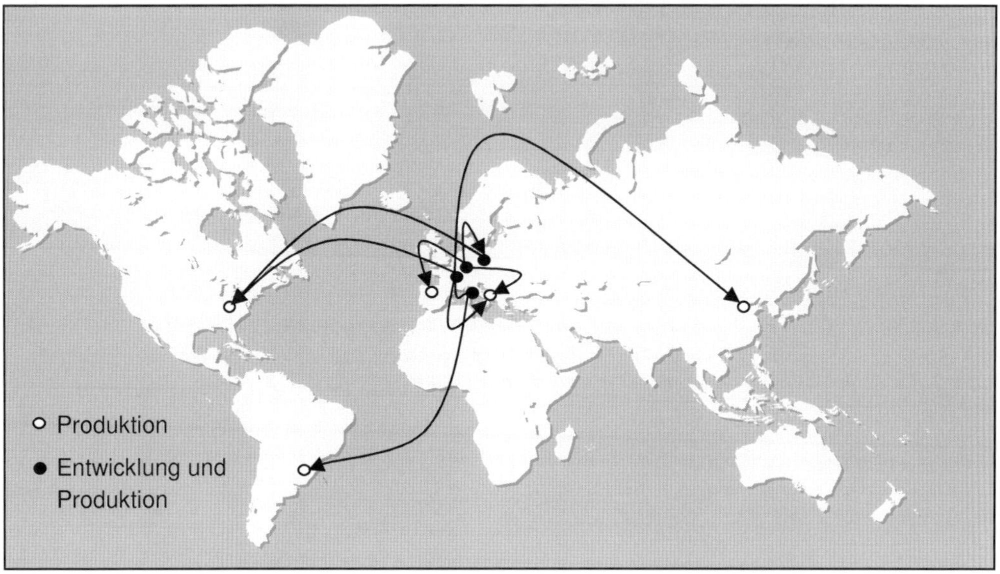

Bild 1-1 Allgemein verständliche Dokumentationen sind notwendig, z. B. bei einem international arbeitenden Automobilzulieferer

Weitere Anwendungen von Technischen Zeichnungen, die über die oben gegebene Definition hinausgehen, sind z. B. Angebotsunterlagen, Montage- und Reparaturanleitungen. Im Folgenden wird auf diese Sonderanwendungen nicht näher eingegangen. In der Regel unterliegen diese auch nicht den strengen Vorschriften einer Technischen Zeichnung; sie gehen zum Teil sogar weit in den Bereich der Repräsentationsgraphik hinein.

1.2 Wozu eine Normung?

Eine Technische Zeichnung ist ein stark abstrahiertes Abbild eines vorhandenen oder geplanten Gegenstandes. Zur Beschreibung dieses Gegenstandes stehen dem Zeichner auch nur geometrische/graphische Merkmale (Linien, Symbole) sowie alphanumerische Zeichen (Zahlen, Buchstaben) zur Verfügung. Des Weiteren kann die Zeichnung nur zweidimensional sein, während der dargestellte Gegenstand stets dreidimensional ist. Es ist klar, dass ein Gegenstand damit insgesamt nur sehr unvollständig beschrieben werden kann. Es bedarf also immer des „Lesers" einer Technischen Zeichnung, der in der Lage ist, aus den in der Zeichnung niedergelegten Angaben wieder das tatsächliche Aussehen des Gegenstandes zu rekonstruieren. Voraussetzung dazu, dass eine Technische Zeichnung von verschiedenen „Lesern" identisch verstanden und interpretiert wird, ist die Beachtung der im Folgenden dargelegten Zeichenvorschriften – den Zeichnungsnormen.

Die Normung schreibt aber nicht nur die Regeln des technischen Zeichnens vor, sie ordnet und vereinheitlicht Form, Größe und Ausführung von Erzeugnissen und Verfahren. Normen bieten Lösungen für immer wiederkehrende Aufgaben und Probleme. Sie sind in Zusammenarbeit von Vertretern aus Praxis und Wissenschaft erarbeitet worden. Normen sollen die technische Weiterentwicklung nicht hemmen und sind daher Änderungen oder Erweiterungen unterworfen.

Die vom Deutschen Institut für Normung e.V. herausgegebenen Normen tragen das Zeichen DIN, DIN EN oder DIN ISO. DIN ist heute das Kurzzeichen des Instituts und zugleich Kennzeichen seiner Gemeinschaftsarbeit. Von ihm werden z. B. die DIN-Normen und DIN-Taschenbücher erstellt, die vom Beuth-Verlag GmbH in Berlin herausgegeben werden.

Normen haben den Charakter von Empfehlungen mit einer technisch-normativen Wirkung. Die Beachtung dieser Normen steht jedermann frei. Aus sich heraus haben sie keine rechtliche Verbindlichkeit, wer sich aber nach ihnen richtet, verhält sich ordnungsgemäß.

Da lediglich die Angaben der Original-Normblätter verbindlich sind, ist es untersagt, die Normen durch Kopien zu vervielfältigen.

Es kann weder nützlich noch sinnvoll sein, die Normung allein auf die Bedürfnisse eines einzelnen Landes auszurichten. So entstand die ISO (International Organization for Standardization) in Genf. Durch den Anstieg der länderübergreifenden Zusammenarbeit sind die internationalen Normen wichtiger als je zuvor.

Eine internationale Norm der ISO, der das DIN zugestimmt hat, wird nach Entscheidung des zuständigen Normenausschusses in der deutschen Übersetzung entweder ohne jegliche Überarbeitung als DIN-ISO-Norm übernommen, oder es wird daraus nach einer Überarbeitung eine DIN-Norm erstellt.

Daneben werden auch Normen vom Europäischen Komitee für Normung[1] (CEN; Comité Européen de Normalisation) angenommen, die dann als DIN-EN- oder DIN-EN-ISO-Normen in ihrer deutschen Fassung ebenfalls den Status einer Deutschen Norm erhalten.

Das Ergebnis der Normungsarbeit liegt dann als Norm-Entwurf, Vornorm oder als endgültige DIN-(EN-ISO-)Norm vor. Bei Referenzen ist deshalb nicht nur das entsprechende Kürzel der Norm (DIN, EN bzw. ISO) und die Norm-Nummer anzugeben, sondern auch das Datum der Ausgabe, welches stets in der Kopfleiste einer Norm gegeben ist.

Vorsicht geboten ist auch bei der Meinung, DIN- und DIN (EN) ISO-Normen mit derselben Norm-Nummer besitzen den gleichen Inhalt. Die DIN 228 behandelt z. B. „Morsekegel und Metrische Kegel“, die DIN EN ISO 228 hingegen „Rohrgewinde für nicht im Gewinde dichtende Verbindungen“.

In der Praxis ist es wichtig, sich gründlich und auch laufend über Normen und Neuerscheinungen zu unterrichten. Einen guten Überblick bietet hier die Internetseite des Beuth-Verlages, der auch ausländische Normen anbietet.

1.3 Zur Vorgehensweise

In den folgenden Kapiteln sind die zur Erstellung von Technischen Zeichnungen notwendigen Normen und Regeln ausführlich erläutert. Da es sehr viele Regeln gibt und hier die Informationen aufeinander aufbauend dargelegt sind, sollte beim ersten Lesen das Buch „von vorne nach hinten“ durchgearbeitet werden. Wenn die Grundlagen bereits bekannt sind, dann darf gerne auch einfach weitergeblättert werden. Zur Wiederholung bzw. zur Einarbeitung in eine ganz spezielle Thematik kann aber auch ein Kapitel separat durchgearbeitet werden.

Am Ende der Kapitel sind Übungsaufgaben angefügt, die auf die jeweils zuvor behandelte Thematik als Fragen oder Übungen eingehen. So können die wichtigen Lernziele wiederholt und überprüft werden. Bemühen Sie sich also, möglichst alle gestellten Fragen zu beantworten und die Übungen selbstständig zu bearbeiten. Die Lösungen zu den Aufgaben und viele weitere Informationen finden Sie im Internet unter www.springer.com beim Buch als zusätzliche Informationen.

Dieses Buch ist als ein Buch zum autodidaktischen, selbstständigen Lernen entworfen. Es soll helfen, sich das Wissen um die Erstellung von Technischen Zeichnungen alleine anzueignen. An manchen Stellen sind Auszüge von Normen wiedergegeben, damit man eine Vorstellung von den Abmessungen bekommt und bereits die ersten Technischen Zeichnungen anfertigen kann. Es ist jedoch kein Nachschlagewerk, und die Nennungen sind nicht vollständig. An einigen Stellen werden Nachschlagewerke oder Normen zitiert, die in der Praxis dann weitere Hilfe bieten.

[1] CEN-Mitglieder sind die nationalen Normungsinstitute von Belgien, Bulgarien, Dänemark, Deutschland, Estland, Finnland, Frankreich, Griechenland, Großbritannien, Island, Irland, Italien, Lettland, Litauen, Luxemburg, Malta, Niederlande, Norwegen, Österreich, Polen, Portugal, Rumänien, Schweden, Schweiz, Slowakei, Slowenien, Spanien, Tschechische Republik, Ungarn und Zypern.

2 Erstellung einer Technischen Zeichnung

Das Produkt „Technische Zeichnung“ ist die bildliche Darstellung eines (vorhandenen oder geplanten) Gegenstandes in der für technische Zwecke erforderlichen Art und Vollständigkeit. Durch diese Anforderung ist die Technische Zeichnung so stark genormt, dass die zu ihrer Erstellung notwendigen Hilfsmittel und Materialien ebenfalls standardisiert sind. Dieses Kapitel informiert deshalb über die vorhandenen Arbeitsmittel und die verschiedenen im Fertigungsablauf eines Werkstücks vorkommenden Zeichnungsarten. Des Weiteren gibt es einen Überblick über verschiedene Arbeitstechniken.

Hierbei ist zu berücksichtigen, dass das Erstellen einer Technischen Zeichnung von Hand mit Bleistift, Tuschestift und Schablone nicht mehr aktuell ist. Diese Arbeiten werden heute fast ausschließlich mithilfe von CAD-Systemen erledigt, siehe **Kapitel 3**. Trotz Nutzung dieser Hilfsmittel bleibt die Technische Zeichnung an viele Normen gebunden. Im Folgenden werden deshalb zunächst einige Grundlagen dargestellt.

2.1 Arbeitsmittel

2.1.1 Zeichengeräte

Wenn heute von Hand gezeichnet wird, dann um Skizzen zu erstellen. Auf einige der zum Skizzieren notwendigen Arbeitsmittel soll daher hingewiesen werden.

Skizzen werden in der Regel mit Bleistift gezeichnet. Die *Bleiminen* sind in Holz gebettet oder in Klemmhaltern geführt, die ein Anschärfen meist überflüssig machen. Die auf den Minen bzw. Bleistiften angegebenen Buchstaben geben Auskunft über die *Mineneigenschaften*. Meistens findet die Zwischenhärte HB Verwendung. Dabei steht B für schwarz (englisch: black) H steht für hart (englisch: hard). Daneben hat sich durch die Nutzung von *Feinminenbleistiften* eine Stufung der Minenstärke durchgesetzt. Diese Feinminen sind in den Linienbreiten 0,3 – 0,5 – 0,7 – 0,9 erhältlich. In der Regel werden jedoch nur die Linienbreiten 0,5 – 0,7 benutzt.

Zeichenplatten sind für Handzeichnungen der Formate A4 bis A2 gebräuchlich[1]. Sie dienen zur Befestigung der Zeichenpapiere oder -folien, die mittels seitlich angebrachter Klemmleisten glattgezogen werden können. In der horizontalen oder vertikalen Nut gleitet eine mit Maßeinteilung versehene Zeichenschiene, auf die noch Zeichendreiecke oder ein Zeichenkopf mit variabel verstellbaren Linealen gesetzt werden kann.

Mit CAD-Systemen erstellte Zeichnungen können in größeren Unternehmen über multifunktionale, digitale *Dokumentensysteme* ausgegeben und vervielfältigt werden. Diese Geräte lassen sich mit Papier-Rollen im A3-, A1- und A0-Format bestücken, können die Zeichnungen falten und sogar lochen. Auch Überformate lassen sich drucken und über eine so genannte Scan-to-Net-Funktionalität ist ein „Plot on Demand“ unter Einbezug von betriebswirtschaftlicher Software zur digitalen Dokumentenbearbeitung und Archivierung möglich.

---

1 Auf das Format wird im **Abschnitt 2.1.2** eingegangen.

2.1.2 Zeichenpapier

Da das gewöhnliche weiße *Zeichenpapier* (*Zeichenkarton*) nicht lichtdurchlässig, daher auch nicht lichtpausfähig ist, kam es früher für Technische Zeichnungen nicht in Frage. Durchsichtiges Papier (*Transparentpapier*) war einerseits die Voraussetzung dazu, dass man von einer Zeichnung *Lichtpausen* anfertigen konnte. Andererseits war nur so das Durchziehen („Durchpausen") von Zeichnungen möglich. Die Nutzung von Transparentpapier ist heutzutage stark zurückgegangen, weil die Zeichnungsübertragung heute nicht mehr manuell erfolgt.

Ein Merkmal von Zeichenpapier ist die Dicke, die durch das Flächengewicht in g/m² ausgedrückt wird. Sehr dünnes Papier reißt schon bei festen Bleistiftstrichen und lässt sich schlecht oder nicht radieren. Dickes Papier ist steif und knickfest wie Karton.

Tabelle 2-1 Zeichnungsformate der ISO-A-Reihe nach DIN EN ISO 5457; Angaben in mm

Blattgrößen Reihe A	Beschnittene Zeichnung (Fertigblatt)	Zeichenfläche ± 0,5	Unbeschnittenes Blatt (Rohblatt)
A0	841 × 1189	821 × 1159	880 × 1230
A1	594 × 841	574 × 811	625 × 880
A2	420 × 594	400 × 564	450 × 625
A3	297 × 420	277 × 390	330 × 450
A4	210 × 297	180 × 277	240 × 330

Die *Blattgrößen* der Vordrucke für technische Unterlagen sind genormt nach DIN EN ISO 5457. Die Formate basieren auf dem metrischen Maßsystem (internationales Einheitensystem). Die Fläche des Formats A0 als Ausgangsformat ist daher gleich der metrischen Flächeneinheit Quadratmeter, d.h. $A = x \cdot y = 1\ m^2$. Durch Halbieren der langen Seite des Ausgangsformates A0 (= 841×1189 mm) entsteht die nächst kleinere Blattgröße A1, wie **Bild 2-1** zeigt. Die Flächen zweier aufeinander folgender Formate verhalten sich daher wie 2 : 1. Die Seiten x und y der Formate verhalten sich zueinander wie die Seite eines Quadrats zu dessen Diagonale. Daraus ergibt sich die Gleichung $x : y = 1 : \sqrt{2}$.

Diese Abmessungen beziehen sich auf das zuvor beschriebene „beschnittene" Blatt. Der zusätzliche Platz außerhalb des Rahmens diente früher zur Befestigung des Zeichenbogens auf dem Zeichenbrett und wurde nach Fertigstellen der Zeichenarbeiten weggeschnitten.

Die Formate der Hauptreihe (ISO-A-Reihe) werden bei Papier-Erzeugnissen, wie Geschäftsbriefen, Vordrucken, Prospekten, Zeichnungsvordrucken, Zeitschriften usw. genutzt. Die Formate der Zusatzreihen (B- und C-Reihe) werden bei Papiererzeugnissen angewendet, die zur Unterbringung von Papiererzeugnissen in Formaten der A-Reihe bestimmt sind, wie Briefhüllen, Mappen, Aktendeckel usw. Dabei ist in den Normen das Format A4 nur als Hochformat vorgesehen, alle anderen Formate nur als Querformat. Bei Bedarf dürfen diese Formate zu Streifenformaten modifiziert werden durch Kombination der Maße der kurzen Seite eines A-Formates (z. B. A3) mit der langen Seite eines größeren Formates (z. B. A1).

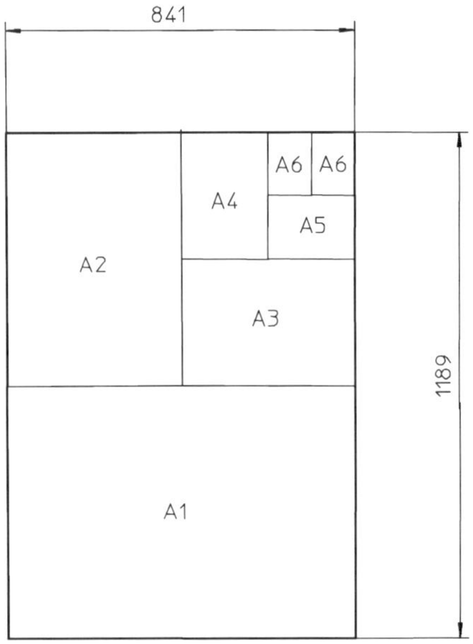

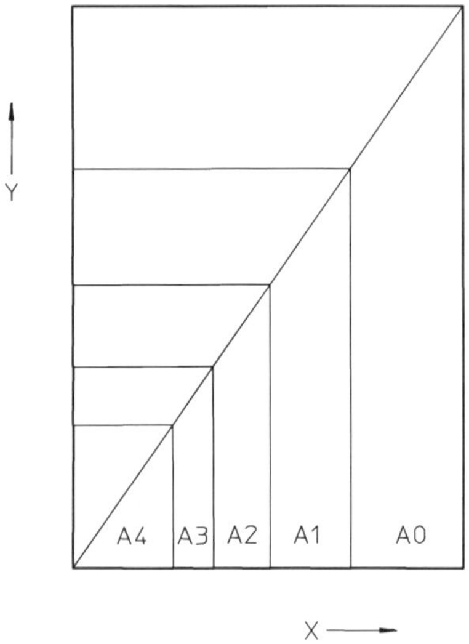

Bild 2-1 Entwicklung der A-Reihe durch fortgesetztes Halbieren des Ausgangsformates A0

Die *Zeichenfläche* einer Technischen Zeichnung wird jeweils durch die Maße der beschnittenen Zeichnung unter Berücksichtigung eines Heftrandes von 20 mm und im Übrigen eines Randes von 10 mm (**Tabelle 2-1**, **Bild 2-2**) bestimmt. Die tatsächlich zur Verfügung stehende Zeichenfläche ist jedoch noch zumindest um das Schriftfeld kleiner. Die Position des Schriftfeldes ist stets in der rechten unteren Ecke des Bogens.

Bei Erstellung von Technischen Zeichnungen von Hand ist es vorteilhaft, *Zeichnungsvordrucke* zu verwenden, so dass das Aufzeichnen des Schriftfeldes, der Stückliste, der Randlinien und anderer lästiger Nebenarbeiten eingespart werden kann. Diese Vordrucke sind für alle Blattgrößen erhältlich. Die genormten Formate, Schriftfelder und Stücklisten, die Schrift und die Umrandung geben den Vordrucken ein einheitliches Aussehen.

Bei Erstellung von Technischen Zeichnungen mithilfe eines CAD-Systems können „elektronische“ *Zeichnungsrahmen* verwendet werden, die als „Layer“ oder „Block“ über die erstellte Zeichnung drübergelegt oder in diese eingefügt und einfach mit ausgedruckt werden.

Üblicherweise enthalten sowohl die Vordrucke als auch die (elektronischen) Zeichnungsrahmen Firmennamen oder -logos und weitere ständige Angaben. Die Vordrucke/Rahmen nach DIN EN ISO 5457 sehen des Weiteren zum leichteren Auffinden von Einzelheiten eine *Feldeinteilung* vor, siehe **Bild 2-3**. Die „Spalten“ erhalten Großbuchstaben, die „Zeilen“ dagegen arabische Zahlen. Eine bestimmte Stelle (ein „Planquadrat“) wird somit – wie bei einem Schachbrett – durch einen Buchstaben mit dahinter stehender Zahl gekennzeichnet, z. B. „B6“. **Bild 2-3** gibt zur Erstellung der Feldeinteilung die Anzahl der geforderten Felder in Abhängigkeit von der Formatgröße für die lange und kurze Seite des Blattes. Die Feldeinteilungen sind mit einer Voll-Linie der Breite 0,35 mm auszuführen.

Der Rahmen zur Begrenzung der Zeichenfläche ist mit einer Voll-Linie der Breite 0,7 mm auszuführen. Die Schneide-Kennzeichen werden gebildet aus sich überschneidenden Rechtecken mit den Abmessungen 10 mm x 5 mm.

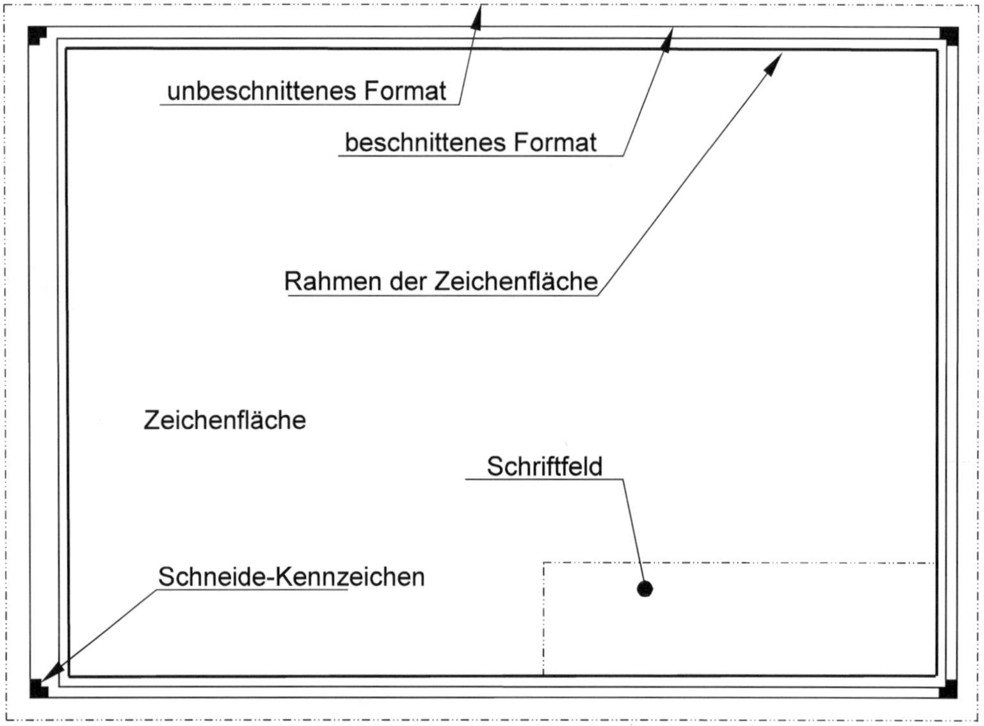

Bild 2-2 Zeichenblatt, hier noch ohne Feldeinteilung

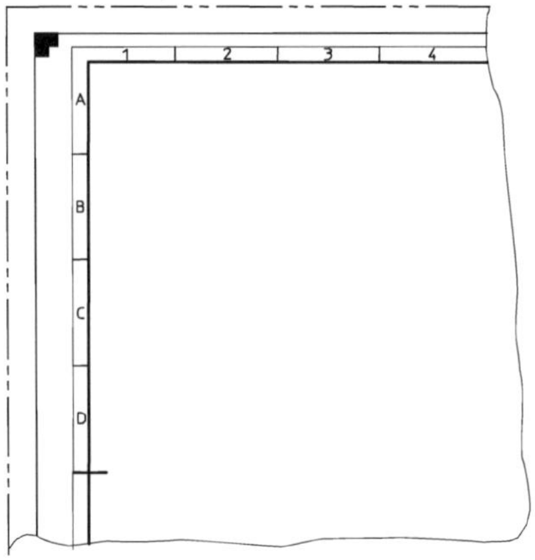

Bezeichnung	lange Seite	kurze Seite
A0	24	16
A1	16	12
A2	12	8
A3	8	6
A4	6	4

Bild 2-3 Zeichnungsvordruck mit Feldeinteilung (Ausschnitt) und Angabe der Anzahl der Felder nach DIN EN ISO 5457

2.2 Zeichnungsarten

In der Praxis ist die Benennung „Technische Zeichnung“ im Allgemeinen ein Sammelbegriff. So ist es sinnvoller, die Technische Zeichnung in der Benennung nach

- Art der Darstellung (z. B. Skizze, Zeichnung, Diagramm)
- Art des Fertigungsmittels (z. B. Bleistiftzeichnung, Plot)
- Art des Fertigungsstandes (z. B. Originalzeichnung, Stammzeichnung, Vordruck, Kopie)
- Art des Inhalts (z. B. Gesamtzeichnung, Gruppenzeichnung, Einzelteilzeichnung, Modellzeichnung, Rohteilzeichnung) und
- dem Zweck (z. B. Entwurfszeichnung, Zusammenbauzeichnung, Werkstattzeichnung, Fertigungszeichnung)

zu unterscheiden. In der DIN 199 Teil 1 bis 5 sind neben einigen weiteren die Definitionen der oben genannten Zeichnungsarten gegeben. Mit der Vereinheitlichung der Terminologie für das Zeichnungs- und Stücklistenwesen stellt die DIN 199 eine wichtige Voraussetzung für eine wirtschaftliche Fertigung dar. Die einheitliche Begriffsdefinition erleichtert die Unterhaltung, Instandsetzung und Beschaffung von Ersatzteilen.

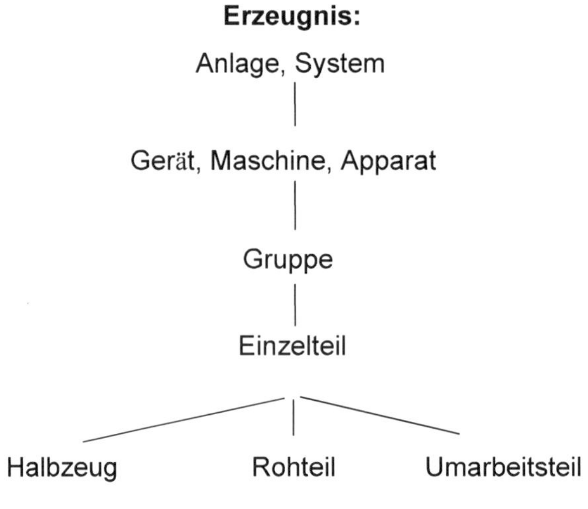

Bild 2-4 Erzeugnisstruktur nach DIN 199 Teil 2

Im Fertigungsprozess wird annähernd jeder Schritt durch eine Zeichnung begleitet. Die notwendigen Zeichnungen müssen entsprechend der Erzeugnisstruktur, siehe **Bild 2-4**, angefertigt werden. Soll ein Teil durch Gießen oder Schmieden erzeugt werden, so müssen Zeichnungen erstellt werden, aus denen die Geometrie und Abmessung der Gussform bzw. des Gesenkes hervorgeht. Die weitere Bearbeitung z. B. durch Drehen oder Fräsen muss ebenfalls in Zeichnungen festgelegt werden. Auch die Anordnung der Einzelteile in der Baugruppe bzw. dem Erzeugnis wird durch Zeichnungen dokumentiert.

Im Folgenden soll nur auf die am häufigsten angewendeten und damit wichtigsten zwei Zeichnungsarten – die Einzelteilzeichnung und die Gesamtzeichnung – ausführlicher eingegangen werden. Für die anderen Begriffsdefinitionen – so sie hier nicht kurz gegeben sind – sei auf die DIN 199 verwiesen. **Tabelle 2-2** gibt eine Übersicht über die angesprochenen Inhalte von Einzelteil- und Gesamtzeichnungen.

Tabelle 2-2 Inhalte der Einzelteil- und Gesamtzeichnung

Technische Zeichnung	
Einzelteilzeichnung	Gesamtzeichnung
enthält alle für einen besonderen Arbeitsschritt (z. B. Fertigung, Prüfung) notwendigen Angaben: • graphische Darstellung der Bauteilform • vollständige Bemaßung • zulässige Abweichungen von Maß, Form und Lage • Werkstoff bzw. Rohteil • Oberflächenbeschaffenheit • weitere Forderungen (z. B. gefordertes Fertigungs- oder Prüfverfahren)	gibt die Anordnung der Einzelteile im Erzeugnis wieder: • graphische Darstellung der Einzelteile im Erzeugnis • Haupt- und Anschlussmaße des Erzeugnisses (einzelteilübergreifend) • Informationen über Einzelteile (z. B. Einsatzmenge und -einheit, Benennung, Bauart, Baugröße, Werkstoff/Rohteil, Angaben zur Bestellung/Fertigung, Gewicht)

2.2.1 Einzelteilzeichnung

Die *Einzelteilzeichnung* ist eine Technische Zeichnung, die ein einzelnes Teil ohne räumliche Zuordnung zu anderen Teilen darstellt. Dabei wird ein Gegenstand, für dessen weitere Aufgliederung aus der Sicht des Anwenders kein Bedürfnis besteht, als ein *Teil* bezeichnet und ein Teil, das nicht zerstörungsfrei weiter zerlegt werden kann, als ein *Einzelteil.* Ein Teil kann also beispielsweise ein ganzes Rillenkugellager sein, ein Einzelteil dagegen nur sein Innenring. In Einzelteilzeichnungen können z. B. dargestellt werden: Rohteile, Halbzeuge oder Umarbeitsteile[1]. Im Allgemeinen sind Einzelteilzeichnungen aber Fertigungs-Zeichnungen.

1 *Halbzeug* ist der Sammelbegriff für Gegenstände mit bestimmter Form, bei denen mindestens noch ein Maß unbestimmt ist. Es sind insbesondere durch Walzen, Ziehen, Pressen, Schmieden, Weben hergestellte Bleche, Stangen, Rohre, Seile, Bänder, Gewebe usw. Ein *Rohteil* ist ein zur Herstellung eines bestimmten Gegenstandes spanlos gefertigtes Teil, das noch einer Bearbeitung bedarf. Ein *Umarbeitsteil* ist ein Gegenstand, der aus einem Fertigteil durch weitere Bearbeitung entsteht.

Zweck der *Fertigungszeichnung* ist es, alle für die Herstellung/Fertigbearbeitung des betreffenden Bauteiles erforderlichen Informationen wiederzugeben, vergleiche **Bild 2-5**. Das setzt entsprechend vollständige Angaben voraus:

- graphische Darstellung der Bauteilform in einem definierten Maßstab
- vollständige Bemaßung
- einzuhaltende Toleranzen inkl. der Angabe des Tolerierungsgrundsatzes
- Werkstoffangaben
- Angabe der Oberflächenbeschaffenheit und des Kantenzustandes
- Angaben zum Fertigungsverfahren, gegebenenfalls mit textuellen Erläuterungen.

Oft sind zur möglichst vollständigen Erfassung der Geometrie eines Bauteiles mehrere Ansichten, gegebenenfalls auch vergrößert herausgezogene Einzelheiten, erforderlich. Um innere Konturen darzustellen, müssen in der Regel Schnitte gelegt werden. Die näheren Erläuterungen zu Ansichten, Einzelheiten und Schnitten sind im **Kapitel 4** gegeben.

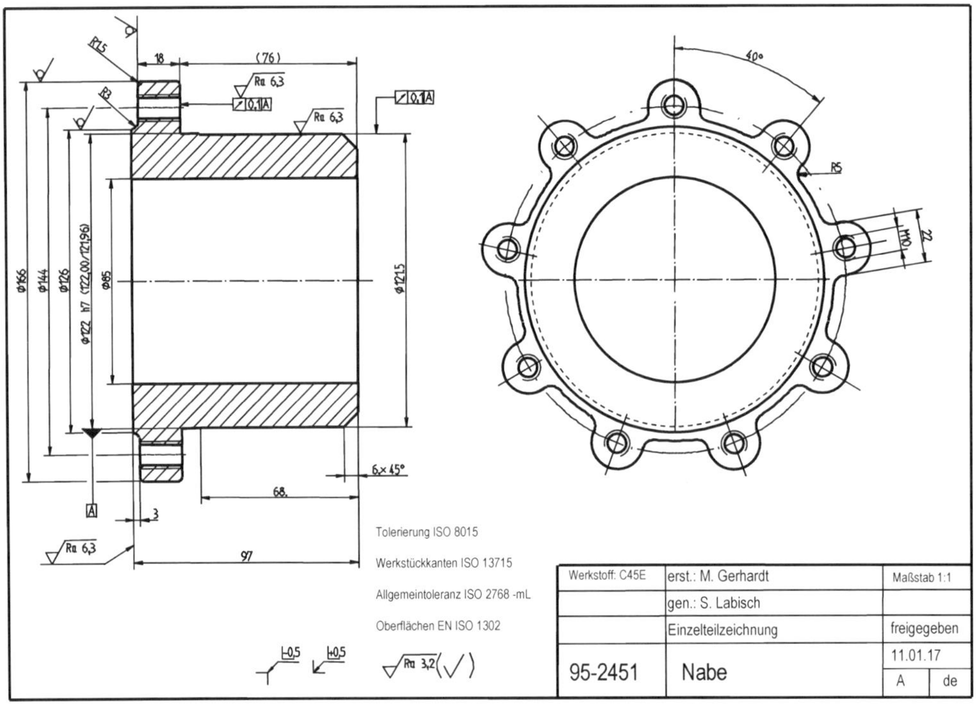

Bild 2-5 Beispiel für eine Technische Zeichnung als Einzelteilzeichnung (Nabenteil einer Kupplung)

Bei relativ einfachen Rohteilgeometrien können die Rohteilinformationen in der Fertigungszeichnung durch eine besondere Symbolik zusätzlich untergebracht werden. In komplizierteren Fällen ist eine separate Rohteilzeichnung erforderlich (z. B. die Darstellung der unbearbeiteten Guss- oder Schmiedestücke als Grundlage für den Modell- oder Formenbauer).

In den meisten Fällen werden Einzelteilzeichnungen für jedes Einzelteil auf einem separaten Zeichenblatt erstellt. Es ist allerdings auch zulässig, mehrere zusammengehörige Teile gemeinsam als *Sammelzeichnung* auf einem Zeichenblatt darzustellen. In diesem Fall sollte jedoch jedes Einzelteil nummeriert und mit seiner Benennung in einer Stückliste aufgeführt werden. Format und Ansicht sind beim Aufzeichnen aller Teile, die zu einem Ganzen gehören, möglichst beizubehalten.

Ebenso kann das Aufteilen einer Zeichnung in mehrere Blätter zweckmäßig sein, wenn sie ein zu großes Format annimmt und dadurch z. B. für den Gebrauch in der Werkstatt oder im Archiv zu unhandlich wird. In diesem Fall ist es notwendig, auf der ersten Zeichnung eine Übersicht über den Gesamtinhalt in Form einer Aufzählung der zusammengehörenden Blätter zu geben. Die bei der Aufteilung entstandenen Blätter besitzen die gleiche Benennung und die gleiche Zeichnungsnummer, sollten jedoch durch einen Untertitel in der Benennung kenntlich und unterscheidbar gemacht werden.

2.2.2 Gesamtzeichnung

Die *Gesamtzeichnung* gibt alle Einzelteile eines Erzeugnisses[1] im zusammengebauten Zustand wieder. Wichtig bei der Gesamtzeichnung ist:

- Darstellung der Anordnung der Einzelteile
- Klärung der Abhängigkeiten und des Zusammenwirkens der Einzelteile in der Baugruppe
- Angabe der Hauptmaße, die die Gesamtgröße angeben
- Angabe der Anschlussmaße für die weitere Montage
- Verzeichnis aller Einzelteile in einer Stückliste.

Detaillierte Informationen zu den Einzelteilen, wie z. B. die vollständige Bemaßung, sind kein Bestandteil der Gesamtzeichnung, da gerade zu deren Wiedergabe ja die Einzelteilzeichnungen dienen. Die *Hauptmaße* werden benötigt, um zu kennzeichnen, welchen Platz das Erzeugnis insgesamt beansprucht, *Anschlussmaße* werden eingetragen, um zu kennzeichnen, wie die Anschluss- und Befestigungsteile für das betreffende Erzeugnis dimensioniert sind.

Für Gesamtzeichnungen genügt oft eine Ansicht der Baugruppe, sofern aus dieser Ansicht Lage und Zuordnung aller Einzelteile erkennbar sind. Die Ansicht sollte der gewünschten Gebrauchslage der Baugruppe entsprechen.

Einzelteile, aus denen das in der Gesamtzeichnung bestehende Erzeugnis besteht, werden mit einer arabischen Ziffer, der so genannten *Positionsnummer* gekennzeichnet, siehe **Bild 2-6**. Die Reihenfolge der Nummerierung sollte mit 1 beginnend dem Verlauf des Zusammenbaus möglichst entsprechen. Auch besteht die Möglichkeit, die Positionsnummern im Uhrzeigersinn anzuordnen. Die jeweilige Zahl soll übersichtlich über oder neben der zeichnerischen Darstellung angebracht sein. Die Bezugslinie in der Linienbreite der Maßhilfslinien („dünn") führt von der Zahl zum Einzelteil und endet dort im Allgemeinen in dem Teil mit einem Punkt. Die Bezugslinie kann auch an der Außenkontur des Teiles mit einem Pfeil enden. Die Bezugslinien

---

[1] Ein Erzeugnis ist nach DIN 199 definiert als ein durch Produktion entstandener gebrauchsfähiger bzw. verkaufsfähiger Gegenstand. Damit kann eine Baugruppe auch ein Erzeugnis sein.

sollen nicht parallel zu anderen Linien gezogen werden, damit sie nicht mit diesen verwechselt werden können.

Sind mehrere identische Teile vorhanden, so erhalten sie alle nur eine Nummer, die auch nur einmal in der Zeichnung erscheint. Die Positionsnummern sollten doppelt so groß wie die Maßzahlen, aber mindestens in der Liniengruppe 0,5 also 5 mm groß wiedergegeben sein.

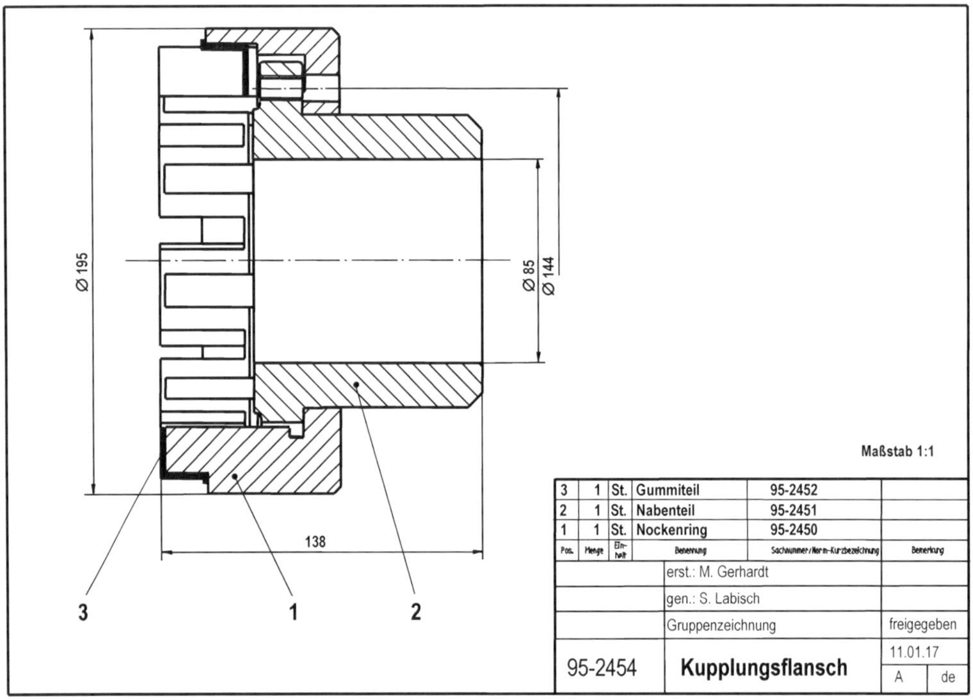

Bild 2-6 Beispiel für eine Technische Zeichnung als Gesamtzeichnung (Kupplungsflansch); die Positionsnummern sind hier in der Reihenfolge des Zusammenbaus angeordnet

Zu einer Gesamtzeichnung gehört im Normalfall eine *Stückliste*. Die Stückliste ist das – nach den in der Zeichnung angegebenen *Positionsnummern* geordnete – Verzeichnis sämtlicher Einzelteile des dargestellten Erzeugnisses. Neben der Zeichnung ist die Stückliste das wichtigste Ergebnis des Konstruktionsprozesses. Sie ist Grundlage nicht nur für die sich an die Konstruktion anschließende Fertigungsvorbereitung, sondern auch für die eher organisatorisch/kommerziell orientierten Unternehmensbereiche (z. B. Kalkulations-, Bestell- oder Lagerwesen). Auch Stücklisten sind genormt. Es ist genau festgelegt, wie Stücklisten auszufüllen sind. Diese Regeln sind jedoch erst im **Kapitel 5** gemeinsam mit der Bemaßung erläutert.

Mit Gesamtzeichnungen verwandt sind schließlich noch so genannte *Explosionszeichnungen*, **Bild 2-7**. Diese sind z. B. für Katalogunterlagen oder Montageanleitungen erforderlich. Da Explosionszeichnungen bevorzugt in perspektivischen Ansichten angefertigt werden, sind sie von Hand recht zeitaufwendig zu erstellen. Hier ergibt sich eine der attraktiven CAD-Anwendungsmöglichkeiten.

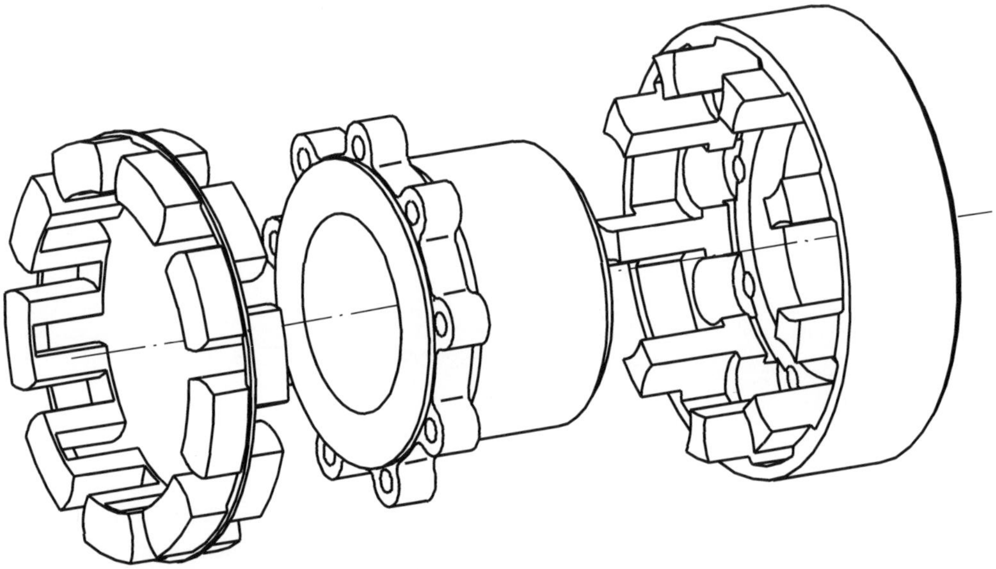

Bild 2-7 Beispiel für eine Technische Zeichnung als Explosionszeichnung (Kupplungsflansch nach **Bild 2-6**)

2.3 Arbeitstechniken

Das Erstellen einer Technischen Zeichnung bildet gewissermaßen den Abschluss der Tätigkeit „Konstruieren". Die Technische Zeichnung dient dazu, die qualitativen und quantitativen Merkmale der vom Konstrukteur erdachten Gestalt eines Bauteiles, einer Baugruppe, einer Maschine oder einer Anlage anderen Personen, beispielsweise den Mitarbeitern in der Werkstatt, mitzuteilen und zu dokumentieren.

Die Gestaltfindung und Notation in einer Zeichnung unterliegt jedoch einigen Wandlungen, auf die im Folgenden eingegangen wird.

2.3.1 Erstellung von Skizzen beim Konstruieren

Die eigentliche Anwendung der *Skizze* ist die Notation einer Idee eines technischen Gebildes oder einer technischen Funktion, um diese anderen Team-Mitgliedern zu verdeutlichen und Worte hierfür nicht ausreichen. Am deutlichsten wird das bei einer Neukonstruktion – wo völlig neue Lösungen erarbeitet werden – indem man sich über mehrere, schrittweise immer weiter verfeinerte Skizzen an die endgültige Lösung „herantastet". Solche Skizzen sind meistens projizierte Ansichten und unterliegen nicht den Anforderungen der Technischen Zeichnung. In **Bild 2-8** sind Beispiele für solche Skizzen wiedergegeben.

Kennzeichen einer Skizze ist, dass sie nicht einem Änderungs- bzw. Aktualisierungsreglement unterliegt. Sie darf eine *Freihandzeichnung* sein, kann aber genauso gut mit Lineal, Zirkel und Bleistift bzw. mit CAD erstellt sein. Solch eine Skizze ist im Allgemeinen nur grob maßstäblich und soll hauptsächlich die grundsätzlichen geometrischen Verhältnisse verdeutlichen.

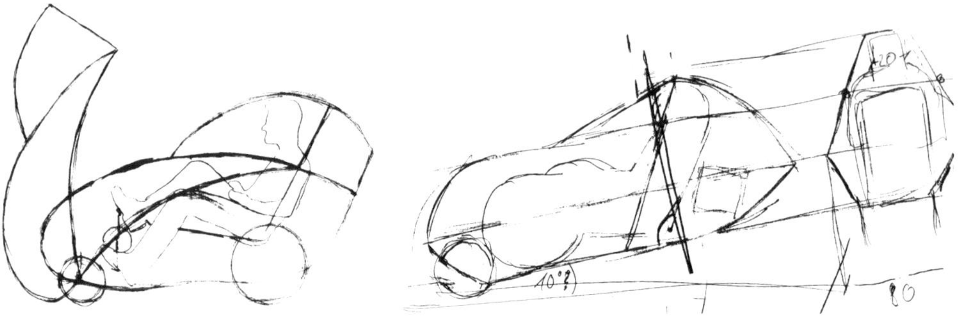

Bild 2-8 Beispiele für Freihand-Skizzen als eine Möglichkeit, Ideen zu notieren

2.3.2 Erstellung von Skizzen für Technische Zeichnungen

Im Vergleich dazu sind Skizzen, die als Vorbereitung für Technische Zeichnungen dienen, z. B. als Vorgabe des Konstrukteurs an den Technischen Produktdesigner (früher Technischer Zeichner), ganz anders. Solche Skizzen sind fast richtige Technische Zeichnungen und sollten eigentlich immer erstellt werden, unabhängig davon, ob anschließend von Hand oder mithilfe von CAD eine richtige Technische Zeichnung angefertigt wird.

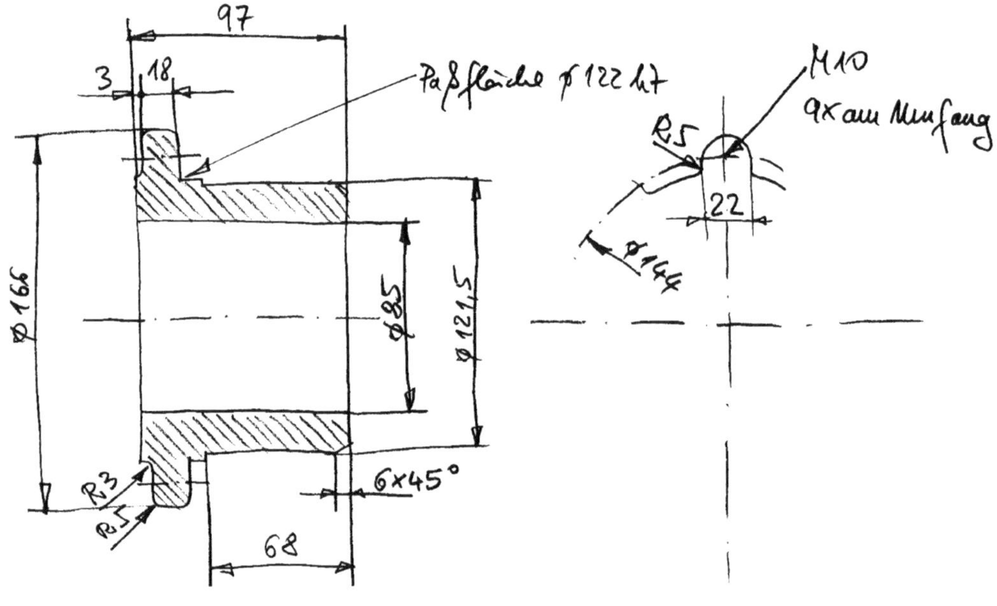

Bild 2-9 Beispiel für eine Skizze als Vorlage für eine Technische Zeichnung, vergleiche **Bild 2-5**

Skizzen werden in der Regel freihändig angefertigt, **Bild 2-9**. Sie werden auf weißem Papier mit einem gut schreibenden Stift (weicher Bleistift oder Filzstift) erstellt. Man kann – um maßstäblich zu sein – auch auf Millimeterpapier oder kariertem Papier zeichnen. Es gibt auch spezielle Rasterungen, die das Freihandzeichnen von perspektivischen Darstellungen erleichtern.

Soll ein vorhandenes Bauteil in eine Zeichnung übertragen werden, so sind z. B. mittels Mess-Schieber (Schieblehre) die Originalmaße abzunehmen und in die Skizze zu übertragen. Sodann folgen u. U. weitere zur Fertigung benötigte Angaben. Damit dient eine Skizze dazu zu überprüfen, wie die Ansichten eines Bauteiles zu positionieren sind bzw. wie viele davon überhaupt benötigt werden. Damit stellt die Skizze eine Auseinandersetzung mit dem darzustellenden Gegenstand dar und dient als Vorlage für die eigentliche Zeichnung. In diesem Fall sind bereits in der Skizze die meisten Anforderungen, die an eine Technische Zeichnung gestellt werden, erfüllt. In seltenen Fällen (z. B. schneller Ersatz eines defekten Bauteiles) kann eine solche Skizze direkt als Fertigungsunterlage dienen. Im Normalfall folgt jedoch auf die Skizze die Technische Zeichnung unter Beachtung des normativen Reglements.

2.3.3 Tipps zur Erstellung von Handzeichnungen

Soll eine maßstäbliche Skizze oder Technische Zeichnung von Hand erstellt werden, dann empfiehlt sich besonders bei mehreren Ansichten die folgende Arbeitsweise.

Es ist von Vorteil, zuerst die Mittellinien darzustellen, um sich selbst eine Vorstellung des benötigten Platzes zu verschaffen. Die Mittellinien helfen, eine eventuell vorhandene Symmetrie genauer darzustellen, so dass die Zeichnung insgesamt übersichtlicher wird. Die Mittellinien sind in dünner Strichpunktline anzufertigen und können bereits zu diesem Zeitpunkt mit einem verbleibenden Zeichengerät (z. B. einem Tuschestift) erstellt werden.

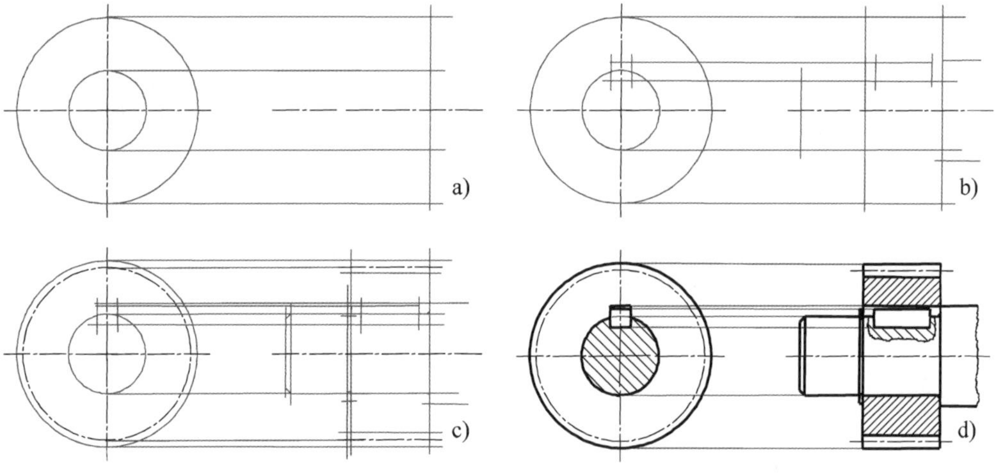

Bild 2-10 Vorgehen bei der Konstruktion eines Bauteils mit Bleistift (Zwischenstadien und Endergebnis), Erläuterungen im Text

Ausgehend von dieser Festlegung können Maße abgetragen und mit einem weichen Bleistift (z. B. der Härte B) eingetragen werden. Dabei ist es hilfreich, diese Linien etwas länger durchzuziehen, weil sie ja später wegradiert oder überzeichnet werden. In **Bild 2-10 a)** sind die notwendigen Abmessungen sogar über zwei Ansichten durchgezogen worden. Diese Arbeitsweise hilft, die geforderte Anordnung von Ansichten genau einzuhalten. Weitere Konstruktionslinien mit Bleistift folgen, **Bild 2-10 b)** und **c)**, bis zuletzt alle Maße feststehen, **Bild 2-10 d)** und die Körperkanten mit einem bleibenden Stift ausgezeichnet werden können.

2.4 Übungen

2.1 Welche Hoch- und Querformate sind für die Erstellung von Technischen Zeichnungen zugelassen?

2.2 In welchem Verhältnis stehen die Seitenflächen eines Zeichnungsformates, das für Technische Zeichnungen genutzt wird?

2.3 Warum wird beim Zeichenblatt unterschieden zwischen dem „unbeschnittenen" Zeichenblatt und dem „beschnittenen"?

2.4 Welchen Flächeninhalt besitzt das Format A0?

2.5 Wie oft muss ein A0-Format gefaltet werden, um ein Format A4 zu erhalten?

2.6 Wie bzw. wonach können Technische Zeichnungen benannt sein? Geben Sie dazu Beispiele.

2.7 Welche Angaben müssen in einer Einzelteilzeichnung enthalten sein?

2.8 Welche Angaben müssen in einer Gesamtzeichnung enthalten sein?

2.9 Muss eine Gesamtzeichnung stets das fertige Erzeugnis darstellen oder kann auch eine Baugruppe als Gesamtzeichnung dargestellt werden?

2.10 Was ist der Zweck einer Fertigungs-Zeichnung und was muss sie deswegen enthalten?

2.11 Was muss bei einer Sammel-Zeichnung beachtet werden?

2.12 Was ist zu tun, wenn die Darstellung eines Teiles / einer Baugruppe / einer Anlage auf mehreren Zeichenblättern erforderlich wird?

2.13 Was wird in einer Gesamtzeichnung bemaßt? Wozu dient die Bemaßung in einer Gesamtzeichnung?

2.14 Wozu dienen Positionsnummern und wie werden sie eingetragen?

2.15 Skizzieren Sie mit Hilfe eines Bleistiftes die folgenden Formen auf einem separaten Blatt nach. Die Abmessungen können frei gewählt werden, bemühen Sie sich jedoch, die Proportionen beizubehalten.

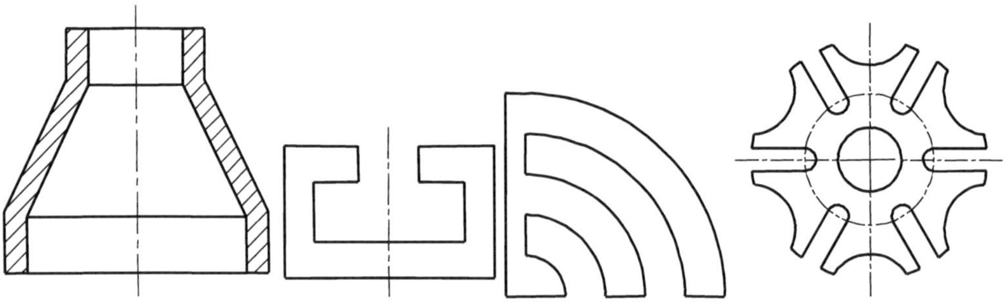

Sie werden sehen, dass das Zeichnen viel einfacher geht, wenn Sie sich zunächst Hilfslinien konstruieren und dann erst bestimmte Linien dick nachziehen. Das Freihandzeichnen ist reine Übungssache und wird dadurch erlernt.

2.16 Versuchen Sie, einen Schnapp-Verschluss für einen Filzstift oder für einen Füller mit freier Hand (ohne Lineal) zu skizzieren.

2.17 Versuchen Sie, die Funktion eines Schraubstockes oder einer Schraubzwinge mit freier Hand (ohne Lineal) zu skizzieren. Legen Sie besonderen Wert darauf, die Übertragung der Klemmkraft zu verdeutlichen.

2.18 Welche verschiedenen Arten von Skizzen sind Ihnen bekannt? Geben Sie dafür Beispiele an.

2.19 Skizzieren Sie maßstabsgetreu das unten wiedergegebene Maschinenbauteil „Zylinderschraube mit Innensechskant" M 30 × 110 nach DIN EN ISO 4762 ohne Bemaßung. Bemühen Sie sich, auch bei einer Bleistiftzeichnung die unterschiedlichen Linienbreiten zu berücksichtigen (Körperkanten in Linienbreite 0,5 mm, Hilfslinien in 0,25 mm bzw. Körperkanten in doppelter Linienbreite wie die Hilfslinien). Mit Hilfe der gegebenen Abmessungen (Angaben in Millimetern) kann die Zeichnung leicht übertragen werden. Hinweis: R3 bedeutet, dass der bemaßte Radius 3 mm beträgt. Das Zeichen ∅ deutet an, dass es sich bei der bemaßten Geometrie um eine zylindrische Form handelt, das Maß hinter diesem Zeichen gibt das Durchmessermaß an.

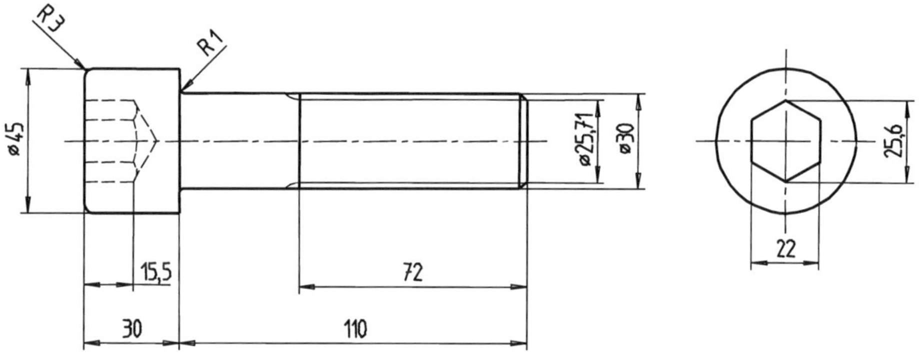

Hinweis: Die hier dargestellte Bemaßung dient nur der Wiedergabe der vorhandenen Abmessungen, sie erfüllt die strengen Anforderungen an eine normgerechte Bemaßung nicht!

2.20 Warum ist die Mittellinie auch bei Erstellung von Skizzen so besonders wichtig?

2.21 Warum ist es sinnvoll, bei Darstellung eines Bauteils über mehrere Ansichten, die Konstruktionslinien auch bei einer Skizze über mehrere Ansichten durchzuziehen?

3 CAD: Technisches Zeichnen in der Praxis

Heutzutage erfolgt sowohl die Konstruktion als auch die Fertigung fast ausschließlich rechnerunterstützt. Der Platz des Technischen Produktdesigners/der Technischen Produktdesignerin hat sich entsprechend konsequent zu einem Rechnerarbeitsplatz gewandelt. Je intensiver der Rechnereinsatz beim Konstruieren und Fertigen ist, desto mehr scheint die Technische Zeichnung an Bedeutung zu verlieren, da die Verständigung zwischen Konstruktions- und Fertigungsabteilung primär durch den Austausch digitaler Daten erfolgen kann. Die Technische Zeichnung ist aber nach wie vor aus dem Konstruktions- und Entwicklungsprozess nicht wegzudenken, weil hauptsächlich mit ihrer Hilfe der Status einer Konstruktion dokumentiert wird. Auf diese wichtige Funktion wird im **Kapitel 3.4.2** explizit eingegangen.

Zuvor erfolgt ein kleiner Exkurs über Arbeitsgeräte, die bei der Anwendung des *Computer Aided Design* (*CAD*) sinnvoll sind sowie die grundsätzliche Arbeitsweise der verschiedenen CAD-Systeme. Diese Darstellungen sollen aber nicht als Tutorial verstanden werden und können eine fundierte Einarbeitung in ein professionelles CAD-System nicht ersetzen. Es soll viel mehr ein Überblick über die grundsätzlichen Möglichkeiten moderner CAD-Systeme gegeben werden.

3.1 Arbeitsgeräte – Hardware

In der Vergangenheit bestanden CAD-Arbeitsplätze aus mehreren Geräten: Zur Eingabe der relevanten Informationen wurden Tastatur sowie Befehlsmenü-Tablett mit speziellen Daten-Stiften genutzt. Die Ausgabe erfolgte an mehreren Bildschirmen, wobei an einem speziellen Bildschirm die Kontrolle der alphanumerischen Daten erfolgte und an einem größeren Bildschirm die Anzeige der graphischen Daten. Häufig wurde diese Kombination ergänzt um einen weiteren Bildschirm zur Anzeige von Detaillierungen.

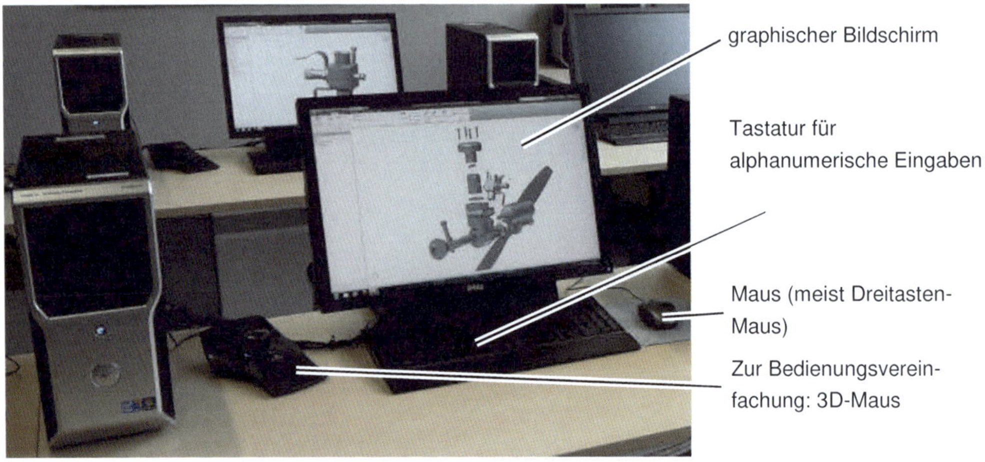

Bild 3-1 CAD-Arbeitsplatz

Heute unterscheiden sich die eingesetzten Arbeitsgeräte Rechner, Bildschirm, Maus, optional 3D-Maus und Tastatur, die so genannte *Hardware*, praktisch nicht mehr von der der üblichen Büroarbeitsplätze, wie exemplarisch in **Bild 3-1** dargestellt. Selbst Werte, wie Grafikleistung oder Größe und Auflösung des Bildschirms oder Speicherkapazität sind vergleichbar. Allein die Ausgabegeräte wie z. B. Drucker sind mit den an die Formate der Technischen Zeichnungen angepassten Größen seltener im normalen Büroalltag anzutreffen.

3.1.1 Eingabegeräte

Die Eingabe von CAD-relevanten Befehlen und Daten erfolgt in der Regel mithilfe der *Maus*. Die Funktionen dieses graphischen Eingabegerätes bei interaktiven CAD-Systemen sind:

- Befehle aus einem Befehlsmenü auswählen und aktivieren
- freies Digitalisieren von x- und y-Koordinaten in einer Zeichenebene (bei dreidimensionalen Koordinaten ist eine zusätzliche Zeichenebene notwendig)
- Identifizieren („Anpicken") vorhandener Bildelemente.

Somit beschränkt sich im Allgemeinen die Nutzung der *Tatstatur* auf die Eingabe von spezifischen Texten oder Daten. Geübte Anwender greifen allerdings häufiger auf die Befehlseingabe über die Tastatur zurück, weil diese Form der Steuerung durch die Nutzung von Kurzbefehlen (*Shortcuts*) zeitsparend ist.

Charakteristisch für die Arbeitsweise mit CAD-Systemen ist, dass die Eingabebefehle mit kleinen Symbolen, den so genannten *Icons*, oder Abkürzungen der Eingabebefehle kenntlich gemacht werden. **Bild 3-2** gibt beispielhaft eine Befehlsleiste eines 3D-CAD-Systems wieder. Streng genommen müsste damit der Teil des Bildschirms, der die Eingabebefehle zur Auswahl bereitstellt, ebenfalls zu den Eingabegeräten gezählt werden.

3D-Mäuse dienen zur Steuerung und Manipulation von virtuellen Bauteilen und zur Bewegung durch den virtuellen 3D-Raum, beispielsweise eine Baugruppe oder Maschine. Dadurch ist eine beidhändige Bedienung eines CAD-Systems möglich, was vor allem beim virtuellen Zusammenbau eine große Bedienungserleichterung darstellt.

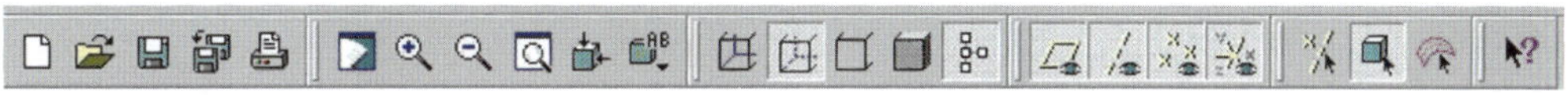

Bild 3-2 Befehlsleiste eines 3D-CAD-Systems

Moderne Bedienoberflächen bieten seit einigen Jahren Multifunktionsleisten (*Ribbons*) zur Software-Bedienung, wie wir sie von der textverarbeitenden Software her kennen. Die Symbole sind innerhalb des Ribbons aufgabenbezogen gruppiert und angeordnet, wobei sich die Darstellung der Befehlsschaltflächen in Abhängigkeit von der Bildschirmauflösung automatisch anpasst. Darüber hinaus lassen sich die Ribbons bei den meisten Systemen stufenweise reduzieren, um das Graphikfenster nicht zu stark zu verkleinern.

Wie bereits im **Kapitel 2.1.1** erwähnt, sind multifunktionale, digitale Dokumentensysteme nicht nur in der Lage zu plotten, also auszugeben, sondern auch vorhandene Zeichnungen und Pläne schnell und mit bis zu 400 dpi Auflösung detailgenau zu erfassen und weiter zu verarbeiten. Dabei filtert eine automatische Hintergrunderkennung Flecken, Vergilbungen und andere Alterserscheinungen aus und sorgt für saubere Scan-Ergebnisse mit kontrastreicher, linienscharfer

Wiedergabe der Dokumenteninhalte. Über eine Editiersoftware können die Pläne und Zeichnungen nachbearbeitet werden, wobei manuelles Radieren und Korrigieren entfällt.

Mit diesen (meist *Flachbett-)Scannern* lassen sich vorhandene Vorlagen, die als Strichcodes, Texte, Zeichnungen oder Photographien vorliegen, rasterförmig abtasten und in Rechnersysteme einlesen. Eine Nutzung und Weiterverarbeitung dieser Daten mithilfe von CAD-Systemen ist nur dann möglich, wenn sie von Rasterdaten in Vektordaten konvertiert werden. Diese Konvertierung basiert auf einer Art Mustererkennung (Erkennen von bauteilberandenden Strecken, Kreisen, Kreisbögen und weiteren Linien, wie Schraffurmustern oder Bemaßungslinien sowie ergänzenden Texten). In der Praxis hat sich bislang lediglich die Konvertierung von eingescannten Texten unter Nutzung von Texterkennung (OCR; Optical Character Recognition) durchgesetzt. Aber auch eine Konvertierung von Zeichnungen ist möglich, wobei das Ergebnis lediglich als Zeichnung zur Verfügung stünde und damit die Möglichkeiten, die moderne CAD-Systeme heute bieten, nicht ausschöpfen könnte. Eine Neugenerierung der Zeichnung unter Nutzung des vollen Leistungsumfangs der CAD-Systeme, also eine Neugenerierung des Bauteilmodells, ist an dieser Stelle sicherlich sinnvoller. Kann die eingelesene Graphik allerdings direkt in gerasterter Form weiterverwendet werden, so treten die oben beschriebenen Schwierigkeiten gar nicht erst auf und ein Scanner ist ein sinnvolles Hilfsmittel.

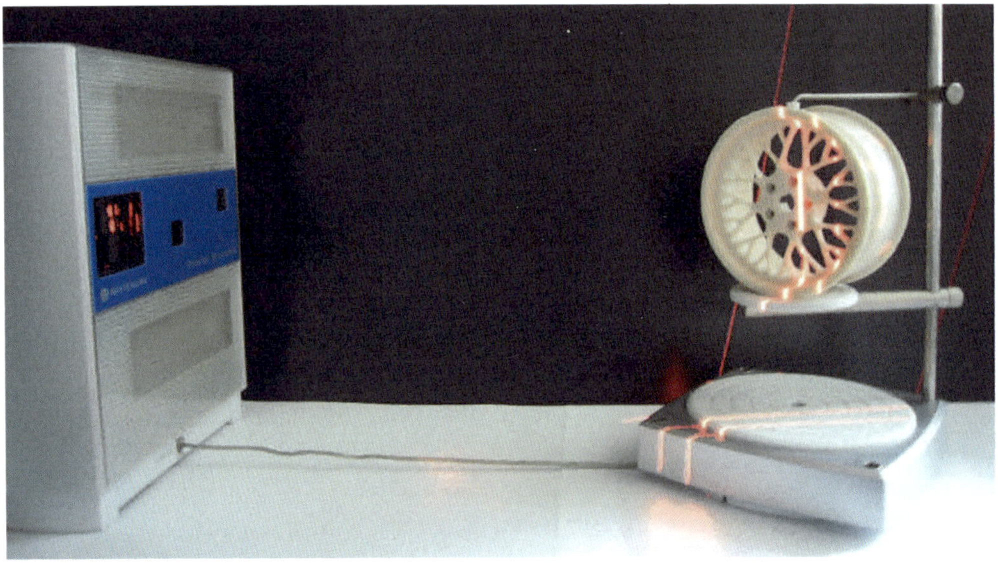

Bild 3-3 Beispiel für einen handelsüblichen 3D-Scanner, hier beim Scannen eines Modells, welches mithilfe des Gestells gedreht werden kann

Eine Erweiterung der Funktionalität der oben beschriebenen Flachbett-Scanner ist mit *3D-Scannern* gegeben. Diese sind auf das Scannen von räumlichen Gebilden ausgerichtet und besitzen in der Regel bereits Schnittstellen zu gängigen 3D-CAD-Systemen. Obwohl die Technik heutzutage weitgehend ausgereift ist, bereitet die Nutzung der eingelesenen Geometrie in der Praxis dennoch dann Probleme, wenn die eingelesenen (gerasterten) Daten als Volumen im CAD-System weiterverarbeitet werden sollen. Ein Beispiel für einen handelsüblichen 3D-Scanner bei der Arbeit zeigt **Bild 3-3**.

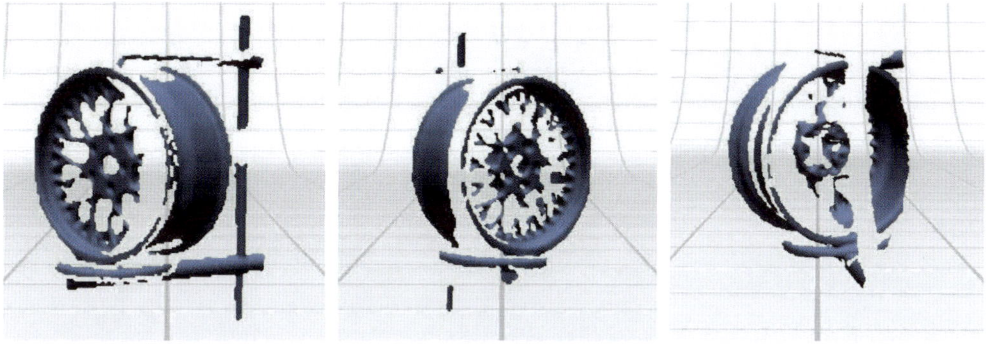

Bild 3-4 Beispiele für das Ergebnis des unter **Bild 3-3** dargestellten 3D-Scans; keine der Darstellungen kann für sich vollständig sein, weil der Laserstrahl nicht alle Flächen von einer Seite erreichen kann, erst die Kombination der Einzelbilder erlaubt eine vollständige Darstellung des Bauteils

Der Scanner erzeugt linienförmige Laserstrahlen, mit denen er die Oberfläche des betreffenden Objektes abfährt. Damit diese „Abtastung“ erfolgreich verläuft, ist es hilfreich, wenn das Modell eine weiße und matte Oberfläche aufweist, damit es nicht zu Ablenkungen des Laserstrahles kommt. Solch ein Scan verläuft also nicht immer erfolgreich. Die Laserstrahlen können darüber hinaus nur die vorne liegenden Partien des Objektes treffen und es entstehen somit Lücken in den „Schattengebieten“, siehe **Bild 3-4**. Das Objekt wird entsprechend von mehreren Seiten abgescannt, weswegen die Modelle in eine drehbare Vorrichtung eingespannt sind. Nach Abschluss der Scans, sind die einzelnen gewonnenen Aufnahmen zusammenzusetzen.

Noch interessanter wird die Vorgehensweise, wenn es um die Aufnahme der Geometrie dreidimensionaler Vorlagen geht. Handelt es sich um „normale“ Bauteile, so ist die Neugenerierung des Modells unter Nutzung eines konventionellen CAD-Systems eher die zielführende Methode. Handelt es sich allerdings um eine komplizierte Geometrie, so kann die Photogrammetrie (auch Stereobildbearbeitung genannt) die richtige Vorgehensweise darstellen. Handelt es sich z. B. um solch eine komplexe Geometrie wie die eines Libellenflügels, in **Bild 3-5** dargestellt, so versagt die konventionelle Messtechnik und es bleiben lediglich die optischen Messverfahren zur sinnvollen und vollständigen Datenerfassung übrig.

Bei der *Photogrammetrie* werden zunächst relevante Punkte definiert und – falls möglich – am Objekt markiert, um sie im Rechner besser übereinander bringen zu können. Die Koordinaten dieser Punkte werden optisch aufgenommen. Hierzu ist es notwendig, das Gebilde aus mindestens zwei definierten Positionen aufzunehmen. Aus dem optischen Versatz von zwei (oder besser mehr) Aufnahmen kann die genaue Position (x-, y- und z-Koordinaten) der markierten Punkte bestimmt werden. Anschließend dienen diese Punkte zur Visualisierung der Geometrie mithilfe eines konventionellen CAD-Systems. Seit einigen Jahren sind auch Programmsysteme vorhanden, die die maßstäbliche, fotorealistische dreidimensionale Modellierung aus Photographien unterschiedlicher Perspektiven auch eigenständig bewerkstelligen. **Bild 3-5** zeigt die Aufnahme eines Libellenflügels, die gefundenen Konstruktionspunkte sowie das hieraus gewonnene Rechnermodell, welches die polygonisierte Fläche zeigt und weiter, z. B. für eine Berechnung (Festigkeitsrechnung, Strömungssimulation etc.) verwendet werden kann.

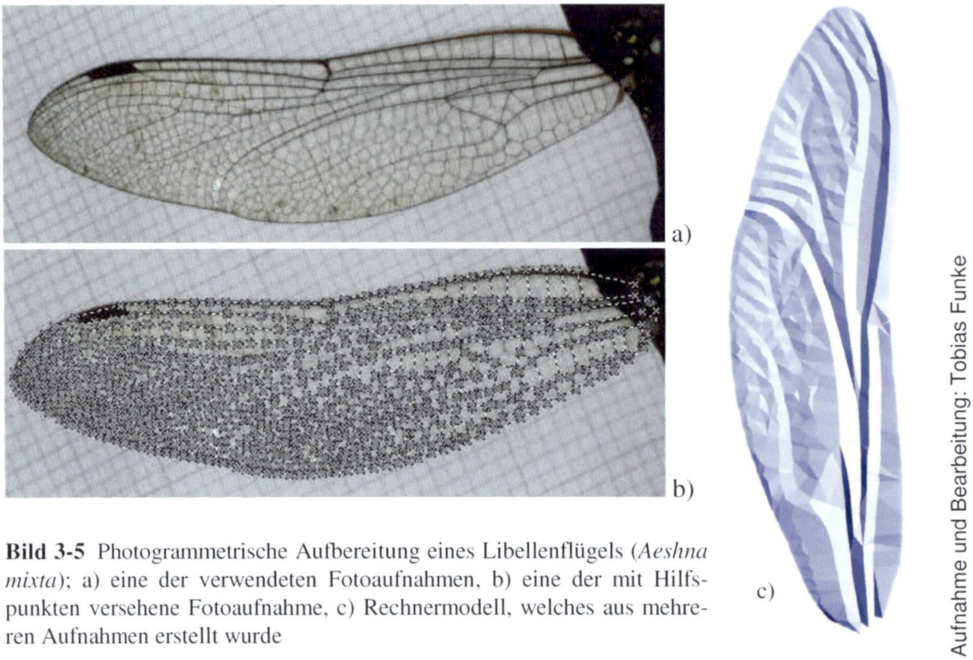

Bild 3-5 Photogrammetrische Aufbereitung eines Libellenflügels (*Aeshna mixta*); a) eine der verwendeten Fotoaufnahmen, b) eine der mit Hilfspunkten versehene Fotoaufnahme, c) Rechnermodell, welches aus mehreren Aufnahmen erstellt wurde

3.1.2 Ausgabegeräte

Der *Graphikbildschirm* ist im interaktiven Dialog zwischen Benutzer und CAD-System das dominierende Ausgabegerät. Heute werden Bildschirme für die allgemeine Bürokommunikation wie auch für CAD-Anwendungen fast ausschließlich als *Flachbildschirme* mit Flüssigkristall-Anzeige (LED - „Licht emittierende Diode" oder LCD - „Liquid Crystal Display") genutzt, wie bereits in **Bild 3-1** dargestellt. Es kann sich heute niemand mehr vorstellen, auf die Darstellung von Farben oder ausgefüllten Flächen auf dem Bildschirm zu verzichten. Darüber hinaus wird ganz selbstverständlich erwartet, dass ein schneller Bildaufbau die Visualisierung von Bewegungen erlaubt und damit z. B. die Simulation von Fertigungsprozessen.

Die wichtigsten Charakteristika bei Flachbildschirmen sind die Diagonale und die Auflösung in Pixeln (geeignet für CAD sind 22 Zoll = 55,88 cm mit 1680 x 1050 Pixeln oder 24 Zoll = 60,92 cm mit 1920 x 1020 Pixeln; optimal für das Arbeiten ist ein 27-Zoll-Monitor = 68,58 cm mit 2560 x 1440 Pixeln oder 30 Zoll und mehr, die es auch als 4K-Auflösung mit 4096 × 2160 Pixeln gibt) und die Punktdichte (Detailgenauigkeit der Wiedergabe, Angabe in ppi = Pixel per inch; Beispiel: 20-Zoll-Bildschirm = 50,8 cm mit 1680 × 1050 Bildpunkten hat 99,06 ppi.). Weitere Kenndaten für Monitore sind die Reaktionszeit, der Kontrast, die Helligkeit und der Blickwinkel.

Die Ausgabe von Technischen CAD-Zeichnungen erfolgte früher fast ausschließlich über Stiftplotter. Diese Plotter oder besser Zeichenmaschinen arbeiteten als x,y-Schreiber mit unterschiedlichen Stiften. Es konnten zwar unterschiedliche Papiere zum Plotten verwendet werden und die Plotter waren auf die verschiedenen, für Technische Zeichnungen üblichen Formate angepasst, doch blieben die Möglichkeiten der Stift-Plotter auf die Wiedergabe von linienbasierten Zeichnungen beschränkt. Neben den multifunktionalen, digitalen Dokumentensystemen in der Industrie haben sich im Mittelstand und in kleineren Betrieben heutzutage für alle Formate in der Regel Laser- und (vormals auch) Tintenstrahldrucker etabliert. Größere Formate werden meistens über Trommel-Plotter ausgegeben. Die Wiedergabe von kompletten Flächen und von verschiedensten (Misch-)Farben als Echtfarbabbildung stellt diese Geräte heute nicht mehr vor Probleme.

3.1.3 Zusätzliche Peripheriegeräte

Bereits 1981 beschrieb ein Mitarbeiter des Nagoya Municipal Industrial Research Institute in Japan die Erstellung eines festen Körpers durch einen Drucker. Heute sind mithilfe des *Rapid Prototyping* erstellte dreidimensionale CAD-Bauteilmodelle in Kunststoff- oder sogar Metall-Modelle allgegenwärtig.

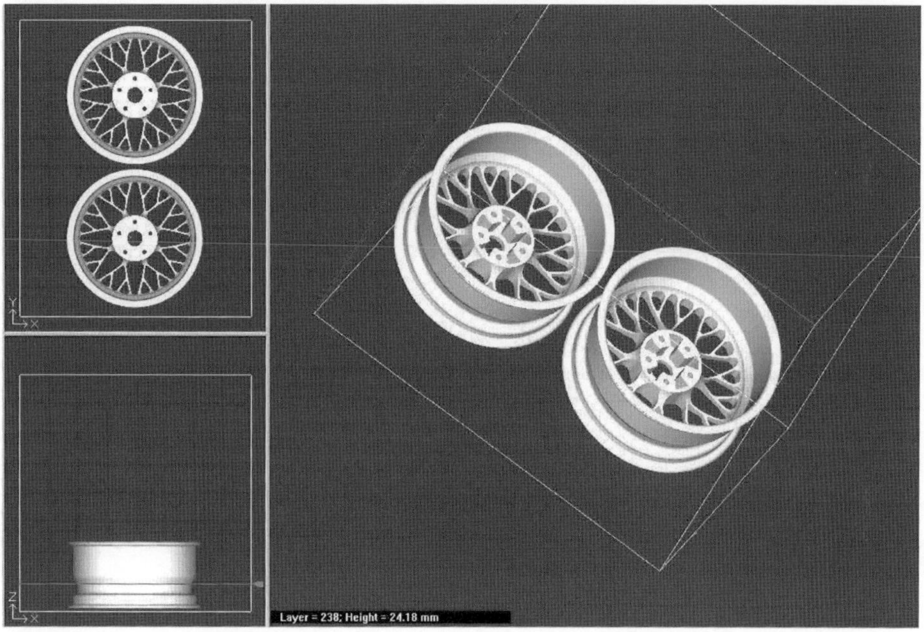

Bild 3-6 Aus dem CAD-System übertragene Modelle; es können mehrere Modelle angeordnet werden, um den 3D-Druck möglichst wirtschaftlich ablaufen zu lassen

Grundsätzlich kann man vier Fertigungsverfahren unterscheiden, nämlich die additive, die subtraktive, die formende und die hybride Fertigung: Wie der Name bereits verrät, wird bei der additiven Fertigung der Gegenstand anhand eines digitalen Modells durch Hinzufügen, Auftragen und Ablagern von Material schichtweise gefertigt. Die subtraktive Fertigung war und ist aber nach wie vor das Standardverfahren für die Fertigung von Gegenständen. Bei ihr wird Rohmaterial durch mechanische Verfahren wie Bohren, Fräsen und Drehen und gegebenenfalls elektrischen Verfahren abgetragen. Die formende Fertigung nutzt ebenfalls mechanische oder auch thermische Kräfte, beispielsweise das Biegen, Pressen und Gießen, um Gegenstände zu formen. Das letzte Verfahren, die hybride Fertigung, umschreibt alle anderen Arten der Fertigung, die sich nicht klar kategorisieren lassen, bzw. mehrerer Verfahren, die miteinander verbunden werden. Aus all diesen Verfahren sind mehr als ein Dutzend 3D-Druckverfahren hervorgegangen, die sich wiederum in vier Gruppen einteilen lassen:

Da ist das *Sinter- und Pulverdruckverfahren*, zu denen das Gipspulver (3DP), das Selektive Lasersintern (SLS), das Selektive Laserschmelzen (SLM), das Elektronenstrahlschmelzen (EBM), das Fused Deposition Modeling (FDM) oder auch Fused Filament Fabrication (FFF) und das Laserauftragsschweißen zählen. Die nächste Gruppe ist die *Stereolithographie*, zu der die Stereolithographie (STL, SLA) selbst gehört, das Film Transfer Imaging (FTI) und das Digital Light Processing (DLP). Die dritte Gruppe hat als Oberbegriff das *Drucken mit flüssigen Bauteilen* und hierzu gehören das Polyjet-Verfahren und das Multi Jet Modeling (MJM). Als vierte Gruppe dann die weiteren *3D-Druck Verfahren* mit dem Laminated Object Modeling (LOM), dem Polyamidguss, dem Space Puzzle Molding und dem Contour Crafting. Vier dieser Verfahren werden im Folgenden ein wenig näher beschrieben:

Beim *Fused Deposition Modelling (FDM)* fließt in der 3D-Druckmaschine aus einem beweglichen Druckkopf Kunststoff, der zuvor durch Wärme verflüssigt wurde (stellen Sie sich vor, wie Sie mit einer Heißklebepistole ein Modell erzeugen würden). Daraus wird das zu druckende Objekt wie ein Relief Schicht für Schicht aufgetragen. Beim Abkühlen erhärtet der Kunststoff so schnell, dass die Form stabil bleibt. Als Basis sind auch andere Materialien wie Wachs oder sogar Schokolade denkbar.

Bei der *Stereolithographie* (*SLA; Stereo Lithography Apparatus*) wird ein Laserstrahl dazu genutzt, einen lichtempfindlichen, in flüssiger Form vorliegenden Kunststoff (so genannten Photopolymer) lokal aushärten zu lassen. Das Stereolithographiemodell entsteht so Schicht für Schicht dadurch, dass der Laserstrahl entsprechend der jeweiligen, aus dem CAD-System nahezu direkt entnehmbaren Schichtkontur über die Oberfläche eines Photopolymerbades gelenkt wird und zwischen den einzelnen Schichten das im Entstehen begriffene Modell jeweils um eine Schichtdicke abgesenkt wird. Das Material der Stereolithographie-Modelle ist entsprechend auf diesen Kunststoff beschränkt. In **Bild 3-6** sind zwei Modelle im Druck-Raum angeordnet dargestellt. Mithilfe dieser Anordnung kann überprüft werden, ob sich Modelle berühren bzw. welche Schichthöhe insgesamt notwendig sein wird.

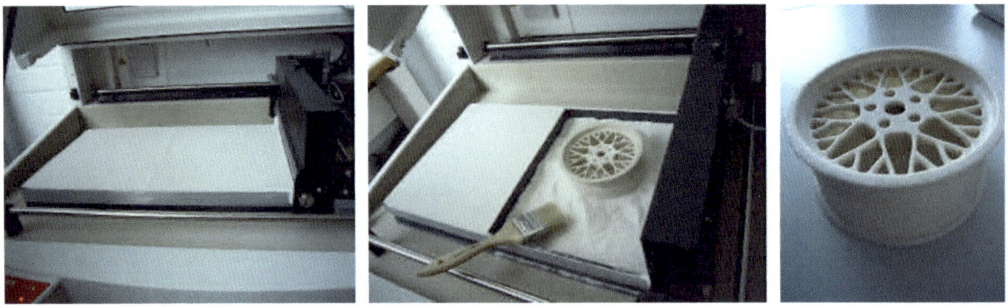

a) b) c)

Bild 3-7 3D-Drucker; a) betriebsbereit, b) mit fertig gestelltem Modell und c) das fertige Ergebnis eines 3D-Plots

Andere Geräte/Verfahren nutzen anstatt einer aushärtbaren Flüssigkeit, wie dem oben beschriebenen Epoxidharz oder einem Kunststoff wie PLA oder ABS, ein Pulver, welches schichtweise mit Kleber getränkt wird, *3D-Druck* (oder *3D-Print*). In **Bild 3-7 a)** ist ein 3D-Drucker in betriebsbereiter Position dargestellt. Deutlich sind die zwei Kammern zu sehen, wobei in der linken Kammer der Pulvervorrat liegt, der schichtweise in die rechte Kammer geschoben wird. In der rechten Kammer entsteht das Modell, siehe **Bild 3-7 b)**, indem für jede neue Schicht die Kammer abgesenkt wird. In **Bild 3-7 c)** ist das fertige Modell dargestellt.

Bei dieser Vorgehensweise können neben Kunststoff- in speziellen Geräten auch Metallpulver verwendet werden, so dass letztere gegebenenfalls nach einer Aushärtung im Ofen als metallische Modelle auch die mechanischen Eigenschaften des zukünftigen Bauteils besitzen können.

So entsteht beim *Selective Laser Sintering (SLS)* das gewünschte Objekt Schicht für Schicht ebenfalls aus einem pulverförmigen Ausgangsmaterial – in diesem Fall Metallpulver. Statt Kleber sorgt hier ein Laser dafür, dass das Metallpulver verschmilzt und das Objekt zuletzt „aus einem Guss“ besteht. Auf diese Weise lassen sich belastbare und gleichzeitig filigrane Objekte wie Zahnkronen herstellen.

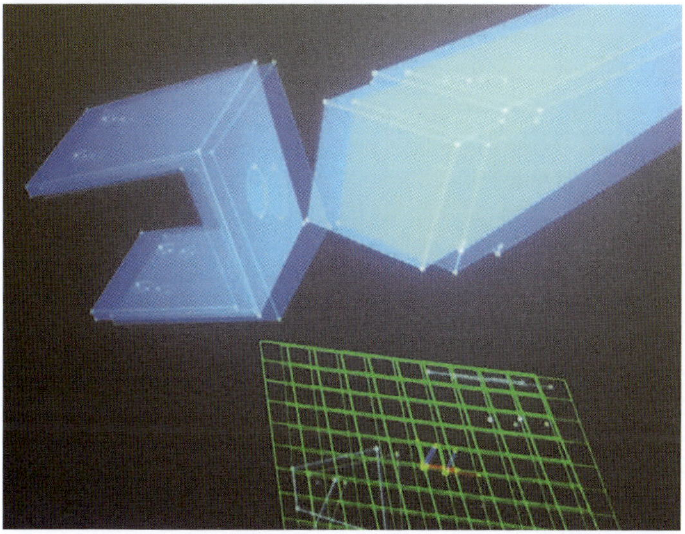

Bild 3-8 Stereoskopische Darstellung eines CAD-Modells, hier am Beispiel sehr einfacher Bauteile; deutlich ist die Darstellung von jeweils zwei Ansichten eines Bauteils zu erkennen, die bei Benutzung einer speziellen Brille ein räumliches Bild erscheinen lässt (mit freundlicher Genehmigung des Fraunhofer-Instituts für Arbeitswirtschaft und Organisation IAO)

Doch mithilfe des Rapid Prototyping können nicht immer haptische Modelle hergestellt werden. Für den Anlagenbau z. B. werden CAD-Modelle erstellt, deren Abmessungen in Realität durchaus mehrere Hundert Meter aufweisen können. Solche Abmessungen lassen eine Modellerstellung mithilfe von Rapid Prototyping nicht mehr als sinnvoll erscheinen. Natürlich könnten die Modelle in einem verkleinerten Maßstab erzeugt werden, doch dann wären die vielen Details nicht mehr erfassbar und damit nicht überprüfbar.

Als eine weitere Möglichkeit der Überprüfung der Modell-Qualität bietet sich deshalb die so genannte *virtuelle Realität* (VR) an. Mithilfe besonderer Software, die eine so genannte *stereoskopische* Projektion auf eine spezielle Wand (so genannte *Powerwall*) oder sogar in einen speziellen Raum (den so genannten *CAVE = Cave Automatic Virtual Environment*) erlaubt, kann man sich einen räumlichen Eindruck von der vorliegenden Konstruktion verschaffen. Um diesen räumlichen Eindruck zu ermöglichen, werden mehrere Projektionen der betreffenden Konstruktion visualisiert, siehe auch **Bild 3-8**. Eine spezielle Brille lässt diese gegeneinander verschobenen Projektionen als räumliche Erscheinung erkennen. Hierbei wird die genaue Position der Brille über Sensoren erfasst und die Projektionen auf der Powerwall bzw. in der CAVE speziell auf diese Position ausgerichtet.

Der räumliche Eindruck von der Konstruktion erlaubt, sich innerhalb einer 3D-Darstellung zu bewegen und so bereits im Entwicklungsprozess einer Konstruktion komplizierte Fertigungs-, Montage- oder Wartungsarbeiten realitätsnah zu überprüfen. So ist es z. B. mithilfe eines 3D-Controllers möglich, Bauteile zu ergreifen bzw. zu platzieren.

3.2 Softwaresysteme

Hinter der Bezeichnung CAD-Software verbirgt sich eigentlich nicht mehr als ein Verwaltungsprogramm, welches die Eingabe von Daten erlaubt (*Eingabebaustein*), diese Eingaben in bestimmter Weise verarbeitet, manipuliert, verknüpft (*Algorithmenteil*) und diese so veränderten Daten hilft auszugeben (*Ausgabebaustein*). Den Kern der Software stellt die *Datenbasis* dar, die darin abgelegten Daten ergeben das als CAD-Modell bezeichnete Abbild (*rechnerinternes Modell, RIM*) des realen Produktes. Unterstützend kann ein Speicher sein, wo auf vorbereitete Informationen zurückgegriffen werden kann (*Datenbank*). Dieser grob skizzierte Aufbau ist für alle CAD-Systeme typisch, unabhängig davon, ob es sich um linien-, flächen- oder volumenbasierte CAD-Systeme handelt.

Da die Unterscheidung linien-, flächen- oder volumenbasiertes CAD-System ganz wesentlich die Arbeitstechnik beeinflusst, soll im Folgenden zunächst auf diese Unterscheidung näher eingegangen werden. Anschließend wird die Arbeitsweise, die sich bei volumenbasierten CAD-Systemen etabliert hat, dargestellt.

3.2.1 Linienbasierte Systeme

Die Nutzung eines linienbasierten Systems bedeutet nicht zwangsläufig, dass es sich hier um ein zweidimensionales CAD-System handelt. *Linienbasierte Systeme* nutzen als geometrische Grundelemente ausschließlich Punkte und Linien und „kennen“ Flächen oder Volumen nicht. Entsprechend ist z. B. die Funktion „Volumenberechnung“ nicht ausführbar, weil ein Teil der dafür notwendigen Informationen nicht vorhanden ist.

Bei linienbasierten CAD-Systemen werden mithilfe des Rechners im Wesentlichen Linien an eine definierte vom Benutzer bestimmte Stelle gesetzt. Die Datenbasis enthält also

- Punkte, z. B. Anfangs- und Endpunkte von Linien, Mittelpunkte von Kreisen oder Kreisbögen
- Linien, z. B. Strecken mit ihren Anfangspunkt P_1 und Endpunkt P_2, Kreise mit Mittelpunkt M und Radius R, Kreisbögen mit Mittelpunkt M, Radius R und Anfangs- und Endpunkt P_1 bzw. P_2.

Die in der Datenbasis erfassten Linien können nun weitere Attribute besitzen, wie z. B. eine zugeordnete Linienbreite (schmal, breit) oder die Linienart (durchgezogen, gestrichelt, strichpunktiert etc.).

Bei zweidimensionalen linienbasierten CAD-Systemen wird mithilfe des Rechners eine Technische Zeichnung durch das Aneinanderfügen von Linien erzeugt. Diese Vorgehensweise unterscheidet sich also von der manuellen Erstellung einer Technischen Zeichnung nur dadurch, dass als „Eingabemedium“ jetzt der Rechner genutzt wird. Der Nachteil dieser Vorgehensweise gegenüber den weiter entwickelten CAD-Systemen ist ganz eindeutig, dass hier wirklich nicht mehr entsteht als die Technische Zeichnung und deshalb eine über die Technische Zeichnung hinausgehende Nutzung des CAD-Modells nicht möglich ist.

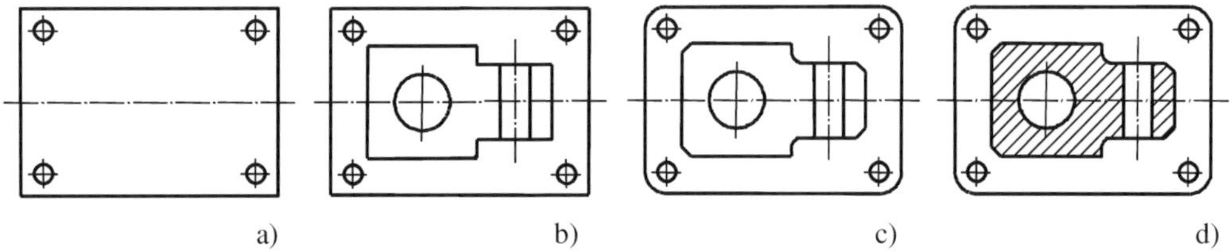

Bild 3-9 Beispiel für die Arbeitsweise mit einem linienbasierten zweidimensionalen CAD-System; a) Erzeugen einer Grundkontur, b) Ergänzen der Kontur, c) Anpassen der Kontur durch Verrundungen und Fasen, d) Vervollständigen durch Anbringen einer Schraffur, siehe auch [Vaj09]

Wie in **Bild 3-9** dargestellt, wird die Zeichnung durch das Aneinanderfügen von Linien erzeugt. Dabei können diese Linien entweder einzeln oder im Verbund erzeugt werden. Bei **Bild 3-9 a)** können also vier einzelne Linien, vier Kreise sowie die Mittellinien die Grundkontur bilden oder die Grundkontur wird als Rechteck erzeugt und die Position der vier Kreise kann relativ zueinander vorgeschrieben sein (z. B. als Abstand der Mittelpunkte mit 116 mm in horizontaler und 76 mm in vertikaler Richtung). In **Bild 3-9 c)** ist stellvertretend für die möglichen Manipulationen der Linien die Verrundung und das Fasen gezeigt. Der letzte in **Bild 3-9 d)** gezeigte Schritt ist wesentlich aufwendiger, weil entweder alle Schraffurlinien von Hand gesetzt werden müssen oder, wenn automatisch schraffiert werden soll, der Konturzug eine geschlossene Linie sein muss. Als letzter Schritt kann eine Bemaßung hinzugefügt werden, die neben dem Text, der aus Buchstaben und Sonderzeichen (z. B. dem Durchmesserzeichen ∅) besteht, Linien mit besonderen Enden (hier: Pfeilen) besitzt, siehe **Bild 3-10**.

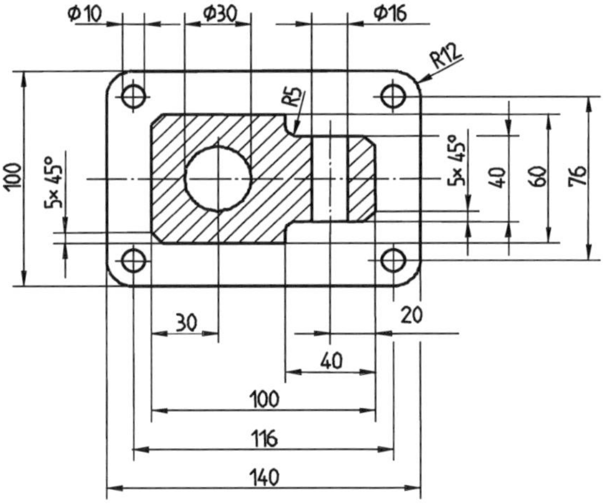

Bild 3-10 Bemaßte Bauteildarstellung nach **Bild 3-9**, siehe auch [Vaj09]

Linienbasierte CAD-Systeme müssen aber nicht auf zwei Dimensionen beschränkt sein. Auch dreidimensionale Darstellungen sind mithilfe von Linien möglich. In diesem Fall geht die Anwendung dann von der Erstellung einer Technischen Zeichnung weg und zur Darstellung von räumlichen Gebilden über, wie im **Bild 3-11** wiedergegeben.

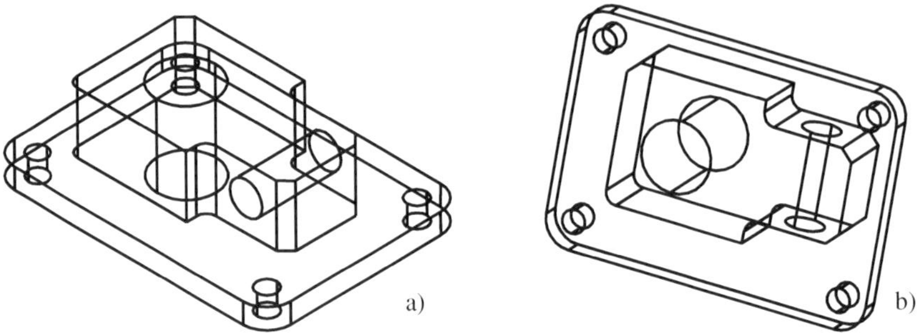

Bild 3-11 Kantenmodell des in **Bild 3-9** dargestellten Werkstücks; a) dimetrische Ansicht, b) Ansicht von unten

Solche linienbezogenen Darstellungen von Körpern werden als *Kantenmodelle* oder *Drahtmodelle* bezeichnet, weil darin lediglich die Körperkanten repräsentiert werden. Die damit verbundenen Probleme sollen an dieser Stelle kurz aufgezeigt werden, weil dadurch die Arbeitsweise der linienbasierten CAD-Systeme besser verständlich wird.

- Die genaue Lage des Werkstücks kann nicht immer eindeutig definiert werden. Weil an einem Drahtmodell nicht erkannt werden kann, welche Seite „vorne" liegt, kann es zu Missinterpretationen kommen. In **Bild 3-11 b)** kann z. B. nicht entschieden werden, ob die Grundplatte vorne liegt oder nach hinten gedreht ist. Vergleiche hierzu auch **Bild 3-13 b)**.
- Es ist keine Übersichtlichkeit gegeben, wenn verdeckte Kanten nicht ausgeblendet werden können, siehe **Bild 3-11 a)**. Eine Ausblendung erfordert das Vorhandensein von Flächen, die in der Datenbasis eines Drahtmodells jedoch nicht enthalten sind.
- Die Darstellung von Bauteilschnitten und Durchdringungen (Boolesche Verknüpfungen) ist eingeschränkt, weil das Drahtmodell zwar die einzelnen Bauteile positionieren kann, hier aber keine Informationen über die neu entstandenen Körperkanten vorhanden sind. Es können also die bei der Verschneidung neu entstandenen Kanten nicht errechnet und damit nicht visualisiert werden.
- Sind Punkte und damit Linien des Kantenmodells falsch gesetzt, so kann es je nach Blickwinkel auf das Werkstück zu Überlappungen kommen und die falsch gesetzte (oder fehlende) Linie kann nicht als solche erkannt werden.
- Bei gekrümmten Bauteilen (z. B. Zylindern) kommt es zu größeren Schwierigkeiten bei der Darstellung von Sichtkanten. Sie werden gerne als virtuelle Kanten bezeichnet, weil es eigentlich keine Kanten sind. In **Bild 3-11 a)** ist lediglich die Querbohrung mit ihren Sichtkanten richtig dargestellt, bei allen anderen Bohrungen liegen sie verdreht. Im Notfall sind die gekrümmten Flächen durch Polygone anzunähern und so die Körperkanten sichtbar zu machen.
- Des Weiteren sind keine weiterführenden Anwendungen, wie z. B. Querschnitts- oder Volumenberechnungen und keine Kollisionsprüfungen möglich.

3.2.2 Flächenbasierte Systeme

Flächenbasierte Systeme nutzen als geometrische Grundelemente neben Punkt und Linie auch das Grundelement Fläche. Diese Flächen können im Raum angeordnet sein, was gleichzeitig bedeutet, dass ein flächenbasiertes CAD-System nicht zwingend nur zweidimensional ist.

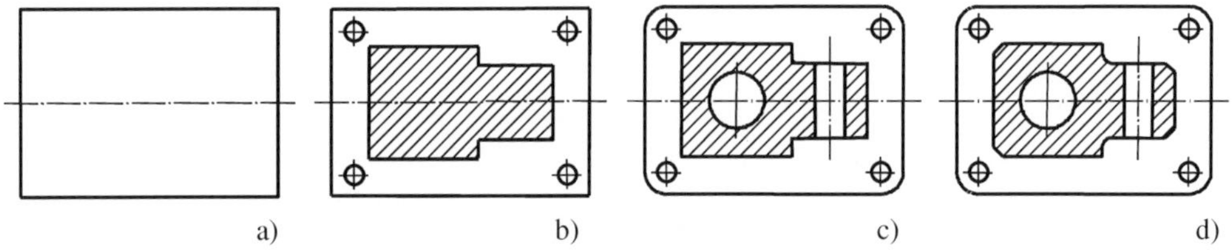

Bild 3-12 Beispiel für die Arbeitsweise mit einem flächenbasierten zweidimensionalen CAD-System; a) Erzeugen einer Grundkontur durch die erste Fläche, b) Ergänzen der Kontur durch „Auflegen" einer zweiten Schicht, c) Ergänzen der Kontur durch „Auflegen" einer dritten Schicht, d) Anpassen der Kontur durch Verrundungen und Fasen, siehe auch [Vaj09]

Flächenelemente bestehen – ähnlich wie Linienmakros – zunächst aus den Berandungen der jeweiligen Fläche. Ihnen können aber in der Datenbasis weitere Attribute zugesprochen werden, wie z. B. schraffiert. Des Weiteren können mit den Flächen die so genanten Booleschen Verknüpfungsoperationen (Vereinigung/Addition, Differenz/Subtraktion, Durchschnittsbildung) durchgeführt werden, was die Erzeugung von komplexen Geometrien stark vereinfacht.

Bei zweidimensionalen flächenbasierten CAD-Systemen wird mithilfe des Rechners eine Technische Zeichnung durch das „Aufeinanderlegen" von Flächen erzeugt, siehe auch **Bild 3-12**. Diese können einzeln gehandhabt werden, beispielsweise einzeln auf dem Bildschirm oder der Plotterzeichnung ein- oder ausgeblendet oder einzeln verschoben und gedreht werden. In diesem Beispiel (in **Bild 3-12** nicht mehr dargestellt) würde die Bemaßung die letzte „Schicht" bilden und das Ergebnis entspräche dann dem in **Bild 3-10** dargestellten.

Diese als *Ebenentechnik* (oder auch als Layer-, Gruppen- oder Folientechnik) bezeichnete Vorgehensweise unterscheidet sich also ganz erheblich von der manuellen Erstellung einer Technischen Zeichnung. Das „Auflegen" der Flächen ähnelt viel mehr der fertigungstechnischen Bearbeitung eines Werkstückes. Es sind aber auch komplexere Beispiele möglich, wo einzelne Baugruppen zu einem Erzeugnis „geschichtet" werden.

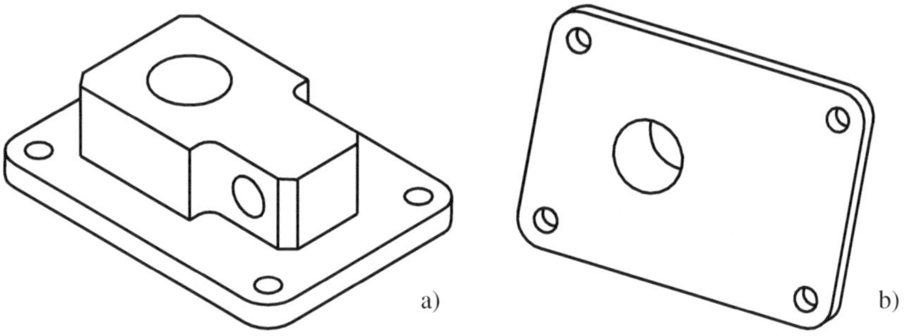

Bild 3-13 Flächenmodell des in **Bild 3-9** dargestellten Werkstücks; a) dimetrische Ansicht, b) Ansicht von unten

Der Nachteil dieser Vorgehensweise gegenüber den weiter entwickelten CAD-Systemen ist ebenfalls, dass die Erzeugung einer Technischen Zeichnung im Vordergrund steht und eine darüber hinaus gehende Nutzung des CAD-Modells weitgehend unmöglich ist.

Bei dreidimensionalen flächenbasierten CAD-Systemen enthält die Datenbasis Informationen nicht nur über Punkte und Kanten, sondern auch über die dazwischen aufgespannten Flächen. Ähnlich wie bei dreidimensionalen linienbasierten CAD-Systemen, geht hier das Augenmerk von der Erstellung einer Technischen Zeichnung über zur Darstellung eines räumlichen Gebildes. Die dreidimensionalen flächenbasierten CAD-Systeme können die meisten Probleme, wie die bei Kantenmodellen, beseitigen. So können verdeckte Kanten ausgeblendet werden (**Bild 3-13**), Verschneidungen zwischen Flächen durchgeführt, bei Bauteilschnitten die Schnittkanten errechnet und Begrenzungskanten von Flächen zugeordnet werden.

Mit flächenbasierten CAD-Systemen können keine Operationen durchgeführt werden, die eine volumenbezogene Information voraussetzen. Dazu zählen z. B. Volumenberechnungen, Kollisionsbetrachtungen oder etwa die mengentheoretischen (Booleschen) Verknüpfungen zweier Körper. Doch auch wenn diese Operationen nicht durchgeführt werden sollen, ist das Arbeiten mit Flächenmodellen insofern problematisch, als dass der Benutzer jede einzelne Fläche modellieren und darüber hinaus auch prüfen muss, ob die modellierten Flächen vollständig sind und lückenlos aneinanderpassen. Ob die modellierten Flächen ein tatsächlich herzustellendes Bauteil umhüllen, kann ein flächenorientiertes System nicht überprüfen. Dies ist aber die Voraussetzung dafür, dass ein Bauteil z. B. mithilfe eines 3D-Druckers erzeugt werden kann.

3.2.3 Volumenbasierte Systeme

Vorrangig werden heutzutage dreidimensionale CAD-Systeme eingesetzt. So ist man erst mit diesen Systemen in der Lage, in einer Geometrie/Datei das vollständige Bauteil zu repräsentieren und dadurch z. B. Inkonsistenzen zwischen unabhängig voneinander erzeugten 2D-Projektionen eines Bauteiles zu vermeiden. Durch das dreidimensionale Modell der Bauteile und Baugruppen ist z. B. die automatische Generierung von Ansichten aus beliebigen Blickwinkeln realisierbar. Volumenbasierte 3D-CAD-Systeme haben gegenüber den linien- oder flächenbasierten Systemen den Vorteil, dass sie eine, über die bloße Darstellung des Werkstücks oder der Baugruppe, weit hinaus reichende Anwendung der Datenbasis erlauben. Auf diese Möglichkeiten wird in **Abschnitt 3.4.3** ausführlich eingegangen. An dieser Stelle soll zunächst einmal der grundsätzliche Aufbau der Datenbasis und die allgemeine Vorgehensweise bei volumenorientierten CAD-Systemen angesprochen werden.

Die Volumenmodelle der 3D-CAD-Systeme können in zwei Klassen unterteilt werden:

- Boundary Representation (BRep), Flächenbegrenzungsmodell
- Constructive Solid Geometry (CSG).

Bei der Volumenbeschreibungsmethode *Boundary Representation* wird das Volumen durch seine umhüllenden Begrenzungsflächen und zusätzlich durch Angabe der Lage des Materials relativ zu den Begrenzungsflächen angegeben. Damit baut das Flächenbegrenzungsmodell unmittelbar auf das zuvor angesprochene Flächenmodell auf und ergänzt die darin noch fehlende Information mithilfe so genannter Materialvektoren. Diese Materialvektoren geben an, auf welcher Seite jeder Fläche das Material liegt.

Das Flächenbegrenzungsmodell wird nach jedem Einfügen, Ändern oder Löschen irgendwelcher Flächen, Kanten oder Punkte aktualisiert, so dass zu jeder Zeit ein vollständiges Abbild der Geometrie in expliziter Form vorliegt. Aus diesem Grund wird dieses Modell den Volumenmodellen zugerechnet.

Bei der Volumenbeschreibungsmethode *Constructive Solid Geometry* wird das Volumen eines Bauteils erfasst, indem dessen Entstehungsgeschichte als Folge von Verknüpfungsoperationen von Grundvolumina abgespeichert wird. Diese Verknüpfungsoperationen werden wegen ihrer Verwandtschaft mit der Mengenlehre gerne als *Boolesche Operationen* oder *Verknüpfungen* genannt. In **Bild 3-14** sind diese Booleschen Operationen an einem Beispiel visualisiert.

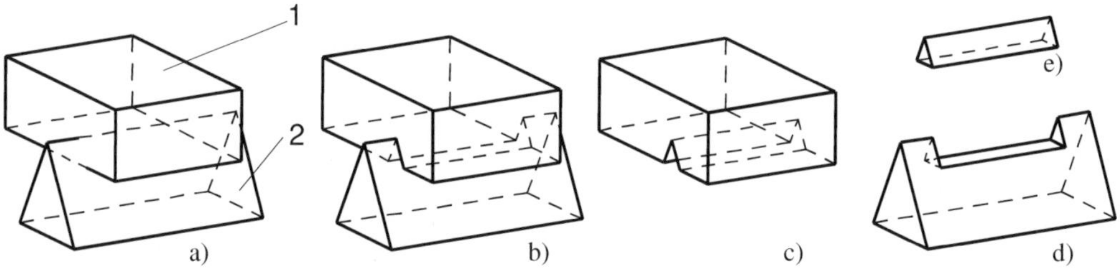

Bild 3-14 Vereinigung, Differenz und Schnittvolumen zweier Körper; a) Körper 1 und Körper 2, b) Vereinigung 1 ∪ 2, c) Differenz 1 \ 2, d) Differenz 2 \ 1, e) Schnittvolumen (Durchschnitt)1 ∩ 2

Als Operanden steht ein bestimmter Vorrat von Primitivkörpern zur Verfügung, aus denen dann das Bauteilmodell erzeugt wird. Als Beispiele für diese Grundvolumina sind Quader, Keil, Zylinder, Torus, Kegel und Kugel zu nennen. Je nach „Ausstattung" des CAD-Systems können weitere Grundvolumina dazukommen, wie z. B. Kegel- oder Pyramidenstumpf, Hohlzylinder oder Kugelabschnitt oder sogar Grundgeometrien von Maschinenelementen wie z. B. Passfeder/Nut, U-Träger, T-Träger oder Zahnrad.

Das CAD-Modell eines Bauteiles enthält im Falle eines CSG-Modellierers nicht explizit die Begrenzungsflächen und -kanten des Bauteils, sondern eine Art Baumstruktur der Verknüpfungen. Hierin ist abgelegt, welche Grundvolumina mit welcher Folge von Booleschen Operationen zusammengesetzt wurden. Zur bildlichen Darstellung oder wenn konkrete Abmessungen abgegriffen werden sollen, wird der CSG-Baum *evaluiert.* Diese beim Evaluieren erzeugten Daten sind – im Gegensatz zum Flächenbegrenzungsmodell – nicht der eigentliche Inhalt der Datenbasis, sondern eben nur abgeleitet. Dies ermöglicht den Einsatz von vereinfachten Algorithmen zur Darstellung der Flächen oder Kanten.

3.2.4 Arbeitstechnik bei volumenbasierten Systemen

Da mit volumenbasierten Systemen sowohl eine Modellgenerierung eines Werkstücks, die Montage von mehreren Werkstücken zu einer Baugruppe oder auch die Erzeugung von Technischen Zeichnungen dieser Werkstücke oder Baugruppen möglich ist, muss in einem ersten Schritt ausgewählt werden, welche dieser Optionen ausgeführt werden soll. Jede dieser Optionen erzeugt eigene Dateien, die zur besseren Unterscheidung unterschiedliche Endungen (so genannte Extensions) aufweisen. Diese Endungen haben bei unterschiedlichen CAD-Systemen unterschiedliche Namen.

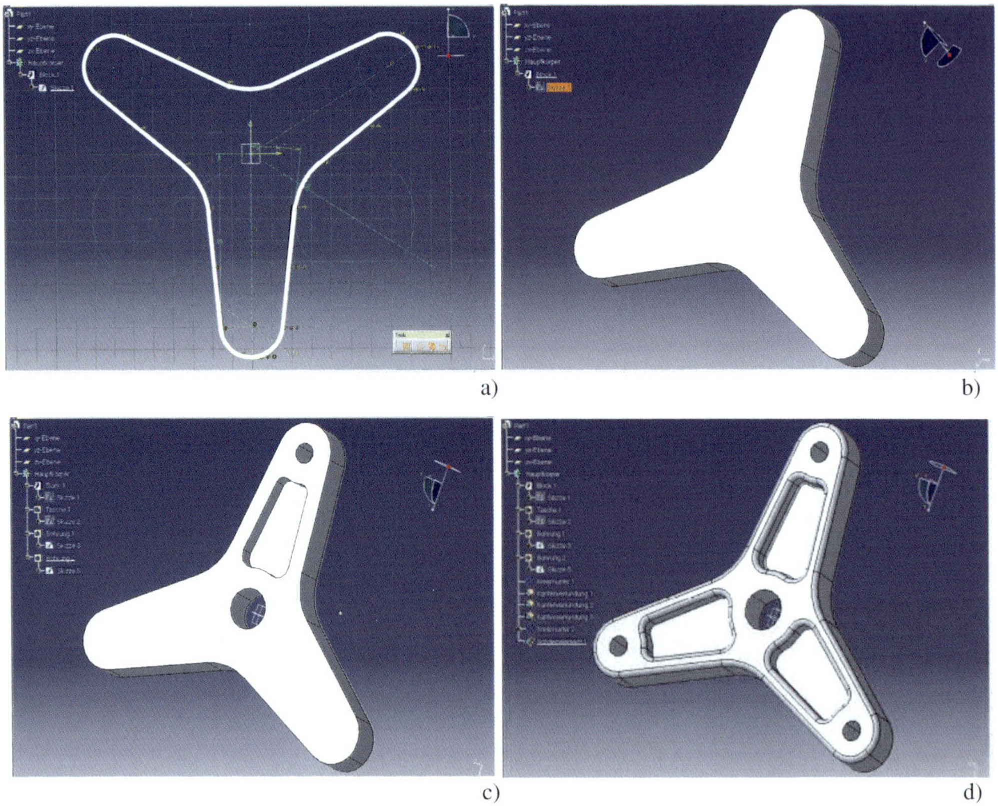

Bild 3-15 Beispiel für die Arbeitsweise mit einem dreidimensionalen CAD-System; a) Linienkontur als „Skizze“; b) „Extrudieren“ zu einer Scheibe; c) Einbringen von Details; d) Kopieren der Details, Erzeugen von Verrundungen

Soll ein Modell generiert werden, dann wird in der Regel als erster Modell generierender Schritt eine Skizze erstellt. Diese Skizze hat nur so viel mit der Handskizze gemeinsam, dass hierbei Linien zum Einsatz kommen. Das so genannte vorgeschaltete Skizzenmodul unterscheidet sich also grundlegend von dem Konzept volumenbasierter CAD-Systeme und wird lediglich dazu genutzt, den Umriss der Grundgeometrie zu erzeugen, siehe auch **Bild 3-15 a**).

Zur Erzeugung dieser Grundgeometrie stehen neben den verschiedensten Linienarten noch Operationen zur Verfügung wie z. B. Duplizieren, Spiegeln, Verschieben oder Tangieren. Wesentlich bei dieser im Skizzenmodul erzeugten Kontur ist, dass sie einen geschlossenen Linienzug bildet, weil sonst die nachfolgenden Operationen (Überführung in ein Volumenmodell) nicht durchgeführt werden können.

Dieser Linienzug wird in ein Volumen dadurch überführt, dass er extrudiert[1] oder rotiert wird, wie **Bild 3-16** veranschaulicht. Ausgehend von der damit erzeugten Geometrie erfolgt die an-

1 Extrudieren ist ein Fertigungsverfahren, bei dem formbare Masse, z. B. ein pastöser Kunststoff, durch eine Matrize gepresst wird und längliche Gebilde (wie z. B. Vollstäbe, Rohre, Schläuche) mit beliebiger Querschnittsform entstehen.

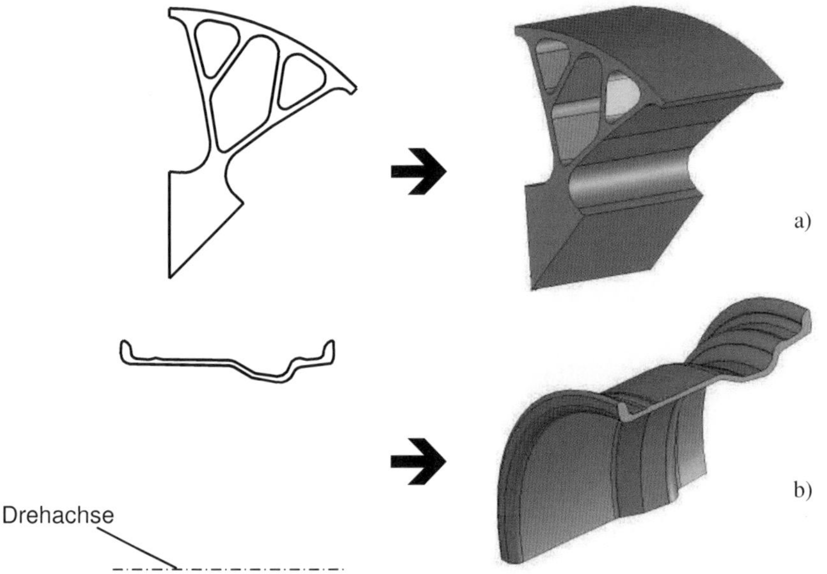

Bild 3-16 Erzeugen von Volumenkörpern jeweils aus einer Skizze heraus; a) Erzeugen eines Profilkörpers durch Extrudieren; b) Erzeugen eines Rotationskörpers durch Rotieren, hier am Beispiel einer Vierteldrehung

schließende Weiterverarbeitung durch Verknüpfen weiterer Körper mithilfe der oben erwähnten Booleschen Operationen. **Bild 3-15 b)** bis **d)** zeigt an einem einfachen Beispiel die weitere Vorgehensweise. Ein Modellbaum, in **Bild 3-15** jeweils oben links im Bild, informiert über alle vorhandenen Operationen und erlaubt an jeder Stelle Änderungen durch Aufrufen und Abändern der gewünschten Daten.

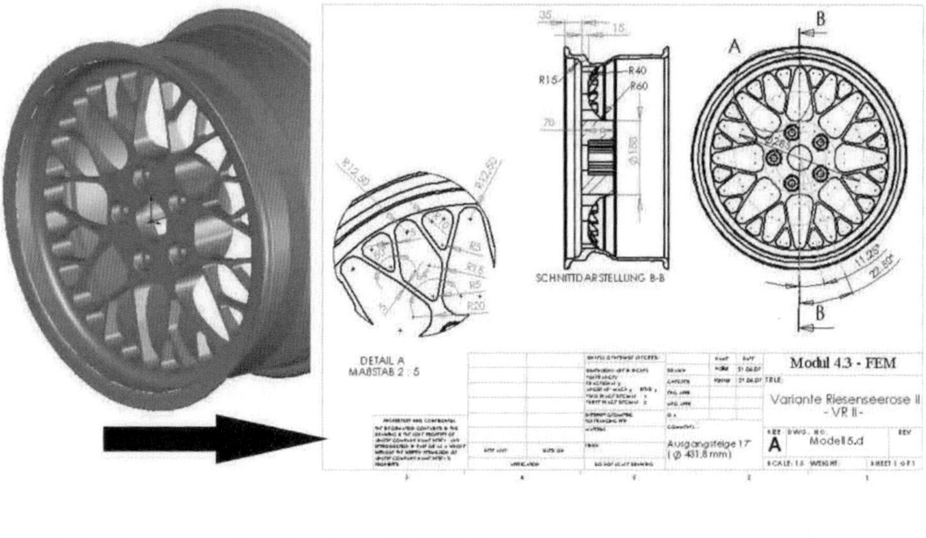

Bild 3-17 Zeichnungserstellung bei einem 3D-CAD-System

Wird ein Modell mit einem solchen CAD-System erstellt, so muss aber nicht auf die „konventionelle“ Zeichnung verzichtet werden. Es können Ansichten und Schnitte herausgeleitet werden, um diese durch Hinzufügen z. B. einer normgerechten Bemaßung, eines Zeichenrahmens oder eines Schriftfeldes zu vervollständigen, **Bild 3-17**. Diese Zeichnungserstellung ist bei einem 3D-CAD-System vom Arbeitsaufwand aber eher ein „Nebenprodukt“. Das soll aber nicht bedeuten, dass die mit CAD erstellte Technische Zeichnung einen geringeren Wert hat als eine von Hand erstellte, wie auch in **Abschnitt 3.4.2** dargelegt. Auch die CAD-Zeichnung unterliegt den strengen Anforderungen, die in den Normen festgehalten sind und die Erstellung erfordert die Kenntnis der Regeln des Technischen Zeichnens.

3.3 Datenformate – Schnittstellen

Definition und Nutzung geeigneter Schnittstellen sind essenziell für den Informationsaustausch über Abteilungs-, Unternehmens- und Ländergrenzen hinweg. Da viele verschiedene CAD-Systeme genutzt werden und diese nicht nur untereinander, sondern auch zu anderen vor- oder nachgelagerten Systemen einen Datenaustausch ermöglichen sollen, ist ein einfacher Im- und Export von Daten in der Regel von den CAD-Systemen standardmäßig realisiert.

Grundsätzlich möglich ist der Datenaustausch zwischen mehreren Abteilungen, siehe **Bild 3-18**, bzw. unterschiedlichen Anwendungssystemen (CAD, Berechnungsprogrammen oder Arbeitsplanungssoftware etc.) entsprechend einem der folgenden Konzepte:

- Direkte und damit maßgeschneiderte Konvertierung in das Datenformat des Zielsystems. Diese Vorgehensweise hat den Vorteil, dass über spezielle Filter auch definiert werden kann, was nicht zu übertragen ist.
- Definition eines systemneutralen Datenformates, in welches jeweils ausgeschrieben wird bzw. aus welchem eingelesen werden kann.
- Definition eines einheitlichen Datenformates mit freiem Zugriff aller beteiligten Systeme auf den entsprechenden Datenbestand.

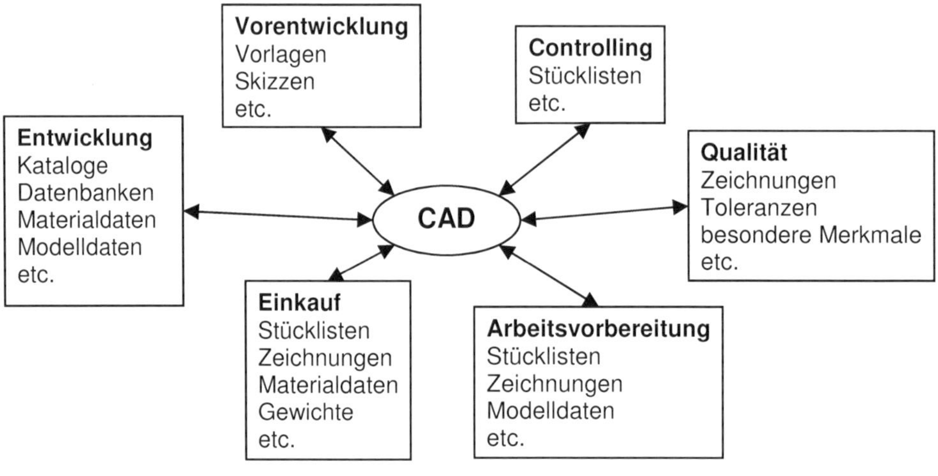

Bild 3-18 Beispiel für den Datenaustausch zwischen CAD-System und den verschiedenen Abteilungen eines Betriebes

Die ersten systemneutralen CAD-Schnittstellendefinitionen mit Geometrieinformationen als maßgeblichen Inhalt sind erst in den 80er Jahren entstanden. In Deutschland ist die Schnittstelle IGES sehr gebräuchlich bzw. die daraus abgeleitete Schnittstelle VDAFS. In speziellem Kundenkreis (französische Kraftfahrt- und Raumfahrtindustrie) ist die Schnittstelle SET verbreitet. Daneben hat sich die DXF-Schnittstelle als Industriestandard für den (zweidimensionalen) CAD-Datenaustausch durchgesetzt. Um ein vollständiges Produktmodell rechnerintern verwalten zu können, wurde der Standard STEP ins Leben gerufen. Hierin sollen (außer dem nicht allgemein genormten Format DXF) alle genannten (und einige weitere) Schnittstellenformate einfließen. Auf die genannten Schnittstellen und den Standard STEP wird im Folgenden kurz eingegangen.

IGES (Initial Graphics Exchange Specification) ist ein Schnittstellenformat, welches hauptsächlich zur Übertragung von Geometriedaten genutzt wird. Mithilfe dieses Schnittstellenformates sind aber auch nicht-geometrische Elemente (insbesondere Bemaßungen, Texte und auch FEM-Daten) übertragbar. Je nach Version liegt eine unterschiedliche Datenbasis vor, denn ursprünglich war IGES auf Kantenmodelle beschränkt, danach wurde der Umfang im Dreidimensionalen auf Flächeninformationen erweitert, um ab Version 4.0 einfache Volumeninformationen und mit Version 5.0 die Übertragung nach dem Flächenbegrenzungsmodell zu erlauben. Die eigenständigen Aktivitäten zu IGES wurden aber eingestellt und werden im Rahmen von STEP weitergeführt.

VDAFS (VDA-Flächenschnittstelle) ist ein Schnittstellenformat, welches als reine Geometrieschnittstelle explizit auf den Austausch von dreidimensionalen Kurven- und Flächeninformationen ausgerichtet ist. Diese Schnittstelle wurde ins Leben gerufen, weil zum damaligen Zeitpunkt mit den vorhandenen Schnittstellen eine Übertragung von Freiform-Flächen nicht möglich war. Der Name VDAFS kommt daher, weil der VDA[1] die treibende Kraft bei der Festlegung dieser Spezifikation war. Diese Schnittstelle hat im Bereich der Kraftfahrzeugindustrie, beim Datenaustausch zwischen den Kraftfahrzeugherstellern und ihren Zulieferern nach wie vor eine große Bedeutung.

SET (Standard d'Echange et de Transfert) ist etwa zur gleichen Zeit und aus den gleichen Motiven heraus entstanden, wie die VDAFS in Deutschland. SET hat gegenüber VDAFS einen etwas erweiterten Funktionsumfang, weil darin auch Volumenmodelle übertragen werden können. Darüber hinaus erfasst SET (im Gegensatz zu VDAFS) auch graphische Symbole, Bemaßungen, Schraffuren, Teilestrukturen und bietet die Möglichkeit zur anwendungsspezifischen Erweiterung. Weitere Entwicklungen haben die Übertragung von FEM- und Fertigungsinformationen ermöglicht.

DXF (Drawing Exchange Format) ist ein von der Firma Autodesk ursprünglich für das eigene CAD-System AutoCAD entwickelte Schnittstellenformat. Aufgrund der überaus großen Verbreitung dieses Systems ist diese Schnittstelle quasi zu einem industriellen Standard geworden. Nahezu alle CAD-Systemanbieter können heute diese Schnittstelle bedienen und liefern Pre- und Postprozessoren. War DXF ursprünglich nur für den Austausch von (zweidimensionalen) Zeichnungsdaten gedacht (Geometrie, Symbole, Bemaßungen, Schraffuren), so wurde dies in der Vergangenheit auch auf dreidimensionale Elemente erweitert.

[1] VDA – Verband der Automobilindustrie e.V.

STEP (Standard for the Exchange of Product Model Data) bietet gegenüber den bislang genannten Formaten einen erheblich erweiterten Ansatz, weil mit diesem Standard die Möglichkeit geschaffen werden sollte, vollständige Produktmodelle nach einheitlichen Kriterien auszutauschen und zu archivieren.

Der Begriff „vollständiges Produktmodell" ist so zu verstehen, dass verschiedene Phasen im Lebenszyklus eines Produktes durch unterschiedliche so genannte STEP-Partialmodelle beschrieben werden. Ihre Gesamtheit repräsentiert entsprechend das vollständige Produktmodell.

3.4 Rechnerunterstützte Konstruktion

Zunächst wird die Konstruktion unter dem Gesichtspunkt Zeichnungserstellung mit CAD näher betrachtet.

3.4.1 Unterstützung der Konstruktionstätigkeit durch Rechner

Das Kürzel „*CAD*" bezeichnet mit *Computer Aided Design* nicht das Zeichnen, sondern eigentlich das rechnerunterstützte Konstruieren. Der wesentliche Unterschied zwischen dem manuellen und dem rechnerunterstützten Konstruieren und Zeichnen besteht darin, dass im zweiten Fall zu jedem Bauteil, jeder Baugruppe und jedem Erzeugnis ein rechnerinternes Modell erzeugt wird, das nicht nur für diese eine Zeichnung, sondern zu ganz verschiedenen Zwecken verwendet werden kann.

Bild 3-19 CAD-Arbeitsplatz mit der Möglichkeit einer durchgängigen Bearbeitung von der Vorlage (hier das Blatt der Riesenseerose unten links) über das CAD-Modell, über die Ausleitung zu einem Berechnungstool bis zur Technischen Zeichnung und dem Rapid Prototyping-Modell

Der Hauptvorteil von CAD besteht in der Durchgängigkeit der Daten für die Prozesskette Entwicklung – Konstruktion – Fertigung, siehe auch **Bild 3-19**. Die hierzu notwendigen Schnittstellen sind, wie im **Kapitel 3.3** dargelegt, mittlerweile ausgereift.

Der früher genannte Nachteil, dass Handskizzen nicht ins System übertragbar seien, kann heute nicht mehr gelten. Einige Anbieter haben sich auf das Aufnehmen und Verarbeiten von solchen schnell ausgeführten Handzeichnungen spezialisiert. Einen anderen Kritikpunkt muss sich aber die rechnerunterstützte Konstruktion vor allem bei Neukonstruktionen gefallen lassen, denn die Nutzung von CAD-Systemen ist nicht darauf ausgerichtet, neue Ideen und Lösungen für technische Aufgabenstellungen zu kreieren. Sie ist in der kreativen Phase des Konstruktionsprozesses nach wie vor nicht behilflich. Ihre Stärke liegt jedoch in der Archivierung von bereits erstellten Konstruktionen und der schnellen Manipulation solcher Vorlagen, also in der so genannten Anpassungskonstruktion. Die Variantenkonstruktion, als letzte der Konstruktionsarten, ist ohne CAD-Systeme mit seinen Möglichkeiten, ein parametrisierbares Modell zu erstellen, kaum noch wirtschaftlich möglich. Hier kommen die Funktionalitäten von CAD-Systemen besonders gut zum Einsatz. Berücksichtigt man den geringen Anteil, den Neukonstruktionen zahlenmäßig an der Gesamtentwicklung haben, dann wird der durchgängige Einsatz von CAD-Systemen noch besser verständlich.

3.4.2 Dokumentation

Trotz der fast durchgängigen Nutzung von CAD-Systemen und der damit verbundenen einfachen Möglichkeit des Austauschs von Produktdaten, hat die Technische Zeichnung nicht an Bedeutung verloren. Das scheint auf den ersten Blick verwunderlich. Mit der Überlegung aber, dass Änderungen im CAD-System kaum zurückzuverfolgen sind, wird die Bedeutung der Technischen Zeichnung als rechtlich relevantes Dokument deutlich. Darüber hinaus begleitet die Technische Zeichnung ein Produkt über alle seine Lebensphasen hinweg, siehe **Bild 3-20**.

Bild 3-20 Produktlebenslauf

In **Bild 3-18** wurden bereits Bespiele für Informationen angeführt, die aus dem CAD abgeleitet werden können. Allen diesen Informationen dient die Technische Zeichnung als Basis, und dokumentiert den jeweils aktuellen Stand. Die Technische Zeichnung entsteht eigentlich erst in der Entwicklungs- bzw. Konstruktionsabteilung, doch ihre Vorläufer existieren bereits während der Angebotsphase (Planung) zur Vereinfachung der Abstimmung mit dem Kunden.

Ist die Entwicklung bzw. Konstruktion beendet und wird die entsprechende Zeichnung freigegeben, dann bekommt diese Zeichnung eine Zeichnungs- und gleichzeitig auch eine Revisionsnummer. Mithilfe dieser Revisionsnummer wird ein jeweils abgestimmter Status einer Entwicklung oder Konstruktion festgehalten. Ist eine Technische Zeichnung erst einmal freigegeben, so zieht eine Änderung dieser Konstruktion einen größeren Aufwand nach sich, weil sie nicht nur mit Kunden bzw. Lieferanten abgestimmt sein muss, sondern auch Änderungen aller Dokumente der nachfolgenden Produktlebensphasen nach sich zieht, siehe **Bild 3-20**. Jede Änderung der Konstruktion wird auf der Technischen Zeichnung gekennzeichnet und paraphiert[1], und sie bedeutet auch eine Änderung der Revisionsnummer.

Weiterführende Dokumente, wie z. B. Stücklisten, Fertigungs- und Montagevorgaben, Transportvorschriften, Betriebsanleitungen, Demontagevorgaben, Recyclingmöglichkeiten usw. beziehen sich stets auf einen bestimmten Stand der Zeichnung.

3.4.3 Digital Mock-Up

Das Hauptargument für den CAD-Einsatz war früher die Arbeitszeitersparnis durch Nutzung des Werkzeugs CAD als (elektronische) Zeichenmaschine, um bei kleinen Änderungen eine kürzere Bearbeitungsdauer als bei einer reinen Handzeichnung zu erzielen. Wegen dieser relativ geringen Nutzbarkeit sind heute diese Systeme seltener anzutreffen. Durch Verwendung von 3D-CAD-Systemen sind die Möglichkeiten stark gestiegen. Der Einsatz von 3D-CAD-Systemen wird genau dann interessant, wenn viele Personen gleichzeitig an komplexen Projekten arbeiten und wenn über die Bauteil- und Zeichnungserzeugung hinaus gehende Fragestellungen zu bearbeiten sind. Diese weitergehende Nutzung der Produktdaten, die teilweise spezialisierte Hard- und Software erfordert, wird unter der Bezeichnung *Digital Mock-Up* (kurz DMU) zusammengefasst. Im Folgenden sind Beispiele hierfür gegeben.

- *Visualisierung*: Das erzeugte Bauteil kann von allen Seiten betrachtet werden und vermittelt dem Konstrukteur einen guten Eindruck von der Gestalt. Dabei kann die Visualisierung noch dadurch verbessert werden, dass mithilfe von Virtual Reality ein räumlicher Eindruck vermittelt werden kann.
- *Packaging, Space Management*: Das betreffende Bauteil kann zur Simulation und Überprüfung von Platzverhältnissen an seinen zukünftigen Platz virtuell positioniert werden, um z. B. die Montagefreiräume überprüfen zu können.
- *Clash & Clearance*: Um späte kostspielige Kollisionen zu vermeiden, kann eine rechnerinterne Kollisionsanalyse durchgeführt werden. Ebenso kann die Freigängigkeit (z. B. Kopffreiheit, Breite von Fluchtwegen) virtuell geprüft werden.
- *Enveloping*: Die erforderlichen Platzverhältnisse können sich durch Schwingungen oder durch Wärmedehnung stark ändern. Auch diese Anforderung kann mithilfe eines 3D-CAD-Systems geprüft werden, indem der zusätzliche Bewegungsraum der betreffenden Bauteile durch eine zusätzliche virtuelle Umkleidung visualisiert wird.
- *Virtual Workshop*: Durch die rechnerinterne Simulation von Montagevorgängen wird nicht nur die montierte Baugruppe dargestellt, sondern auch der Platzbedarf bei Montage und Instandhaltung ermittelt.

Die einmal in den Rechner gebrachten Daten können automatisch oder teilautomatisch weiterverwendet werden, z. B. zur Stücklistengenerierung, zur Ableitung von Illustrationen für Dokumentationen direkt aus dem Konstruktionsmodell oder zur Gewinnung von Steuerungsinformationen z. B. für NC- bzw. CNC-Werkzeugmaschinen.

[1] Die auf Papier ausgedruckte Zeichnung besitzt den Vorteil, dass zwei (oder auch mehr) Parteien durch Unterschrift ihre Zustimmung bezeugen können, diese Zeichnung also paraphieren.

3.5 Übungen

3.1 Was bedeutet das Kürzel CAD?

3.2 Welche grundsätzliche Unterscheidung besteht bei den verschiedenen CAD-Systemen?

3.3 Wozu wird das Skizzenmodul bei den 3D-CAD-Systemen genutzt?

3.4 Welche zusätzlichen Möglichkeiten bietet die Nutzung eines 3D-CAD-Systems gegenüber einem 2D-CAD-System über die Erstellung einer Technischen Zeichnung hinaus?

3.5 Warum ist es sinnvoll, trotz der Nutzung eines CAD-Systems und der Übertragung von elektronischen Daten, noch eine Technische Zeichnung zu erstellen und auch auszudrucken?

3.6 Können aus einer Technischen Zeichnung, die in einem 2D-CAD-System erstellt wurde, Daten zur Ansteuerung einer CNC-Werkzeugmaschine gewonnen werden?

3.7 Welche Möglichkeiten bestehen, bereits vorhandene Bauteile in ein CAD-System zu übertragen?

3.8 Welche Möglichkeiten bestehen, die Qualität eines CAD-Modells zu überprüfen?

3.9 Gegeben sind verschiedene Bauteile. Aus welchen Grundkörpern sind die unten wiedergegebenen Bauteile additiv bzw. subtraktiv zusammengesetzt?

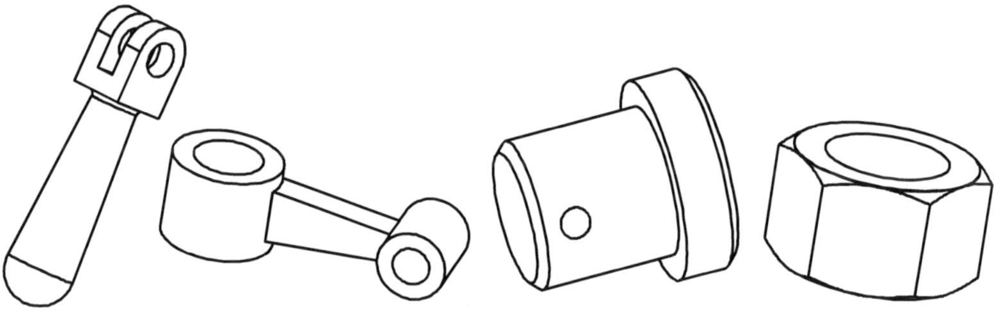

a) b) c) d)

3.10 Das wiedergegebene Bauteil ist aus Zylindern und Quadern additiv und subtraktiv zusammengesetzt. Zeichnen Sie die „Entstehungsgeschichte“ auf und nennen Sie jeweils die Booleschen Operationen, die zur Verknüpfung genutzt wurden.

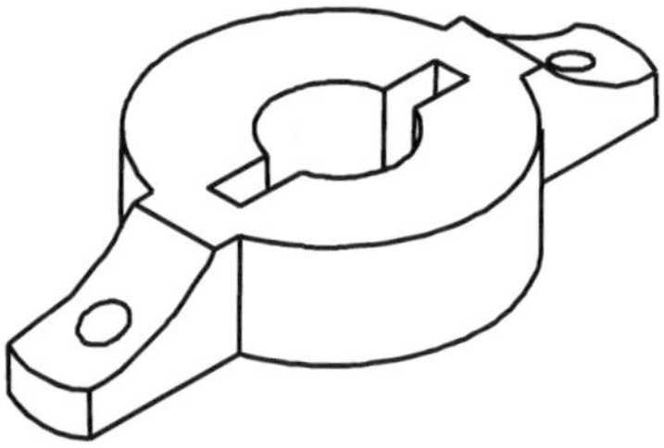

4 Darstellung von Werkstücken

In diesem Kapitel kommen ausführlich die notwendigen Regeln und Konventionen bei der Darstellung zur Sprache, um ein Bauteil normgerecht darzustellen und damit für jeden eindeutig und verständlich wiederzugeben.

4.1 Maßstäbe

Die Zeichnung gibt die genaue Form des Werkstücks eindeutig an. Je nach Größe des darzustellenden Werkstückes kann es dann erforderlich sein, es in natürlicher Größe, in vergrößertem oder verkleinertem Maßstab darzustellen. In einer Technischen Zeichnung muss jedes Werkstück maßstäblich gezeichnet werden und der verwendete Maßstab auf der Zeichnung angegeben sein. Der Maßstab soll dabei so gewählt werden, dass Einzelheiten erkennbar sind, der Gesamteindruck aber nicht verloren geht. Danach richtet sich die Größe des Zeichnungsformates. Die zu verwendenden Maßstäbe sind in DIN ISO 5455 festgelegt. Diese Norm gilt für Maßstäbe und deren Angaben in Technischen Zeichnungen für alle Gebiete der Technik.

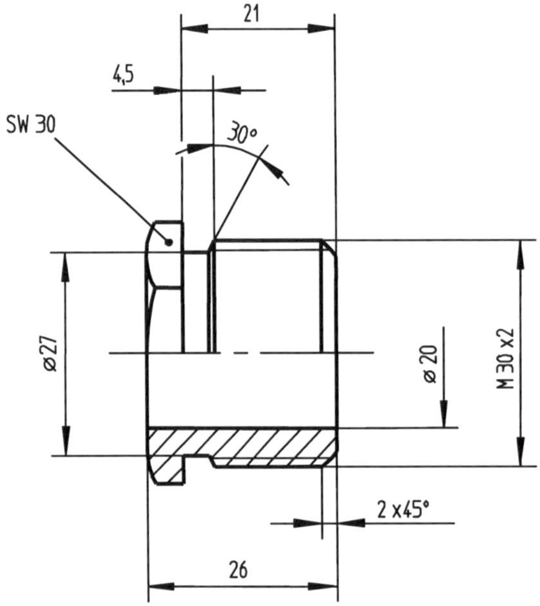

Bild 4-1 Beispiel für eine Zeichnung im natürlichen Maßstab (M 1:1)

Es gibt den natürlichen Maßstab, den Verkleinerungs- und den Vergrößerungsmaßstab. Der *natürliche Maßstab* besitzt das gleiche Verhältnis von gezeichneter zu realer Größe. Sind die Abmessungen eines Bauteils in der Zeichnung also ebenso groß wie in Wirklichkeit, so ist der Zeichnungsmaßstab 1:1. Bei einem *Vergrößerungsmaßstab* ist dieses Verhältnis größer als 1:1, bei einem *Verkleinerungsmaßstab* ist dieses Verhältnis kleiner als 1:1.

In **Bild 4-1** ist eine Zeichnung im Maßstab 1 : 1 wiedergegeben. Messen Sie nach, die zahlenmäßigen Angaben in der Zeichnung stimmen mit den gezeichneten Abmessungen des Werkstücks überein – oder? Zu berücksichtigen ist allerdings, dass eine Angabe des Maßstabes stets nur für das Original und seine (maßstabsgetreuen) Kopien zutrifft, nicht jedoch für die hier in der Regel wiedergegebenen verkleinerten Darstellungen, **Bild 4-1** ist eine Ausnahme.

Die vollständige Angabe eines Maßstabes besteht aus dem Wort „SCALE", in der Bundesrepublik Deutschland aus dem Wort „Maßstab", sowie aus dem Maßstabsverhältnis z. B. Maßstab 1 : 1 für den natürlichen Maßstab, Maßstab x : 1 für den Vergrößerungsmaßstab oder Maßstab 1 : x für den Verkleinerungsmaßstab.

Es bedeutet also z. B. Maßstab 1 : 2: Ein Millimeter der gezeichneten Länge des Werkstücks entspricht 2 mm der tatsächlichen Länge. Maßstab 2 : 1 bedeutet: Das Werkstück ist doppelt so groß gezeichnet als es in Wirklichkeit ist. Die in der Zeichnung eingetragenen Maße entsprechen allerdings immer der wahren Länge des Werkstücks, nicht der entsprechend dem Maßstab verkleinerten oder vergrößerten Länge.

Der in der Zeichnung angewendete Maßstab ist in das Schriftfeld der Zeichnung einzutragen. Wenn mehr als ein Maßstab in einer Zeichnung benötigt wird, soll der Hauptmaßstab in das Schriftfeld und alle anderen Maßstäbe in die Nähe der Positionsnummer oder der Kennbuchstaben der Einzelheit (z. B. „Y 10:1") und/oder Schnitte (z. B. „C-D 5:1") geschrieben werden.

Zeichnungsmaßstäbe sind stets lineare Maßstäbe. Durch die DIN ISO 5455 sind Maßstäbe festgelegt, die folgende **Tabelle 4-1** zeigt Beispiele.

Tabelle 4-1 Maßstäbe nach DIN ISO 5455 (Auswahl)

Vergrößerungsmaßstäbe:	20:1 2:1	50:1 5:1	 10:1
Natürlicher Maßstab:			1:1
Verkleinerungsmaßstäbe:	1:2 1:20	1:5 1:50	1:10 1:100

Auf Winkel haben die Zeichnungsmaßstäbe natürlich keinen Einfluss, da der Maßstab nicht nur nach einer Seite hin verändert wird, sondern proportional verkleinert bzw. vergrößert wird. Ein Winkel von z. B. 60° bleibt bei allen Zeichnungsmaßstäben auch 60°. Handelt es sich bei der dargestellten Zeichnung um eine Handskizze, so ist keine Maßstabsangabe notwendig.

Für die Wahl des Darstellungsmaßstabes gilt folgende Richtlinie: Vorzugsweise ist das Werkstück in der natürlichen Größe, also im Maßstab 1:1 zu zeichnen. Ansonsten muss der jeweils gewählte Maßstab auf jeden Fall die deutliche und unmissverständliche zeichnerische Wiedergabe der tatsächlichen Verhältnisse gewährleisten.

Es ist durchaus möglich und auch zulässig, die verschiedenen Ansichten eines Werkstücks in verschiedenen Maßstäben zu zeichnen. Grundsätzlich unzulässig ist es dagegen, in ein und derselben Ansicht mehrere Maßstäbe zu gebrauchen. Das Werkstück würde sonst verzerrt dargestellt sein.

4.2 Linienarten

Die in Technischen Zeichnungen zu verwendenden Linienarten sind in DIN ISO 128 genormt. Danach kommen in einer Technischen Zeichnung in der Regel nur zwei Linienbreiten vor: breit und schmal. Die breiten Linien sind doppelt so dick wie die schmalen. Durch weitere Unterscheidungen wie durchgezogen (Voll-Linie), gestrichelt (Strichlinie), strichpunktiert (Strichpunktlinie, Strich-Zweipunktlinie) entstehen die einzelnen Linienarten, deren Anwendung nach festgelegten Regeln erfolgt.

Aus Gründen proportionaler Verkleinerung entsprechend den Zeichnungsformaten sind für Linien (DIN ISO 128) und Schriften (DIN EN ISO 3098) die gleichen Linienbreiten mit einem Stufensprung von etwa $\sqrt{2}$ festgelegt. Rückvergrößerungen auf andere DIN-Formate führen so wieder zu genormten Schriftgrößen und Linienbreiten. In **Tabelle 4-2** sind die bevorzugten Liniengruppen hervorgehoben dargestellt. Die wichtigsten Anwendungen sind anschließend entsprechend der Nummerierung aufgeführt. **Bild 4-2** gibt Beispiele.

Tabelle 4-2 Linienarten, Linienbreiten in mm und Liniengruppen nach DIN ISO 128

	Liniengruppen				Benennung	Beispiel
Nr.	**1,0**	**0,7**	**0,5**	**0,35**		
1					breite Voll-Linie	
2	1,0	0,7	0,5	0,35	breite Strichlinie	
3					breite Strichpunktlinie	
4					schmale Voll-Linie	
5					schmale Strichlinie	
6	0,5	0,35	0,25	0,18	schmale Strichpunktlinie	
7					schmale Strich-Zweipunktlinie	
8					schmale Freihandlinie oder schmale Zickzacklinie	

1. *Breite Voll-Linie*: a) sichtbare Kanten und Umrisse; b) Grenze nutzbarer Gewindelänge; c) vereinfachte Darstellung von Freistichen
2. *Breite Strichlinie*: a) Kennzeichnung zulässiger Oberflächenbehandlung
3. *Breite Strichpunktlinie*: a) Schnittlinien; b) Kennzeichnung von Zonen mit bestimmter vorgeschriebener Behandlung, z. B. Wärmebehandlung oder Beschichtung

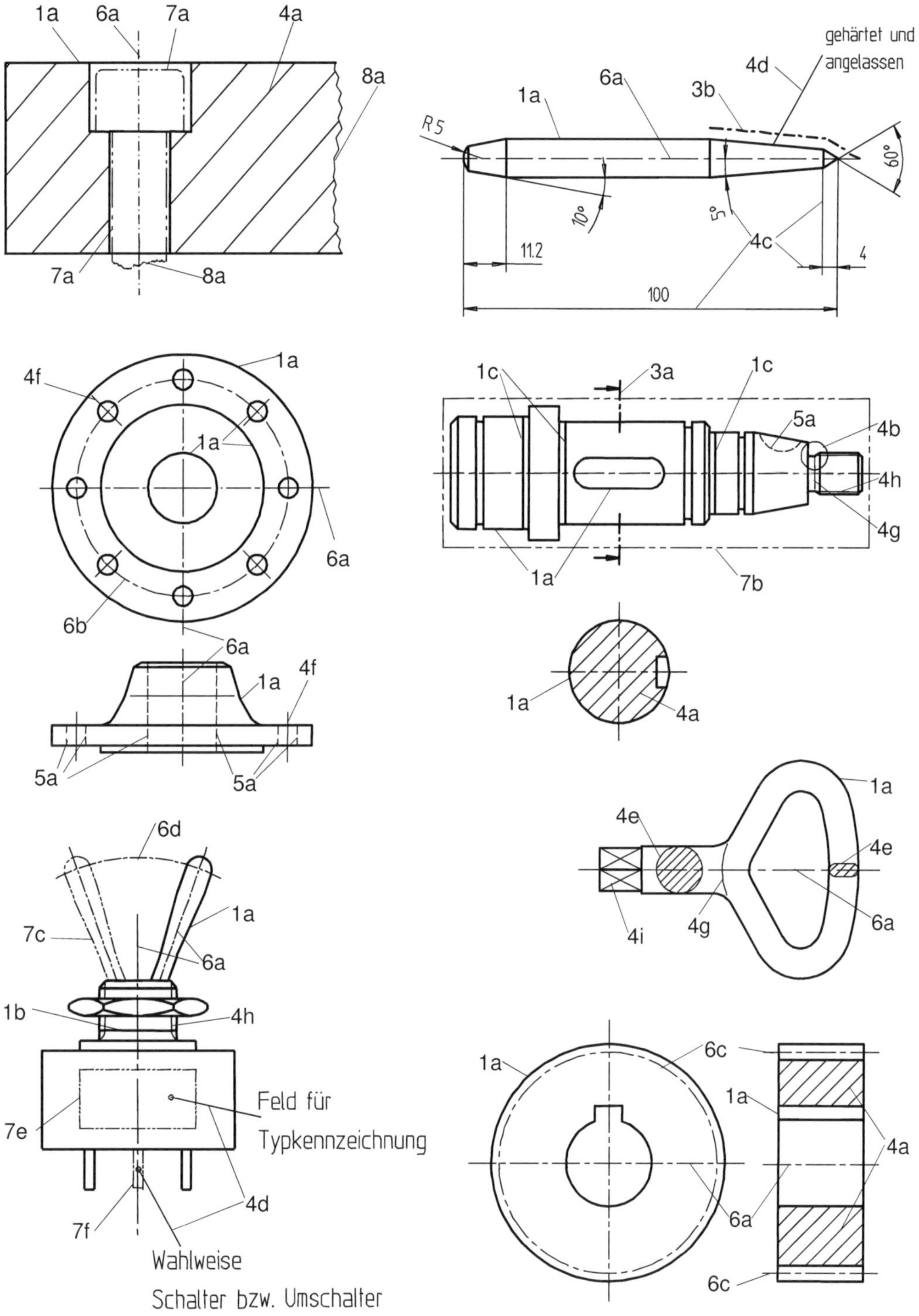

Bild 4-2 Beispiele zur Anwendung der Linienarten

4. *Schmale Voll-Linie*: a) Schraffurlinien; b) Umrahmungen von Einzelheiten; c) Maßlinien und Maßhilfslinien; d) Hinweislinien (z. B. zu den Positionsnummern in Gesamtzeichnungen); e) in Ansichten eingezeichnete Querschnitte; f) kurze Mittellinien; g) Lichtkanten; h) Gewindegrund; i) Diagonalkreuz zur Kennzeichnung ebener Flächen
5. *Schmale Strichlinie*: a) verdeckte Kanten und Umrisse
6. *Schmale Strichpunktlinie*: a) Mittellinien und Symmetrielinien; b) Lochkreise; c) Teilkreise von Zahnrädern; d) Bahnlinien von Punkten
7. *Strich-Zweipunktlinie, stets schmal*: a) Umrisse/Kanten von angrenzenden Bauteilen; b) Rohteilgeometrie in Fertigteilzeichnungen bzw. Fertiggeometrie in Rohteilzeichnungen; c) Extremstellungen beweglicher Teile wie Federn, Hebel und Griffe; d) vor der Schnittebene liegende Teile; e) besondere Umrahmungen; f) Umrisse/Kanten von alternativer Ausführung; g) Werkzeug am Werkstück; h) Kennzeichnung unzulässiger Oberflächenbehandlung
8. *Freihandlinie und Zickzacklinie, stets schmal*: a) Begrenzung abgebrochener und unterbrochener Darstellungen

Zum Schluss noch einige praktische Hinweise bezüglich der Linienarten:

- Das Papierformat gibt die Liniengruppe vor. In der Regel wird die Liniengruppe 0,7 für das DIN Format A0 und die Liniengruppe 0,5 für die Formate A1 bis A4 verwendet.
- In einer Zeichnung sind entweder die Freihandlinie oder die Zickzacklinie zu verwenden.
- Der kleinste Abstand zwischen zwei Linien einer Strichpunktlinie soll gleich der doppelten Linienbreite, mindestens aber 0,5 mm sein. Der Punkt in der Strichpunktlinie darf auch eine (sehr) kurze Linie sein.
- Strich- und Strichpunktlinien schließen sich untereinander und in den Ecken nie mit Lücken an und kreuzen sich auch nicht mit einer Lücke oder einem Punkt. Dadurch wird gewährleistet, dass ein eindeutiger Eck- bzw. Schnittpunkt entsteht. Sind die Mittellinien sehr kurz, werden sie als schmale Voll-Linien gezeichnet.
- Mittellinien schließen nicht mit den Körperkanten ab, sondern ragen sichtbar über diese hinaus.
- Fallen in einer Ansicht Strichlinien (verdeckte Körperkanten) und Mittellinien zusammen, so ist der Strichlinie der Vorrang zu geben.

4.3 Anordnung von Ansichten

Um Werkstücke für die Fertigung eindeutig darzustellen, muss man sie in den meisten Fällen in mehreren Ansichten zeichnen. Die „klassische" Form der Technischen Zeichnung zeigt das darzustellende Einzelteil in drei orthogonalen Ansichten (so genannte Dreitafelprojektion, bei der die Bildebenen zueinander senkrecht stehen). Die Ansicht von vorn liefert die *Vorderansicht*, die von oben die *Draufsicht* und die von der linken Seite die *Seitenansicht von links*. Diese drei Ansichten sind nach DIN ISO 5456 anzuordnen (**Bild 4-4**): Die Draufsicht ist senkrecht unter der Vorderansicht, die Seitenansicht von links waagrecht rechts neben der Vorderansicht positioniert. Diese Anordnung wird international als *Projektionsmethode 1* bezeichnet.

Eine Technische Zeichnung zeigt ein Bauteil möglichst in der *Gebrauchslage*, d.h. stehende Werkstücke sollen nicht liegend und umgekehrt dargestellt werden. Die Vorderansicht stellt den Bezugs- bzw. Ausgangszustand bei der Zeichnung eines Bauteiles dar. Manchmal ist es jedoch nicht eindeutig, was die Hauptansicht/Vorderansicht eines Bauteiles ist. Eine Empfehlung lautet deshalb, die *Fertigungslage* des Bauteiles als Hauptansicht zu wählen (z. B. Drehteile in horizontal liegender Darstellung mit dem dünnen Ende nach rechts). Wenn ein Bauteil mehrere Fertigungslagen haben sollte, wählt man die überwiegende. Es kann aber auch diejenige Ansicht als Hauptansicht gewählt werden, aus der sich die wesentlichen Merkmale des Bauteiles am besten erkennen lassen. Die Vorderansicht ist also die Hauptansicht, und das Bauteil soll so gelegt werden, dass keine oder nur wenige verdeckte Kanten auftreten.

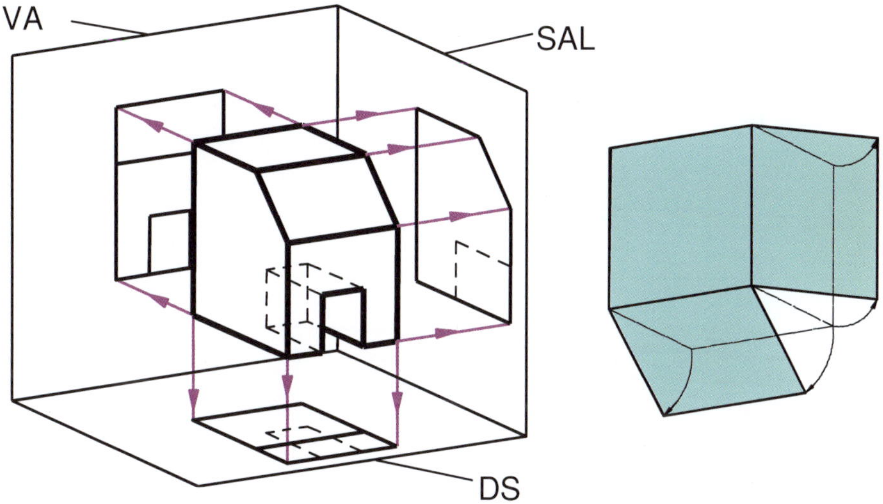

Bild 4-3 Entwicklung der Dreitafelprojektion (VA = Vorderansicht; DS = Draufsicht; SAL = Seitenansicht von links)

Anschaulich kann man sich die Entstehung der *Dreitafelprojektion* eines Bauteiles in drei Schritten entstanden denken, siehe auch **Bild 4-3**.

1. Das darzustellende Bauteil wird in eine aus drei senkrecht aufeinander stehenden Bildebenen gebildete „*Raumecke*" gestellt.
2. Es werden die Projektionen des Bauteiles auf die drei Bildebenen ermittelt.
3. Eine der drei Bildebenen wird zur Zeichenebene erklärt (in der Regel die Bildebene, die als Projektion die Vorderansicht des Bauteiles enthält), die beiden anderen Bildebenen mit den darauf befindlichen Projektionen (in der Regel Draufsicht und Seitenansicht von links) werden in die Zeichenebene geklappt.

In der Praxis verzichtet man auf die Darstellung der Begrenzungen der Projektionsebenen, da die Lage der Ansichten zueinander eindeutig definiert und – da die so genannte *Parallelprojektion* vorgeschrieben ist – auch immer gleich ist, **Bild 4-4**.

Die Dreitafelprojektion ist die am häufigsten angewendete Darstellungsform. Ihre Anwendung ist jedoch nicht zwingend. Wenn eine oder zwei Ansichten genügen, um die Geometrie eines Werkstücks eindeutig zu definieren, ist es unnötig, zusätzliche Ansichten zu erstellen. Es kann aber ebenso vorkommen, dass drei Ansichten des Bauteiles nicht ausreichen, um das Werkstück in allen Einzelheiten darzustellen. Für diesen Fall sind nach der Projektionsmethode 1 bis zu sechs Ansichten definiert, die das Bauteil dann von allen Seiten zeigen. In **Bild 4-5** ist ein Beispiel in *Sechstafelprojektion* gegeben.

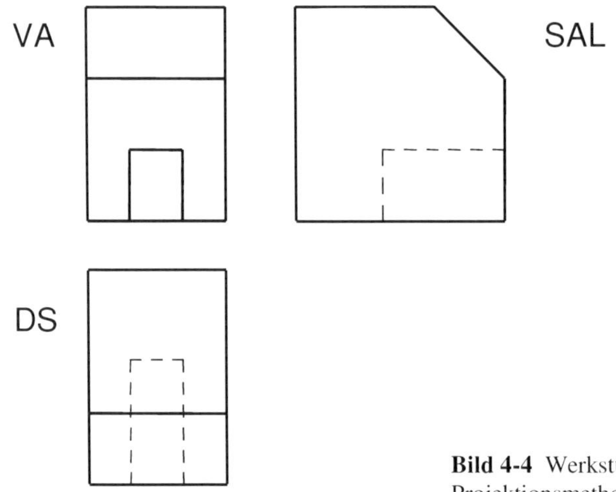

Bild 4-4 Werkstückdarstellung nach der Projektionsmethode 1 (Dreitafelprojektion)

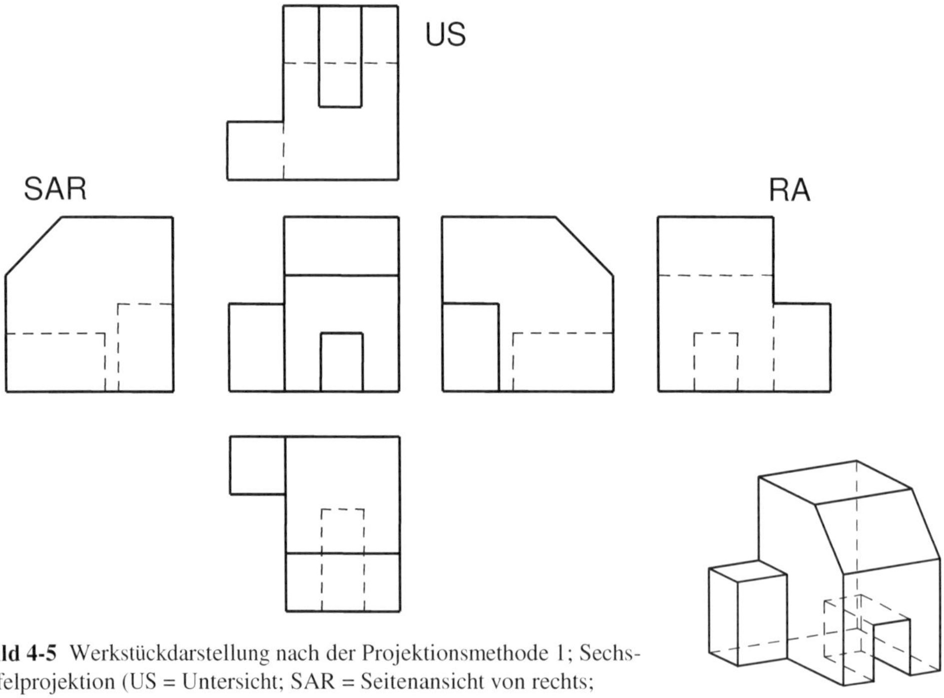

Bild 4-5 Werkstückdarstellung nach der Projektionsmethode 1; Sechstafelprojektion (US = Untersicht; SAR = Seitenansicht von rechts; RA = Rückansicht)

Die bislang erwähnte Projektionsmethode 1 wird hauptsächlich in Europa angewendet (frühere Bezeichnung „Methode E“ wie „europäisch“, gelegentlich auch „deutsche Klappregel“ genannt). Im anglo-amerikanischen Raum ist demgegenüber die *Projektionsmethode 3* nach DIN ISO 128-30 gebräuchlich (frühere Bezeichnung „Methode A“ wie „anglo-amerikanisch“). Bei dieser Projektionsmethode sind die Ansichten in Bezug auf die Vorderansicht folgendermaßen angeordnet: die Seitenansicht von links ist links und die Seitenansicht von rechts ist rechts von der Hauptansicht angeordnet. Die Draufsicht liegt oberhalb und die Untersicht liegt unterhalb der Hauptansicht. Um einer Verwechselung dieser beiden Projektionsmethoden vorzubeugen, etwa im internationalen Gebrauch, ist eine Kennzeichnung durch Symbole, **Bild 4-6**, möglich bzw. notwendig. Diese Symbole werden entweder dicht neben dem Schriftfeld positioniert.

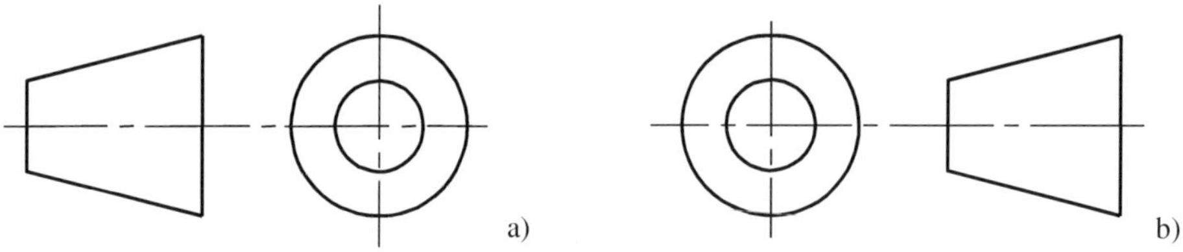

Bild 4-6 Symbole zur Kennzeichnung der Projektionsmethode: a) Projektionsmethode 1; b) Projektionsmethode 3

Es kann natürlich auch vorkommen, dass selbst die sechs Ansichten zur eindeutigen Darstellung des Werkstücks nicht genügen und zusätzliche Ansichten notwendig werden oder dass es günstiger erscheint, die Ansichten anders anzuordnen, als es durch die Projektionsmethode 1 vorgeschrieben ist.

Ein Abweichen von der Projektionsmethode 1 ist zwar möglich, muss jedoch kenntlich gemacht werden, um Missverständnisse zu vermeiden. Es wird dann ausgehend von der Hauptansicht (Vorderansicht) die Betrachtungsrichtung für jede gewählte Ansicht durch einen Pfeil festgelegt. Die Pfeile und Ansichten werden durch Großbuchstaben gekennzeichnet. Die Buchstaben werden unmittelbar oberhalb bzw. rechts von der Pfeillinie und in unmittelbarer Nähe oberhalb der zugehörigen Ansichten angetragen. Diese Projektionsmethode ist nach DIN ISO 128 als *Pfeilmethode* genormt, **Bild 4-7**. Sie besitzt den Vorteil, dass durch die Angabe einer besonderen Ansichtsrichtung auch ungünstige Projektionen (z. B. Verkürzungen) vermieden werden können.

In der bzw. den gewählten Ansicht(en) werden alle sichtbaren Kanten und Umrisse in breiter Voll-Linie gezeichnet (siehe **Abschnitt 4.2**). Kanten und Umrisse, die in der gewählten Ansicht verdeckt sind, können (!) als schmale Strichlinien zusätzlich dargestellt werden. Mit dem Einzeichnen von verdeckten Kanten sollte jedoch insgesamt sparsam umgegangen werden, um die Zeichnung nicht zu unübersichtlich werden zu lassen. Am besten werden verdeckte Kanten nur dann gezeichnet, wenn die in ihnen steckende Information über die Form des Bauteiles oder der Baugruppe in der Zeichnung nicht anders vermittelt werden kann. Zusätzliche Ansichten und Schnitte (siehe **Abschnitt 4.4**) sind stets günstiger.

Es wurde bereits erwähnt, dass man sich stets bemüht, den Zeichnungsaufwand gering zu halten. Dieses Bemühen geht so weit, dass manche der wiedergegebenen Ansichten in einer vereinfachten Form bzw. nicht vollständig gezeichnet werden. Im Folgenden soll auf einige dieser Vereinfachungen, die ebenfalls in DIN ISO 128 genormt sind, eingegangen werden.

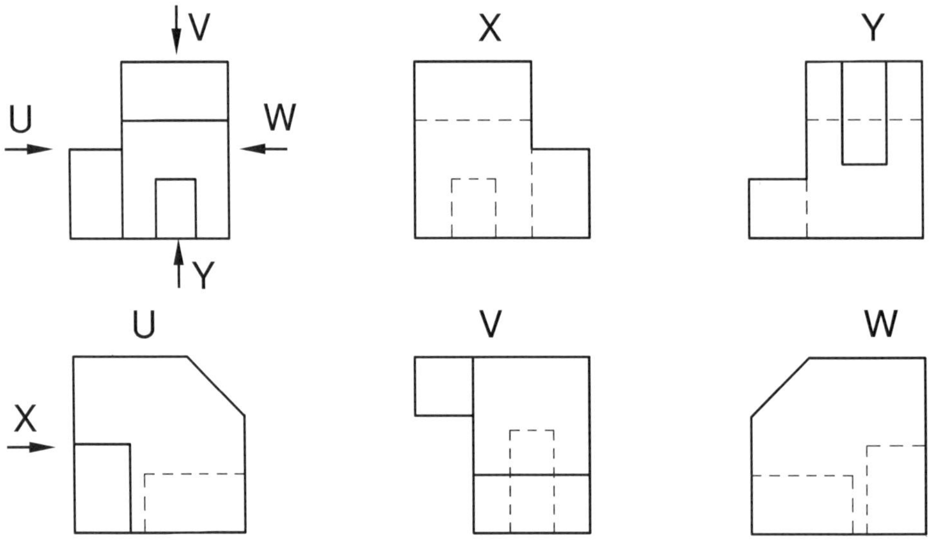

Bild 4-7 Werkstückdarstellung nach der Pfeilmethode

In **Bild 4-8** sind zwei Beispiele für das Klappen um schräg liegende Kanten gegeben. Durch diese zusätzlichen Ansichten werden in diesem Fall die Form der schräg liegenden Flächen und die Lage der Bohrungen gegeben. In diesen eindeutigen Fällen würde eine vollständige Darstellung des Bauteiles in den zusätzlichen Ansichten hier unnötig sein, da keine neuen Informationen vermittelt werden können. Die zusätzlichen Ansichten sind daher als Schnitt bzw. „abgebrochen" dargestellt (siehe **Abschnitt 4.4**). Wenn die Betrachtungsrichtung – wie im Fall von **Bild 4-8 b)** – eindeutig ist, kann auch auf ihre Kennzeichnung verzichtet werden.

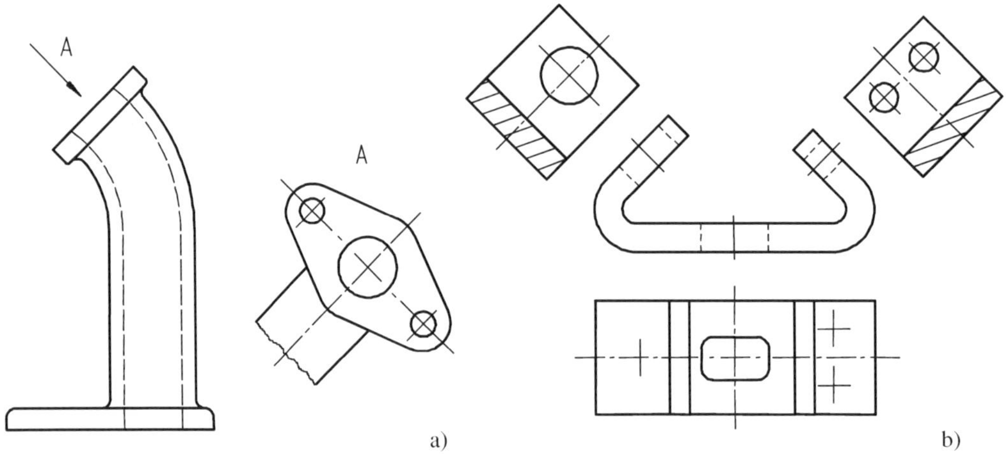

Bild 4-8 Klappen um schräg liegende Kanten a) Rohrflansch und b) gebogenes Blech

Symmetrische Teile dürfen unter Ausnutzung der *Symmetrie* vereinfacht dargestellt werden. Die Symmetrieachse wird dann an jedem Ende durch zwei schmale, kurze parallele Linien gekennzeichnet, die senkrecht zur Achse stehen, **Bild 4-9**.

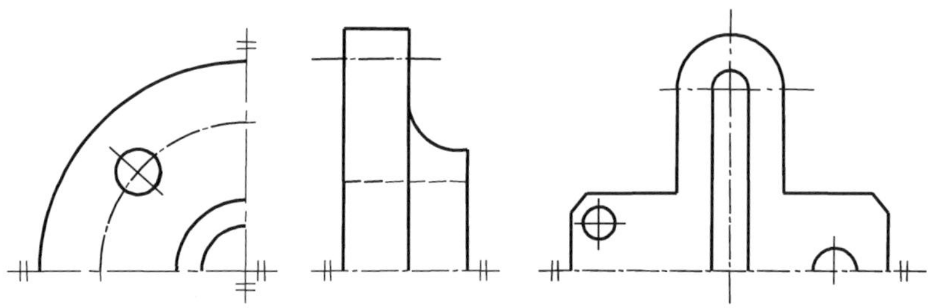

Bild 4-9 Ansichten symmetrischer Gegenstände

Ist ein Zustand vor und nach einer Bearbeitung (z. B. vor und nach einer spanenden Bearbeitung oder Umformung) zu dokumentieren, so wird dies nicht in zwei getrennten, sondern in übereinander liegenden Ansichten angegeben. Dabei wird eine dieser Ansichten (z. B. der Ursprungszustand) ganz normal gezeichnet und die von der ersten Ansicht abweichenden Körperkanten und Umrisse als schmale Strich-Zweipunktlinie angedeutet, **Bild 4-10**. Mithilfe dieser Linienart können auch Grenzstellungen beweglicher Teile veranschaulicht werden.

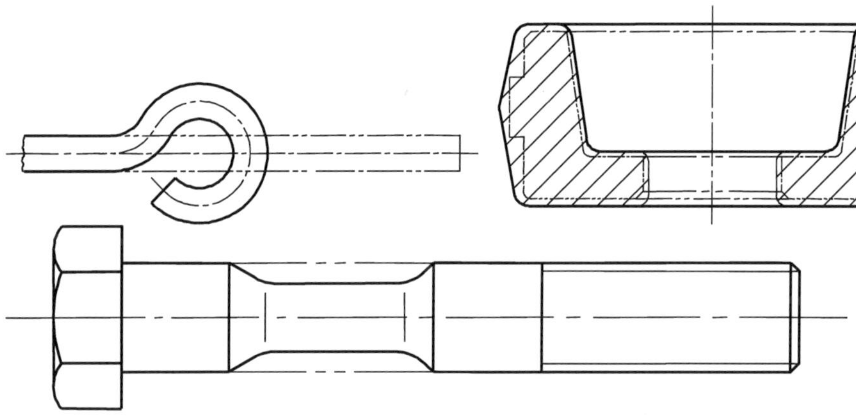

Bild 4-10 Darstellung vor und nach einer Bearbeitung in einer Ansicht

Zur Kennzeichnung *ebener Flächen* kann man ein aus schmalen Voll-Linien gebildetes Diagonalkreuz verwenden (**Bild 4-11**). Diese Kennzeichnung wird immer dann angewendet, wenn dadurch auf andere Ansichten verzichtet werden kann oder aus der Zeichnung sonst nicht hervorgeht, dass es sich um eine ebene Fläche handelt. Dabei ist es unerheblich, ob die ebene Fläche in der Bildebene liegt oder zu ihr geneigt ist. Die ebene Fläche wird durch das Diagonalkreuz auch in mehreren Ansichten gleichzeitig gekennzeichnet.

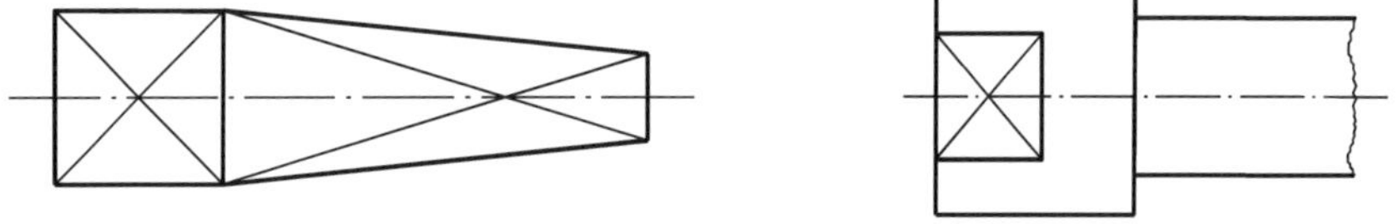

Bild 4-11 Diagonalkreuz zur Kennzeichnung ebener Flächen

Bei Flanschen dürfen zusätzliche Ansichten dadurch eingespart werden, dass *Lochkreis* und Löcher in die Zeichenebene eingeklappt dargestellt werden, **Bild 4-12**. Die Löcher sind dann allerdings nicht (wie sichtbare Kanten) mit breiten Voll-Linien, sondern mit schmalen Voll-Linien auszuziehen. In eindeutigen Fällen darf auch auf die Darstellung der sich wiederholenden Elemente verzichtet werden.

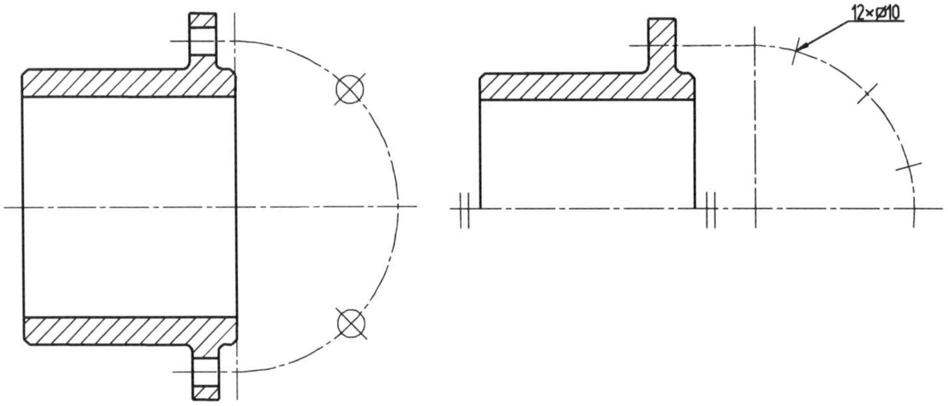

Bild 4-12 Lochkreis und Löcher vereinfacht dargestellt

Können Bereiche eines Werkstücks in der Gesamtdarstellung nicht deutlich genug dargestellt oder bemaßt werden, so werden sie als *Einzelheit* gekennzeichnet und neben der Gesamtdarstellung – meist vergrößert – noch einmal wiedergegeben. Die herauszuzeichnende Stelle ist mit einem Kreis – oder bei länglichen Einzelheiten auch einer Ellipse – in der Linienbreite schmale Voll-Linie sowie mit einem großen Buchstaben zu kennzeichnen, siehe auch **Bild 4-13**. Es sollen vorrangig die letzten Buchstaben des Alphabetes verwendet werden, um Kollisionen mit Schnittverlaufsbezeichnungen (siehe **Abschnitt 4.4**) zu vermeiden. Die neben der Ursprungszeichnung dargestellte Vergrößerung ist ebenfalls durch einen großen Buchstaben zu kennzeichnen und der Maßstab dazu anzugeben.

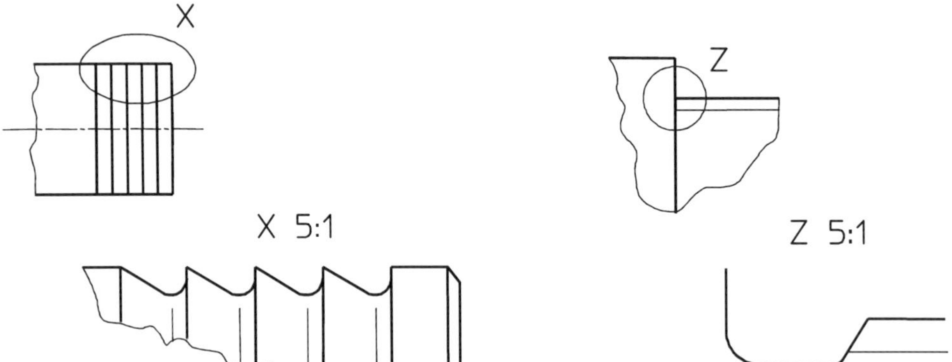

Bild 4-13 Darstellung mit Hilfe der herausgezogenen Einzelheit

4.4 Schnittdarstellungen

Bei Verwendung von ausschließlich äußeren Ansichten und der Darstellung der Innenkonturen durch verdeckte Kanten, werden Zeichnungen rasch unübersichtlich, da sich die verdeckten mit den sichtbaren Kanten überdecken können. Eine Schnittdarstellung ist daher die bessere Lösung, um einen Einblick in das Innenleben des Bauteiles oder Werkstücks zu geben. Soll in einer Zeichnung also etwas gezeigt werden, das durch die bisher gezeigten äußeren Ansichten nicht zu erkennen ist, so wird ein gedachter Schnitt durch den betreffenden Körper gelegt. Die Schnittflächen werden durch *Schraffieren* besonders gekennzeichnet, **Bild 4-14**.

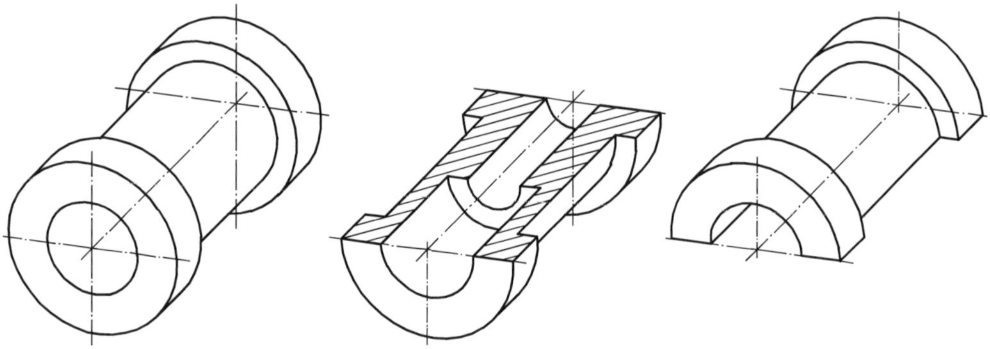

Bild 4-14 Schnittdarstellung im Raumbild

Anschaulich kann man sich „das Schneiden" folgendermaßen vorstellen. Der betreffende Körper – in **Bild 4-14** am Beispiel eines zylindrischen Körpers verdeutlicht – wird auf der Symmetrielinie aufgetrennt. Die vordere Hälfte, die den Einblick versperrt, wird in Gedanken weggenommen, so dass am stehen bleibenden Stück die wichtigen Innenkonturen freigelegt sind. Klappt man nun die Schnittfläche in die Zeichenebene, so bekommt man die gewünschte technische Darstellung, **Bild 4-15**.

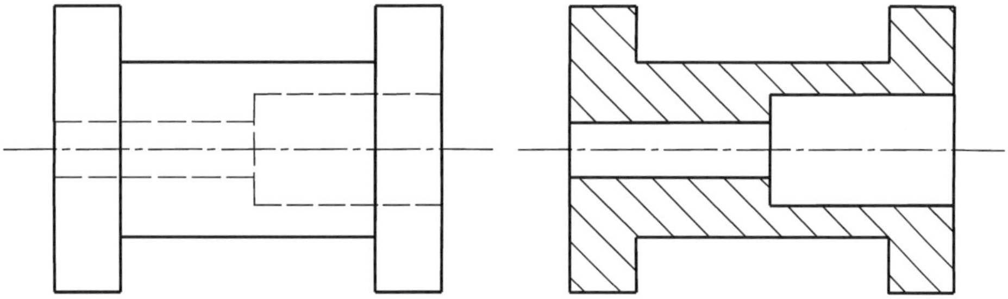

Bild 4-15 Ansicht und Schnittbild

In der Darstellung nach **Bild 4-15** sind bereits die wichtigen Grundregeln befolgt:

1. Das Muster, mit dem die Schnittfläche gekennzeichnet wird, besteht aus geneigten *Schraffurlinien*.
2. Die Schraffurlinien sind in schmaler Linienbreite gezeichnet.

3. Die Schraffurlinien sind grundsätzlich unter 45° zur Mittellinie des Bauteiles geneigt.
4. Alle Schnittflächen eines Bauteiles sind identisch schraffiert.
5. Verdeckte Kanten (wie z. B. Umlaufkanten) sind nicht dargestellt.

Im Folgenden werden die wichtigsten Regeln bei der Schnittdarstellung kurz erwähnt, um dann anhand von Beispielen ausführlich darauf eingehen zu können.

4.4.1 Schraffuren

Die *Schraffur* ist eine Konfiguration von Punkten, Linien und/oder Figuren, die eine Fläche in einer Zeichnung hervorheben soll. Dabei werden Schnittflächen im Allgemeinen ohne Rücksicht auf den Werkstoff durch das so genannte *Grundmuster U* gekennzeichnet. Manchmal ist es jedoch sinnvoll, in einer Zeichnung unterschiedliche Stoffe deutlich voneinander abzuheben. Dies kann dann durch Variation der *Schraffe* – also des *Schraffurmusters* – geschehen. Zu diesem Zweck führt DIN ISO 128-50 zunächst die Unterscheidung nach festen (S), flüssigen (L) und gasförmigen (G) Stoffen ein und gibt dafür jeweils zugeordnete Schraffen an. Feste Stoffe können dann weiter unterschieden werden in Naturstoffe (SN), Metalle (SM) und Kunststoffe (SP). Diese Gruppen können bei Bedarf noch weiter untergliedert werden.

In **Bild 4-16** sind einige Beispiele für die unterschiedlichen Schraffen gegeben. Außer den in DIN ISO 128 gegebenen Schraffurmustern können auch weitere Schraffuren angewendet werden, wenn eine genauere Unterscheidung notwendig wird.

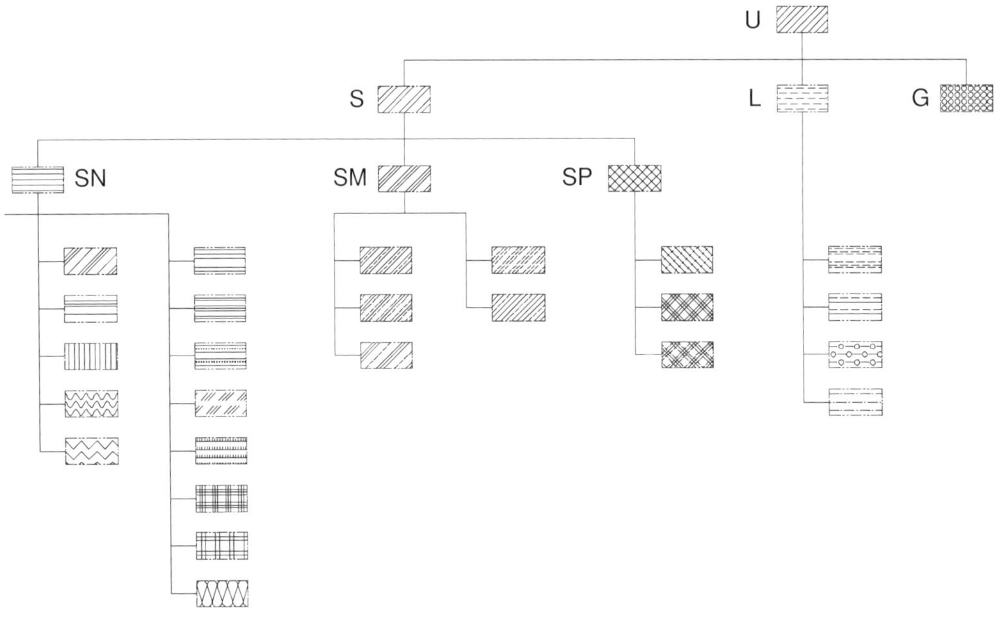

Bild 4-16 Schraffuren für Schnittflächen (Auswahl)

Die richtigen Abstände der Schraffurlinien nach dem Grundmuster werden nach Augenmaß gewählt und richten sich stets nach der Größe des Werkstückes, **Bild 4-17**.

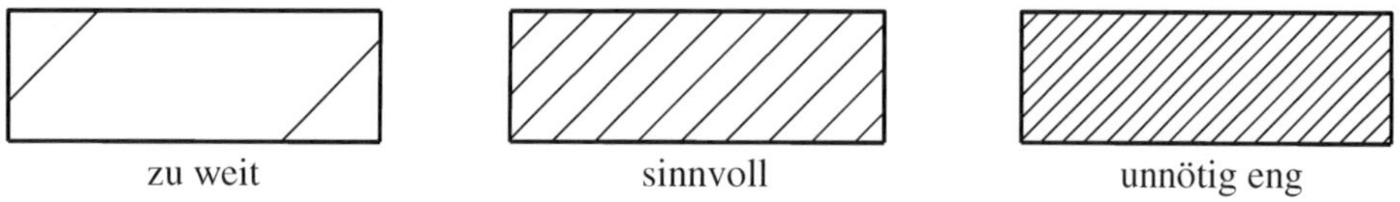

Bild 4-17 Schraffurlinien-Abstände

Stoßen Schnittflächen verschiedener Bauteile aneinander, so erhalten die jeweiligen Schraffurlinien unterschiedliche Richtungen (die 45°-Winkel werden jedoch beibehalten) oder, wenn das nicht möglich ist, unterschiedliche Abstände, wie das am Beispiel in **Bild 4-18** ersichtlich ist.

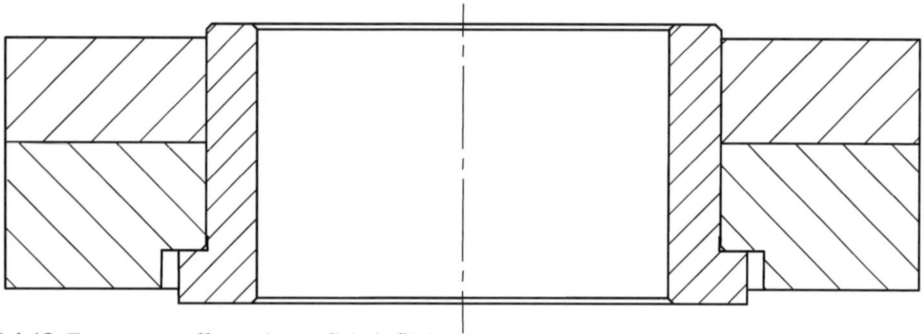

Bild 4-18 Zusammentreffen mehrerer Schnittflächen

Für ein und dasselbe Bauteil wird stets das gleiche Schraffurmuster beibehalten, auch wenn sich die Schnittflächen an verschiedenen Stellen des Bauteiles befinden oder in verschiedenen Ansichten auftauchen, wie **Bild 4-19** veranschaulicht.

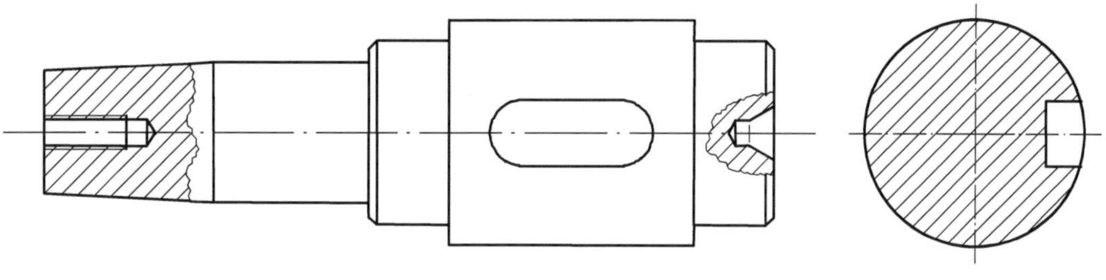

Bild 4-19 Schraffuren an einem Bauteil in unterschiedlichen Schnittflächen und Ansichten

Nun kann es vorkommen, dass geschnittene Körper in der Zeichnung so liegen, dass Schraffurlinien und Körperkanten annähernd parallel verlaufen, was dem Bild ein eigenartiges Aussehen gibt. Hier darf der Schraffurwinkel angepasst werden, siehe **Bild 4-20**. Nach Möglichkeit sollten dabei die Schraffurlinien unter 45° zu den Hauptumrissen des Teiles oder zu seiner Symmetrielinie liegen. Unangetastet davon bleibt die Regel, dass die Schraffur, die einem Bauteil zugeordnet wurde, beizubehalten ist. Liegen besonders große Schnittflächen vor, brauchen diese nicht vollflächig, sondern nur am Rand schraffiert zu werden, **Bild 4-21**.

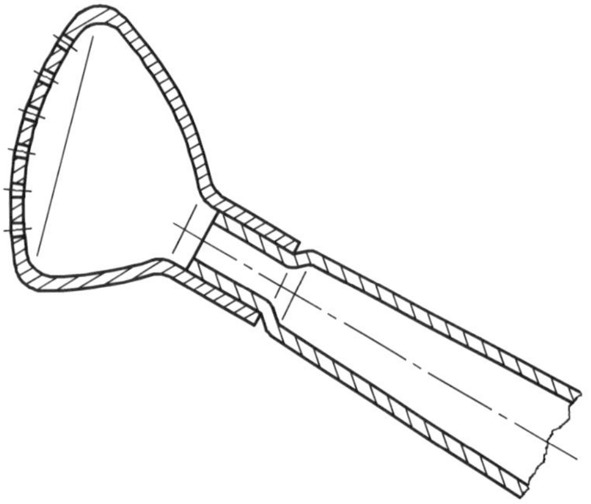

Bild 4-20 Angepasste Winkel von Schraffurlinien

Teileverbände, die zwar aus mehreren, aber unlösbar miteinander verbundenen Einzelteilen bestehen (z. B. Wälzlager), können zum einen als eine Gruppenzeichnung von Einzelteilen, **Bild 4-22** links, oder auch als ein Teil gesehen werden, **Bild 4-22** rechts. Entsprechend kann das Teil einheitlich oder jedes Einzelteil anders schraffiert sein. Entscheidend dafür, wie schraffiert wird, ist die Art der Zeichnung. In einer Gesamtzeichnung oder einer übergeordneten Gruppenzeichnung erhalten dargestellte Gruppen, die als eine Einheit gesehen werden und z. B. auch nur mit einer Positionsnummer bezeichnet werden, auch die gleiche Schraffur. Steht die Montage der betreffenden Gruppe im Vordergrund oder werden ihre Einzelteile durch verschiedene Positionsnummern unterschieden, so werden sie auch unterschiedlich schraffiert (unterschiedliche Richtungen bzw. Abstände).

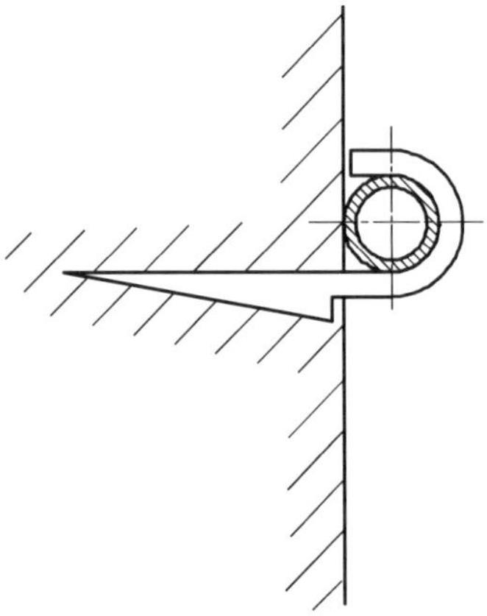

Bild 4-21 Randschraffur (Beispiel: Rohrhaken im Mauerwerk)

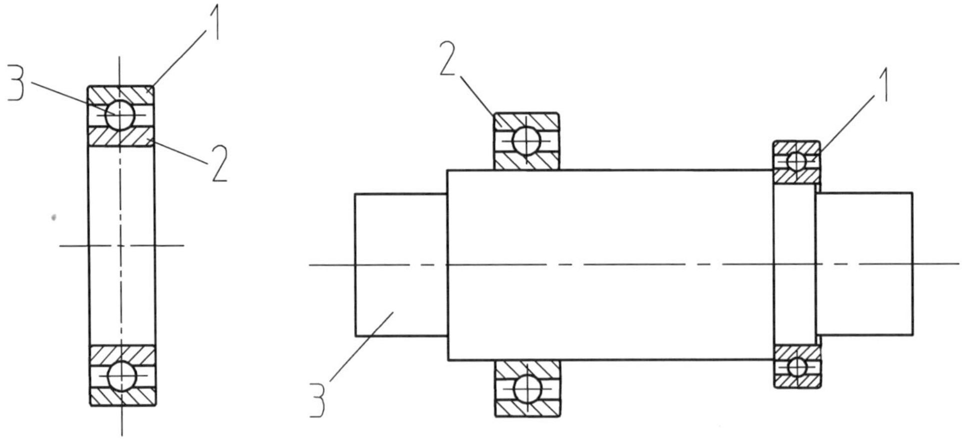

Bild 4-22 Schnitte von Teileverbänden

4.4.2 Schnittarten

Grundsätzlich unterscheidet man Vollschnitte, Halbschnitte und Teilschnitte, siehe **Bild 4-23**. Während beim *Vollschnitt* das betreffende Bauteil komplett durchgeschnitten ist, zeigt der *Halbschnitt* sowohl Schnitt als auch Ansicht. Ein *Teilschnitt*, auch Ausbruch genannt, legt die Innenkonturen eines Bauteiles nur in bestimmten ausgewählten Bereichen im Schnitt frei. *Ausbrüche* werden durch so genannte Bruchlinien, das sind schmale Freihandlinien, begrenzt.

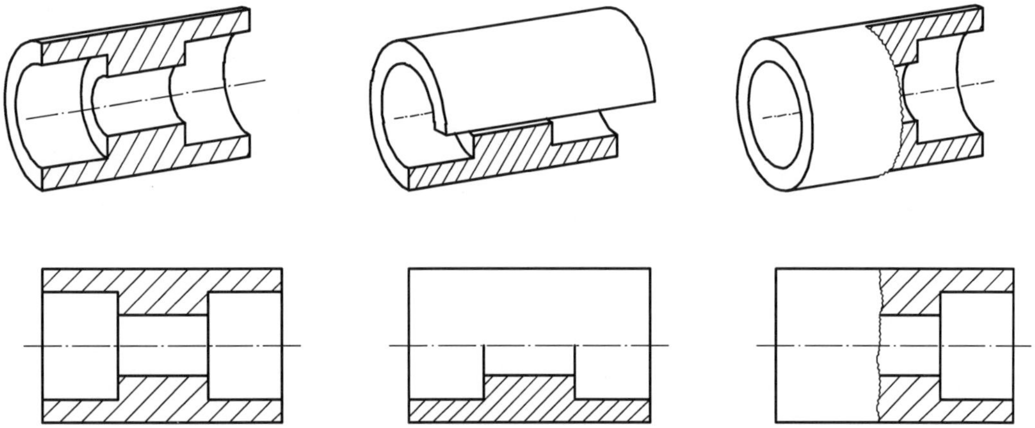

Bild 4-23 Vollschnitt, Halbschnitt, Teilschnitt (hier Ausbruch)

Im Allgemeinen zeigt man ein hohles Werkstück im Vollschnitt. Liegen allerdings in der Außenansicht darstellungswürdige Besonderheiten, dann vorzugsweise durch einen Halbschnitt. Da bei einem Halbschnitt die Schnittlinien lediglich gedacht sind, darf die auf der Mittellinie liegende Schnittkante nicht als Voll-Linie gezogen werden. Nur die Strichpunktlinie trennt Ansicht und Schnitt und die Körperkanten beider Hälften dürfen nur bis zu dieser Mittellinie durchgezogen werden. Bei Halbschnitten werden grundsätzlich keine verdeckten Kanten gezeichnet.

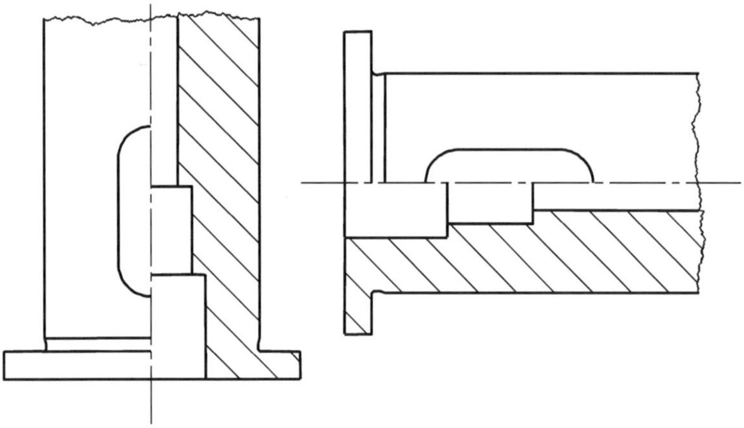

Bild 4-24 Halbschnitte

Wie **Bild 4-24** zeigt, wird bei senkrecht verlaufender Mittellinie die linke Hälfte als Ansichtszeichnung ausgeführt, bei waagerechter Mittellinie die obere.

Eine weitere Möglichkeit einer Schnittdarstellung ist der Teilschnitt. Ein Teilschnitt ist als Ausbruch oder als Teilausschnitt möglich. Bei einem *Ausbruch* werden die Schnittlinien so gelegt, dass das zu zeigende Gebiet freigelegt wird. Der Rest bleibt in der Ansicht bestehen. Der Ausbruch hat als Begrenzungslinie des Schnittes eine Freihandlinie oder Zickzacklinie. Diese Linien sollen aber nicht mit Umrissen, Kanten oder Hilfslinien zusammenfallen, **Bild 4-25 a)**. Als *Teilausschnitt* wird die (ggf. vergrößerte) Darstellung einer Einzelheit bezeichnet, **Bild 4-25 b)**. Hier ist es nicht notwendig, die Schnittfläche durch eine Bruchlinie zu begrenzen, die Schraffurlinien enden an einer geraden, gedachten Kante. Es wird der interessierende Ausschnitt – in der Regel vergrößert – neben die ursprüngliche Darstellung gezeichnet.

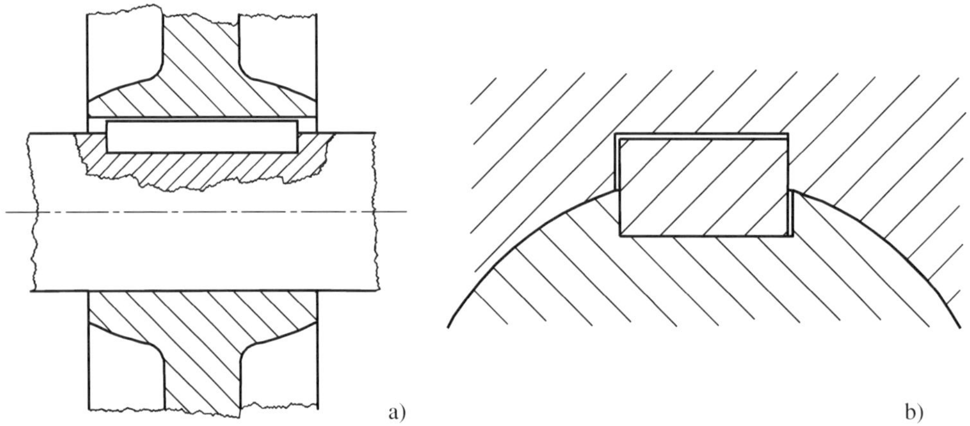

a) b)

Bild 4-25 Teilschnitte: a) Ausbruch oder b) Teilausschnitt

In manchen Fällen ist es notwendig, den Querschnitt eines Profils in einer Schnittdarstellung wiederzugeben. Um nicht eine weitere Ansicht anfertigen zu müssen, kann der *Profilschnitt* in die Ansicht hineingedreht werden. In diesem Fall werden die Umrisse dieses Profilschnittes in schmalen Voll-Linien gezeichnet. Werden die Profile allerdings neben der Ansicht platziert, sind die Umrisse dann in breiten Voll-Linien darzustellen, **Bild 4-26**.

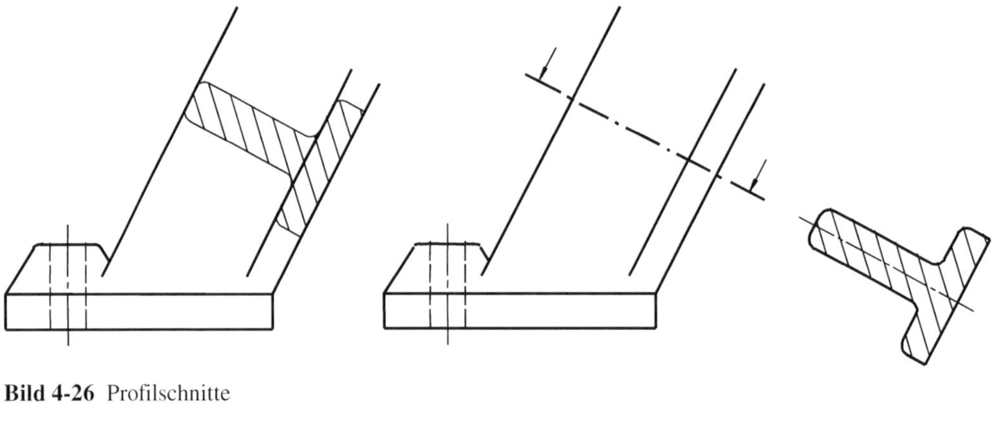

Bild 4-26 Profilschnitte

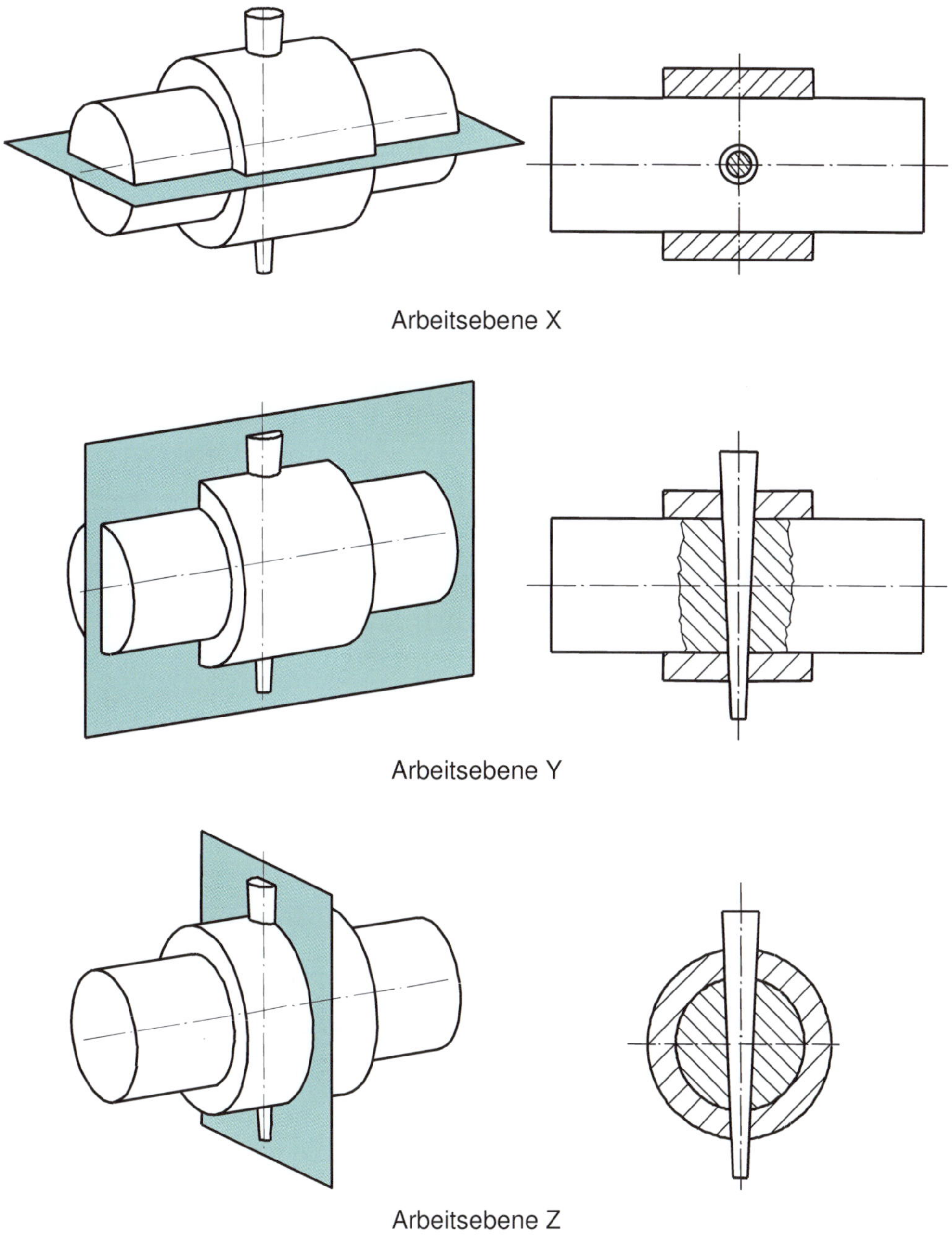

Bild 4-27 Schnittführung bei unterschiedlichen Arbeitsebenen

Da ein Schnitt nur dann notwendig wird, wenn innere Partien freigelegt werden sollen, werden Teile, die in ihrer Längsrichtung dargestellt sind und keine Hohlräume oder Hinterschneidungen aufweisen, grundsätzlich auch nicht geschnitten. In **Bild 4-27** ist dies an einem Beispiel verdeutlicht, welches eine Welle und eine Hohlwelle durch einen Kegelstift verbunden zeigt. In Parallelprojektion kann diese Verbindung in drei verschiedenen Ansichten dargestellt werden. Hier sind diese Ansichten durch die drei Arbeitsebenen X, Y und Z verdeutlicht.

Die Arbeitsebene X eignet sich in diesem Fall wenig zur Schnittdarstellung, da die genaue Lage und Form des Kegelstiftes nicht wiedergegeben werden kann. In dieser Ansicht sollte auf den Schnitt verzichtet und das Wesentliche in einer anderen Ansicht dargelegt werden. In der Arbeitsebene Y kann die Verbindung besser dargestellt werden. In dieser Ansicht kann man sich jedoch nicht für einen Vollschnitt entscheiden, da nicht alle Teile Hohlkörper sind. Auch ein Halbschnitt ist hier nicht aussagekräftig genug, da der Kegelstift einen veränderlichen Querschnitt aufweist. An dieser Stelle ist nur ein Ausbruch zur Verdeutlichung der Form und Lage sinnvoll. In der Arbeitsebene Z sind die Wellenkörper im Querschnitt und der Kegelstift ungeschnitten darzustellen, da er in Längsrichtung erscheint. Diese Arbeitsebene gibt in guter Übersichtlichkeit die Lage und Form der einzelnen Teile wieder. Diese Ansicht wird auch in der Regel als zusätzliche Ansicht verwendet, um die innen liegenden Teile darzustellen.

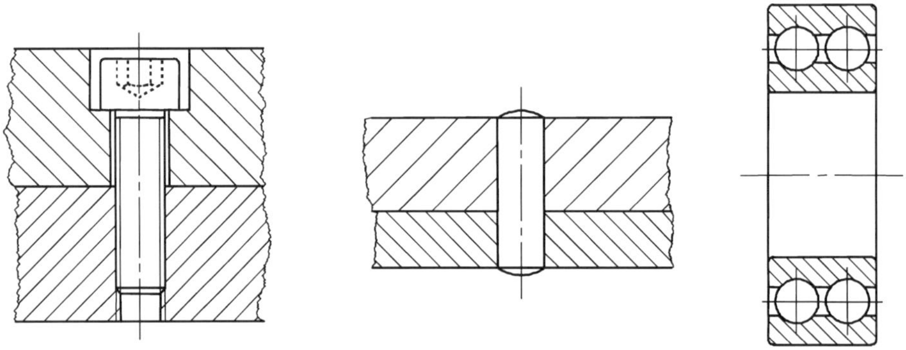

Bild 4-28 Schrauben, Stifte, Kugeln nicht geschnitten

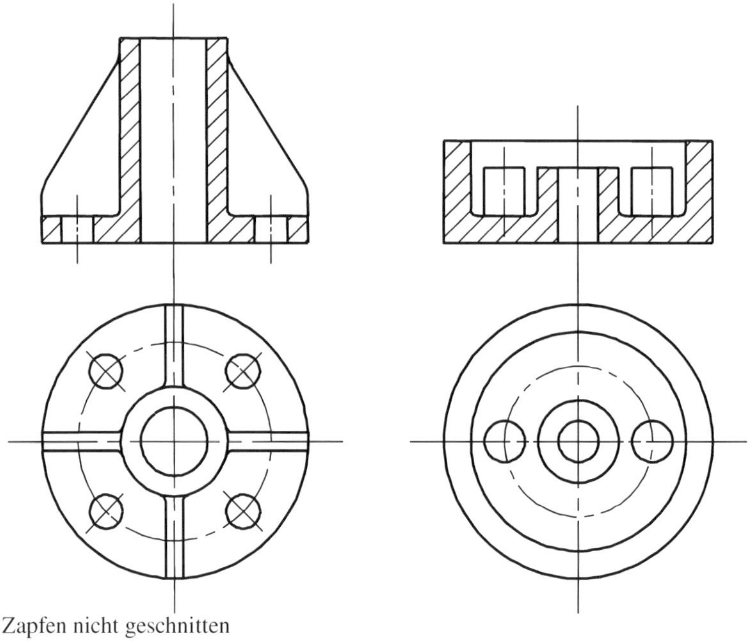

Bild 4-29 Rippen, Zapfen nicht geschnitten

Innen liegende Teile, die „voll“ darzustellen sind, sind beispielsweise: Wellen, Stifte, Bolzen, Passfedern, Keile, Schrauben, Niete, Kugeln (Wälzkörper). Diese werden auch dann nicht geschnitten, wenn sie in Zeichnungen erscheinen, die als Vollschnitt angelegt sind, **Bild 4-28**.

Ebenso werden Rippen, Stege, Zapfen und dergleichen nicht mitgeschnitten, was das Erkennen der Bauteilform erleichtert, **Bild 4-29**.

Eine weitere Konvention bei der Erstellung von Technischen Zeichnungen ist, dass Schraubenlöcher und Verschraubungen bei runden Teilen (z. B. Flanschen) unabhängig von ihrer tatsächlichen Winkellage stets so gezeichnet werden, als seien sie in die Schnittfläche gedreht. Der Grund dafür ist, dass nur so die konstruktiv wichtige Größe des Lochkreises und der Schraubenlöcher aus der Zeichnung ersichtlich wird, **Bild 4-29**.

4.4.3 Schnittlinien

Bislang wurden Fälle betrachtet, bei denen der Verlauf der Schnittebene nicht explizit angegeben wurde. Dies liegt daran, dass bislang der *Schnittverlauf* eindeutig (z. B. „in der Mitte längs durchgeschnitten“) zu erkennen war. Ergibt sich der Schnittverlauf jedoch nicht eindeutig aus der Darstellung, so wird er durch so genannte *Schnittlinien* (oder Schnittverlaufslinien) kenntlich gemacht. Die Schnittlinien deuten den Anfang und das Ende der Schnittfläche an, indem sie an den entsprechenden Stellen etwas in das Bauteil hineinragen. Sie werden in breiten Strichpunktlinien mit langem Strich ausgeführt. Ist der Schnittverlauf komplizierter und handelt es sich um einen abgeknickten Schnitt, so sind zusätzlich zum Anfangs- und zum Endpunkt auch die Knickpunkte des Schnittverlaufes einzuzeichnen, siehe auch **Bild 4-32**. Am Anfang und am Ende der Schnittlinie zeigen Pfeile die Blickrichtung an. Die Pfeile für die Blickrichtung sind auf den Schnitt mit der Spitze auf die Strichpunktlinie des Schnittes zu setzen. Sie werden etwa 1,5mal so lang wie die Maßpfeile gezeichnet. Im Folgenden soll anhand von Beispielen auf die Besonderheiten im Zusammenhang mit dieser Regelung eingegangen werden.

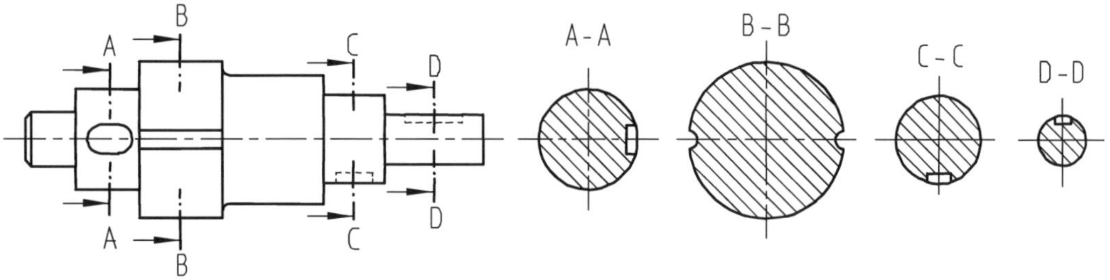

Bild 4-30 Darstellung von Schnittebenen; Welle mit Nuten

Bei komplexeren Bauteilen, wie z. B. der in **Bild 4-30** dargestellten Welle mit Nuten, können mehrere Schnitte erforderlich sein, um alle Formelemente eindeutig wiederzugeben. Die Zuordnung der verschiedenen Schnittebenen zu ihren Schnittdarstellungen erfolgt dabei in der Regel mit Hilfe von Großbuchstaben, wobei die Schnittdarstellungen nach Möglichkeit auf der Projektionsachse positioniert werden. Zu beachten ist hierbei, dass Umrisse und Kanten, die hinter einer Schnittebene liegen und nicht zur Verdeutlichung des Dargestellten dienen, entfallen dürfen.

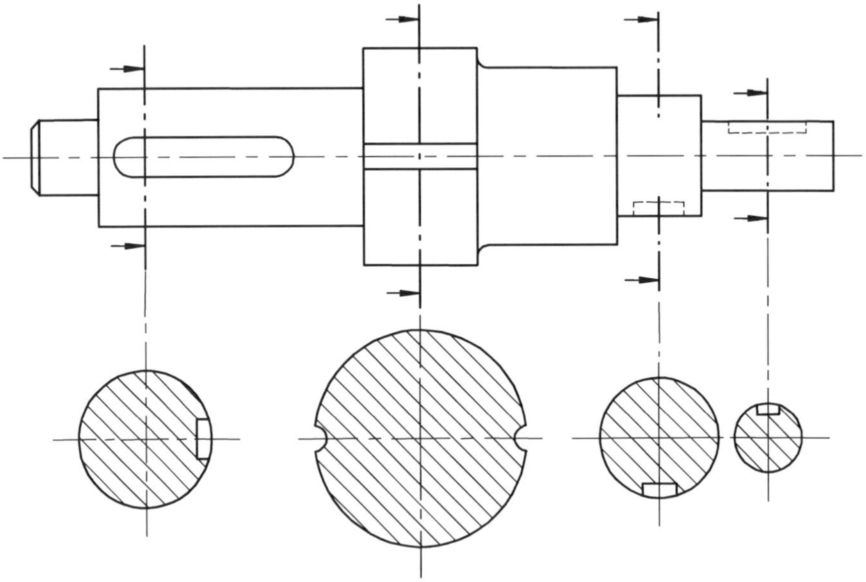

Bild 4-31 Darstellung von Schnittebenen

Bei länglichen Bauteilen, z. B. Wellen, dürfen die Profilschnitte auch unterhalb ihrer zugehörigen Schnittebenen wiedergegeben werden, siehe **Bild 4-31**. Sind die Profilschnitte überdies symmetrisch, so kann die Kennzeichnung durch Großbuchstaben entfallen, wenn die Mittellinien der Profilschnitte mit den Schnittlinien verbunden sind.

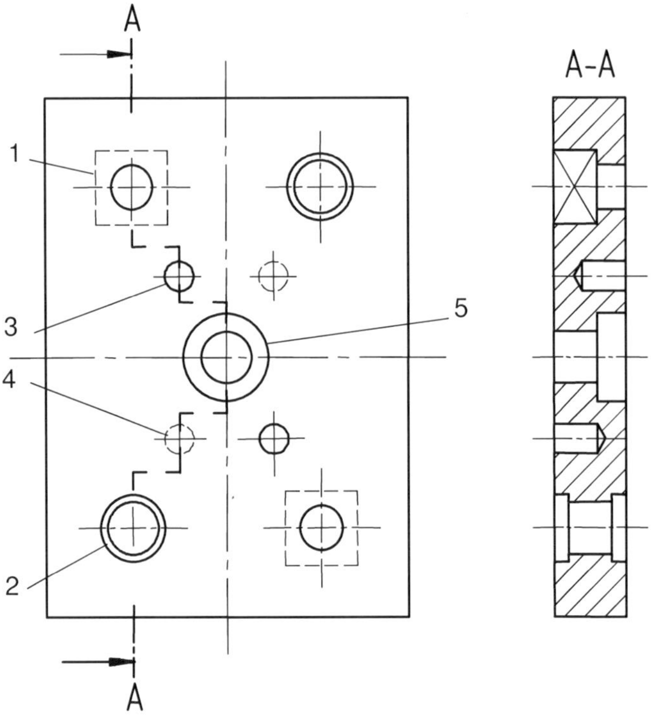

Bild 4-32 Beispiel für einen abgeknickten Schnittverlauf

Der Schnittverlauf ist dort zu kennzeichnen, wo er sich ändert (abknickt), **Bild 4-32**. Dabei werden in der Regel lediglich die endenden Schnittebenen gezeichnet. Auch abgeknickte Schnittlinien werden durch einen großen Buchstaben am Anfang und am Ende der Schnittlinie bezeichnet (in dem hier betrachteten Fall „A - A“). Die Buchstabengröße ist dabei mindestens eine Schriftgröße größer als die der Maßzahlen. Durch je einen Pfeil am Anfang und am Ende des Schnittverlaufes wird die Blickrichtung angegeben.

Liegt ein Schnitt in mehreren Ebenen, werden die Schnittlinien – wie oben bereits gezeigt – geknickt. Dabei muss nicht zwingend der Winkel von 90° eingehalten werden, die Schnittlinien können auch schräg liegen, wenn dies die Abbildung vereinfacht. Bei der Darstellung der Schnittebene in der Projektion wird die vorgegebene Blickrichtung dabei auch dann befolgt, wenn Verkürzungen auftreten. Als Beispiel ist in **Bild 4-33** ein Flansch einmal in einer verkürzten und einmal in einer unverkürzten Projektion wiedergegeben.

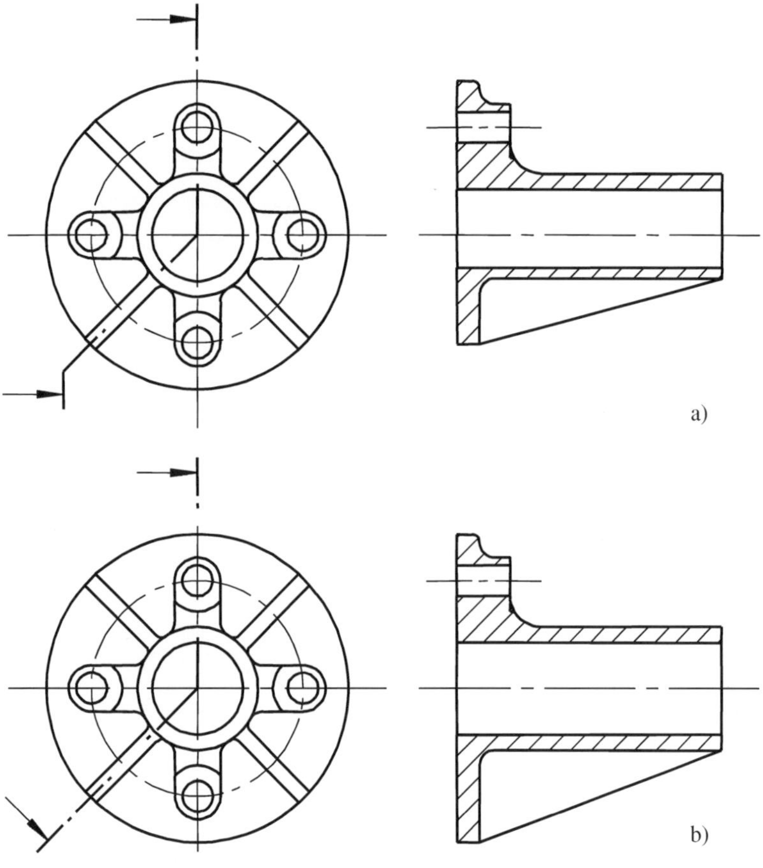

Bild 4-33 Geknickte Schnittlinien; a) verkürzte und b) nicht verkürzte Projektion

Der Schnittverlauf kann auch so gelegt werden, dass Schnitte in Ansichten übergehen. Die Grenzlinie zwischen Schnitt und Ansicht wird dann durch eine Bruchlinie (dünne Freihandlinie) gekennzeichnet, **Bild 4-34 a)**. Manchmal ist es aber auch notwendig, deutlich darauf hinzuweisen, dass zwei verschiedene parallel versetzte Schnittebenen dargestellt sind. Dies ist z. B. dann der Fall, wenn die Schnittebenen durch eine Mittellinie verbunden sind. Für diesen Fall ist vorgesehen, dass die Schraffurlinien deutlich gegeneinander versetzt werden. Es dürfen aber weder der Schraffurwinkel noch der -abstand verändert werden, **Bild 4-34 b)**.

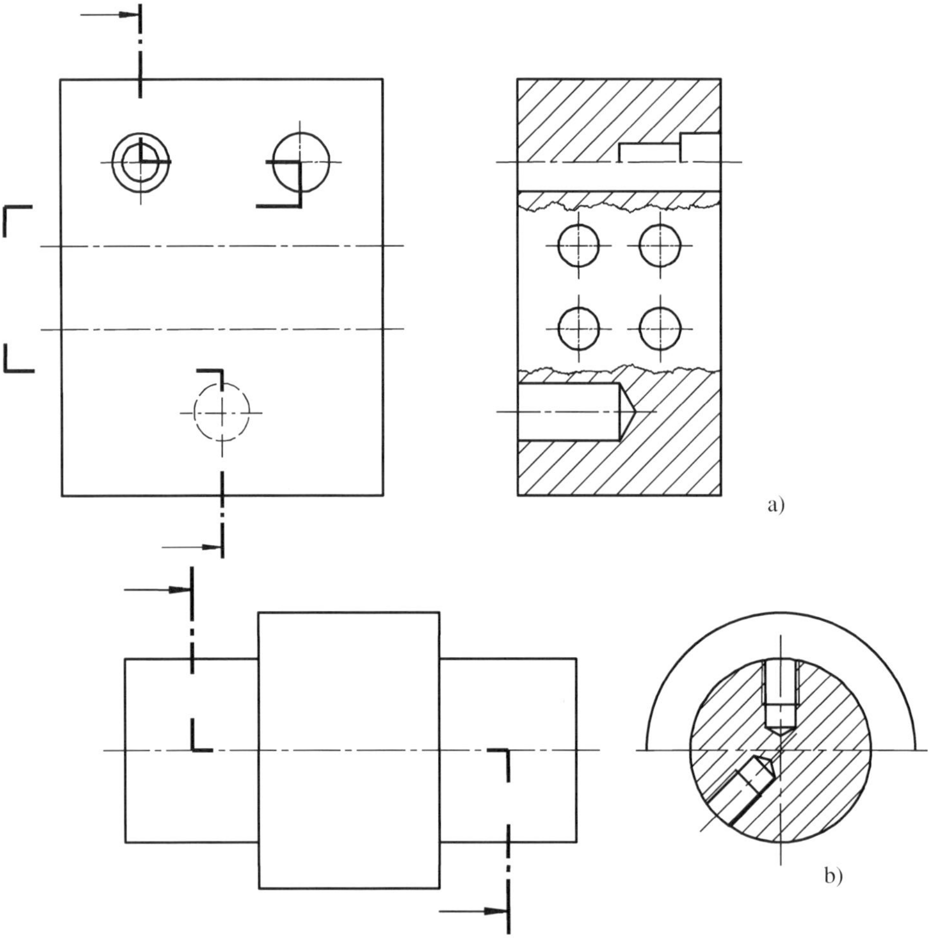

Bild 4-34 Trennung der verschiedenen Schnittebenen durch a) Bruchlinien und b) versetzte Schraffur

4.4.4 Bruchdarstellungen

Unter Bruchdarstellungen nach DIN ISO 128-34 wird die Darstellung von verkürzt wiedergegebenen Werkstücken verstanden. Zur Vereinfachung von Zeichnungen dürfen Abschnitte von Gegenständen, die keine relevante Information enthalten, vereinfacht, d. h. abgebrochen dargestellt werden. Dies erfolgt in der Regel durch Darstellung der Bauteile, bei denen die weniger aussagefähigen Abschnitte entfallen. Die Kennzeichnung der *Bruchkanten* erfolgt durch dünne Freihandlinien oder durch Zickzacklinien. Während die Freihandlinie mit der Umrisslinie endet, wird die Zickzacklinie etwas über die Umrisslinien hinausgehend gezeichnet.

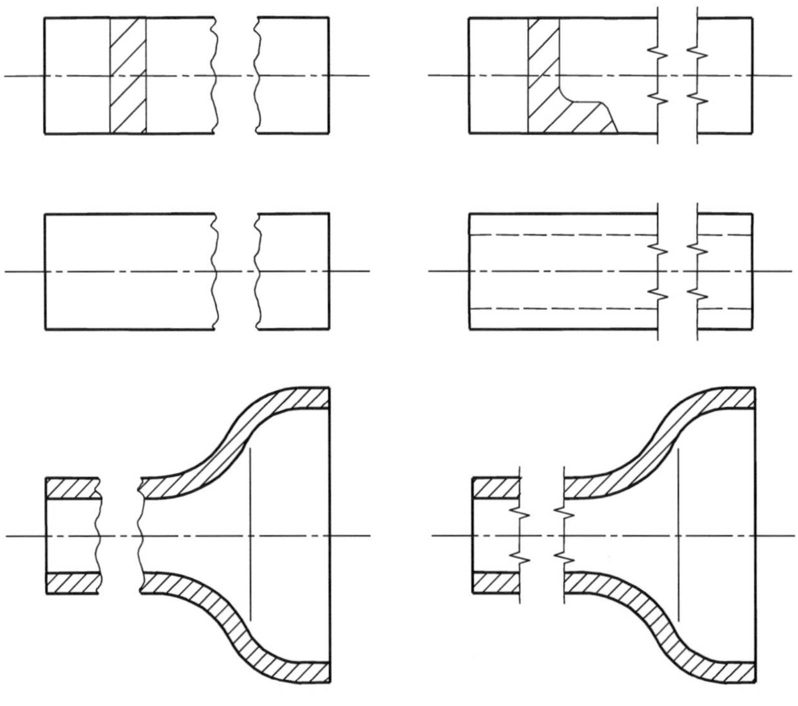

Bild 4-35 Beispiele für abgebrochen bzw. unterbrochen dargestellte Bauteile

Man bedient sich der abgebrochen dargestellten Bauteile immer dann, wenn der weitere Verlauf eindeutig ist. Dies kann, wie oben dargestellt, bei länglichen Bauteilen der Fall sein, aber auch dann, wenn das Fortführen der Ansicht keine neuen Informationen mehr liefert, da die Information z. B. bereits in einer anderen Ansicht gegeben ist. Es wird nicht zwischen prismatischen, rotationssymmetrischen oder hohlen Körpern unterschieden. Alle erhalten nach DIN ISO 128 die gleichen Bruchkanten. In **Bild 4-35** sind einige Beispiele für abgebrochen bzw. unterbrochen dargestellte Bauteile gegeben.

4.5 Räumliche Darstellungen

Die Erstellung von räumlichen Ansichten ist heutzutage durch den Einsatz von 3D-CAD-Systemen kein Problem mehr. Auf diese Möglichkeiten wurde im vorangegangenen Kapitel bereits eingegangen. Da die Erstellung solcher Zeichnungen von Hand recht aufwendig ist, sind einige Regeln definiert, die das Zeichnen zum einen vereinfachen und zum anderen ein eindeutiges Interpretieren erlauben, so dass z. B. die Abmessungen des Körpers abzugreifen sind. Die von Hand erzeugten räumlichen Darstellungen sind in der Regel *axonometrische Projektionen*.

Die zwei wichtigsten Arten der axonometrischen Projektion sind die Isometrie und die Dimetrie, welche beide in DIN ISO 5456-3 genormt sind. Das Wesen beider Projektionen ist gut an einem Würfel zu verdeutlichen, dessen Kanten in einem kartesischen Koordinatensystem liegen.

Bei der *Isomerie* schaut der Betrachter den Körper von oben an, so dass die Körperkanten einen Winkel von 30° zur Horizontalen bilden. Die drei gleichzeitig dargestellten Ansichten des Körpers (Vorderansicht, Draufsicht, Seitenansicht) sind bei der Isometrie gleichgewichtig, siehe hierzu **Bild 4-36 a)**. Es gilt die Beziehung a:b:c = 1:1:1.

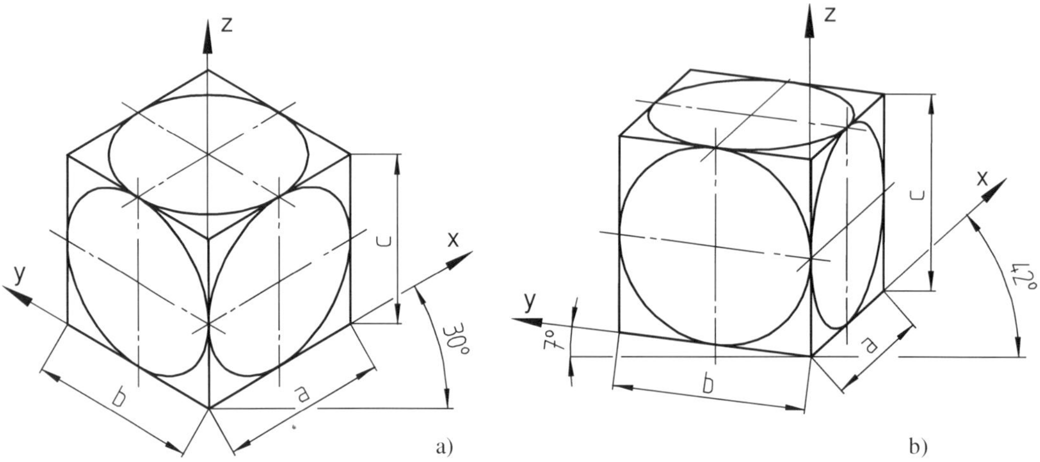

Bild 4-36 Axonometrische Projektionen; a) Isometrie (a:b:c = 1:1:1), b) Dimetrie (a:b:c = ½:1:1)

Im Gegensatz dazu betont die *Dimetrie* von den drei Ansichten die Vorderansicht. Bei der Dimetrie schaut der Betrachter von schräg oben, so dass die Körperkanten einen Winkel von 42° und 7° zur Horizontalen einnehmen. Die vertikale Achse bleibt auch hier vertikal. Durch die Winkelstellung verkürzen sich die „nach hinten" verlaufenden Abmessungen sehr stark, weshalb die Beziehung a:b:c = ½:1:1 gilt. Bei der Dimetrie werden also zwei (= „di") verschiedene Längenmaßstäbe verwendet.

Als eine Sonderform der axonometrischen Projektionen ist die *Kabinett-Projektion* zu nennen. Aus praktischer Sicht vereinfacht die Kabinett-Projektion die soeben beschriebene Dimetrie, weil die aus der Normalprojektion übernommene Vorderansicht unverändert bleibt (kein 7°-Winkel) und nur durch die perspektivische Seitenansicht und Draufsicht ergänzt wird (unter 45°). Weiterhin gilt die Beziehung a:b:c = ½:1:1, siehe hierzu **Bild 4-37**.

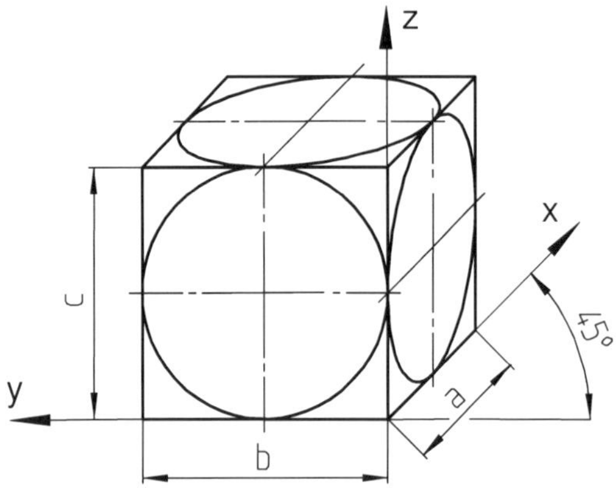

Bild 4-37 Kabinett-Projektion eines Würfels (a:b:c = ½:1:1)

4.6 Übungen

4.1 Was steht hinter dem Begriff „natürlicher Maßstab“?

4.2 Was bedeutet der Maßstab „1:5“ und was der Maßstab „5:1“?

4.3 Dürfen Maßstäbe frei gewählt werden?

4.4 Wo wird der Maßstab in einer Zeichnung angegeben?

4.5 Ordnen Sie in folgender Auflistung die jeweils richtige Linienart zu.

- Umrisse und Kanten, allgemein
- verdeckte Umrisse und Kanten
- Umrisse eines angrenzenden Werkstücks
- Lichtkanten
- Rohteilgeometrie in einer Fertigteilzeichnung
- Hinweislinien
- Bruchkante eines unvollständig dargestellten Werkstücks
- Mittellinie an einem Handgriff
- Wärmebehandlung einer bestimmten Zone
- Andeutung der Extremstellungen von beweglichen Teilen
- Schraffurlinien

4.6 Welche Elemente können durch eine schmale Strichpunktlinie dargestellt werden?

4.7 Welche Linienbreiten sind für die Darstellung von Körperkanten normgerecht?

4.8 In welcher Position werden Werkstücke in einer Technischen Zeichnung vorzugsweise wiedergegeben?

4.9 Wie viele Ansichten müssen von einem Bauteil in einer Technischen Zeichnung erzeugt werden?

4.10 Was versteht man unter der Bezeichnung Projektionsmethode 1 und wie unterscheidet sich diese von der Projektionsmethode 3?

4.11 Wie bzw. wodurch wird in einer Technischen Zeichnung definiert, ob die Projektionsmethode 1 oder Projektionsmethode 3 gültig ist?

4.12 Die Darstellung von Ansichten mithilfe der Pfeilmethode ist wenig übersichtlich. In welchen Fällen ist die Pfeilmethode dennoch sinnvoll?

4.13 In welchen Sonderfällen kann beim Klappen um schräg liegende Kanten sogar auf die Projektionspfeile verzichtet werden?

4.14 Wie können symmetrische Bauteile vereinfacht dargestellt werden? Ist diese Vereinfachung auf rotationssymmetrische Bauteile beschränkt?

4.15 Skizzieren Sie die im Folgenden dargestellten Körper (freihand, also möglichst ohne Lineal) in Vorderansicht, Seitenansicht von links und Draufsicht. Wenn Sie Schwierigkeiten mit der räumlichen Vorstellung haben, bauen Sie die Körper aus Streichholzschachteln oder Holzklötzchen nach (35 × 15 × 50). Betrachten Sie die gebauten Modelle von den verschiedenen Seiten und übertragen Sie anschließend die Ansichten aufs Papier. Achten Sie darauf, dass die Projektionen eingehalten werden.

a) b) c)

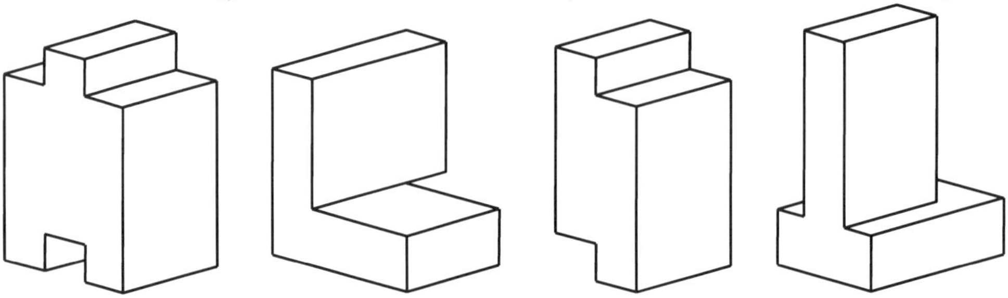

d) e) f) g)

4.16 Zeichnen Sie die unten dargestellten Werkstücke jeweils in drei Ansichten jeweils einmal nach der Projektionsmethode 1, der Projektionsmethode 3 und nach der Pfeilmethode. Die Abmessungen können selbst gewählt werden. Wählen Sie eine Ansicht als Vorderansicht, in der möglichst keine Verkürzungen auftreten.

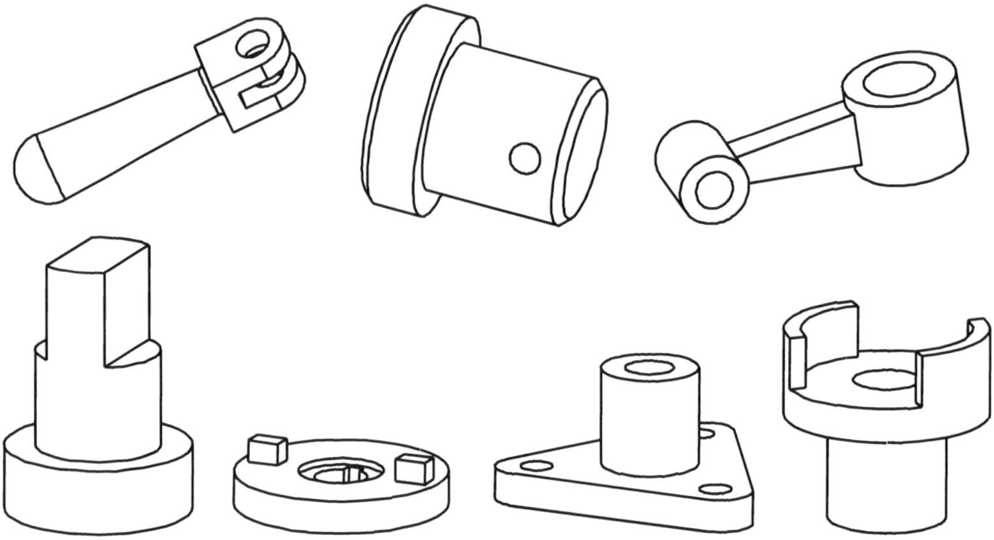

4.17 Ordnen Sie die richtigen Vorder-, Seiten- und Draufsicht einander zu, wie in dem Beispiel gegeben.

Vorderansicht:

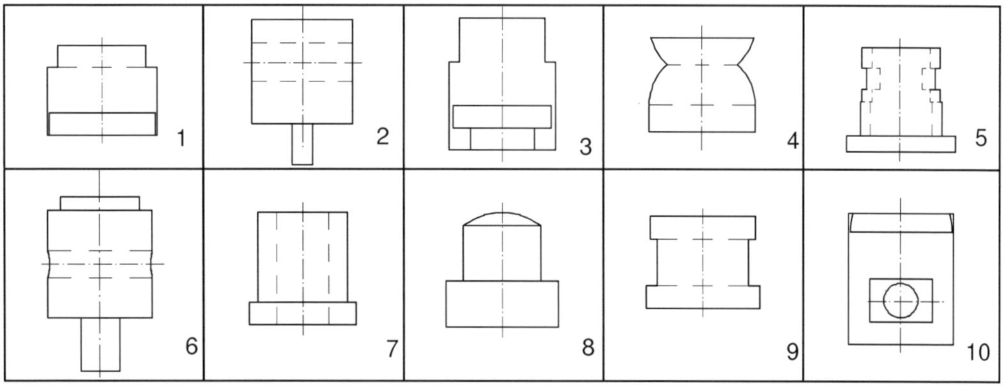

Seitenansicht:

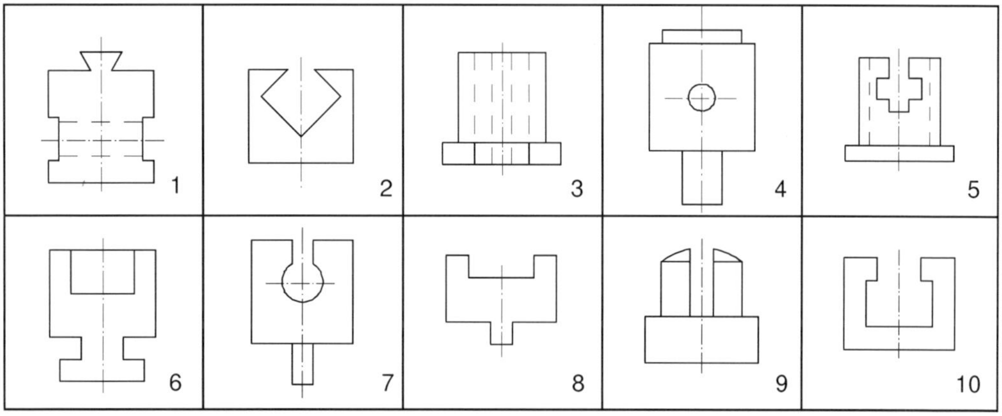

Draufsicht:

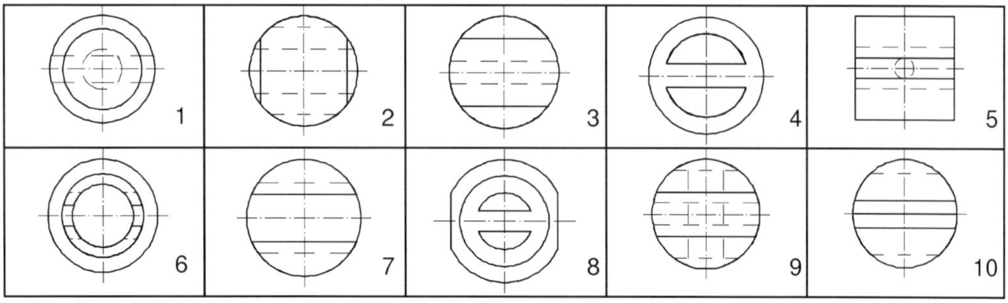

V1	V2	V3	V4	V5	V6	V7	V8	V9	V10
S8									
D3									

4.18 Stellen Sie die in Aufgabe 4.17 gegebenen Teile in dreidimensionaler Ansicht dar.

4.19 Wie wird verfahren, wenn abweichend von der allgemein üblichen Projektionsmethode 1 die Ansichten eines Werkstückes positioniert werden sollen?

4.20 Zeichnen Sie die in der Aufgabe 4.16 dargestellten Werkstücke in Schnittdarstellung je nach Erfordernis als Voll-, Halb- oder Teilschnitt.

4.21 In der folgenden Zeichnung sind die Schraffuren (bis auf den Ausbruch) noch nicht eingezeichnet. Zum besseren Verständnis sind allerdings alle Einzelteile mit ihrer Benennung und dem Werkstoff versehen. Ist keine Werkstoffangabe in Klammern gegeben, so ist das Werkstück aus Stahl.

Übertragen Sie die Zeichnung auf ein separates Blatt als Skizze (ohne Bezeichnungen) und ergänzen Sie die fehlenden Schraffuren. Berücksichtigen Sie beim Schraffieren die unterschiedlichen Werkstoffe der verschiedenen Bauteile. Dabei soll gelten:

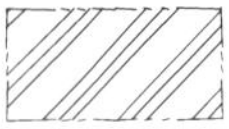 für Messing  für Gummi

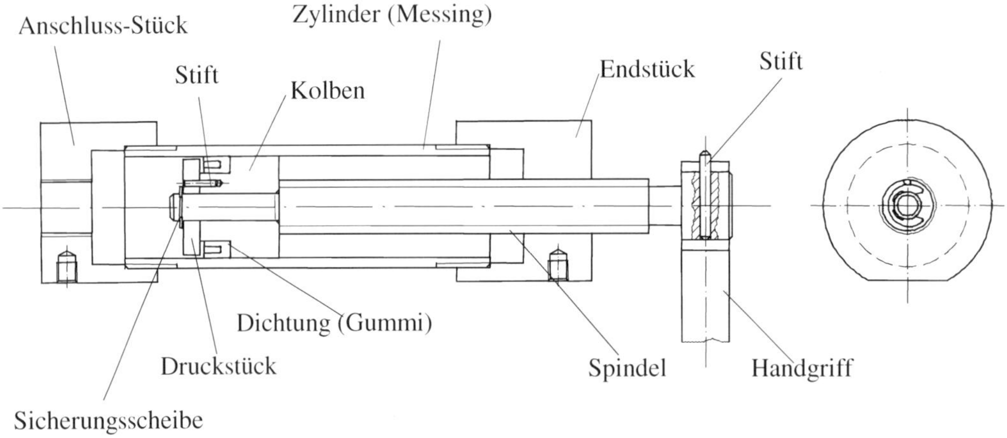

4.22 Stellen Sie die Werkstücke der Aufgabe 4.15 in isometrischer und in dimetrischer Projektion dar.

4.23 Stellen Sie die Werkstücke der Aufgabe 4.16 in möglichst wenigen Ansichten dar. Versuchen Sie also, diese Werkstücke in zwei oder sogar in nur einer Ansicht so darzustellen, dass sie eindeutig wiedergegeben sind. Wenn es möglich ist, nutzen Sie die Darstellung im Halb- oder im Teilschnitt. Welche Bauelemente lassen sich so einfacher darstellen? Wird Ihrer Ansicht nach durch eine knappere Darstellung das Verständnis für das jeweilige Bauelement erleichtert?

4.24 Wie können Sie in einer Zeichnung einfach Stahlelemente von Glasbauteilen unterscheiden?

4.25 Versuchen Sie, aus dem Gedächtnis einige Schraffuren zu skizzieren. Wie sieht das Grundmuster für Feststoffe, für Flüssigkeiten oder Gase aus?

5 Bemaßung

Zusätzlich zur reinen Darstellung der Geometrie müssen Eintragungen in Technischen Zeichnungen vorgenommen werden, die über die reine Wiedergabe der Geometrie hinausgehen. Solche Angaben werden als *Beschriftung* der geometrischen Darstellung angefügt und spezifizieren sie weiter. Eine Beschriftung, die die Abmessungen der betreffenden Geometrie angibt, wird *Bemaßung* genannt. Die Regeln zur Eintragung von Bemaßungen in Technischen Zeichnungen werden ausführlich in diesem Kapitel behandelt. In den nachfolgenden Kapiteln wird dann auf weitere Vorgaben eingegangen, die die zulässigen Abweichungen von den vorgeschriebenen Abmessung und Form regeln und die zu realisierende Oberflächenbeschaffenheit angeben.

Allen diesen Vorgaben ist gemeinsam, dass sie auf der einen Seite die idealisierte Geometrie (Maße, Form) vorgeben und auf der anderen Seite die zulässigen Abweichungen (Fertigungspräzision) von dieser idealisierten Geometrie definieren. Diese Vorgaben spezifizieren also die Geometrie eines Bauteils und werden deshalb in ihrer Gesamtheit als *Geometrische Produktspezifikation* bezeichnet, kurz *GPS*.

Weil die Geometrische Produktspezifikation die Angaben in diesem Kapitel und der beiden folgenden Kapitel betrifft, soll gemeinsam für diese drei Kapitel im folgenden Abschnitt auf die Geometrische Produktspezifikation eingegangen werden.

5.1 Geometrische Produktspezifikation

Im Produktlebenslauf wird in den ersten Schritten die Entstehung eines Produktes beschrieben, siehe auch **Bild 3-20**. In dem darin genannten zweiten Schritt (Entwicklung/Konstruktion) wird die Idealgeometrie eines Bauteils definiert. Die Technische Zeichnung wird hier dazu genutzt, diese Geometrie regelgerecht darzustellen. Die auf diesen Schritt folgende Produktion umfasst nicht nur die Herstellung des Bauteils, sondern auch dessen Prüfung. Für die Entstehung eines Produktes ist es nämlich nicht nur wichtig, die Geometrie und das Fertigungsverfahren festzulegen, mit dem ein Bauteil herzustellen ist, sondern auch die Art und Weise der Prüfung der Herstellungsqualität.

Diese drei fachlichen Welten – Spezifikation, Fertigung und Prüfung – müssen stets im Kontext gesehen werden, weil sie sich gegenseitig beeinflussen. Um dieser Forderung gerecht zu werden, werden derzeit (und wurden bereits) die betreffenden Normen überarbeitet und in ein Normen-Gesamtkonzept – die Geometrische Produktspezifikation (GPS) – eingegliedert. Die übergeordnete Übersicht der GPS steht als deutsche Norm mit der DIN V 32950 als Vornorm zur Verfügung, derzeit noch als Norm-Entwurf ist die DIN EN ISO 14638 verfügbar. Unabhängig davon beziehen sich jetzt schon die neu überarbeiteten deutschen Normen auf das darin definierte GPS-Matrixmodell, wie am Beispiel der DIN EN ISO 5436-1 in **Tabelle 5-1** gezeigt.

Um eine systematische Beschreibung aller die Geometrie beschreibenden Elemente zu erzielen, wurden alle Eigenschaften zusammengetragen, die die Geometrie charakterisieren. Dabei ergaben sich 18 geometrische Eigenschaften bzw. Merkmale eines Werkstücks, die in **Tabelle 5-1** als Zeilen der GPS-Matrix aufgelistet sind. Es sind dies im Einzelnen: dimensionelle Merkmale (Zeilen 1 bis 4), geometrische Merkmale (Zeilen 5 bis 12), Bezüge (Zeile 13), Oberflächenbeschaffenheit (Zeilen 14 bis 17) und Kanten (Zeile 18). Diesen 18 Zeilen sind 6 Spalten zugeordnet, welche die Aufgabenfelder repräsentieren. Dabei werden die Aufgabenfelder als *Kettenglieder* oder *Normenketten* bezeichnet, um deren ineinander greifenden Charakter zu betonen.

Tabelle 5-1 Zuordnungen in der GPS-Matrix mit Beispielen der Position von Normen; durch „O" ist in dieser GPS-Matrix die Position der DIN EN ISO 1101 dargestellt; durch „X" die Position der DIN EN ISO 5436-1

	Kettengliednummer	1	2	3	4	5	6
1	Maß						
2	Abstand						
3	Radius						
4	Winkel						
5	Form einer bezugsunabhängigen Linie	O	O				
6	Form einer bezugsabhängigen Linie	O	O				
7	Form einer bezugsunabhängigen Oberfläche	O	O				
8	Form einer bezugsabhängigen Oberfläche	O	O				
9	Richtung	O	O				
10	Lage	O	O				
11	Rundlauf	O	O				
12	Gesamtlauf	O	O				
13	Bezüge	O					
14	Rauheitsprofil						X
15	Welligkeitsprofil						X
16	Primärprofil						X
17	Oberflächenunvollkommenheit						
18	Kanten						

Die ersten beiden Kettenglieder decken das Aufgabenfeld Spezifikation der Dimension und Geometrie ab. In den Normen, die diesen Aufgabenfeldern zugeordnet werden, wird ausschließlich die Zeichnungssprache definiert, mit der in einer Technischen Zeichnung die Dimension und Geometrie, und damit auch deren zulässigen Abweichungen, anzugeben sind. Das dritte Kettenglied deckt das Aufgabenfeld Vergleich Sollwerkstück mit Istwerkstück ab. In den Normen, die diesem Aufgabenfeld zugeordnet werden, wird ausschließlich geklärt, wie der Abgleich zwischen der idealen Geometrie und dem realen Werkstück zu erfolgen hat. Das vierte Kettenglied deckt das Aufgabenfeld ab, welches die Vorschriften für Messmethoden und

Auswerteverfahren liefert. Das fünfte Kettenglied beinhaltet Normen, in denen die Messeinrichtungen, Messgeräte und Messverfahren beschrieben werden. Das sechste und letzte Kettenglied umfasst Normen, welche die Kalibrierung der Messgeräte und Messeinrichtungen zum Thema haben.

Neben der eben beschriebenen 18x6-Matrix der allgemeinen GPS-Normen existieren noch zwei weitere ergänzende Matrizen, welche als *ergänzende GPS-Normen* bezeichnet werden. Auch diese ergänzenden GPS-Normen greifen auf die zuvor beschriebenen Aufgabenfelder bzw. Kettenglieder zurück.

Eine 7x6-Matrix listet in ihren sieben Zeilen die Fertigungsverfahren Spanen (Zeile 1), Gießen (Zeile 2), Schweißen (Zeile 3), Thermoschneiden (Zeile 4), Kunststoffformen (Zeile 5), metallischer/anorganischer Überzug (Zeile 6) und Anstrich (Zeile 7) auf, und referenziert Toleranznormen für diese Fertigungsverfahren. Die zweite 3x6-Matrix listet in ihren drei Zeilen die Maschinenelemente Gewindeteile (Zeile 1), Zahnräder (Zeile 2) und Keilwellen (Zeile 3) auf, und referenziert Geometrienormen für diese Maschinenelemente.

5.2 Normschrift

Sämtliche Beschriftungen und Bemaßungen in Technischen Zeichnungen sollen unter Benutzung der nach DIN EN ISO 3098 international genormten ISO-Normschriften vorgenommen werden. Diese Norm legt Form und Abmessungen der Buchstaben und Ziffern fest. Sonderzeichen, wie z. B. Schweißsymbole oder Oberflächenzeichen, sind in gesonderten Normen vereinbart. Ist eine Schriftform und -größe erst einmal ausgewählt, so werden in dieser alle weiteren Angaben zur Fertigung gemacht. Die wichtigste Schriftform ist die so genannte *Schriftform B, vertikal* nach DIN EN ISO 3098-2, **Bild 5-1**. Die griechischen Schriftzeichen sind in DIN EN ISO 3098-3 gegeben.

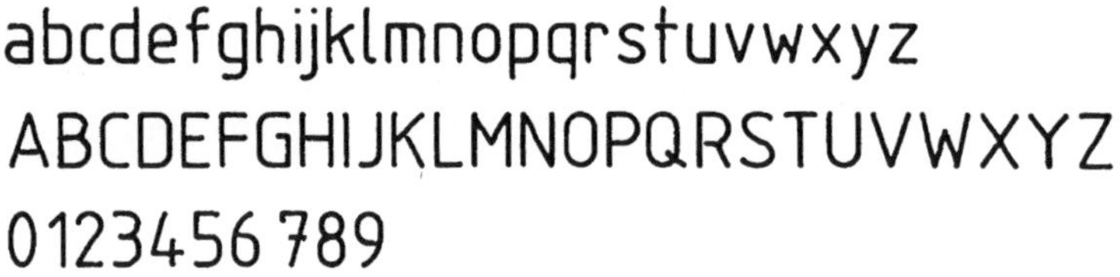

Bild 5-1 Schriftform B, vertikal, nach DIN EN ISO 3098-2

Die Schriftform B ist dadurch definiert, dass die Linienbreite (DIN ISO 128) genau ein Zehntel der Buchstabenhöhe (DIN EN ISO 3098-0) ist. Die Höhe der Großbuchstaben ist bei dieser Schriftform stets gleichzeitig die Nenngröße der Schriftzeichen. Die einzelnen Schriftzeichen sind so gestaltet, dass auch bei schlechten Rückvergrößerungen Verwechselungen vermieden werden und die Schrift lesbar bleibt.

Nach DIN ISO 128 sind die zugehörigen *Nenngrößen* der Schriftzeichen – entsprechend den Blattgrößen – in Sprüngen im angenäherten Verhältnis $1/\sqrt{2}$ gestuft. Die wichtigsten Nenngrößen sind 2,5 – 3,5 – 5 und 7 mm. Ihnen zugeordnet sind bei Schriftform B dementsprechend die Linienbreiten 0,25 – 0,35 – 0,5 und 0,7 mm. Auch sind die Höhen von Klein- und Großbuchstaben innerhalb einer Nenngröße wie $1/\sqrt{2}$ gestuft, wobei mindestens die Nenngröße 2,5 mm verwendet werden sollte. Die Stufung der *Schriftgrößen* ist so gewählt, dass bei normgerechter Vergrößerung um den Faktor $\sqrt{2}$ (= 141%) bzw. Verkleinerung um den Faktor $1/\sqrt{2}$ (= 70,7%) die genormten Schriftgrößen wieder erzielt werden.

5.3 Maßeintragung

5.3.1 Allgemeines

Es wurde in **Kapitel 2.2** bereits darauf hingewiesen, dass in Einzelteilzeichnungen alle zur Festlegung der dargestellten Geometrie erforderlichen Maße einzutragen sind. Demgegenüber enthalten Gesamtzeichnungen nur Haupt- und Anschlussmaße.

Tabelle 5-2 Bemaßungsarten

funktionsbezogen	fertigungsbezogen	prüfbezogen
• notwendig zur Funktionserfüllung • Zusammenarbeiten und -passen der Bauteile steht im Vordergrund • Toleranzen sichern störungsfreie Funktion	• notwendig für die Fertigung • Bemaßung von Fertigungsverfahren abhängig • Maßangaben ohne Umrechnung verwendbar • Bemaßung von Bezugsebenen aus sinnvoll	• notwendig zur direkten Prüfung der Maßhaltigkeit • Bemaßung von Prüfverfahren abhängig • Maßangaben ohne Umrechnung verwendbar • Kettenmaße sinnvoll

Die Regeln der Maßeintragung sind in der DIN 406 (ISO 129) zusammengestellt. Diese gilt für das Eintragen von Maßen in Technischen Zeichnungen (aber nicht für die Maßeintragung durch Koordinaten und für die maschinelle Programmierung von numerisch gesteuerten Arbeitsmaschinen). Nach DIN 406 werden die *funktionsbezogene Bemaßung*, die *fertigungsbezogene Bemaßung* und die *prüfbezogene Bemaßung* unterscheiden, **Tabelle 5-2** und **Bild 5-2**. In der Praxis treten auch Mischformen der drei genannten Bemaßungsarten auf. Einzelteilzeichnungen sind in der Regel Fertigungszeichnungen, die damit eine fertigungsbezogene Bemaßung fordern.

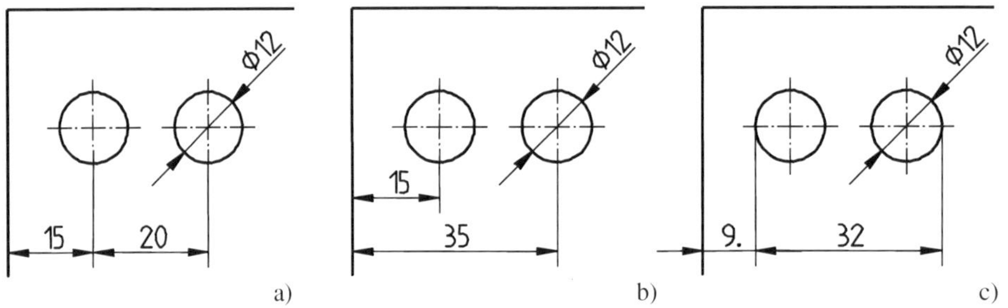

Bild 5-2 Bemaßungsarten: a) funktionsbezogen, b) fertigungsbezogen und c) prüfbezogen

Grundsätzlich gelten für die Bemaßung folgende Regeln:

- Die in der Zeichnung angegebenen *Maßzahlen* beziehen sich stets auf den Endzustand des dargestellten Bauteiles oder der Baugruppe. Je nach der Zeichnungsart kann dieser Endzustand auch der Rohteilzustand (Rohteilzeichnung), ein Zwischenzustand (z. B. Schweißbaugruppenzeichnung) oder der Fertigteilzustand (Fertigteilzeichnung) sein.
- Jedes Maß wird in der Zeichnung nur einmal angegeben. Auch wenn die gleiche Abmessung in mehreren Ansichten sichtbar ist, befindet sich die Bemaßung nur in einer Ansicht.
- In Einzelteilzeichnungen muss die Bemaßung vollständig sein, d.h. es darf kein zur Herstellung erforderliches Maß fehlen. Abmessungen, die sich durch den Herstellungsprozess eines Bauteiles von alleine ergeben (z. B. die Abmessungen der Durchdringungskurven an Rohrübergängen), werden nicht bemaßt.
- Die in die Zeichnung eingetragenen Maße sind grundsätzlich in Millimetern zu verstehen, und zwar ohne dass die Einheit „mm" explizit angegeben wird. Nur bei Abweichung von dieser Regel muss die Einheit hinzugefügt werden. Dies bedeutet, dass bei größeren Abmessungen eventuell abweichende Einheiten in cm oder m angegeben werden müssen. In diesem Fall steht die Maßeinheit hinter der Maßzahl (z. B. „4,8 m"). Auch Winkelangaben müssen stets mit einer Einheit versehen werden (z. B. „45°").

Eine Maßangabe setzt sich stets zusammen aus der Maßlinie, gegebenenfalls Maßhilfslinien, den Maßlinienbegrenzungen und der Maßzahl (**Bild 5-3**). Der Maßzahl können noch bestimmte Zeichen und Zusätze beigefügt sein. Die Maßangaben können zwischen den dargestellten Körperkanten oder zwischen Maßhilfslinien eingezeichnet werden. Im Folgenden wird auf diese Elemente kurz eingegangen.

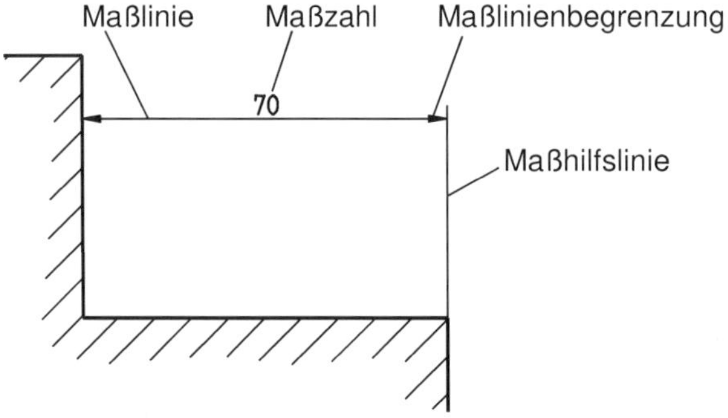

Bild 5-3
Elemente der Maßeintragung

Maßlinie und *Maßhilfslinie* sind als schmale durchgezogene Linien zu zeichnen. Sie sollen möglichst nur an sichtbare Körperkanten angetragen werden. Mittel- und Symmetrielinien dürfen als Maßhilfslinien verwendet werden, sie sind zu diesem Zweck gegebenenfalls zu verlängern (Verlängerung als schmale, durchgezogene Linie).

Maßlinien sollen etwa 10 mm von parallel verlaufenden Körperkanten entfernt sein. Sind mehrere Maßlinien untereinander angeordnet, so soll der Abstand zwischen ihnen gleich sein und mindestens 7 mm betragen. Maßlinien besitzen zwei *Maßlinienbegrenzungen* und sind zwischen diesen ohne Unterbrechungen durchzuziehen. Die Maßhilfslinien werden im Allgemeinen 1 bis 2 mm über die Maßlinie hinausgezogen. Maßlinien sollen sich mit anderen Hilfslinien und untereinander nicht schneiden, sie sollen auch nicht parallel zu Schraffurlinien angeordnet sein. Maßhilfslinien dürfen nie über mehrere Ansichten gezogen werden.

Im Allgemeinen werden die Maßhilfslinien im rechten Winkel zu der Mess-Strecke eingetragen, so dass die Maßlinien zu der Mess-Strecke dann parallel liegen. In besonderen Fällen (z. B. bei Platzmangel) darf die Maßhilfslinie jedoch schräg herausgezogen werden (etwa 60° zur Maßlinie). Manchmal können die Maßhilfslinien nicht direkt an den Körperkanten angesetzt werden. In solchen Fällen werden die Umrisse durch Projektionslinien ergänzt, an denen die Maßhilfslinien definiert ansetzen können. Einige Beispiele zu dieser Vorgehensweise sind in **Bild 5-4** dargestellt.

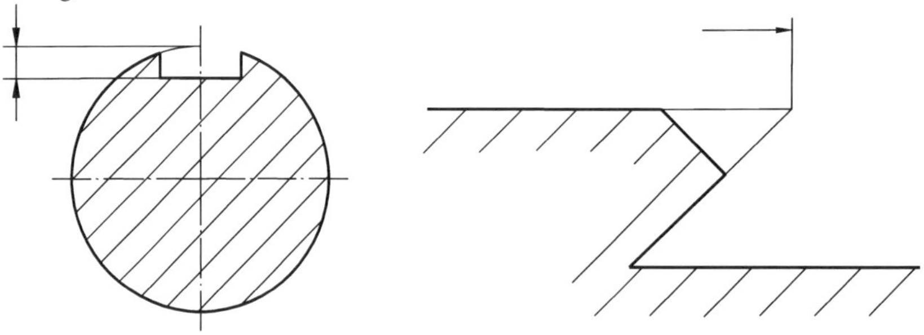

Bild 5-4 Besondere Maßhilfslinien

Die an Bauteilen auftretenden Maße sollten so weit wie möglich den in DIN 323 festgelegten Normzahl-Empfehlungen folgen (*Normmaße*). Dies bringt als Vorteil nicht nur eine Standardisierung der Herstellerwerkzeuge und Prüflehren, sondern auch eine Vereinfachung von Anschlussmaßen und Halbzeugen mit sich.

Die *Schriftgröße der Maßzahlen* richtet sich nach DIN ISO 128. Welche Schriftgröße gewählt wird, hängt von der Zeichnungsgröße ab. Als Faustregel geht man davon aus, die Maßzahlen mindestens in Nenngröße 3,5 mm zu schreiben. Insgesamt dürfen aber keine kleineren Schriftgrößen als 2,5 mm in der Zeichnung verwendet werden. Die Schriftform entspricht der Schriftform B, vertikal, die in der DIN EN ISO 3098-2 festgelegt ist.

Maßzahlen dürfen durch keine Linien gekreuzt werden. Aus diesem Grunde werden alle Hilfslinien (Maßhilfs-, Symmetrie- oder Mittellinien), sofern sie die Maßzahl kreuzen, unterbrochen. Maßeintragungen im schraffierten Bereich sollen vermieden werden. Ist dies nicht möglich, so muss die Schraffur im Bereich der Maßzahlen unterbrochen werden, eine Unterbrechung für die Hilfslinien ist nicht notwendig.

Zur Eintragung der Maßzahlen in Technische Zeichnungen sind in der DIN 406 Teil 11 zwei Möglichkeiten dargestellt. Zum einen ist die Eintragung in zwei *Hauptleserichtungen* definiert (*Methode 1*). Diese Methode ist bevorzugt anzuwenden. Zum anderen wird auch die Eintragung der Maßzahlen in nur einer Leserichtung zugelassen (*Methode 2*). Diese Methode soll nach Möglichkeit nicht verwendet werden. (Sie wurde mit Blick auf sehr einfache Zeichnungssoftware eingeführt.) In keinem Fall jedoch dürfen Methode 1 und 2 gemischt in einer Zeichnung auftreten. Im Folgenden wird ausschließlich die Methode 1 angewendet.

Entsprechend der *Eintragung in zwei Hauptleserichtungen* (Methode 1) sind die Maßzahlen so anzuordnen, dass sie überwiegend „von unten und von rechts“ (bezogen auf die Normallage des Zeichenblattes) gelesen werden können. **Bild 5-5** gibt eine Übersicht über die Anordnung der

Maßzahlen bei verschiedenen Neigungen und Winkeln. Die Maßzahlen werden etwa in der Mitte der Maßlinie über die Maßlinie gesetzt. Maßzahlen wie 6, 9, 66 oder 99 können zur Vermeidung von Missverständnissen (etwa infolge einer Schrägstellung der Zahl) einen Fußpunkt erhalten (6., 9., 66. bzw. 99.), vergleiche auch **Bild 5-2 c**).

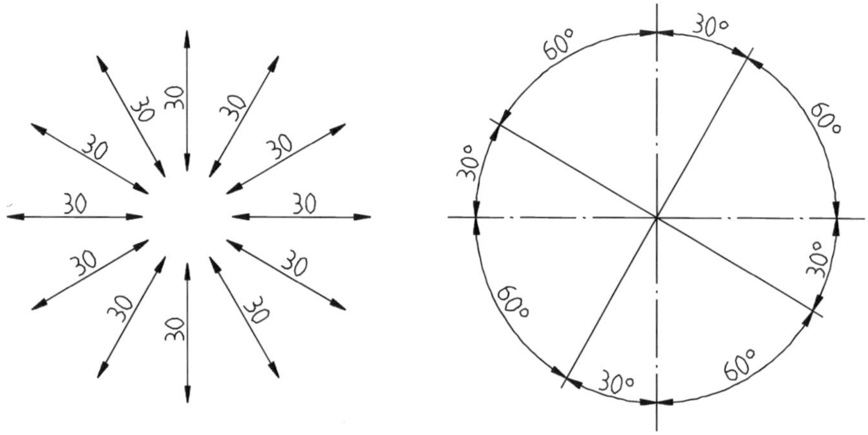

Bild 5-5 Schreibrichtung der Maßzahlen für Längen- und Winkelmaße

Ist die Maßlinie zu kurz, um sowohl die Maßlinienbegrenzungen als auch die Maßzahl unterbringen zu können, so wird man zunächst die Maßlinie nach außen verlängern und die Maßlinienbegrenzungen von außen ansetzen. Reicht der Platz zwischen den Maßlinienbegrenzungen dann immer noch nicht für die Maßzahl aus, so wird auch diese nach außen verlegt (möglichst nach rechts). Im Notfall kann die Maßzahl auch von der Maßlinie ganz losgelöst werden, muss mit dieser dann jedoch mittels einer Hinweislinie (schmale, schräg gestellte Voll-Linie) in Bezug gebracht werden. **Bild 5-6** gibt hierzu Beispiele.

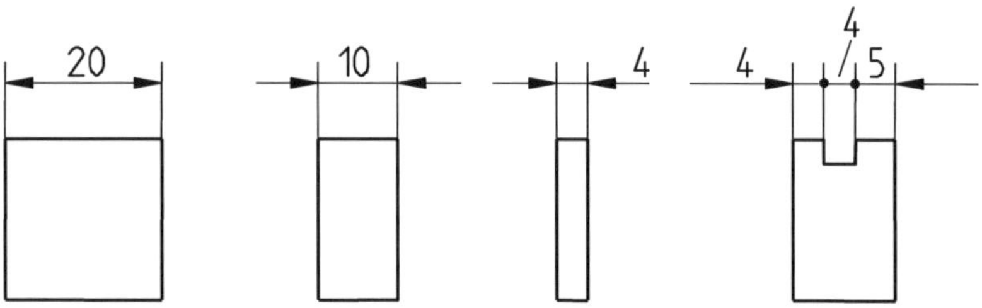

Bild 5-6 Eintragung von Maßzahlen bei kurzen Maßlinien

5.3.2 Fertigungsbezogene Bemaßung

Da die fertigungsbezogene Bemaßung die in der Praxis am häufigsten vorkommende Bemaßungsart ist, soll in diesem Abschnitt, ausführlich hierauf eingegangen werden.

Es wurde ja bereits darauf hingewiesen, dass diese Bemaßungsart stark von dem jeweils anzuwendenden Fertigungsverfahren abhängig ist. Dies liegt daran, dass bereits in der Zeichnung die einzelnen Schritte berücksichtigt sein müssen, die zur vollständigen Fertigung notwendig sind. Aus diesem Grunde ist es besonders wichtig, die verschiedenen Fertigungsverfahren, ihre Möglichkeiten und Grenzen genau zu kennen. Das Wissen um die verschiedenen Fertigungsverfahren kann wegen seines Umfangs hier nicht vermittelt werden, hierzu sei auf spezielle

Fachliteratur verwiesen. Es soll vielmehr ein Einblick gegeben werden, welche Regeln bei der Bemaßung befolgt werden sollten.

In diesem Abschnitt sollen die Fertigungsverfahren Drehen, Fräsen und Bohren eine Grundlage bilden. Bei diesen Fertigungsverfahren ist die Bemaßung auch besonders wichtig, weil die Geometrie der Bauteile während der Fertigung einer starken Änderung unterliegt. Die Bemaßung ist dann fertigungsgerecht, wenn die Vorgehensweise bei der Bearbeitung berücksichtigt ist, d.h. bei der Fertigung keine Neuberechnung von Maßen erfolgen muss. Um die konkreten Anforderungen an eine fertigungsgerechte Bemaßung zu spezifizieren, soll explizit auf das Drehen, Fräsen und Bohren eingegangen werden.

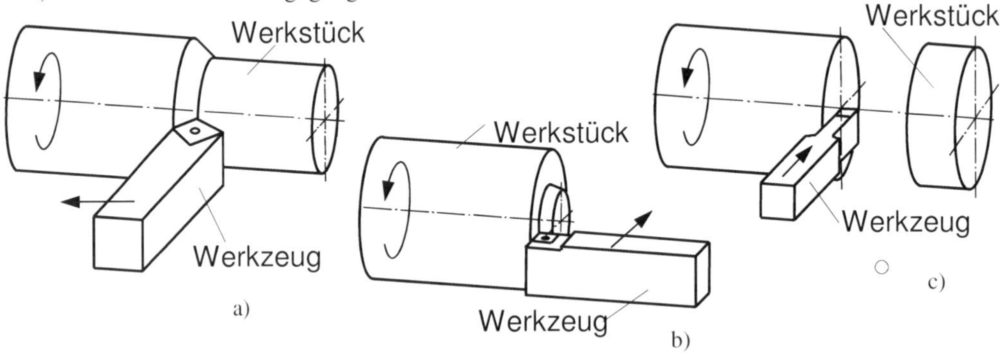

Bild 5-7 Drehverfahren; a) Runddrehen, b) Plandrehen, c) Abstechdrehen (Einstechdrehen)

Kennzeichnend für das Fertigungsverfahren *Drehen* ist die spanende Bearbeitung eines sich um eine Achse drehenden Werkstücks durch ein geeignetes Werkzeug. Dafür wird das Werkstück auf einer Seite in das so genannte Futter eingespannt und gegebenenfalls auf der anderen Seite unterstützt. Beim Runddrehen, **Bild 5-7 a)**, erfolgt z. B. die Vorschubbewegung parallel zur Drehachse und die Zustellbewegung senkrecht dazu.

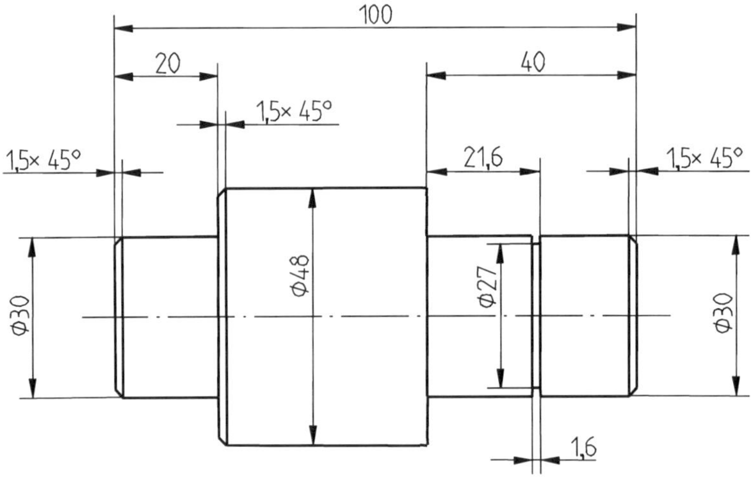

Bild 5-8 Fertigungsgerechte Bemaßung entsprechend den in **Bild 5-9** dargestellten Fertigungsschritten

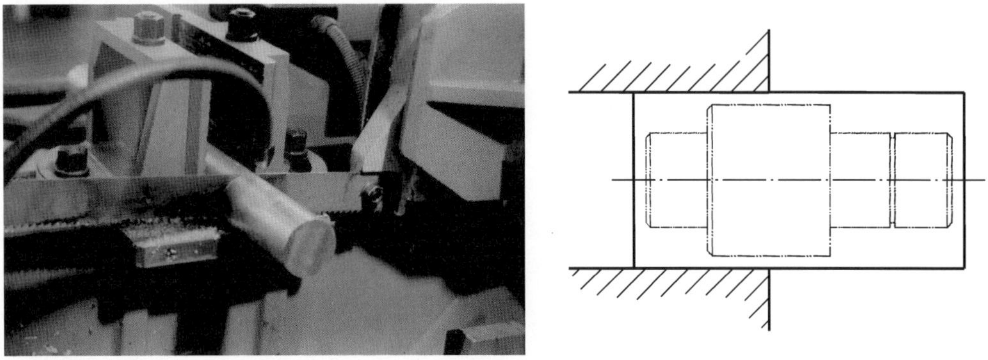

Bild 5-9 a Das ausgewählte Rohteil muss mit einer solchen Länge abgesägt werden, dass das Fertigteil „hineinpasst“, also sowohl in der Länge als auch im Durchmesser um 1 bis 2 mm größer sein. Zuerst wird das Werkstück eingespannt. Dies erfolgt bei dem hier ausgewählten Beispiel so, dass der längere Absatz fertig bearbeitet werden kann.

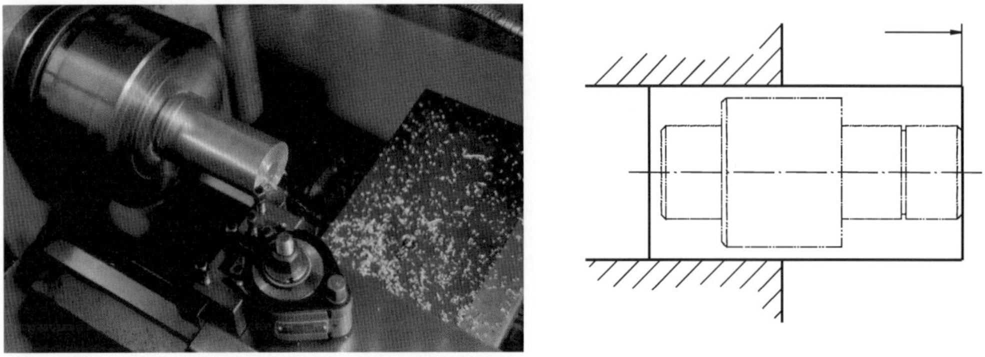

Bild 5-9 b Als erster Bearbeitungsschritt wird eine Stirnseite plangedreht und dadurch eine Bezugsebene geschaffen. Wird an der Drehbank das Maß dieser Bezugsebene zu Null gesetzt, so können alle weiteren Maße in axialer Richtung an der Maschine direkt abgelesen werden.

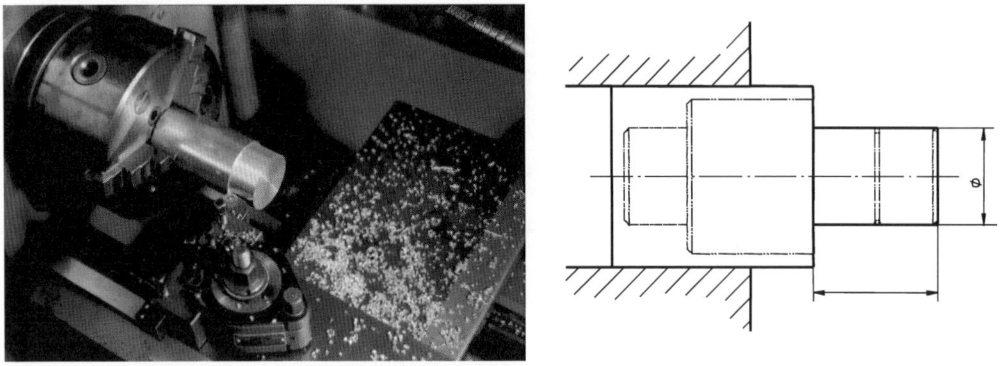

Bild 5-9 c Danach wird der Absatz in mehreren Schritten auf den vorgegebenen Durchmesser abgedreht. In axialer Richtung wird dabei das Maß von der Bezugsebene aus gemessen.

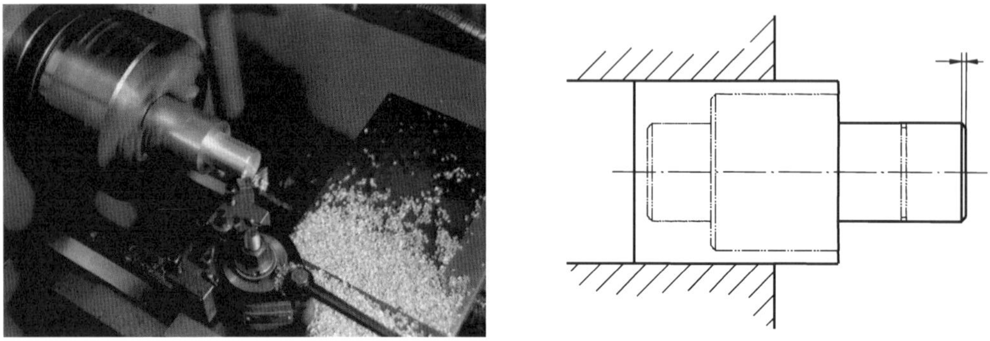

Bild 5-9 d In dem vorletzten Bearbeitungsgang auf dieser Einspannseite werden die Kanten gebrochen. Zum Fertigen dieser Fasen wird ein spezieller Drehmeißel benötigt.

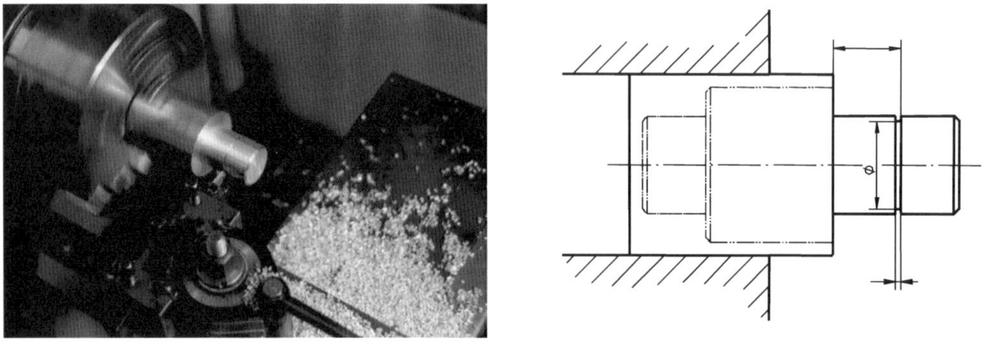

Bild 5-9 e Zum Einstechen der Nut wird im Allgemeinen ein Drehmeißel benutzt, der bereits das als Nutbreite vorgeschriebene Maß aufweist. Ist die Nut breiter als das vorhandene Werkzeug, so muss entsprechend mehrfach nebeneinander eingestochen werden. Die Einstechtiefe kann auf der Drehbank als Durchmesser abgelesen werden. Das axiale Maß wird hier von einer neuen Bezugsebene aus genommen.

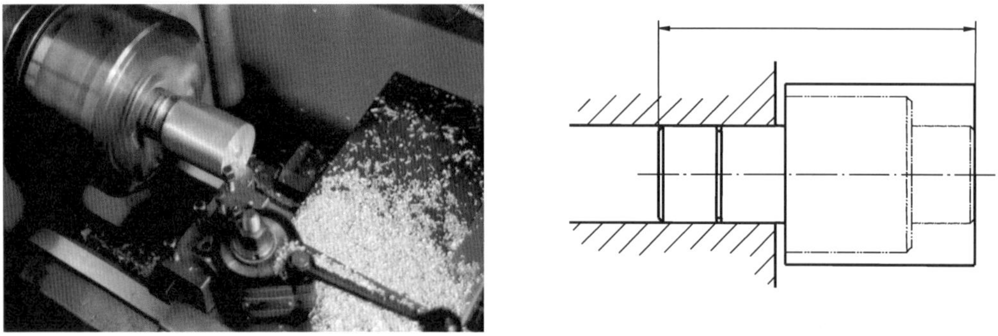

Bild 5-9 f Nach dem Umspannen des Werkstücks wird die Stirnseite plangedreht. Danach kann die vorhandene Gesamtlänge ermittelt werden, dazu muss natürlich das Werkstück wieder ausgespannt werden. (Diese Messung zeigt auf, wie viel zur Realisierung der geforderten Gesamtlänge noch abgedreht werden muss.) Diese plane Fläche stellt die neue Bezugsebene dar.

Bild 5-9 g Hier wird der große Durchmesser bearbeitet.

Bild 5-9 h Anschließend wird der kleinere Absatz in mehreren Schritten auf Maß gebracht.

Bild 5-9 i Als letzter Bearbeitungsschritt erfolgt das Fasen.

Der typische Ablauf bei der Drehbearbeitung ist an einem einfachen Beispiel in **Bild 5-9 a)** bis **i)** näher dargestellt. Die Maßangaben, **Bild 5-8**, müssen den einzelnen Bearbeitungsschritten konsequent folgen. Damit ergeben sich folgende Forderungen:

- Bemaßung in axialer Richtung (hier Vorschubrichtung) vorzugsweise von einer *Bezugsebene* aus. Muss das Werkstück umgespannt werden, sind zwei Bezugsebenen notwendig.

- Maße in radialer Richtung (hier Zustellrichtung) sind als Durchmesser anzugeben.
- Fasen, Radien, Einstiche o.ä. sind separat (gegebenenfalls mit ihrer Position) anzugeben.

Kennzeichnend für das Fertigungsverfahren *Fräsen* ist die spanende Bearbeitung durch eine kreisförmige Schnittbewegung des Werkzeugs. Je nach Anordnung der Schneiden am Werkzeug wird zwischen Stirn- und Umfangsfräsen unterschieden, **Bild 5-10**. Die Vorschubbewegung kann sowohl durch das Werkzeug als auch durch das Werkstück erfolgen.

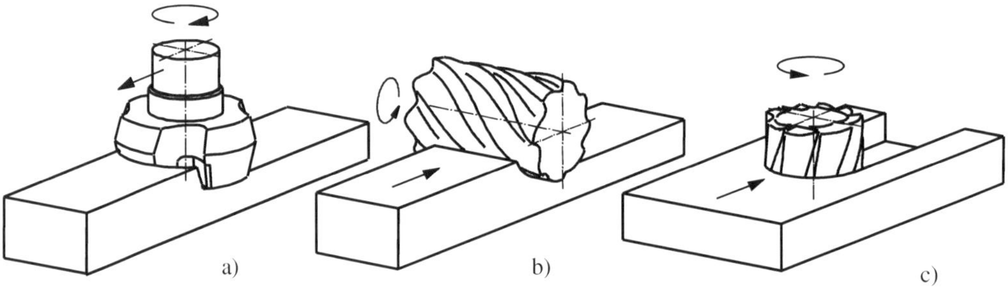

Bild 5-10 Fräsverfahren; a) Stirnfräsen, b) Umfangsfräsen, c) Umfangs-Stirnfräsen

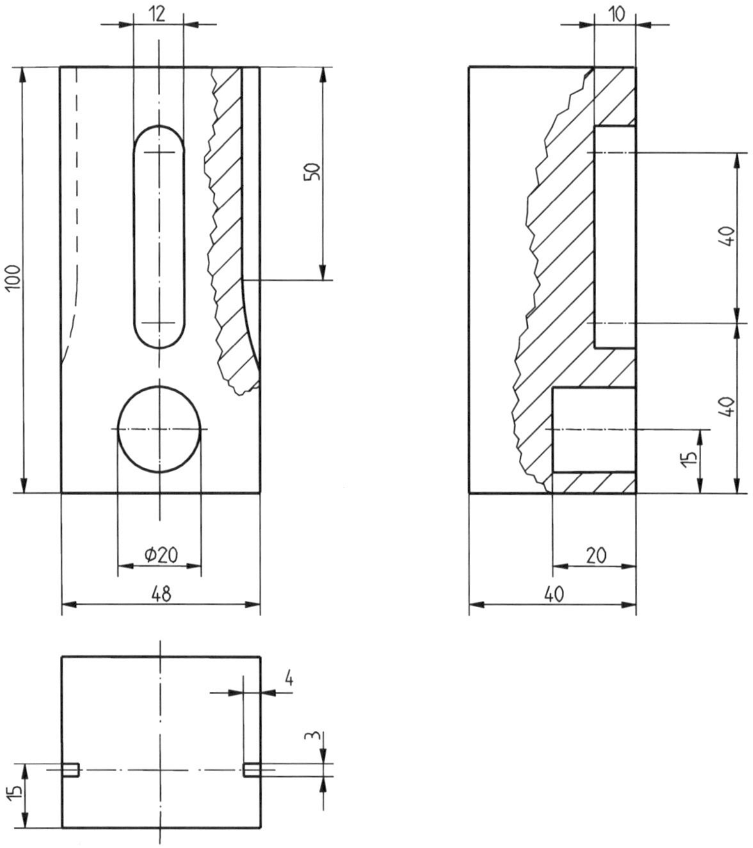

Bild 5-11 Fertigungsgerechte Bemaßung entsprechend den in **Bild 5-12** dargestellten Fertigungsschritten

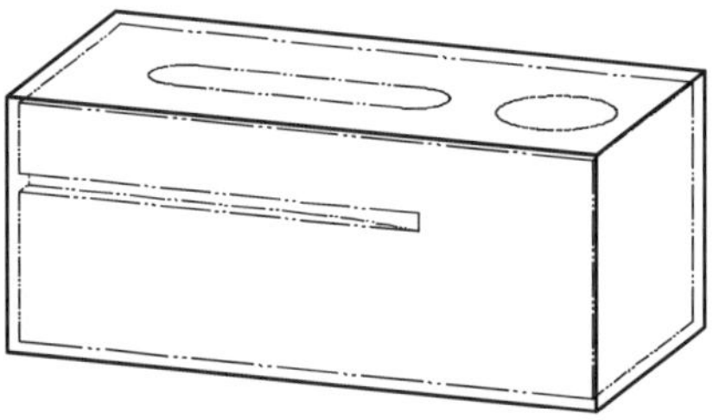

Bild 5-12 a Der erste Schritt bei der Fräsbearbeitung eines Rohteiles ist das Planfräsen aller sechs Seiten, da bei einem Rohteil eine Winkligkeit (bzw. Parallelität) und Ebenheit der Seiten nicht vorausgesetzt werden kann. Diese Eigenschaften des Werkstücks sind für die weitere Bearbeitung wichtig, damit alle Spannmittel verwendet werden können. Auch werden die bereits bearbeiteten Seiten als Bezugsflächen verwendet, von denen aus Maße abgegriffen werden. Diese Bearbeitung erfordert ein Aufmaß bei allen Seiten.

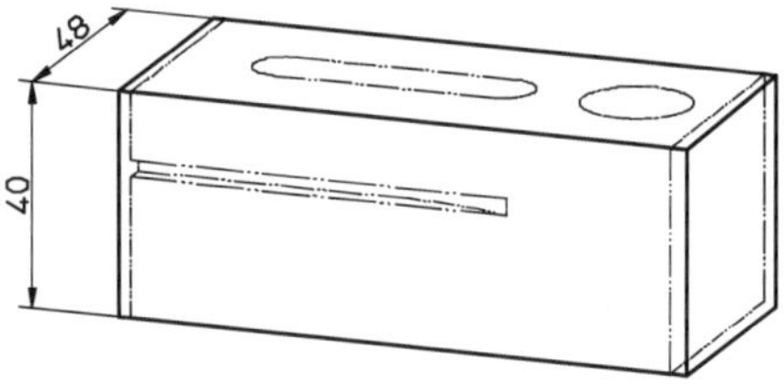

Bild 5-12 b Zunächst wird eine (beliebige) Seite plangefräst. Zum Planfräsen größerer Flächen werden im allgemeinen Stirnfräser benutzt. Danach wird das Werkstück so gedreht, dass die zuvor bearbeitete Seite unten liegt. Mit speziellen Spannmitteln (z. B. Niederspannzangen, im Bild nicht dargestellt) wird die zuvor bearbeitete Fläche an eine Bezugsfläche gedrückt, so dass die zu dem Zeitpunkt oben liegende Seite bearbeitet werden kann und dann parallel zur ersten ist. Wird das Werkstück mit den bearbeiteten, parallelen Flächen in parallele Spannbacken eingespannt, ist die Einhaltung des rechten Winkels für die weitere Bearbeitung gewährleistet[1].

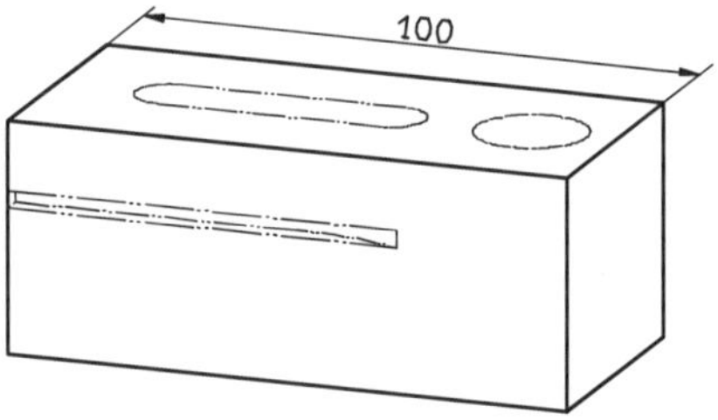

Bild 5-12 c Nach dieser Bearbeitung werden die Stirnseiten plangefräst. Wird – wie in diesem Fall – das Werkzeug gewechselt, ist es nicht notwendig, das Werkstück umzuspannen. Dies ist günstiger, denn durch die besondere Werkzeugaufnahme kann die Einhaltung des rechten Winkels am Werkstück besser gewährleistet werden als durch das Umspannen.

1 Voraussetzung ist hierfür allerdings, dass die eingespannte Fläche groß genug ist, um eine Führung zu gewährleisten.

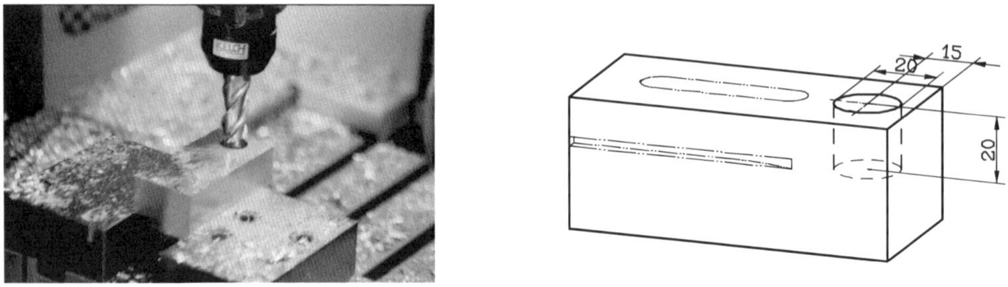

Bild 5-12 d Für die weitere Bearbeitung muss in der Regel das Werkzeug gewechselt werden. Hier wird zur Fertigung der oben liegenden Tasche wiederum ein Schaftfräser benötigt. Die Fertigung der Tasche kann auf zwei Arten erfolgen: entweder es wird ein Schaftfräser mit dem gleichen oder mit einem kleineren Durchmesser benutzt als für die Tasche vorgeschrieben. Ist der Durchmesser des Fräsers identisch mit dem der Tasche, so muss das rotierende Werkzeug nur auf die vorgeschriebene Tiefe gesenkt werden; ist der Durchmesser des Werkzeugs kleiner, so muss das Werkzeug zusätzlich eine Rotationsbewegung beschreiben, die den vorgeschriebenen Durchmesser erzeugt (Innen-Rundfräsen).

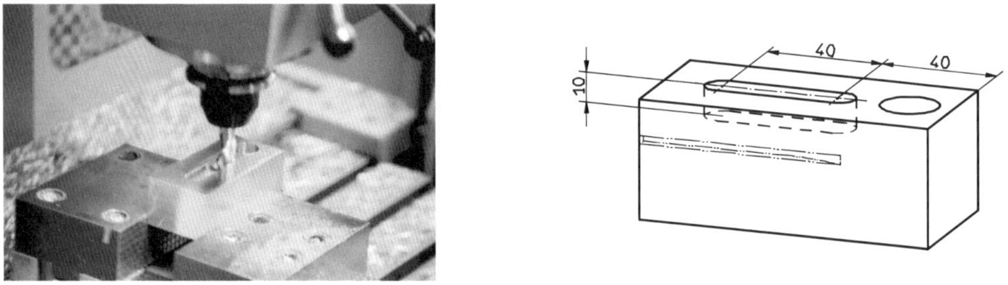

Bild 5-12 e Die benachbarte Nut kann ebenfalls mit einem Schaftfräser gefertigt werden, wenn der Durchmesser des Werkzeugs gleich oder kleiner der Breite der Nut ist. Sind der Durchmesser und die Breite der Nut identisch, so wird der Fräser nur positioniert, auf die verlangte Tiefe zugestellt und die verlangte Nutenlänge abgefahren. Ist der Durchmesser des Schaftfräsers kleiner als die vorgeschriebene Breite der Nut, so wird der Fräser so geführt, dass sich die verlangte Nutenform ergibt. Bei CNC-Fräsmaschinen kann dafür ein spezieller Nutenfräszyklus genutzt werden.

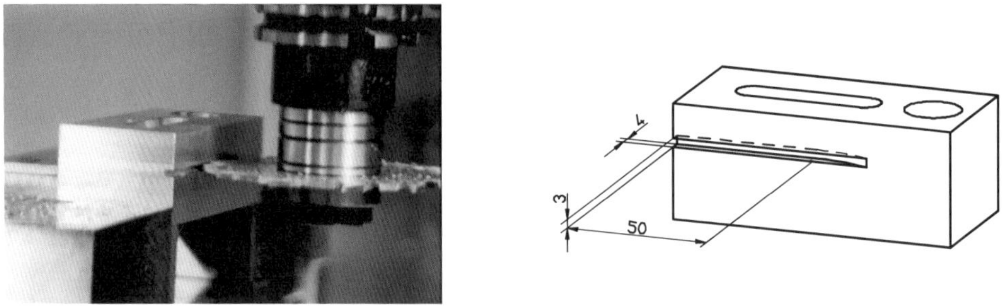

Bild 5-12 f Für die seitlich liegenden Nuten wird ein Schlitz- oder Scheibenfräser (zum Umfangsfräsen) genutzt. Zum Anfertigen der beiden Seitennuten muss bei dem vorliegenden Beispiel das Werkstück nicht noch einmal umgespannt werden. Der Fräser, dessen Breite hier der vorgeschriebenen Breite der Nut entspricht, wird in Position gefahren, die verlangte Tiefe wird zugestellt und die vorgeschriebene Länge abgefahren. Der Radius des Werkzeugauslaufes ist von dem Fräserdurchmesser abhängig.

Auch für die Fräsbearbeitung ist der typische Ablauf an einem einfachen Beispiel näher betrachtet worden, **Bild 5-12**. Aus den Bearbeitungsschritten ist recht gut zu erkennen, dass die Bemaßung, **Bild 5-11**, den im Folgenden genannten Gesichtspunkten genügen soll:

- Für die Bemaßung kann jede Seite als *Bezugsebene* dienen, da alle Seiten eben und winklig (bzw. parallel) sind. Die Anzahl der Bezugsebenen richtet sich nach der durchzuführenden Bearbeitung. Nach Möglichkeit ist in der Zeichnung die Anzahl der Bezugsebenen gering zu halten. Es ist zu beachten, dass unter Umständen die Seiten, die für die jeweilige Bearbeitung eingespannt sind, nicht gleichzeitig als Bezugsebenen dienen können.
- Die Maße sind so anzugeben, dass der Weg des Fräsers hieraus abgelesen werden kann.
- Die Lage von zentrisch (mittig) liegenden Nuten muss nicht explizit angegeben werden.
- Ergibt sich eine Fläche nur aufgrund eines *Werkzeugauslaufes*, wird ihre Geometrie also nicht konkret vorgeschrieben, so muss diese auch nicht bemaßt werden.

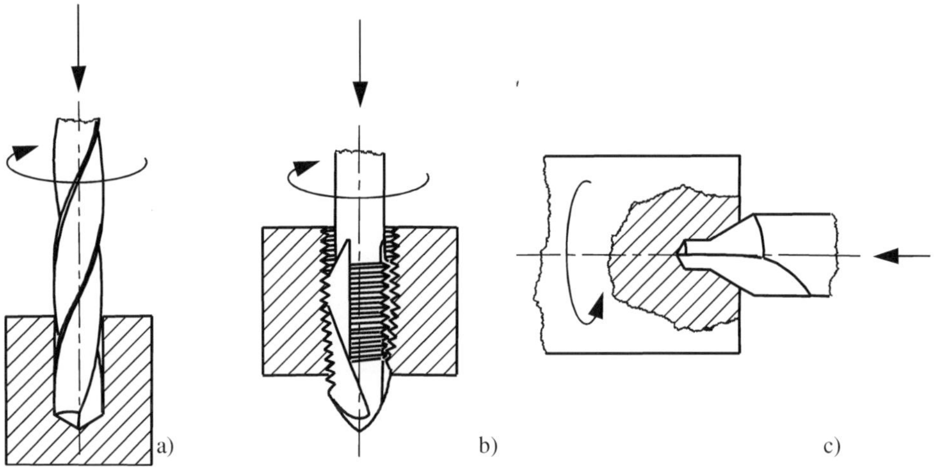

Bild 5-13 Bohrverfahren; a) Einbohren (Bohren ins Volle), b) Gewindebohren, c) Zentrierbohren

Kennzeichnend für das Fertigungsverfahren *Bohren*, **Bild 5-13**, ist die spanende Bearbeitung mit drehender Schnittbewegung. Das Werkzeug (der Bohrer) führt eine Vorschubbewegung in Richtung der Drehachse aus.

Auch für die *Bohrbearbeitung* soll der typische Ablauf an einem Beispiel aufgezeigt werden. Die einzelnen Bearbeitungsschritte, **Bild 5-14**, zeigen dann die sich ergebenden Konsequenzen für die Bemaßung, die in **Bild 5-15** gegeben ist.

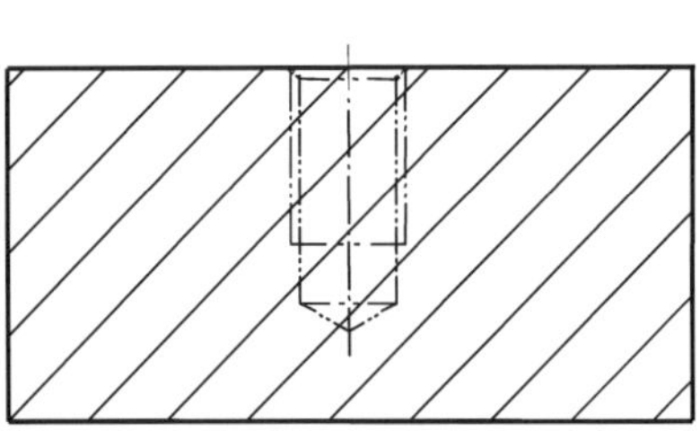

Bild 5-14 a Voraussetzung für die Anfertigung einer Bohrung ist, dass die Ansatzfläche für den Bohrer plan ist und senkrecht zur Drehachse steht.

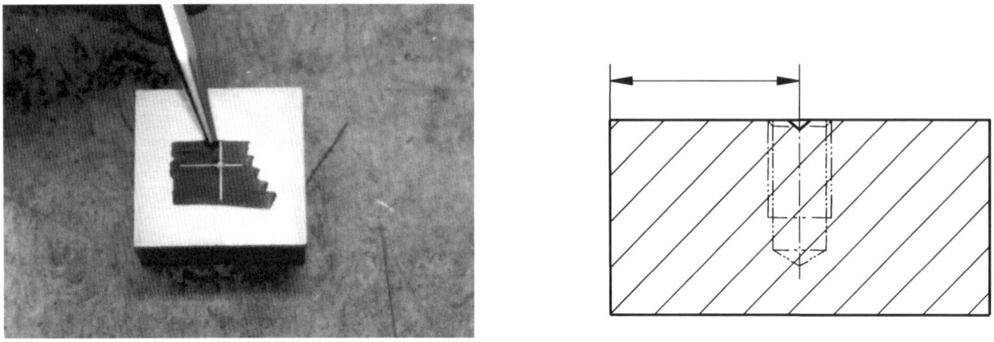

Bild 5-14 b Die Vorbereitung für das Bohren ist das Anreißen des Bohrmittelpunktes. Vor dem Anreißen kann die helle Metallfläche mit einem Filzstift geschwärzt werden, um den Anriss besser sichtbar zu machen. Anschließend wird die betreffende Stelle gekörnt. Diese Präparation hilft, den Bohrer in der Senkung zu zentrieren und dadurch nicht verlaufen zu lassen.

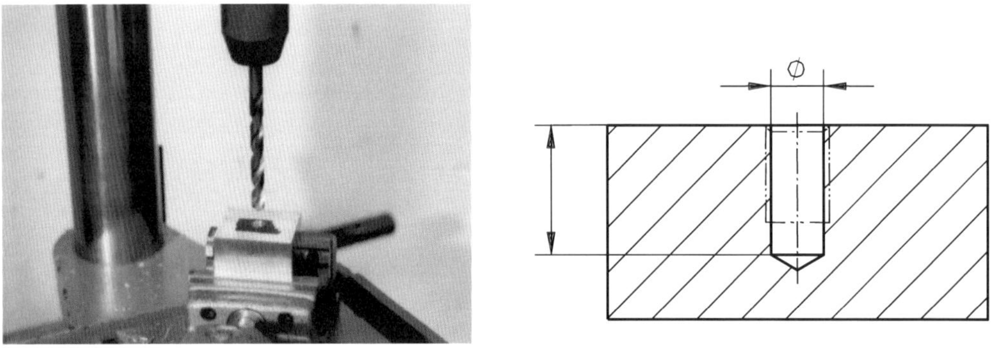

Bild 5-14 c Es wird das Kernloch mit einem Spiralbohrer mit definiertem Durchmesser auf die angegebene Tiefe gebohrt. Beim Bohren ergibt sich stets ein Bohrerauslauf (Spitze). Dieser Bohrerauslauf hat im Normalfall (Bohren in Stahl) einen Winkel von 120°, für andere Werkstoffe können auch andere Winkel auftreten.

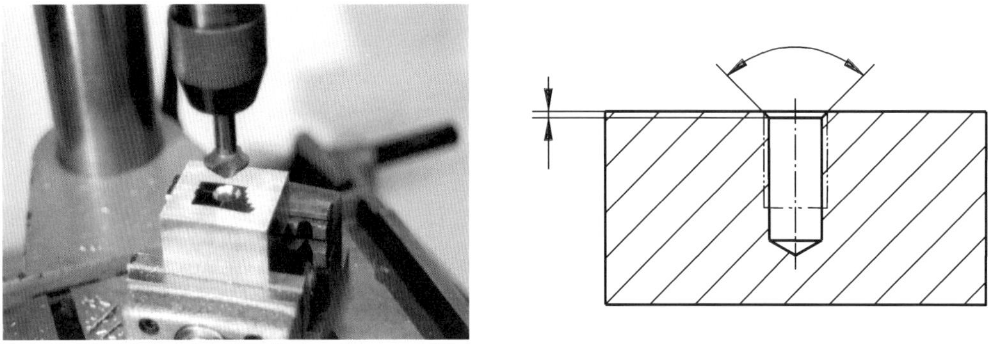

Bild 5-14 d Anschließend wird die Bohrung angesenkt. Hierfür stehen verschiedene Senker mit verschiedenen Winkeln zur Verfügung. Diese Senkung erleichtert später das Eindrehen des Außengewindes (Schraube).

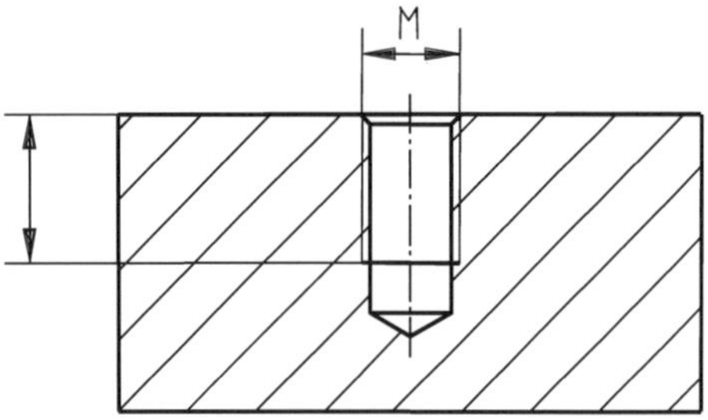

Bild 5-14 e Danach kann das Innengewinde mit einem Gewindebohrer gefertigt werden. Allerdings muss, um ein bestimmtes Gewinde-Nennmaß fertigen zu können, der vorher gebohrte Kerndurchmesser ein passendes Maß aufweisen. Es wird auf die vorgeschriebene Tiefe gewindegebohrt.

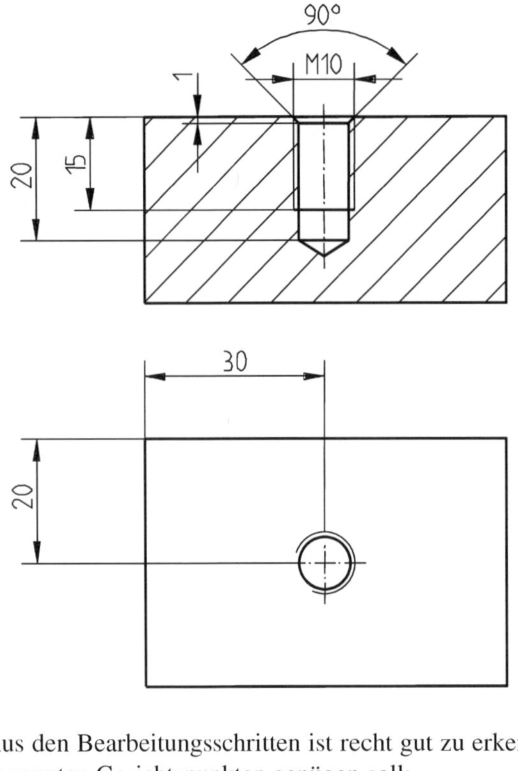

Bild 5-15 Fertigungsgerechte Bemaßung entsprechend den in **Bild 5-14** dargestellten Fertigungsschritten

Aus den Bearbeitungsschritten ist recht gut zu erkennen, dass die Bemaßung den im Folgenden genannten Gesichtspunkten genügen soll:

- Bei einer Gewindebohrung wird nur das Gewinde-Nennmaß bemaßt. Da für eine Gewindebohrung der Kerndurchmesser genau vorgeschrieben ist (DIN 13), wird das Maß des Kerndurchmessers nicht in der Zeichnung benötigt.
- Sowohl die Tiefe der Kernlochbohrung als auch die der Gewindebohrung müssen angegeben werden. Bei der Gewindebohrung wird die nutzbare Gewindelänge angegeben. Diese Maße werden von einer Bezugsfläche gegeben.

- Um bei mehreren Bohrungen Verwechslungen zu vermeiden, sind die Maße für Durchmesser und Tiefe der Bohrung in einer Ansicht zu geben. Nach Möglichkeit ist auch die Positionierung der Bohrung in dieser Ansicht zu geben.
- Der Bohrerauslauf (Spitze) wird nicht bemaßt, muss in der Zeichnung aber stets mit korrektem Winkel dargestellt sein.
- Auf die Bemaßung der sich durch das Senken ergebenden Fase wird später eingegangen. An dieser Stelle sei lediglich angemerkt, dass es mehrere Möglichkeiten gibt, diese zu bemaßen.

5.3.3 Sonderzeichen

Bislang wurde die Bemaßung nicht vollständig gegeben, eher angedeutet. Dies ist mit Absicht geschehen, da zu der Maßzahl meistens noch Sonderzeichen hinzugefügt werden, deren Bedeutung erst hier im Einzelnen erläutert wird. Die im Folgenden angesprochenen Sonderzeichen sind in DIN 406 Teil 10 als Kennzeichen der Maßeintragung genormt. Die Linienbreite dieser Sonderzeichen entspricht stets der Linienbreite der Maßzahl. Die Norm, in der die Festlegung über Form und Größe der Sonderzeichen definiert ist, ist in Klammern angegeben.

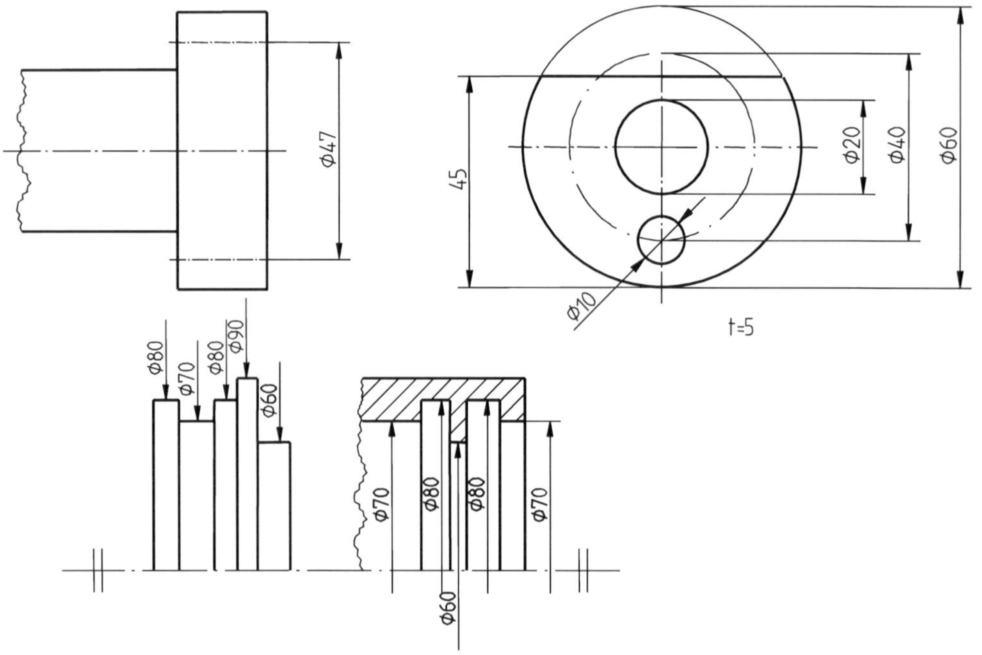

Bild 5-16 Beispiele für die Durchmesserbemaßung

Mit einem *Durchmesserzeichen* ⌀ wird die Kreisform (der *Durchmesser*) zylindrischer Formen gekennzeichnet. Nach DIN 406 Teil 11 wird das Durchmesserzeichen vor die Maßzahl gesetzt. Dabei dürfen Durchmessermaße bei Platzmangel auch von außen angetragen werden. Um Missverständnisse zu vermeiden, wird in solchen Fällen die Maßzahl in Höhe der (abgebrochenen, mit nur einer Maßlinienbegrenzung versehenen) Maßlinie geschrieben. **Bild 5-16** zeigt einige Beispiele für die Bemaßung von Durchmessern.

Zur Kennzeichnung von *Radien* wird der *Großbuchstabe* R vor die Maßzahl gesetzt. Die dazugehörigen Maßlinien sind durch den Radienmittelpunkt oder aus dessen Richtung zu zeichnen und nur am Kreisbogen mit einem Maßpfeil zu begrenzen. Dabei kann der Maßpfeil innerhalb oder außerhalb der Darstellung angebracht werden. Der Mittelpunkt des Radius ist nur dann zu kennzeichnen, gegebenenfalls auch zu bemaßen, wenn es aus Funktions- oder Fertigungsgründen wesentlich ist, dass seine Lage genau definiert ist. Die Kennzeichnung kann durch einen kurzen Querstrich auf einer Mittellinie, einen sehr kleinen Kreis (Durchmesser etwa 1 mm) oder ein kleines Achsenkreuz (schmale Voll-Linie) erfolgen. Ist es aus Platzgründen nicht möglich, große Radien einzuzeichnen, wobei trotzdem die Lage des Mittelpunktes festgelegt werden soll, so darf die Maßlinie bei manuell erstellten Zeichnungen rechtwinklig abgeknickt und verkürzt gezeichnet werden. Die Maßlinie mit dem Maßpfeil muss jedoch auf den geometrischen Mittelpunkt gerichtet sein.

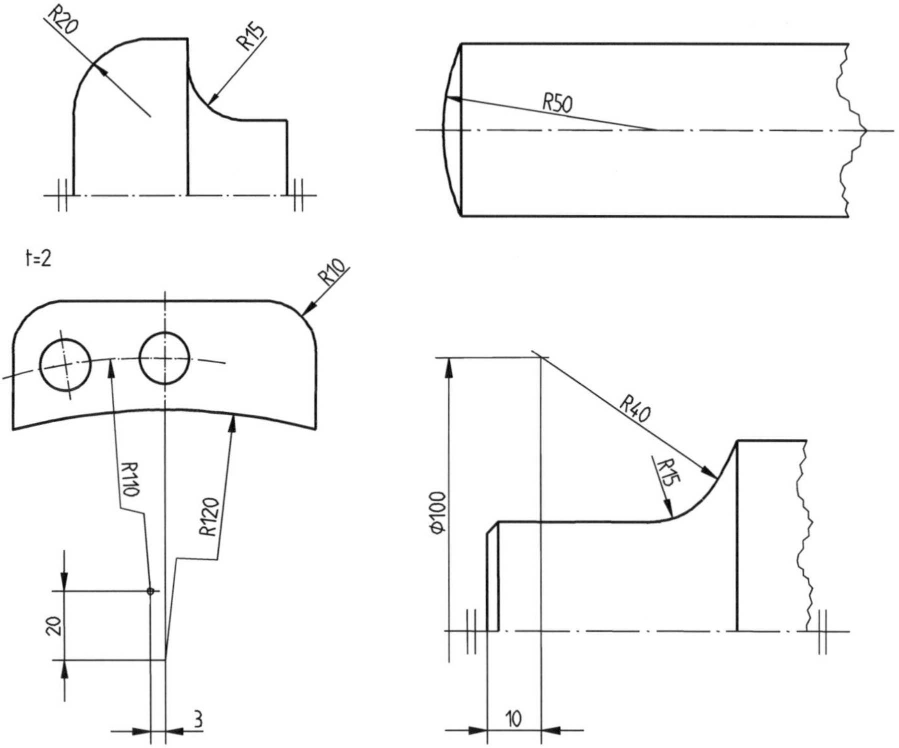

Bild 5-17 Beispiele für die Radiusbemaßung

Haben an einem Werkstück mehrere Rundungen den gleichen Radius, braucht man sie nicht alle zu bemaßen, wenn man neben das Schriftfeld einen Vermerk schreibt wie z. B. „nicht bemaßte Radien R = 3“. Bei der Festlegung der Maße von Rundungsradien dürfen die Werte nicht beliebig verwendet werden, da zur Fertigung von Radien spezielle Werkzeuge benötigt werden. Auch sind die Möglichkeiten, einen Radius zu messen, begrenzt. Bevorzugt verwendet werden sollten die nach DIN 250 gegebenen *Rundungsradien*. **Bild 5-17** zeigt einige Beispiele für die Bemaßung von Radien.

Maßzahlen von kugelförmigen Geometrien werden durch einen vorangestellten *Großbuchstaben* S – für *Sphere* (englisch: Kugel) – gekennzeichnet, da im Allgemeinen aus der Ansicht nicht deutlich wird, ob es sich bei der betreffenden um eine zylindrische oder kugelige Form handelt. Ist der Kugelmittelpunkt angegeben, so wird stets der Kugeldurchmesser bemaßt (S ∅ ...), ansonsten der Kugelradius (S R ...). Die Bemaßung des Durchmessers bzw. des Radius erfolgt wie oben beschrieben. Der Großbuchstabe S wird in jedem Fall vor das Durchmesser- bzw. Radiuszeichen gesetzt, also auch dann, wenn aus der Zeichnung ersichtlich ist, dass es sich um eine kugelförmige Geometrie handelt. **Bild 5-18** zeigt Beispiele für die Bemaßung von *Kugelformen*.

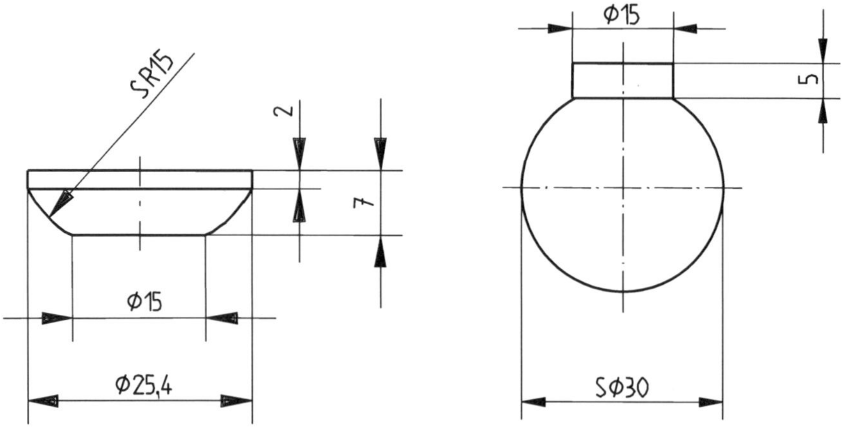

Bild 5-18 Beispiele für die Bemaßung von Kugelformen

Zur Kennzeichnung des Abstandes zweier paralleler Flächen, die am Bauteil einander gegenüber liegen, werden die *Großbuchstaben* SW verwendet. Das *Schlüsselweitezeichen* SW wird dann der Maßzahl vorangestellt, wenn der Abstand der Schlüsselflächen in der Darstellung nicht bemaßt werden kann. Das Maß „SW ...“ wird mit einer Hinweislinie (schmale, schräg gesetzte Voll-Linie) mit der in der Zeichnung sichtbaren Fläche in Beziehung gesetzt, **Bild 5-19**. Das Kennzeichen SW entfällt, wenn die Schlüsselweite mit einer Maßlinie angegeben wird. Darüber hinaus werden die Flächen oft zusätzlich noch durch das Diagonalkreuz als Ebenen gekennzeichnet.

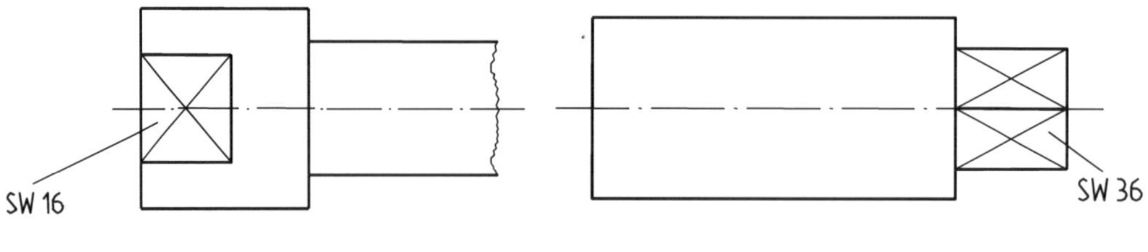

Bild 5-19 Beispiele für die Verwendung des Schlüsselweitezeichens SW

Gewinde werden nach DIN ISO 6410 in Technischen Zeichnungen vereinfacht dargestellt, siehe auch **Kapitel 10**. Zur Bemaßung des Gewindes genügt das Nennmaß mit dem vorangestellten Gewindezeichen. Dieses Zeichen gibt darüber Auskunft, welche genaue Form das Gewinde aufweist. Im deutschsprachigen Raum wird nahezu ausschließlich das *metrische ISO-Gewinde* verwendet und durch den vorangestellten *Großbuchstaben* M gekennzeichnet. Andere Gewindeformen sind durch besondere Gewindezeichen gekennzeichnet, **Bild 5-20**.

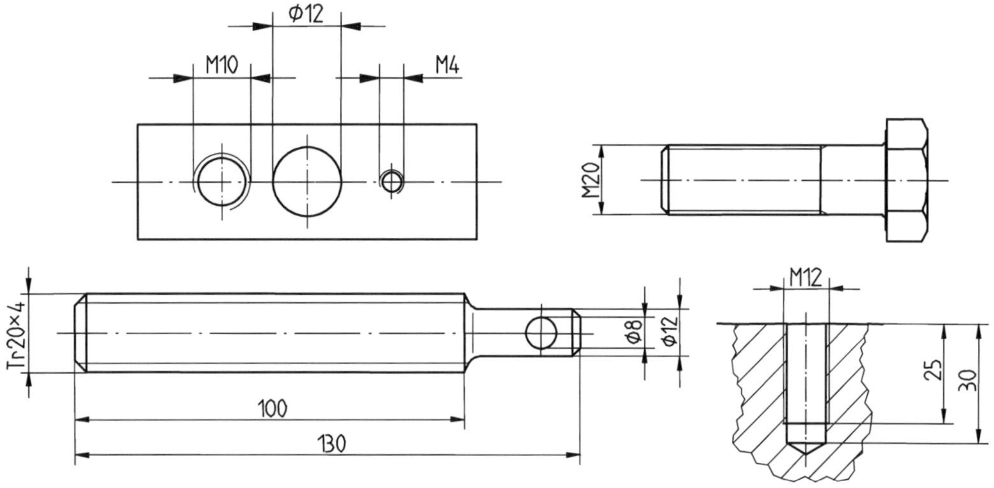

Bild 5-20 Beispiele für die Bemaßung von Gewinden

Handelt es sich bei der zu bemaßenden Geometrie um eine quadratische Form, so wird das *graphische Symbol* □ der Maßzahl vorangestellt. Es wird nur eine Seitenlänge des Quadrates bemaßt. Bei quadratischen Formen wird das *Quadratzeichen* □ in jedem Fall vor die Maßzahl gesetzt und es wird vorzugsweise in der Ansicht bemaßt, in der die quadratische Form erkennbar ist, **Bild 5-21**.

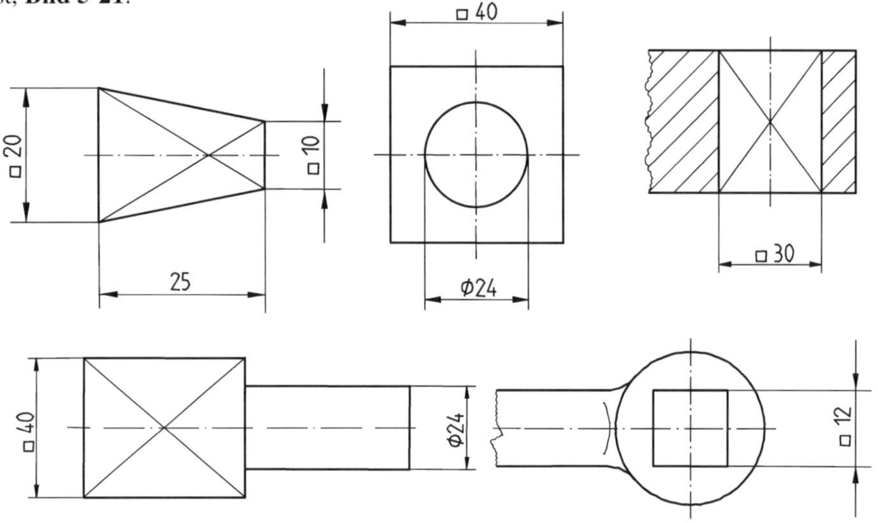

Bild 5-21 Beispiele für die Verwendung des Quadratzeichens □

Soll eine *Bogenlänge* bemaßt werden, so wird ein *Halbkreis* ⌒ (DIN 406 Teil 10 und DIN ISO 7083) mit der Öffnung nach unten und einem Durchmesser von 14 × Linienbreite der Schrift vor die Maßzahl gesetzt. Bei einer Schrifthöhe von 3,5 mm ergibt sich also ein Durchmesser von rund 5 mm, bei einer Schrifthöhe von 5 mm ergibt sich ein Durchmesser von 7 mm. Bei manueller Erstellung der Beschriftung darf ein *Bogenzeichen* in abgewandelter Form über die Maßzahl gesetzt werden. Solch ein Bogenzeichen ist dann kein Halbkreis mehr, sondern mehr ein Bogen, der die Maßzahl von oben wie eine Klammer umschließt, **Bild 5-22**.

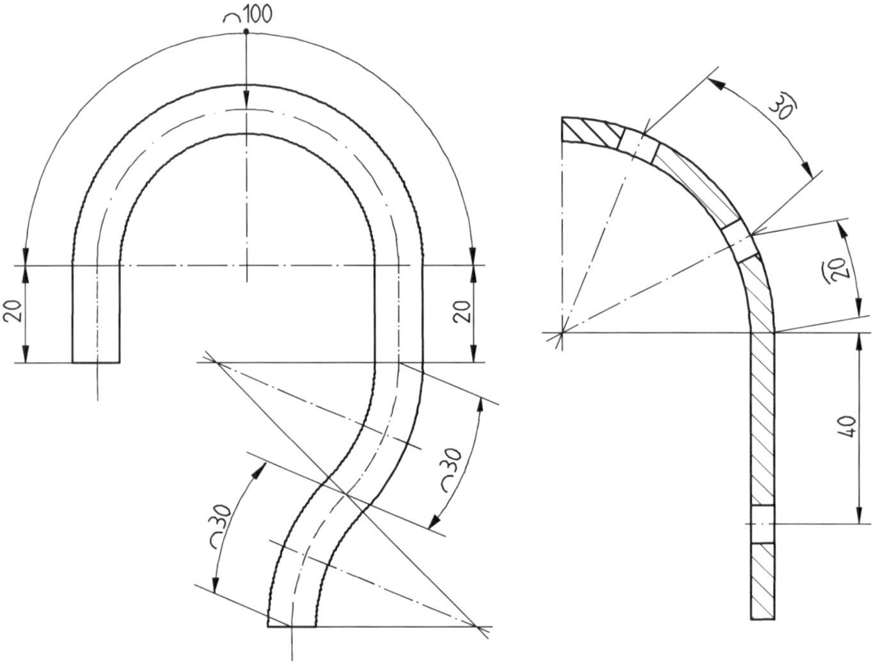

Bild 5-22 Beispiele für die Angabe von Bogenmaßen

Bei *Bogenmaßen*, die kleinere Winkel betreffen (bis 90°) werden die Maßhilfslinien parallel zur Winkelhalbierenden gezeichnet. Dies bedeutet, dass trotz sich aneinander anschließender Bogenmaße oder sich an Bogenmaße anschließender Längen- oder Winkelmaße jedes Maß stets die eigenen Maßhilfslinien erhält. Bei Bogenmaßen, die größere Winkel betreffen (über 90°), werden die Maßhilfslinien in Richtung zum Bogenmittelpunkt eingezeichnet. So können sich aneinander anschließende Bogenmaße oder sich an Bogenmaße anschließende Längen- oder Winkelmaße an einer Maßhilfslinie angetragen werden. Ist unklar, auf welche Linie sich das Bogenmaß bezieht, wird mittels einer Linie mit Pfeil und Punkt ein Bezug zwischen der Maßlinie und der bemaßten Bogenlänge hergestellt. Diese Linie ist in unmittelbare Nähe der Maßzahl zu positionieren.

In *runde Klammern* (...) werden Maßzahlen (und die dazugehörigen Symbole) gesetzt, wenn es sich um *Hilfsmaße* handelt, **Bild 5-23**. Hilfsmaße sind reine Zusatzangaben und zur größenmäßigen Festlegung des dargestellten Bauteiles nicht unbedingt notwendig, weil sich die betreffende Abmessung beispielsweise schon aus der übrigen Bemaßung ergibt. Dennoch kann es sinnvoll sein, zusätzlich Hilfsmaße anzugeben, die dann entsprechend in runde Klammern zu setzen sind.

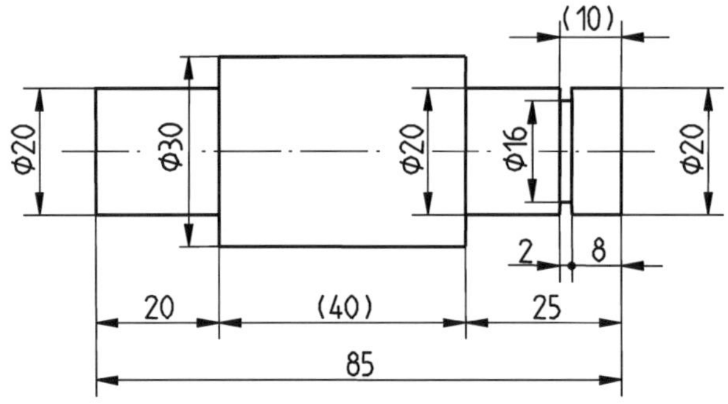

Bild 5-23 Angabe von Hilfsmaßen in runden Klammern

Das rechtwinklige Dreieck (DIN 406 Teil 10) ist ein graphisches Symbol zur Kennzeichnung von *Neigungen* von Flächen z. B. gegenüber einer Bezugsfläche oder von Symmetrielinien. Das *Neigungszeichen* wird so angeordnet, wie es der Richtung der geneigten Fläche entspricht, d.h. es kann sowohl gedreht als auch gespiegelt werden, **Bild 5-24**. Das Symbol wird vor den Zahlenwert der Neigung gesetzt. Die Maßzahl der Neigung kann als Verhältnis (z. B. 1:10) oder in Prozent (10%) angegeben werden. Die Angabe ist vorzugsweise auf einer abgeknickten Hinweislinie einzutragen. Es ist aber auch zulässig, die Eintragung an der Linie der geneigten Fläche oder in waagerechter Richtung vorzunehmen. Als Hilfsmaß kann zusätzlich der *Neigungswinkel* gegeben werden.

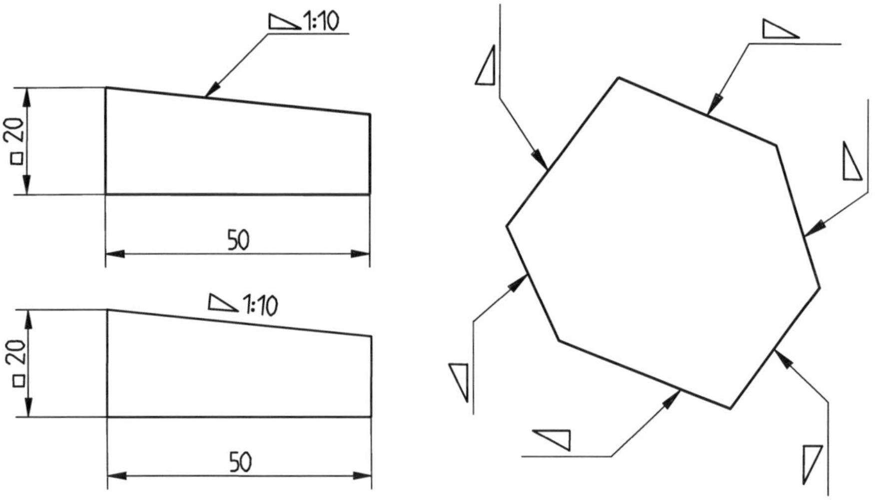

Bild 5-24 Beispiele für das Bemaßen von Neigungen

Das *gleichschenklige Dreieck* (DIN 406 Teil 10 und DIN ISO 3040) ist ein graphisches Symbol zur Kennzeichnung von *Verjüngungen von Flächen*, **Bild 5-25**. Die Höhe des Dreieckes ist mit 16 × Linienbreite der Schrift angegeben, das Verhältnis der Höhe des Dreiecks zu der Länge der Grundlinie wird mit 1:2 verlangt. Das *Verjüngungszeichen* lässt sich vorteilhaft zur Kennzeichnung von zweiseitigen, symmetrischen Verjüngungen einsetzen, also nicht nur bei rotationssymmetrischen, kegeligen Bauteilen, sondern auch bei pyramidenförmigen Bauteilen oder Übergängen. Es ist ansonsten analog dem Neigungszeichen anzuwenden.

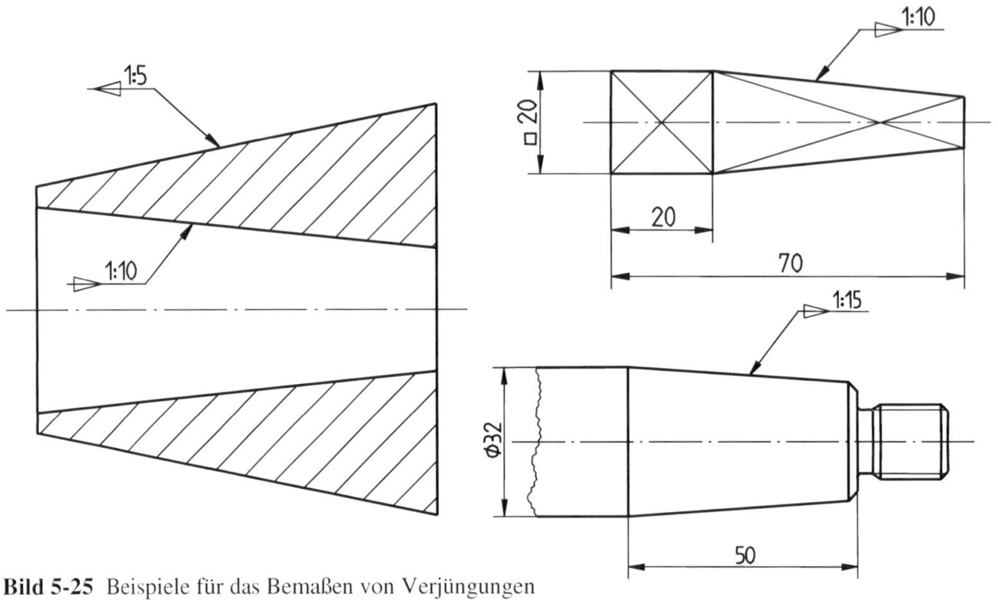

Bild 5-25 Beispiele für das Bemaßen von Verjüngungen

Für die Bemaßung von *kegelförmigen Bauteilen oder Übergängen*, bei denen keine besonderen Genauigkeitsanforderungen gestellt werden, steht kein besonderes Zeichen zur Verfügung. Ein Kegel wird hier durch die Angabe zweier Durchmesser und des Längenmaßes zwischen den beiden Durchmessern festgelegt. Mit Blick auf die Fertigung (insbesondere bei Drehteilen) kann der halbe Kegelwinkel (*Einstellwinkel* an der Werkzeugmaschine) als Hilfsmaß zusätzlich angegeben werden, **Bild 5-26**.

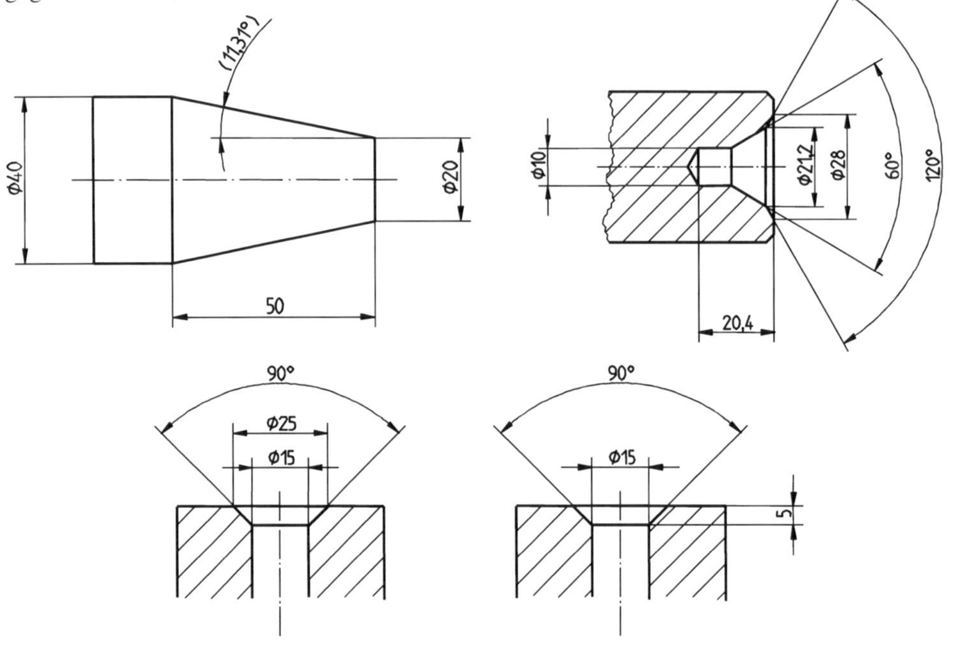

Bild 5-26 Beispiele für die Bemaßung von Kegeln und Senkungen

Zur Senkung von Bohrungen, also zur kegeligen Bearbeitung von Kanten einer Bohrung, werden spezielle Werkzeuge benutzt. Die Bemaßung trägt dieser Bearbeitung Rechnung dadurch, dass der *Senkwinkel* (Winkel des Werkzeugs) direkt angegeben wird. Zusätzlich zur Winkelangabe wird entweder die *Senktiefe* oder der *Senkdurchmesser* angegeben.

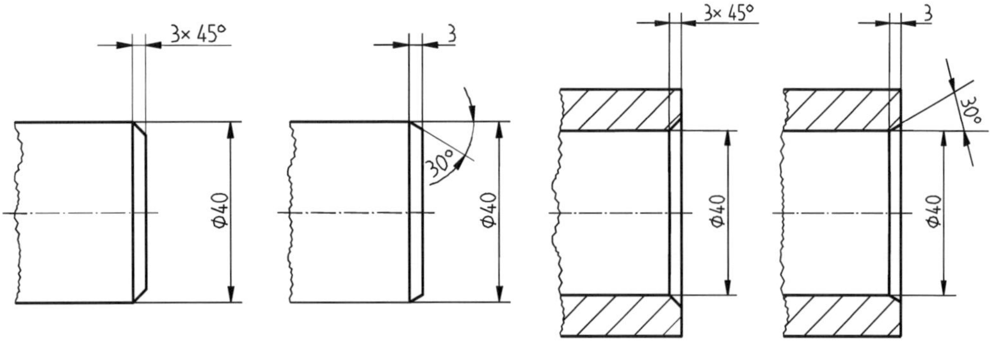

Bild 5-27 Beispiele für die Bemaßung von Fasen

Im allgemeinen Fall werden *Fasen an Bauteilen* durch eine Längen- und eine Winkelangabe bemaßt. Die Fasenlänge ist stets in die Bauteillänge einzubeziehen. In dem (am häufigsten vorkommenden) Sonderfall der 45°-Fase können Fasenlänge und -winkel ausnahmsweise gemeinsam angegeben werden, z. B. „3 × 45°“ für Fasenbreite 3 mm und Fasenwinkel 45°, **Bild 5-27**.

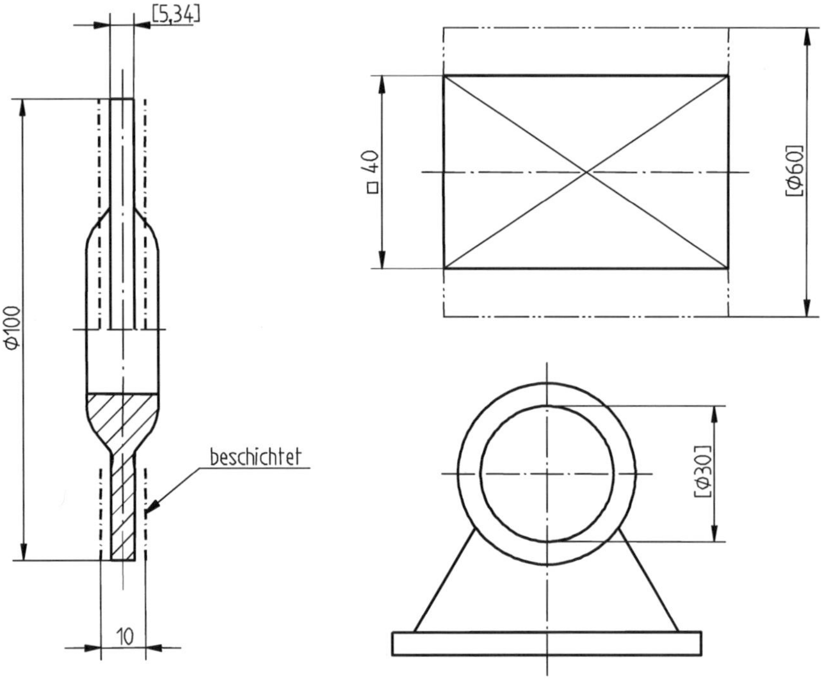

Bild 5-28 Beispiele für die Benutzung von eckigen Klammern

Eckige Klammern [...] werden zur Kennzeichnung von *Roh-* und *Vorbearbeitungsmaßen* in Fertigteilzeichnungen benutzt, **Bild 5-28**. Eine Rohteilkontur wird ja – wie bereits angedeutet – mit einer Strich-Zweipunktlinie in die Fertigteilzeichnung eingezeichnet. Soll diese Rohteilkontur auch bemaßt werden, so sind die sich auf das Rohteil beziehenden Maße in eckige Klammern zu setzen. In eckige Klammern werden aber auch Maße von Bauteilen gesetzt, die als Fertigmaße in einer höheren Strukturstufe erhalten bleiben sollen, z. B. Innendurchmesser einer fertig bearbeiteten Buchse in einer Schweißkonstruktion. Die Bedeutung der Klammern wird über dem Schriftfeld erklärt.

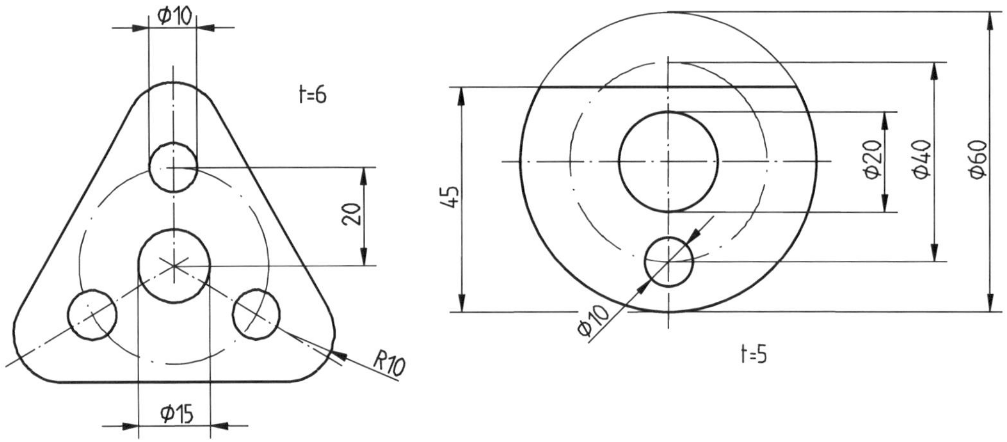

Bild 5-29 Beispiele für die Dickenangabe durch den Buchstaben t

Damit man für Flachteile mit konstanter Dicke (z. B. flache Blechteile) keine separate Ansicht nur zur Dickenbemaßung anfertigen muss, kann die Dicke des Teiles mit Hilfe des *Kleinbuchstabens* t durch die Angabe „t = ...“ (aus dem Englischen: t – thickness) in die Vorderansicht eingetragen werden, **Bild 5-29**. Weitere *Maßbuchstaben* und ihre Bedeutung sind nach ISO 3898 festgelegt, nämlich b = Breite, h = Höhe oder Tiefe, l (großes i) = Länge.

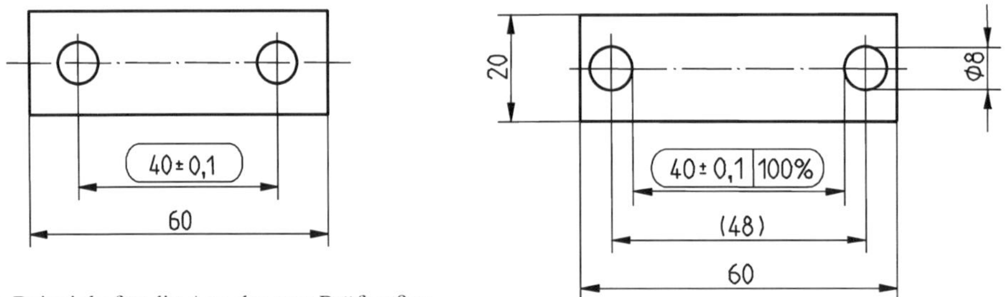

Bild 5-30 Beispiele für die Angabe von Prüfmaßen

Die *Umrahmung einer Maßzahl* soll einen besonderen Status der betreffenden Maßzahl hervorheben. Die Umrahmung der Maßzahl mit schmaler Voll-Linie durch *einen gerundeten Rahmen* (DIN 406-10) bedeutet, dass es sich um ein *Prüfmaß* handelt, **Bild 5-30**. Die Toleranzeinhaltung solcher Maße wird im Rahmen der Qualitätssicherung überprüft. Weitere Zusätze können die Art bzw. den Umfang der durchzuführenden Prüfung betreffen (z. B. „100%“).

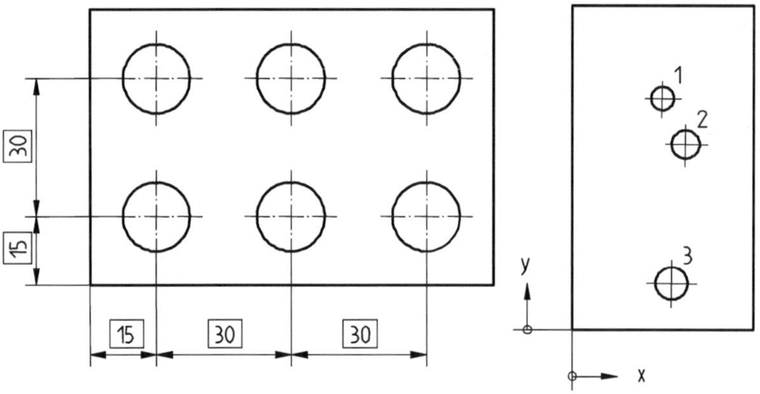

Pos.	x	y	d
1	20	50	Ø5
2	25	40	Ø6
3	22	10	Ø7

Bild 5-31 Beispiele für die Angabe theoretisch genauer Maße

Die Umrahmung der Maßzahl mit schmaler Voll-Linie durch *einen rechteckigen Rahmen* (DIN ISO 7083) deutet an, dass es sich um ein *theoretisch genaues Maß* handelt, **Bild 5-31**. In bestimmten Fällen ist es nämlich erforderlich, ein theoretisch genaues Maß anzugeben, d.h. ein Maß ohne Toleranzbereich. Insbesondere trifft dies zu, wenn das betreffende Maß die Bezugsbasis für Positionstoleranzen ist. Dies gilt auch, wenn die theoretisch genauen Maße in einer Tabelle gegeben werden.

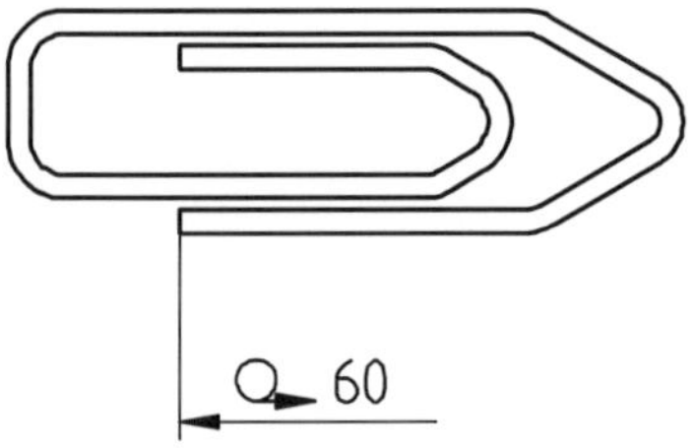

Zur Angabe der Abwicklung eines umgeformten oder aufgerollten Werkstücks wird das Zeichen für die *gestreckte Länge* ○→ (DIN 406 Teil 10) vor die Maßzahl gesetzt, **Bild 5-32**.

Bild 5-32 Beispiele für die Angabe der gestreckten Länge

Um die *Lage von Mess-Stellen* zu kennzeichnen, wird das Symbol ▽ (DIN 406-10) verwendet, **Bild 5-33**.

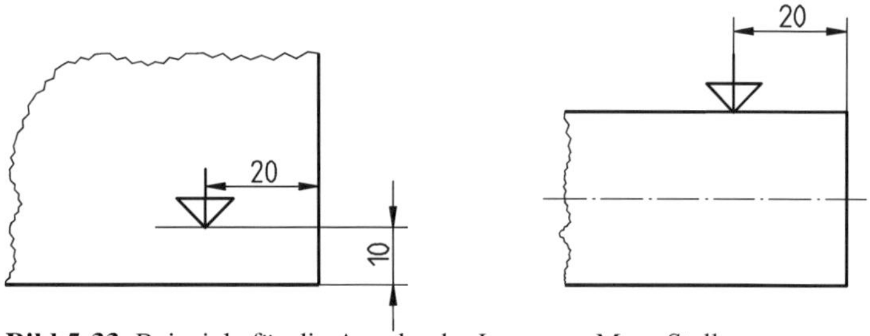

Bild 5-33 Beispiele für die Angabe der Lage von Mess-Stellen

Wie bereits erwähnt, können der Maßzahl neben den erwähnten besonderen Zeichen auch bestimmte Zusätze angefügt sein, z. B. „40 ± 0,1" oder „6 P9". Bei solchen Angaben handelt es sich um Maßtoleranzen. Diese werden – gemeinsam mit der allgemeinen Systematik der Toleranzen – im **Kapitel 7** behandelt.

Der Vollständigkeit halber seien noch die Sonderzeichen für die Maximum-Material-Bedingung Ⓜ und die Hüllbedingung Ⓔ genannt. Diese Symbole werden im Zusammenhang mit Toleranzangaben verwendet und definieren den Tolerierungsgrundsatz. Die Benutzung und Bedeutung dieser Symbole wird erst im **Kapitel 7** ausführlich angesprochen.

5.3.4 Vereinfachungen bei der Bemaßung

Zur Eintragung von Maßen in Zeichnungen wurden bereits einige Regeln und die bei der Zeichnungseintragung üblichen Sonderzeichen ausführlich besprochen. Für bestimmte, häufig vorkommende Formelemente ist zur Vereinfachung der Zeichenarbeit eine besondere Bemaßung möglich. Es werden hierzu im Allgemeinen zwar keine Sonderzeichen genutzt, es herrschen jedoch bestimmte Konventionen, die es einzuhalten gilt, soll die Zeichnung später richtig interpretiert werden. Die vereinfachte Bemaßung dieser Formelemente soll in diesem Abschnitt angesprochen werden.

Es wurde bereits darauf eingegangen, dass bei Auftreten von Bauteilvarianten mit nur einzelnen voneinander abweichenden Abmessungen keine separaten Zeichnungen erstellt werden müssen. In dem oben genannten Zusammenhang wurde auf die Möglichkeit eingegangen, nicht maßstäblich gezeichnete Abmessung durch Unterstreichen zu kennzeichnen. Eine andere Möglichkeit, die unterschiedlichen Bauteilabmessungen in der Zeichnung wiederzugeben, ist die Einführung einer Tabelle. Die Bauteile werden dazu mit Kleinbuchstaben (*Maßbuchstaben*) bemaßt, denen über die Tabelle die zugehörige Maßzahl zugewiesen wird. Die Maßbuchstaben werden in der Schriftgröße der Maßzahlen geschrieben. Sonderzeichen, wie z. B. ∅ für Durchmesser, ⌒ für Bogenlänge oder M für metrisches Gewinde, werden nicht den Maßbuchstaben, sondern den Maßzahlen in der Tabelle vorangestellt. Buchstaben mit allgemein üblicher oder festgelegter Bedeutung, wie m = Modul oder z = Zähnezahl, dürfen natürlich mit anderer Bedeutung in ein und derselben Zeichnung nicht nochmals verwendet werden. Ist dies unumgänglich, sollen zusätzlich Indices verwendet werden. Großbuchstaben sowie der Buchstabe „o" sollen nicht als Maßbuchstaben benutzt werden, **Bild 5-34**.

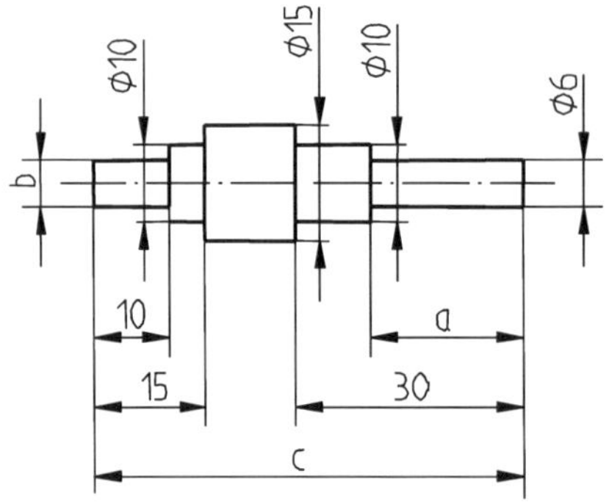

Var.	a	b	c
1	5	∅4	40
2	7	∅6	50
3	10	∅7	45
4	12	∅6	40

Bild 5-34 Tabelle mit Maßbuchstaben

Teilungen sind als eine Aufeinanderfolge mehrerer Abstände definiert, die auf einer Geraden oder auf einem Kreis(-bogen) liegen. Bei der Bemaßung von Teilungen sind gewisse Vereinfachungen zulässig. Der am häufigsten vorkommende Fall sind gleiche Elemente, die in gleichen Abständen auf einem Kreis(-bogen) angeordnet sind (z. B. Flanschbohrungen). Es genügt in solchen Fällen, für das erste Element Größe und Lage anzugeben, den Abstand zum zweiten Element zu bemaßen und die Teilungen zwischen dem ersten und dem letzten Element in Form „Anzahl der Teilungen × Teilungsmaß" mit in Klammern angegebenem Gesamtmaß zusammenzufassen, z. B. „6 × 25° (=150°)". Es ist zulässig, kreisförmige Elemente zwischen dem ersten und dem letzten Element allein durch ihre Mittelkreuze zu symbolisieren oder sogar diese noch teilweise fortzulassen.

Im Sonderfall von zwei oder vier Löchern, die gleichmäßig auf einem Lochkreis verteilt sind, kann in der Ansicht die Angabe des Teilungswinkels ganz entfallen. In diesen Fällen kann man sogar den *Teilungsdurchmesser*, die Anzahl der Löcher und den Lochdurchmesser in der Seitenansicht zu einer Maßangabe zusammenfassen. **Bild 5-35** zeigt hierzu einige Beispiele.

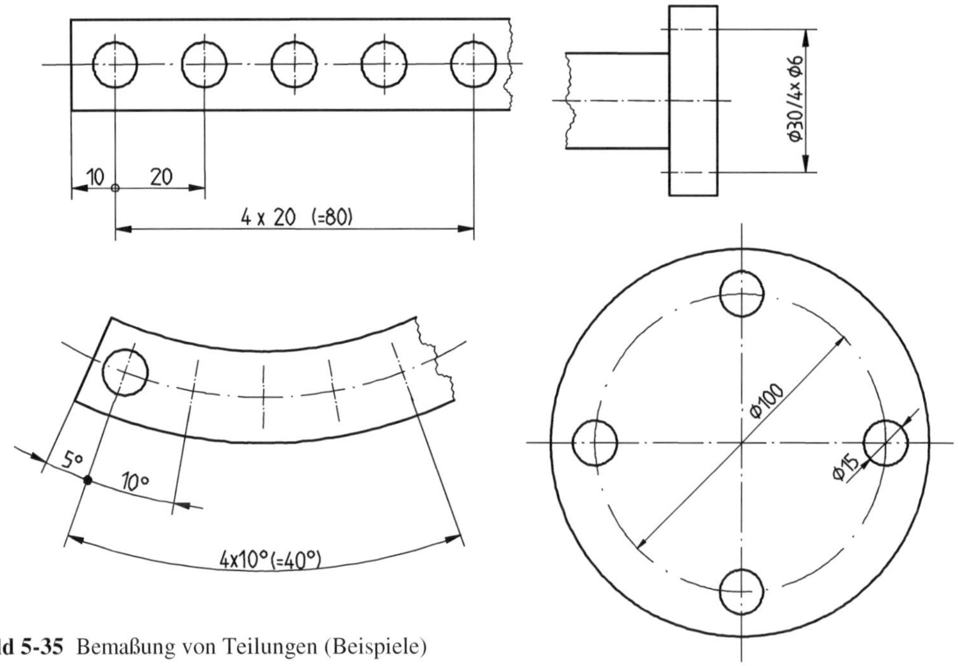

Bild 5-35 Bemaßung von Teilungen (Beispiele)

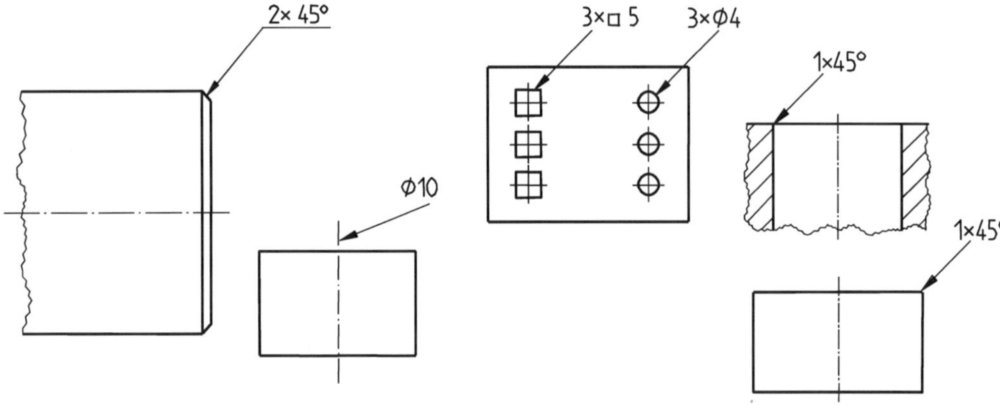

Bild 5-36 Bemaßung mit Hilfe von Hinweislinien (Beispiele)

Maße von oft benutzten Formelementen dürfen auch mit einer *Hinweislinie* angetragen werden. Zu diesen Formelementen gehören z. B. Fasen und Bohrungen. **Bild 5-36** zeigt hierzu einige Beispiele. Die Hinweislinie zeigt in jedem Fall auf eine Körperfläche. Dadurch kann unterschieden werden, ob es sich um einen Vollkörper (Hinweislinie von außen) oder um einen Hohlkörper (Hinweislinie von innen) handelt.

5.3.5 Weitere Arten der Bemaßung

Alle Bemaßungen wurden bislang als so genannte Parallelbemaßung angegeben. Daneben sind allerdings auch andere Bemaßungsarten möglich. Dies sind die steigende Bemaßung und die Koordinatenbemaßung.

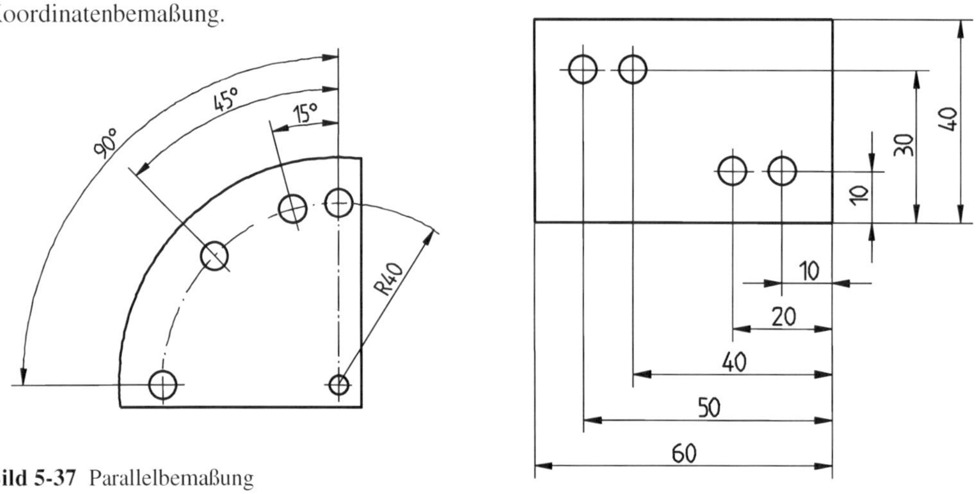

Bild 5-37 Parallelbemaßung

Bei der *Parallelbemaßung* werden die Maßlinien parallel in einer bzw. in zwei oder drei senkrecht aufeinander stehenden Richtungen oder konzentrisch zueinander eingetragen, **Bild 5-37**.

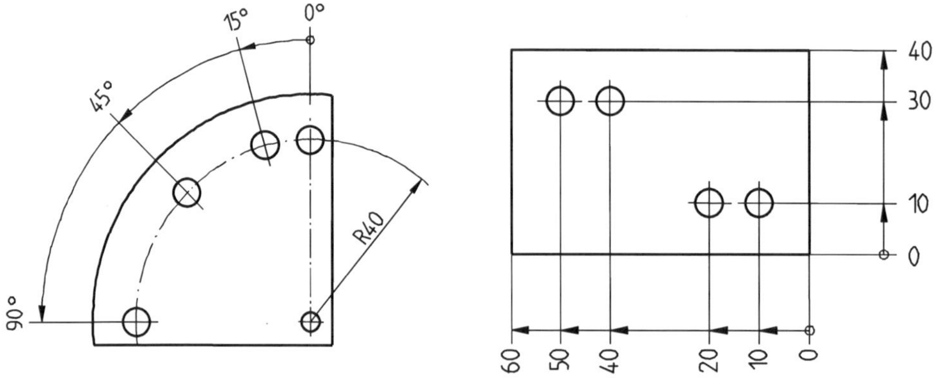

Bild 5-38 Steigende Bemaßung

Bei der *steigenden Bemaßung* werden ausgehend vom Ursprung in jeder der drei möglichen und senkrecht aufeinander stehenden Richtungen in der Regel nur eine Maßlinie eingetragen und an den Maßhilfslinien jeweils mit einer Maßlinienbegrenzung in einer Richtung abgeschlossen, **Bild 5-38**. Der *Ursprung* wird mit einer 0 gekennzeichnet. Sollten Maße, ausgehend vom Ursprung, in zwei Richtungen notwendig werden, so sind die Werte in einer der Richtungen als negative Werte mit Minuszeichen einzutragen. Bei der steigenden Bemaßung ist es des Weiteren zulässig, innerhalb einer Zeichnung für eine besondere Form einen neuen Ursprung zu definieren.

Als dritte Bemaßungsart ist die *Koordinatenbemaßung* zu nennen, die sehr ähnlich der steigenden Bemaßung ist, **Bild 5-39**. Der Unterschied ist, dass bei der Koordinatenbemaßung die Maßzahlen nicht an die Maßlinien angetragen, sondern durch ihre *Koordinaten* angegeben sind. Diese Bemaßungsart vereinfacht das manuelle Programmieren von numerisch gesteuerten Werkzeugmaschinen. Die Angabe der Koordinaten kann in zwei unterschiedlichen *Koordinatensystemen* erfolgen: dem *kartesischen Koordinatensystem* (für Längenangaben) und dem *Polarkoordinatensystem* (für Radien- und Winkelangaben).

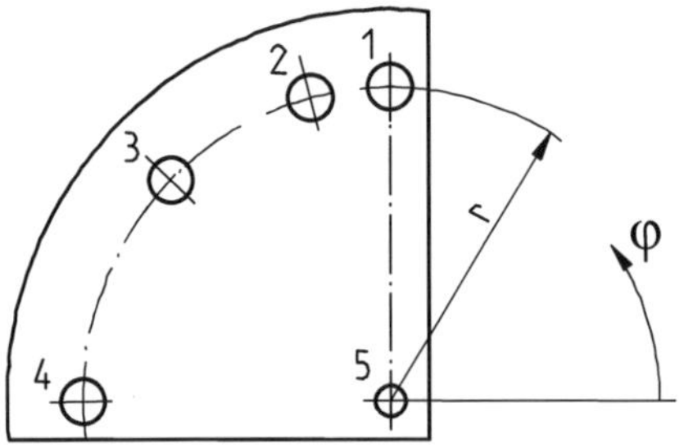

Pos.	r	φ	d
1	40	90°	⌀6
2	40	105°	⌀6
3	40	135°	⌀6
4	40	180°	⌀6
5	0	0°	⌀4

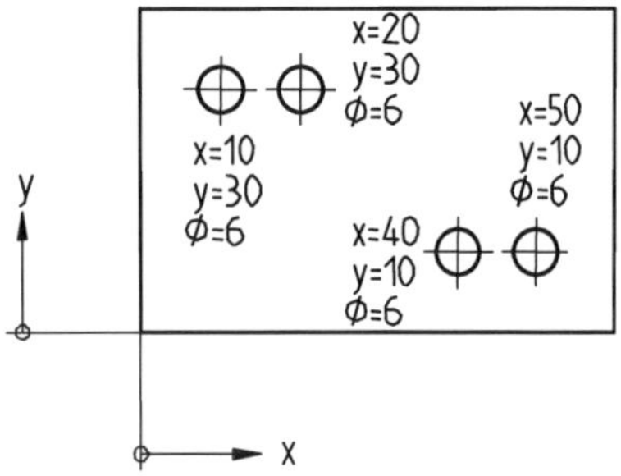

Bild 5-39 Koordinatenbemaßung

Zur Bemaßung mit Hilfe der Koordinatenangabe ist zunächst der Ursprung zu definieren. An diesen Koordinatenursprung werden die verwendeten Koordinaten (kartesische bzw. Polarkoordinaten) angetragen. Der *Nullpunkt* wird durch eine 0 gekennzeichnet. Sollten die Koordinatenachsen mit Körperkanten zusammenfallen, so kann trotzdem der Koordinatenursprung an der Körperkante liegen, muss dann aber mit Hilfslinien herausgezogen werden. Der jeweilige Beginn der Koordinatenachse wird dann durch einen kleinen Kreis markiert. Die Bemaßung der betreffenden Koordinatenpunkte kann dann durch Angabe einer Positionsnummer und Wiedergabe der jeweiligen Koordinaten in einer Tabelle oder durch Angabe der Koordinaten an der jeweiligen Stelle direkt erfolgen. Zulässige Maßabweichung oder Ähnliches dürfen ebenfalls in zusätzliche Spalten der Tabelle eingetragen werden.

An einem Werkstück können auch mehrere (voneinander abhängige oder voneinander unabhängige) Koordinatensysteme auftreten, wenn z. B. verschiedene Spannvorgänge zur Fertigung des Werkstücks das erfordern.

5.4 Schriftfelder und Stücklisten

Technische Zeichnungen werden in der Regel mit einem Schriftfeld versehen. Zu einer Gesamtzeichnung gehört darüber hinaus eine Stückliste. Aufgabe des *Schriftfeldes* ist es, alle notwendigen und globalen Informationen zu liefern, die die vorliegende Zeichnung bzw. die Zeichnungsgruppe betreffen. Das Schriftfeld enthält die zentralen Informationen, welche die Zeichnung selbst, das dargestellte Bauteil aber auch den Eigentümer der vorliegenden Zeichnung identifizieren. Es gibt in Form des Titels der Zeichnung eine Beschreibung des oder der dargestellten Bauteile. Das Schriftfeld enthält darüber hinaus auch administrative Informationen. Es informiert z. B. darüber, wer die Zeichnung erstellt hat und ebenso wer sie geprüft und damit freigegeben hat.

Die DIN EN ISO 7200 liefert genaue Angaben, wie die Datenfelder in Schriftfeldern und in Dokumentenstammdaten zu realisieren sind. Durch die strenge Vorgabe der Informationen als Datenfelder und sogar einer empfohlenen Zeichenanzahl ermöglicht die DIN EN ISO 7200 die Nutzung von Datenverwaltungssystemen und geht damit deutlich über die Anwendungen in Technischen Zeichnungen hinaus.

Die Anordnung der Schriftfelder ist durch die DIN EN ISO 7200 weitgehend freigestellt, in **Bild 5-40** sei ein Beilspiel gegeben. Lediglich die Gesamtbreite von 180 mm ist fest vorgeschrieben, so dass das Schriftfeld auf eine A4-Seite unter Berücksichtigung der Randausrichtungen passt. Sind die einzelnen Felder eines Schriftfeldes erst einmal festgelegt, dann ist das gleiche Schriftfeld für alle anderen Papiergrößen zu verwenden. Das Schriftfeld ist stets in der unteren rechten Ecke des Zeichenblattes anzuordnen. Dieses gilt sowohl bei Hoch- als auch bei Querlage des Blattes. Durch diese Position ist das Schriftfeld auch nach dem Falten der Zeichnung auf das Format A4 obenauf liegend, also sofort sichtbar.

<table>
<tr><td>Verantwortliche Abt.
ISB</td><td>Technische Referenz
P. Kümmerer</td><td>Dokumentenart
Einzelteilzeichnung</td><td colspan="4">Dokumentenstatus
in Bearbeitung</td></tr>
<tr><td rowspan="2">Gesetzlicher Eigentümer
Meines GmbH</td><td>Erstell durch:
J. Macher</td><td rowspan="2">Titel, zusätzlicher Titel
Klemmplatte
Komplett mit Haltern</td><td colspan="4">Sachnummer
0815-1291-959</td></tr>
<tr><td>Genehmigt von:
R. Prüfer</td><td>Änd.
AF</td><td>Ausgabedatum
2007-10-19</td><td>Spr.
de</td><td>Blatt
1/2</td></tr>
</table>

Bild 5-40 Beispiel für ein Schriftfeld in Kompaktform nach DIN EN ISO 7200

Grundsätzlich wird in einer Firma und gegebenenfalls mit Firmenpartnern das Aussehen des Schriftfeldes abgestimmt. Dabei können für unterschiedliche Projekte auch durchaus unterschiedliche Schriftfelder in Gebrauch sein.

Sollen Informationen in der Zeichnung gegeben werden, die über die in DIN EN ISO 7200 angegebenen Daten hinausgehen, so ist eine Erweiterung des Schriftfeldes möglich. Ist die Angabe weiterer Informationen erforderlich, dann werden diese außerhalb des Schriftfeldes angetragen oder in einer Erweiterung des Schriftfeldes eingesetzt. Dies trifft Informationen, die nicht bei jeder Zeichnung zwingend vorhanden sein müssen, wie z. B. Maßstab, Projektionsart, Toleranzen oder Oberflächenangaben.

5.4.1 Identifizierende Datenfelder

In der folgenden Auflistung sind die identifizierenden Datenfelder nach DIN EN ISO 7200 eines Schriftfeldes aufgelistet. Ein (P) ist angegeben, wenn es sich bei der Angabe um ein

Pflichtfeld handelt, d. h. die Angabe dieser Information nicht optional ist. In der genannten Norm ist noch darüber hinaus genannt, ob die Angabe dieses Feldes sprachenabhängig ist und die empfohlene Anzahl der in diesem Feld verwendeten Zeichen.

a) Gesetzlicher Eigentümer (P)
Als gesetzlicher Eigentümer ist z. B. die Firma, die Gesellschaft oder das Unternehmen zu verstehen, in deren Namen die Zeichnung erstellt wird bzw. in deren Namen das dargestellte Bauteil erzeugt wird. Angegeben wird der offizielle Name des Besitzers, ein gekürzter Handelsname oder das Firmenlogo.

b) Sachnummer (P)
Durch die Sachnummer wird die Zeichnung identifiziert. Diese Sachnummer muss zumindest innerhalb der Organisation des gesetzlichen Eigentümers eindeutig sein, sonst kann die Zeichnung nicht wieder gefunden werden. Früher wurde dieses Feld als Zeichnungsnummer bezeichnet.

c) Änderungsindex
Technische Zeichnungen unterliegen Änderungen. Da es nicht sinnvoll ist, bei einer Änderung eine neue Sachnummer zu vergeben, wird eine Revisionsnummer vergeben, welche die verschiedenen Versionen des Dokuments Zeichnung identifiziert. Die Nummerierung erfolgt durch Zahlen (1, 2, 3···) oder Buchstaben (A, B, C···) oder Buchstabenkombinationen (AA, AB, AC···).

d) Ausgabedatum (P)
Als Ausgabedatum wird das Datum bezeichnet, an dem das Dokument zum ersten Mal oder nach einer Revision wieder freigegeben wurde. Da der Änderungsindex kein Pflichtfeld ist, muss gegebenenfalls auch allein mithilfe des Ausgabedatums eine Unterscheidung der verschiedenen Versionen einer Zeichnung möglich sein.

e) Blattnummer (P)
Wenn ein Bauteil so komplex ist, dass zu seiner Darstellung mehrere Blätter notwendig werden, dann werden diese Blätter dieselbe Sachnummer haben und sich allein durch die unterschiedliche Blattnummer unterscheiden.

f) Anzahl der Blätter
Existieren mehrere Blätter, so wird es sinnvoll sein, die Gesamtanzahl der Blätter anzugeben, um die Vollständigkeit sicherstellen zu können.

g) Sprachenzeichen
Im Zuge der Internationalisierung und des Austauschs von Dokumenten über Länder- und Sprachgrenzen hinweg kann es sinnvoll sein, Dokumente in verschiedenen Sprachversionen vorliegen zu haben. Um diese Sprachversionen zu verwalten oder auch nur ganz einfach einen Ausdruck des Dokumentes zu erleichtern, werden Abkürzungen für die verwendete Sprache angegeben. Wird die deutsche Sprache verwendet, so ist das entsprechende Sprachenzeichen „de“.

5.4.2 Beschreibende Datenfelder

In der folgenden Auflistung sind die beschreibenden Datenfelder nach DIN EN ISO 7200 eines Schriftfeldes aufgelistet. Ein (P) ist angegeben, wenn es sich bei der Angabe um ein Pflichtfeld handelt, d. h. die Angabe dieser Information nicht optional ist. Der genannten Norm ist darüber hinaus zu entnehmen, dass die Angabe dieser Felder sprachenabhängig ist. Als empfohlene Anzahl der in diesen Feldern verwendeten Zeichen wird für den Titel 25 und für den zusätzlichen Titel 2 x 25 angegeben.

a) Titel (P)
Der Titel gibt verbal den Inhalt des Dokumentes wieder und sollte entsprechend den (Werks-) Normen oder entsprechend der im jeweiligen Bereich gängigen Praxis gewählt werden. Abkürzungen im Titel sind zu vermeiden. Eine Angabe, die auf eine Einschränkung der Nutzung hinweist, sollte im Titel vermieden werden.

b) Zusätzlicher Titel
Der Untertitel gibt die Möglichkeit, zusätzliche Informationen, z. B. zur Aufbaurichtung, Gebrauchslage, Vollständigkeit o. ä. zu geben. Bei Verwendung des zusätzlichen Titels ist zu berücksichtigen, dass der Inhalt des Dokumentes auch ohne diesen zusätzlichen Titel verständlich bleibt. Abkürzungen sind zu vermeiden.

5.4.3 Administrative Datenfelder

In der folgenden Auflistung sind die administrativen Datenfelder nach DIN EN ISO 7200 eines Schriftfeldes aufgelistet. Ein (P) ist angegeben, wenn es sich bei der Angabe um ein Pflichtfeld handelt, d. h. die Angabe dieser Information nicht optional ist. Der genannten Norm ist über die im Folgenden gegebenen Angaben hinaus zu entnehmen, ob die Angabe dieser Felder sprachenabhängig ist und die empfohlene Anzahl der in diesen Feldern verwendeten Zeichen.

a) Verantwortliche Abteilung
An dieser Stelle wird der Name der organisatorischen Einheit oder ihre Abkürzung, die für die technischen Inhalte und damit für die Aktualisierung des Dokumentes verantwortlich ist.

b) Technische Referenz
Mit technischer Referenz ist die Nennung eines Ansprechpartners gemeint, der die Kompetenz hat bei Fragen Auskunft zu geben bzw. diese weiterzuleiten. Diese Person muss zur Organisation des gesetzlichen Eigentümers gehören, es darf also nicht der Name einer externen Person als technische Referenz genannt sein. Der Name der technischen Referenz darf geändert werden ohne dass ein formaler Änderungsprozess in Gang gesetzt wird, diese Änderung hat also keine neue Revisionsnummer zur Folge.

c) Genehmigende Person (P)
Name(n) der Person(en), die die Zeichnung genehmigt hat/haben.

d) Ersteller (P)
Als Ersteller wird die Person benannt, die die Zeichnung erstellt und bearbeitet oder auch nur überarbeitet hat.

e) Dokumentenart (P)
Die Dokumentenart gibt an, welchen Inhalt die vorliegende Zeichnung hat. Entsprechend **Abschnitt 2.2** können „Zusammenbauzeichnung“ oder „Rohteilzeichnung“ als Beispiele für unterschiedliche Zeichnungsarten genannt werden. Das Feld Dokumentenart ist wichtig, weil es bei der Suche nach den Dokumenteninhalten hilfreich ist.

f) Klassifikation/Schlüsselwörter
Stichworte oder Kennungen in Textform, die ein Wiederauffinden der Zeichnung erleichtern können.

g) Dokumentenstatus
Festgelegte Begriffe wie z. B. „in Bearbeitung“, „freigegeben“ oder „zurückgezogen“ kennzeichnen, an welcher Stelle im Lebenszyklus sich die Zeichnung gerade befindet.

h) Seitenzahl
Bei Zeichnungen nicht genutzt.

i) Seitenanzahl
Bei Zeichnungen nicht genutzt.

j) Papierformat
Um z. B. einen adäquaten Ausdruck zu ermöglichen, wird das Format des Originaldokumentes, z. B. „A4“ angegeben.

5.4.4 Stücklisten

Zu einer Gesamtzeichnung gehört stets eine *Stückliste*. Sie ist das Verzeichnis der Einzelteile, auch der Normteile einer Baugruppe oder eines ganzen Erzeugnisses. Sie dient zum Austausch von technischen Informationen innerhalb und außerhalb eines Betriebes.

Da sich in der Praxis herausgestellt hat, dass in Unternehmen die Stücklisten ganz unterschiedlich genutzt werden, wurde die DIN 6771-2, die bisher den Aufbau der Stückliste vorgab, in 10/2007 zurückgezogen. Damit wurde der Weg frei gemacht für ganz individuelle, den Anforderungen des Betriebes oder der Baugruppe entsprechende Stücklisten-Varianten. Im Folgenden wird deshalb nur auf die wesentlichen Grundzüge bei der Verwendung von Stücklisten eingegangen.

1	2	3	4	5	6
Pos.	Menge	Einheit	Benennung	Sachnummer/Norm-Kurzbezeichnung	Bemerkung

Bild 5-41 Beispiel eines Stücklistenvordrucks

1	2			3	4	5	6	7	8
Pos.	Menge			Einheit	Benennung	Sachnummer/Norm-Kurzbezeichnung	Werkstoff	Gewicht kg/Einheit	Bemerkung

Bild 5-42 Beispiel für eine erweiterte Stückliste

In die Stücklisten werden alle zu einer Baueinheit gehörenden Elemente aufgeführt. Zu diesen Elementen zählen natürlich die einzelnen Werkstücke. Aber es macht auch Sinn, Hilfsstoffe wie z. B. Reinigungs- oder Klebstoffe und Beschichtungen mit in die Stückliste aufzunehmen. Eine solche Maßnahme vereinfacht die Vorgehensweise, wenn Werkstoffe, z. B. aufgrund einer Gesetzesänderung, ausgetauscht werden müssen.

Die Stücklisten werden entweder auf das Schriftfeld aufgesetzt und von unten nach oben gefüllt oder auf einem oder mehreren Blättern mit dem Format A4 untergebracht und dann von oben nach unten gefüllt. Das zweite Verfahren der *„losen Stückliste“* hat sich wegen der Datenverarbeitung von Stücklisten zunehmend durchgesetzt. Innerhalb des Listenfeldes ist bei losen Stücklisten am oberen Rand, bei Stücklisten auf Zeichnungen am unteren Rand, jeweils eine Zeile mit den Überschriften für die einzelnen Spalten angeordnet. Mit den Eintragungen ist unmittelbar unter- bzw. oberhalb der Überschriftenzeile zu beginnen.

Die Stückliste besteht somit aus dem Schriftfeld (**Bild 5-40**) für Pläne und Listen und einem tabellenartigen Stücklistenfeld (nummeriert) mit den Spalten Pos. (1), Menge (2), Einheit (3), Benennung (4), Sachnummer (5) und Bemerkung oder Normbezeichnung (6). Diese Stückliste hat als „lose Stückliste“ das Format A4 hoch (nach DIN 476). Einen Ausschnitt zeigt **Bild 5-41**. Weitere Datenfelder können individuell ergänzt werden und bestehen ansonsten ebenfalls aus dem Schriftfeld für Pläne und Listen nach DIN 6771 Teil 1 und einem Stücklistenfeld, Ausschnitt in **Bild 5-42**, welches gegenüber dem ersten Beispiel um die Spalten Werkstoff (6) und Gewicht kg/Einheit (7) erweitert ist. Die Spalte Bemerkung ist als Spalte 8 angeordnet. Des Weiteren ist die Spalte für die Menge in 4 Einzelspalten für eventuelle Varianten eingeteilt. Diese Variantenspalten werden von rechts nach links ausgefüllt.

5.5 Zeichnungsänderungen

Wenn die Änderung eines Werkstücks beschlossen wurde, hat das natürlich auch eine Änderung der Technischen Zeichnung zur Folge. Für den Fall, dass die betreffende Zeichnung das Konstruktionsbüro noch nicht verlassen hat, braucht nur die Zeichnung selbst geändert zu werden. Wurde jedoch die Zeichnung freigegeben und ggf. an Kunden und/oder Lieferanten bereits verteilt oder befindet sich das Bauteil in der Fertigung, sind natürlich weitergehende Maßnahmen zu treffen, die von der jeweiligen Betriebsorganisation abhängen und daher nicht genormt sind.

Größere Änderungen sind meist von erheblicher Bedeutung und bedingen gegebenenfalls eine komplett neue Zeichnung. In einem solchen Fall erhält das Schriftfeld der alten Zeichnung einen Vermerk, wie etwa „zurückgezogen“. Im Falle einer losen Stückliste muss auch diese berücksichtigt werden, weil sie sonst auf die nunmehr ersetzte Zeichnung verweist. Kleinere Änderungen könnten durch eine Änderung der Zeichnung (des CAD-Modells und Ausleitung einer neuen Zeichnung) relativ einfach vorgenommen werden. Um solche kleinen Änderungen dem Leser einer geänderten Zeichnung besser zu verdeutlichen, können die Änderungen an entsprechender Stelle in der Zeichnung gekennzeichnet werden. Ein Beispiel zeigt **Bild 5-43**.

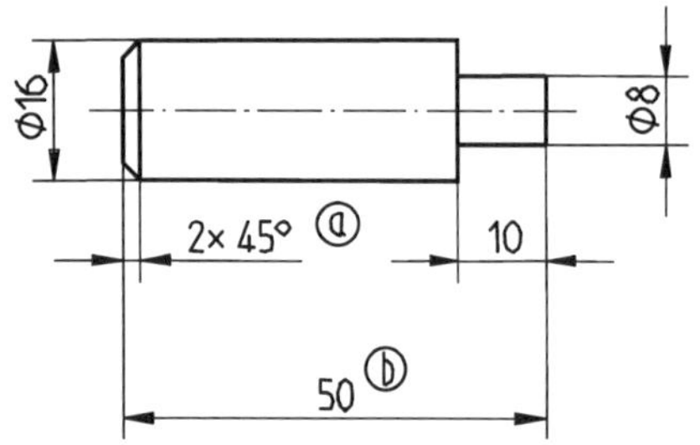

Bild 5-43 Mögliche Kennzeichnung der Änderung von Zeichnungen, hier durch einen kleinen in einen Kreis gesetzten Buchstaben

5.6 Übungen

5.1 Was ist die Besonderheit bei der Größe der Normschrift?

5.2 Welche Maße müssen in einer Technischen Zeichnung eingetragen werden?

5.3 In welcher Einheit wird grundsätzlich die Maßangabe gemacht?

5.4 Auf welchen Fertigungszustand beziehen sich die Maßangaben?

5.5 Wie häufig dürfen Maße wiederholt werden, z. B. in anderen Ansichten?

5.6 Wie wird ein Maß gekennzeichnet, das sich geometrisch aus anderen bestimmen lässt?

5.7 Wie wird ein Maß als Prüfmaß gekennzeichnet?

5.8 Was bedeutet ein in eckige Klammern gesetztes Maß?

5.9 Wie wird ein Maß als theoretisch genaues Maß gekennzeichnet?

5.10 Bemaßen Sie die im Folgenden gegebenen Körper einmal in der dreidimensionalen Ansicht und einmal in der Dreitafelprojektion.

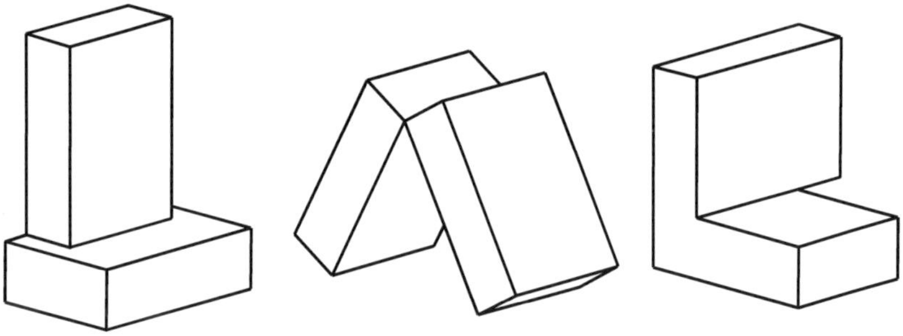

5.11 Was bedeutet ein in einen Rahmen mit runden Ecken gesetztes Maß?

5.12 Was bedeuten die jeweils einer Maßzahl vorangestellten Zeichen ∅, M, Tr, W, R, S∅, SR, ⌒, □, ◺ , ▷, ⊸ ?

5.13 Was bedeutet eine Zahlenangabe mit dem Kleinbuchstaben t, z. B. t=5?

5.14 Was bedeutet das Zeichen Ⓜ bzw. Ⓔ in einer Zeichnung?

5.15 Wo werden die folgenden Angaben eingetragen? Entwerfen Sie ein Schriftfeld und tragen Sie die Angaben an die entsprechenden Stellen ein:

- Tolerierung erfolgt entsprechend der DIN EN ISO 8015
- Allgemeintoleranzen entsprechend DIN ISO 2768; Maß-, Form- und Lagetoleranzen mittel
- Werkstückkanten entsprechend DIN ISO 13715
- Zeichnungsmaßstab 1:1
- Gewicht des dargestellten Bauteiles beträgt 300 g
- als Werkstoff wird der Baustahl S235JR (St 37-2) verwendet

- Zeichnungsnummer der vorliegenden Zeichnung: 311.234 als Ersatz für 311.200
- Zeichnungsänderung: eine Bauteillänge wird geändert von 50 mm auf 70 mm
- Namen desjenigen, der die Zeichnung erstellt hat

5.16 Stellen Sie die im Folgenden dargestellte Welle als Technische Zeichnung dar und bemaßen Sie diese fertigungsgerecht. Achten Sie bei der Darstellung darauf, dass die Geometrie vollständig wiedergegeben wird. Die Abmessungen können geschätzt oder frei gewählt werden. Überlegen Sie, bevor Sie zeichnen, welche Ansichten (bzw. Schnitte) notwendig sind und wie diese Ansichten positioniert werden müssen. Machen Sie sich zunächst eine Skizze. Berücksichtigen Sie bereits beim Skizzieren, dass die Darstellung auch auf ein genormtes Format passen muss.

Zeichnen Sie die Welle (gegebenenfalls in mehreren Ansichten) auf ein separates Blatt. Zeichnen Sie die Ansichten so, dass auch alle Einzelheiten der Welle gut bemaßt werden können.

Zur fertigungsgerechten Bemaßung ist zu erwähnen, dass die Welle spanend bearbeitet wird. Die runde Form der Welle wird durch Drehen (Runddrehen, Plandrehen, Einstechdrehen, Fasen) erzeugt; die Nuten werden gefräst (Umfangs-Stirnfräsen); die kleine Einsenkung an der Seite der Welle wird durch Bohren (Senken) erzeugt.

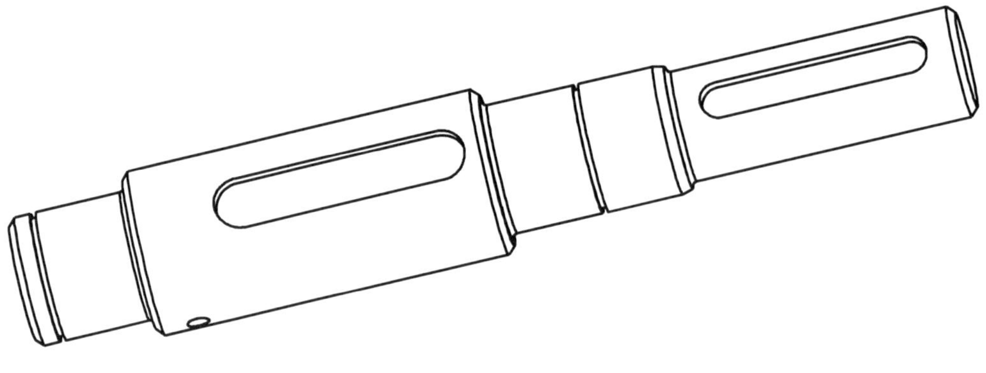

5.17 Bemaßen Sie die in der vorangegangenen Aufgabe vorgegebene Welle auch mit Hilfe der steigenden Bemaßung oder der Koordinatenbemaßung. Berücksichtigen Sie auch bei diesen Bemaßungsarten die verschiedenen Fertigungsschritte.

5.18 Erstellen Sie zu der in Übung 4.21 gegebenen Baugruppe (Druckgeber) die Stückliste.

5.19 Was muss berücksichtigt werden bei einer „losen" Stückliste im Gegensatz zu einer, die in der Technischen Zeichnung mitangegeben wird?

5.20 Bemaßen Sie die im Folgenden in drei Ansichten dargestellten Bauteile fertigungs- und normgerecht. Die Fertigungsschritte bei der Kurbelwelle sind: Urformen (Gießen), Umformen (Schmieden) und spanende Bearbeitung (Drehen). Die Herstellung der Keilriemenscheibe erfolgt durch Urformen (Gießen) und anschließendes spanendes Bearbeiten (Drehen).

Zeichnen Sie zum Bemaßen das jeweilige Bauteil auf ein separates Blatt. Wählen Sie dabei die Ansichten unabhängig von der hier gewählten Dreitafelprojektion. Die Abmessungen können abgemessen, geschätzt oder frei gewählt werden.

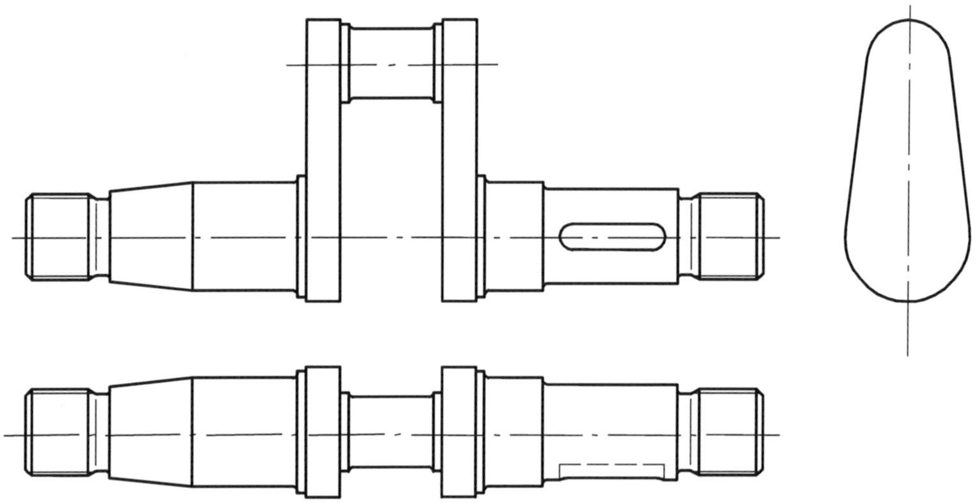

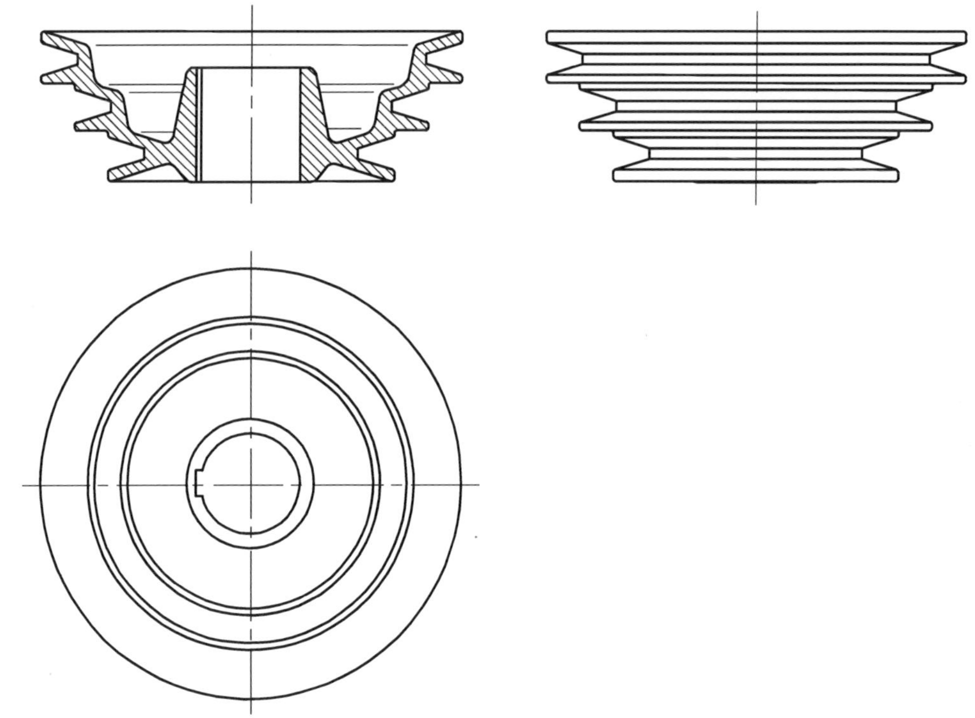

5.21 An der im Folgenden dargestellten Welle sind konstruktive Änderungen vorgenommen worden, die in der Technischen Zeichnung dokumentiert werden müssen.

Erstellen Sie die neue Technische Zeichnung (inklusive Bemaßung), in der die Änderungen berücksichtigt und vermerkt sind.

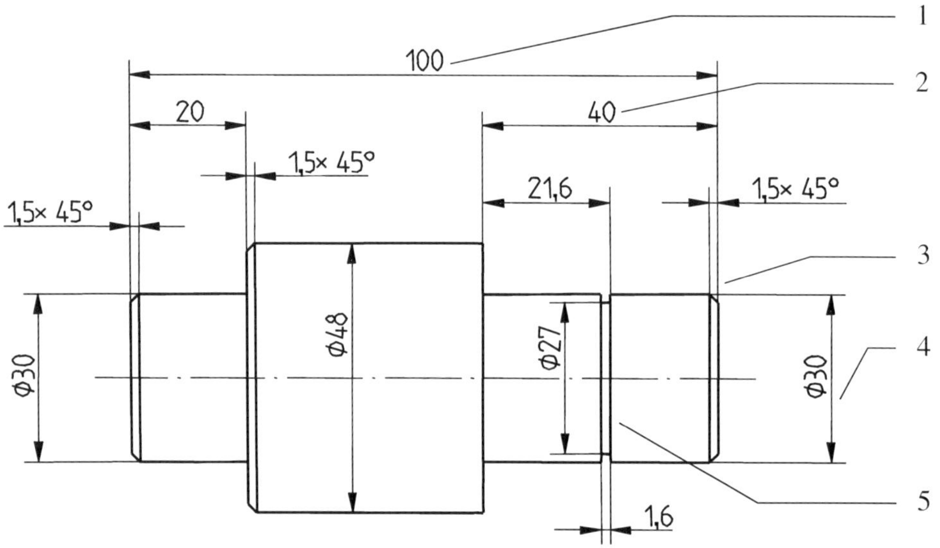

zu 1: Die neue Gesamtlänge beträgt 110 mm.

zu 2: Die Länge des Absatzes verändert sich auf 50 mm.

zu 3: Die Breite der Fase wird erhöht auf 3 mm, der Fasenwinkel wird auf 30° verringert.

zu 4: Das Durchmessermaß des rechten Absatzes beträgt jetzt 36 mm. Hieraus ergeben sich neue Abmessungen für die Einstechnut.

zu 5: Der Durchmesser der Einstechnut beträgt jetzt 34 mm. Die Nutbreite ergibt sich zu 1,75 mm.

5.22 Das links in **Bild 5-37** gegebene Werkstück ist nicht vollständig bemaßt, da lediglich die Position der Bohrungen in diesem Blechelement definiert ist. Zeichnen Sie zunächst nur das Bauteil auf ein separates Blatt und überlegen Sie dann selbst, wie es vollständig entsprechend der Parallelbemaßung bemaßt werden könnte. Bedenken Sie dabei, dass der Mittelpunkt des Radius der Außenkante des Bleches sich dort befindet, wo auch der Mittelpunkt der kleinen Bohrung liegt.

6 Angaben zur Oberflächenbeschaffenheit

6.1 Einführung

Es wurde bereits festgestellt, dass die Technische Zeichnung ein gegenüber der Realität abstrahiertes Abbild des zu realisierenden Bauteiles bzw. der Baugruppe ist. Zu den Abstraktionen zählt auch, dass für jedes Bauteil stets von der Ideal-Geometrie und der Ideal-Oberfläche ausgegangen wird. Ideale Formen, Abmessungen und Oberflächengüten lassen sich aber in der Realität nicht herstellen, es ist vielmehr mit *Gestaltabweichungen* vielfältigster Art zu rechnen. Diese müssen bereits während der Konstruktion bedacht werden, und die Angaben hierüber müssen in der Technischen Zeichnung auch eindeutig vermerkt sein. Welche Gestaltabweichungen ein Werkstück aufweisen darf, muss unter Berücksichtigung der Funktionserfüllung (Verschleißverhalten, Reibungs- und Gleiteigenschaften, Schmierfähigkeit, Ermüdungsfestigkeit, Korrosionsanfälligkeit), wirtschaftlichen Fertigung und gegebenenfalls ästhetischen (optischen) Gesichtspunkten entschieden werden. Im Folgenden hierzu einige Beispiele:

- Die Innenfläche eines Hydraulikzylinders erfordert eine hohe Oberflächenqualität, damit die darauf laufende Kolbendichtung im Betrieb nicht zerstört wird.
- Im Bereich der Lauffläche von Radialwellendichtringen dürfen Wellen weder zu glatt noch zu rau sein, um einerseits eine ausreichende Schmierstoffversorgung der Dichtlippe sicherzustellen und andererseits den Dichtlippenverschleiß gering zu halten.
- Wälzlager dürfen auf der Welle einerseits nicht zu lose sitzen, müssen andererseits aber noch montiert werden können. Dabei ist zu berücksichtigen, dass sich weder bei der Montage noch im Betrieb diese Abmessungen aufgrund von Setzvorgängen ändern dürfen.
- Zwei miteinander verschraubte Kupplungsflansche müssen eben sein und sowohl zentrisch als auch senkrecht zur Wellenachse liegen, um Überbeanspruchungen der Bauteile und Unwuchten zu vermeiden.
- Bei der Vorgabe von Oberflächenbeschaffenheiten muss man berücksichtigen, mit welchen Fertigungsverfahren und Fertigungsmitteln (Werkzeugmaschinen, Werkzeugen, Vorrichtungen) die geforderten Qualitäten bzw. Genauigkeiten erreicht werden können. In Extremfällen könnten hochgesteckte Forderungen dazu führen, dass für ein Bauteil ein anderes Fertigungsverfahren als bisher vorgesehen gewählt werden müsste und deswegen gravierende Konstruktionsänderungen notwendig würden.
- Medizinische Instrumente müssen aus hygienischen aber auch aus ästhetischen Gründen besonders hochwertige (saubere) Oberflächen aufweisen (z. B. poliert, verchromt sein).
- Vor allem bei Großserienprodukten wie etwa Kraftfahrzeugen geht man heute wie selbstverständlich davon aus, dass „von der Stange“ gekaufte Ersatzteile auf Anhieb passen.
- Im Kraftfahrzeugbau vermitteln durch enge Toleranzen erzwungene möglichst gleichmäßige Türen- und Haubenspalte dem Kunden einen besonderen Qualitätseindruck, obwohl diese Forderung nahezu keinen Einfluss auf die Funktion hat.

Nach DIN 4760 stellt die *Gestaltabweichung* die Gesamtheit aller Abweichungen der Istoberfläche von der geometrischen Oberfläche dar. Die *geometrische Oberfläche* ist die ideale Oberfläche, wie sie durch die Technische Zeichnung oder andere technische Unterlagen definiert wird. Die *Istoberfläche* hingegen ist das messtechnisch erfassbare, angenäherte Abbild der wirklichen Oberfläche. Des Weiteren definiert DIN 4760 die *wirkliche Oberfläche* als die Oberfläche, die ein Bauteil von dem es umgebenden Medium trennt („Grenzfläche“).

Tabelle 6-1 Ordnungssystem für Gestaltabweichungen nach DIN 4760

Gestaltabweichung (als Profilschnitt überhöht dargestellt)	Beispiele für die Art der Abweichung
1. Ordnung: Formabweichungen 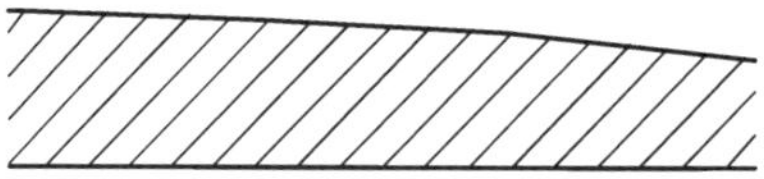	Geradheits-, Ebenheits-, Rundheits- Abweichung
2. Ordnung: Welligkeit 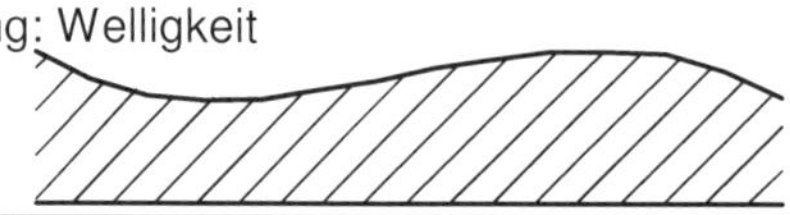	Wellen
3. Ordnung: Rauheit 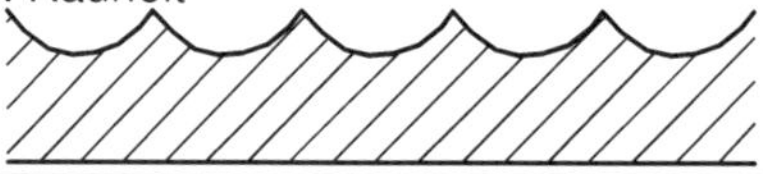	Rillen
4. Ordnung: Rauheit 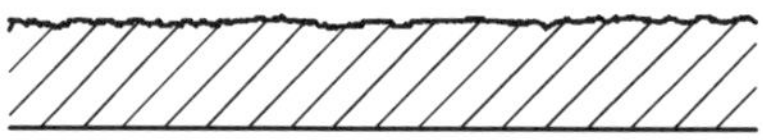	Riefen, Schuppen, Kuppen
5. Ordnung: Rauheit Nicht mehr in einfacher Weise bildlich darstellbar	Gefügestruktur
6. Ordnung: Nicht mehr in einfacher Weise bildlich darstellbar	Gitteraufbau des Werkstoffes
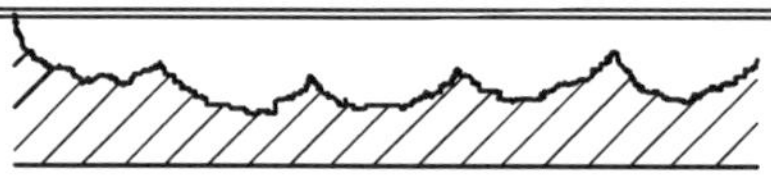 Die Gestaltabweichungen 1. bis 4. Ordnung überlagern sich zur Istoberfläche	

Sortiert nach ihrer Größe werden in DIN 4760 Gestaltabweichungen erster bis sechster Ordnung unterschieden (**Tabelle 6-1**). Die Gestaltabweichungen erster Ordnung sind so genannte *Formabweichungen*, die sich nur durch Betrachtung der gesamten Istoberfläche feststellen lassen. Sie betreffen die *Grobgestalt* des untersuchten Bauteiles. Wie die Formabweichungen toleriert werden, wird ausführlich im **Kapitel 7** erklärt. Die Gestaltabweichungen zweiter bis sechster Ordnung sind dagegen schon an Ausschnitten der Istoberfläche feststellbar. Sie betreffen die *Feingestalt* des Bauteiles. Dabei spielen die Gestaltabweichungen fünfter und sechster Ordnung, die von der Gefügestruktur und dem Gitteraufbau des Materials abhängen, in der Praxis eine untergeordnete Rolle, da sie nur für wenige Anwendungen von Bedeutung sind und ohnehin nur mit viel Aufwand ermittelt werden können. Die Gestaltabweichungen zweiter Ordnung werden als *Welligkeit* bezeichnet. Die Gestaltabweichungen dritter bis fünfter Ordnung werden unter dem Begriff *Rauheit* zusammengefasst.

Nachfolgend wird sich der **Abschnitt 6.2** zunächst mit den Grundbegriffen der Oberflächenkenngrößen von Bauteilen (Gestaltabweichungen dritter bis fünfter Ordnung) und den zugehörigen Angaben in Technischen Zeichnungen beschäftigen. Weitere Themen des **Kapitels 6** sind die Angaben zur Wärmebehandlung und Beschichtung von Bauteilen (**Abschnitt 6.3**) und zum Zustand von Bauteilkanten (**Abschnitt 6.4**). Die Gestaltabweichungen erster und zweiter Ordnung werden dann anschließend im **Kapitel 7** thematisiert.

6.2 Definitionen und Kenngrößen der Oberflächenbeschaffenheit

Wie bereits angesprochen, zeigen sich Oberflächen bei genauerer Betrachtung nicht mehr als so glatt, wie mit dem bloßen Auge erkennbar. Durch rasterelektronenmikroskopische Aufnahmen aber auch bei Betrachtung von Oberflächen durch eine Lupe wird das Relief sichtbar, das bei der Bearbeitung der Fläche erzeugt wurde. Die Gestalt dieses Reliefs ist sowohl von dem gewählten Bearbeitungsverfahren (Fräsen, Drehen, Schleifen, Honen, ...) als auch von dem verwendeten Material (Stahl, Messing, Aluminium, ...) abhängig.

6.2.1 Definition der Kenngrößen

Um ein Maß für das Profil technischer Oberflächen zu finden und sie dadurch charakterisieren zu können, werden in DIN EN ISO 4287verschiedene *Oberflächenkenngrößen* definiert.

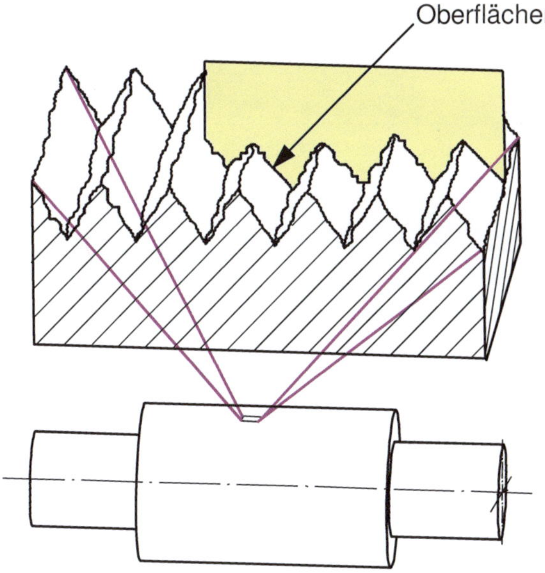

Bild 6-1 Bildung des Oberflächenprofils

Die Grundvorstellung besteht zunächst darin, dass man eine Werkstückoberfläche mit einer Ebene zum Schnitt bringt. Die Schnittlinie (Oberflächenprofil) entspricht dem wirklichen Profil der zu vermessenden Oberfläche, **Bild 6-1**. Entlang dieser Linie wird gemessen. Die Messung erstreckt sich dabei lediglich auf eine vorher definierte *Auswertelänge ln* (gegebenenfalls weiter unterteilt in verschiedene *Einzelmess-Strecken li*). Die Messung erfolgt in einer geeigneten Richtung, z. B. in der Richtung, in der die größten Abweichungen von der geometrischen (idealen) Oberfläche zu erwarten sind. Im Allgemeinen stellen sich die größten Abweichungen quer zur Bearbeitungsrichtung ein. Aus den messtechnisch gewonnenen Profilen können dann Kenngrößen bestimmt werden, mit denen sich die Oberflächen charakterisieren lassen.

Bei der Messung wird die Istoberfläche erfasst. Damit ist die Istoberfläche nur ein angenähertes Abbild der wirklichen Oberfläche und hängt unter anderem vom Messverfahren ab. Aus dem aufgenommenen Mess-Signal wird das so genannte *Primärprofil* gewonnen. Daraus kann durch geeignete Filter das *Welligkeitsprofil* bzw. das *Rauheitsprofil* ermittelt werden, **Bild 6-2**.

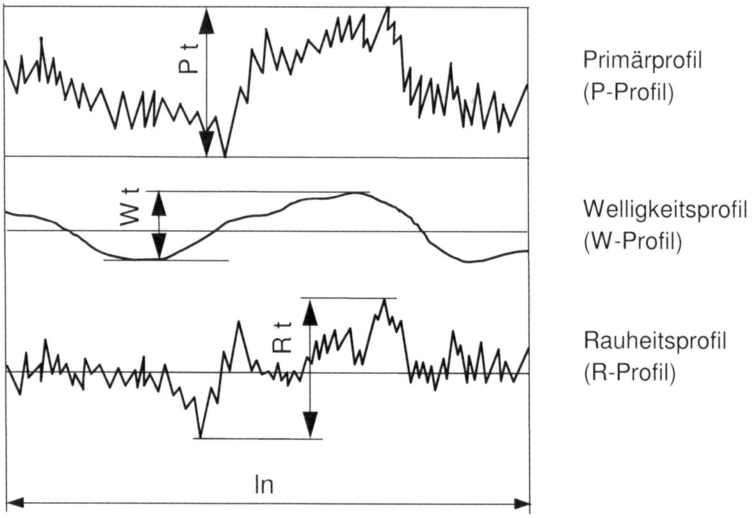

Bild 6-2 P-, W- und R-Profil

Beim Messen werden sowohl die Welligkeit als auch die Rauheit aufgenommen, diese können jedoch durch geeignete Filter voneinander getrennt werden. So ist es möglich, die Welligkeit als Gestaltabweichung zweiter Ordnung und die Rauheit als Gestaltabweichung dritter bis fünfter Ordnung getrennt zu betrachten und zu tolerieren. Die im weiteren Verlauf dieses Kapitels bezeichneten Größen beziehen sich stets auf das Rauheitsprofil, könnten jedoch genauso gut auch auf das Primär- oder das Welligkeitsprofil bezogen sein.

Die Rauheit von technischen Oberflächen kann mit Hilfe der im Folgenden angesprochenen Kenngrößen beschrieben und quantifiziert werden. Eine vollständige Auflistung findet sich in DIN EN ISO 4287.

Die DIN EN ISO 4287 definiert Rp als die *Höhe der größten Profilspitze* innerhalb der Einzelmess-Strecke. Als Rv wird die *Tiefe des größten Profiltales* innerhalb der Einzelmess-Strecke definiert, siehe auch **Bild 6-3**. Als Rz wird die größte *Höhe des Profils* bezeichnet, also die

Summe aus der Höhe der größten Profilspitze Rp und der Tiefe des größten Profiltales Rv innerhalb einer Einzelmess-Strecke. Damit entspricht Rz nach DIN EN ISO 4287 dem ehemals nach DIN 4762 definierten Wert Ry. Die DIN 4762 ist jedoch zurückgezogen. Der „alte" Rz-Wert ist damit nicht mehr genormt.

$$Rz = Rv + Rp$$

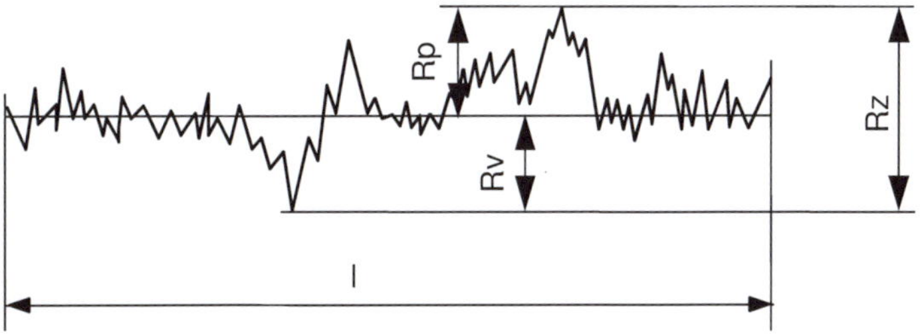

Bild 6-3 Spitzenhöhen und Taltiefen nach DIN EN ISO 4287

Als *Gesamthöhe des Profils* wird Rt (= Rv + Rp) definiert, wobei anders als Rz sich Rt nicht auf eine Einzelmess-Strecke, sondern auf eine Mess-Strecke bezieht und damit durchaus größere Werte annehmen kann. Falls aber nicht anderes angegeben, sind Rz und Rt identisch. In diesem Fall wird in DIN EN ISO 4287 empfohlen, Rt anzuwenden.

$$Ra = \frac{1}{l} \int_{x=0}^{x=l} |y(x)|\, dx$$

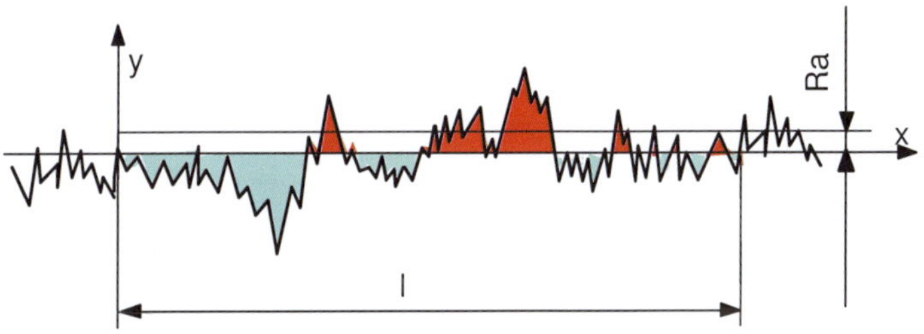

Bild 6-4 Arithmetischer Mittelwert Ra nach DIN EN ISO 4287

Dem *arithmetischen Mittenrauwert* Ra nach der zurückgezogenen DIN 4768 entspricht der *arithmetische Mittelwert* Ra nach DIN EN ISO 4287 und damit den Beträgen der Ordinatenwerte, hier y(x), innerhalb einer Einzelmess-Strecke, siehe auch **Bild 6-4**. Anschaulich gesehen ist dies die Höhe eines Rechteckes, dessen Länge die Länge der Einzelmess-Strecke ist und das den gleichen Flächeninhalt hat wie die Summe der zwischen Istprofil und Mittellinie eingeschlossenen Teilflächen.

$$RSm = \frac{1}{m} \sum_{i=1}^{m} XSi$$

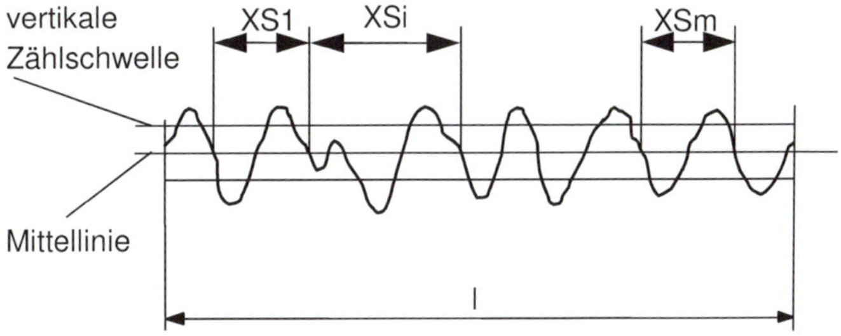

Bild 6-5 Mittlere Rillenbreite RSm nach DIN EN ISO 4287

Als *mittlere Rillenbreite der Profilelemente* definiert DIN EN ISO 4287 die Waagerechtkenngröße RSm, **Bild 6-5**. Diese entspricht dem Mittelwert der *Breite der Profilelemente* Xs innerhalb einer Einzelmess-Strecke. Dieser Kennwert erfordert die Festlegung einer vertikalen und einer horizontalen *Zählschwelle*, um die Breite der Profilelemente richtig bestimmen zu können.

Im Gegensatz zu den Oberflächenkenngrößen Ra und Rz, die hauptsächlich an so genannten aperiodischen Profilen (die z. B. durch Schleifen oder Erodieren entstehen) gemessen werden, ist die mittlere Rillenbreite RSm geeignet, vorwiegend periodische Profile zu charakterisieren. Periodische Profile entstehen durch spanende Bearbeitung wie z. B. Drehen, Fräsen, Stoßen.

Wie bereits erwähnt, entscheidet das Profil einer Oberfläche über deren Eigenschaft, z. B. deren Verschmutzungsneigung, das zu erwartende Verschleißverhalten oder die Beschichtungsfähigkeit. In der Praxis kann es daher sinnvoll sein, das Oberflächenprofil in seiner Form genauer vorzugeben, wobei durchaus mehr als eine Oberflächenkenngröße angegeben werden kann. Im Folgenden soll dies an einem einfachen Beispiel verdeutlicht werden.

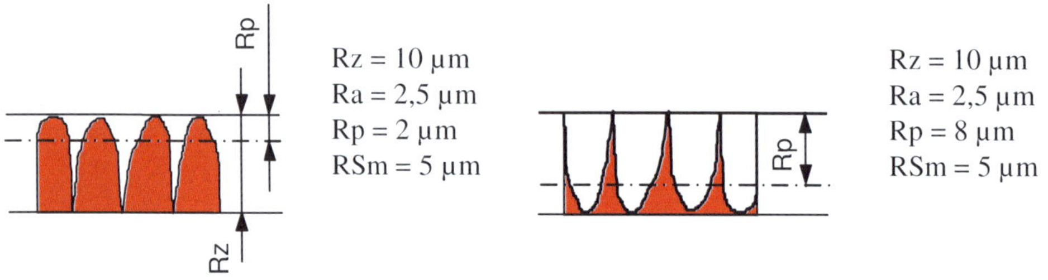

Bild 6-6 Vergleichende Betrachtung von Oberflächenprofilen

In **Bild 6-6** sind zwei (theoretische) Profile skizziert, bei denen die Oberflächenkenngrößen Rz, Ra und RSm identisch sind. Lediglich die Höhe der größten Profilspitze Rp ist unterschiedlich. Dennoch ist auf den ersten Blick erkennbar, dass hier recht unterschiedliche Verschleißeigenschaften zu erwarten sind. Wird also eines dieser Oberflächenprofile gefordert, so muss dies mithilfe der dafür vorgesehenen Kennwerte auch kenntlich gemacht sein.

6.2.2 Angabe der Oberflächenbeschaffenheit

Die seitens der Konstruktion verlangten Anforderungen an die Bauteiloberfläche werden in Technischen Zeichnungen nach DIN EN ISO 1302 angegeben. Im einfachsten Fall besteht diese Angabe lediglich aus einem graphischen Symbol nach **Bild 6-7**. Durch diese graphischen Symbole und (in der Regel) durch zusätzliche Angaben wird dargelegt, welche besonderen Anforderungen an die betreffende Oberfläche gestellt werden. Dabei dürfen die zusätzlichen Angaben nur an bestimmten Stellen am Symbol erscheinen. Im Folgenden wird auf die einzelnen Symbole, ergänzenden Angaben und Positionen ausführlich eingegangen.

Das Grundsymbol für die Kennzeichnung von Oberflächen nach DIN EN ISO 1302 besteht aus zwei um 60° gegenüber der Grundlinie geneigten, ungleich langen Linien, **Bild 6-7 a)**. Die Breite dieser Linien ist identisch mit der Linienbreite der Beschriftung. Das Grundsymbol sollte nicht ohne weitere, ergänzende Informationen angewendet werden. Es tritt allein nur als so genannte Sammelangabe auf, siehe hierzu **Bild 6-16**.

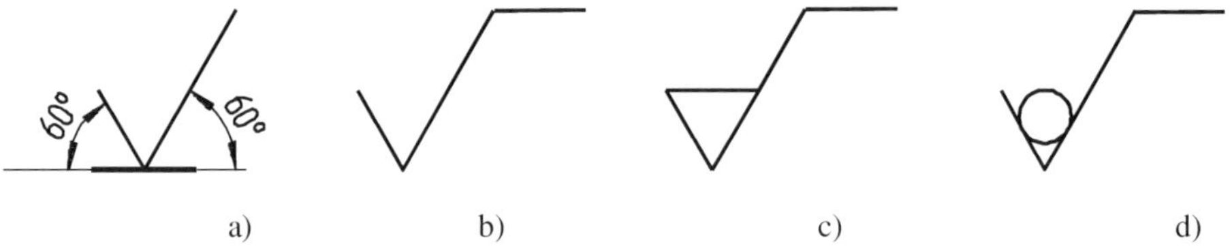

Bild 6-7 Symbol zur Kennzeichnung der Oberflächenbeschaffenheit nach DIN EN ISO 1302; Erläuterungen siehe Text

Das *Grundsymbol* wird in der Regel um eine Parallele zur Grundlinie am langen Schenkel ergänzt, **Bild 6-7 b)**. Diese Ergänzung erfolgt immer dann, wenn auf der rechten Seite des Grundsymbols eine Eintragung zu machen ist. Das Grundsymbol allein kennzeichnet eine Werkstückfläche als eine Oberfläche, an die Anforderungen gestellt sind, und ist damit allein wenig aussagefähig. Eine sinnvolle Angabe über die Beschaffenheit einer Oberfläche ist nur in Verbindung mit zusätzlichen zahlenmäßigen Rauheitsangaben (z. B. für Ra) und/oder zusätzlichen Textangaben (z. B. „roh" oder „geschliffen") möglich.

Fügt man dem Grundsymbol am kurzen Schenkel eine zur Grundlinie parallele Linie hinzu, so wird dadurch eine trennende (meist spanabhebende) Bearbeitung der gekennzeichneten Oberfläche verlangt, **Bild 6-7 c)**. Ein Kreis zwischen den beiden Schenkeln zeigt demgegenüber an, dass eine trennende Bearbeitung nicht zugelassen ist, **Bild 6-7 d)**, was im Allgemeinen eine Belassung der Oberfläche im angelieferten Zustand bedeutet (z. B. Belassung des durch Ur- oder Umformen erreichten Rohzustandes; Beibehaltung des durch eine vorangegangene Oberflächenbehandlung/-veredelung erzielten Zustandes). Enthält dieses Symbol Zusatzangaben, so ist die geforderte Oberflächenbeschaffenheit ohne materialabtrennende Verfahren zu realisieren (z. B. durch Beschichtung).

Bild 6-8 Textuelle Angabe der Oberfläche nach DIN EN ISO 1302

Sind Oberflächenbeschaffenheiten in Texten z. B. in Berichten oder Verträgen festzuhalten, so kann die Angabe „APA" (Alle Verfahren zulässig = Any process allowed) für das Symbol nach **Bild 6-7 b)**, „MRR" (Materialabtrag gefordert = Material removal required) für das Symbol nach **Bild 6-7 c)** und „NMR" (Materialabtragung unzulässig = No material removed) für das Symbol nach **Bild 6-7 d)** verwendet werden, **Bild 6-8**. Diese Kürzel sind genauso wie die Symbole durch ergänzende zahlenmäßige und/oder textuelle Angaben zu erweitern.

Eine Ergänzung des Grundsymbols um einen Kreis zwischen langem Schenkel und der Parallelen zur Grundlinie bedeutet, dass die vorgegebene Oberflächenbeschaffenheit auf den Oberflächen rund um die Kontur des Werkstückes zu gelten hat, **Bild 6-9**. Diese Angabe kann sich natürlich nur auf einen geschlossenen Außenumriss eines Werkstückes beziehen. Wenn diese

Rundum-Kennzeichnung nicht eindeutig dargestellt werden kann, müssen die Oberflächen unabhängig voneinander gekennzeichnet werden.

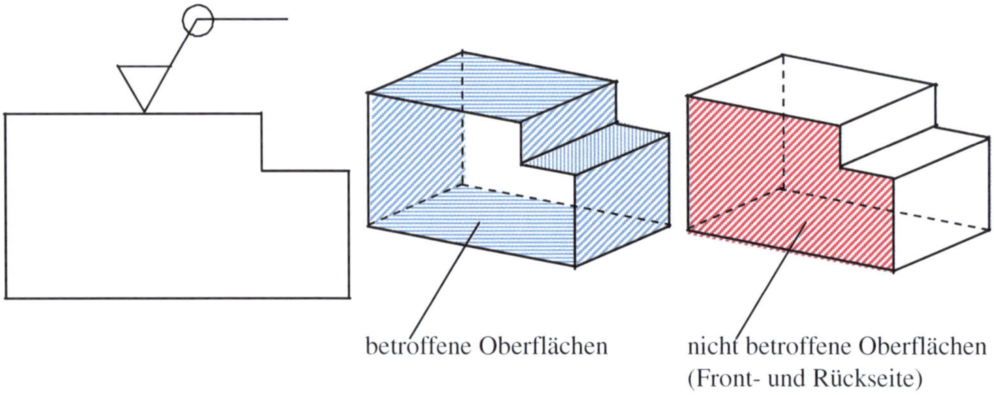

Bild 6-9 Alle Oberflächen rund um die Kontur

An welchen Positionen dem Symbol zur Kennzeichnung der Oberflächenbeschaffenheit nach DIN EN ISO 1302 die weiteren Angaben (Übertragungscharakteristik, Rauheitskennwert, Fertigungsverfahren, Oberflächenbehandlung/-überzug usw.) hinzugefügt werden, zeigt **Bild 6-10**. Sind viele ergänzende Angaben zu machen, dann wächst das Symbol durch Verlängerung der Linien. Beispiele hierzu sind in **Bild 6-11** und **Bild 6-12** gegeben.

a = Angabe der Übertragungscharakteristik/ Einzelmess-Strecke, der Oberflächen-Kenngröße und dem Zahlenwert der Oberflächen-Kenngröße

a+b = Angabe zweier oder mehrerer Anforderungen an die Oberflächenbeschaffenheit

c = Angabe des Fertigungsverfahrens, der Behandlung, Beschichtung oder anderer Anforderungen an den Fertigungsprozess

d = Angabe des Symbols für die erforderlichen Oberflächenrillen und ihre Ausrichtung

e = Angabe der erforderlichen Bearbeitungszugabe als Zahlenwert [mm]

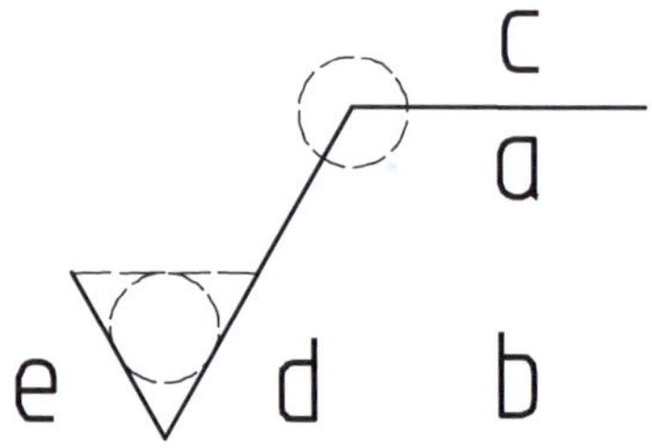

Bild 6-10 Mögliche Angaben am Symbol nach DIN EN ISO 1302

In DIN EN ISO 1302 ist definiert, dass (entgegen früheren Fassungen als DIN ISO 1302) die Grenzwerte nur auf der Position a nach **Bild 6-10** erlaubt sind und stets hinter dem Oberflächenkennwert zu stehen haben. Im Folgenden wird ausführlich auf die einzelnen Angaben eingegangen.

Bild 6-11 Beispiele für die Angabe der Oberflächenbeschaffenheit durch Übertragungscharakteristik/Einzelmess-Strecke; textuelle Angaben in Klammern

Um eine eindeutige und reproduzierbare Messung zu erreichen, kann die Übertragungscharakteristik durch Angabe des *Kurzwellenfilters* (z. B. 0,0025-) gegebenenfalls gefolgt von dem *Langwellenfilter*/der *Einzelmess-Strecke* (z. B. -0,8) definiert werden. Wenn nur ein Filter eingetragen ist, wird der Trennungsstrich beibehalten, um die Filter voneinander zu unterscheiden. Wenn keine Übertragungscharakteristik oder nur eines der beiden Filter angegeben ist, dann gilt für die nicht erwähnte Größe die *Regel-Übertragungscharakteristik* nach DIN EN ISO 4288 und DIN EN ISO 3274. Die Übertragungscharakteristik wird von der Oberflächenkenngröße durch einen Schrägstrich (/) getrennt, **Bild 6-11**.

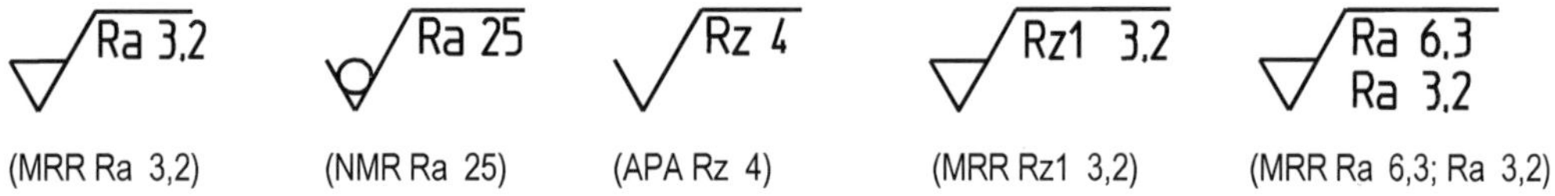

Bild 6-12 Beispiele für die Angabe der Oberflächenbeschaffenheit mithilfe von Kenngrößen; textuelle Angaben in Klammern

In **Bild 6-12** sind Beispiele für die Angabe der Oberflächenbeschaffenheit durch Oberflächenkenngröße und dazugehörigem Grenzwert gegeben (stets in µm). Dabei ist zu berücksichtigen, dass in der Regel die Mess-Strecke aus 5 Einzelmess-Strecken besteht. Soll von dieser Regel abgewichen werden, so ist die Anzahl der Einzelmess-Strecken hinter der Oberflächenkenngröße anzugeben, so wie im Beispiel „MRR Rz1 3,2" geschehen. Hierin besteht die Mess-Strecke aus einer einzigen Einzelmess-Strecke. Zwischen der Anzahl der Einzelmess-Strecken und dem Grenzwert der Oberflächenkenngröße werden stets zwei Leerzeichen eingefügt, um eine Verwechselung zwischen der Anzahl der Einzelmess-Strecken und dem Oberflächengrenzwert zu vermeiden.

Wenn nur eine einseitige Toleranz der Oberflächenkenngröße (durch Kenngrößenbezeichnung, dazugehörendem Grenzwert sowie gegebenenfalls der Übertragungscharakteristik) gegeben ist, so ist diese Angabe als obere Grenze zu interpretieren. Soll eine einseitig gegebene Grenze als untere Toleranzgrenze verstanden werden, so ist der Kenngrößenbezeichnung der Buchstabe „L" voranzustellen, z. B. „MRR L Ra 0,3". Besteht die Notwendigkeit, für die Oberflächenbeschaffenheit sowohl eine obere als auch eine untere Grenze festzulegen, so sind die betreffenden Werte übereinander anzugeben. Dabei wird der größere Wert über den kleineren geschrieben. Dabei ist die obere Grenze durch den vorangestellten Buchstaben „U" und die untere Grenze durch den vorangestellten Buchstaben „L" zu kennzeichnen, wenn die Regelgrenzen nicht durch die gleiche Kenngrößenbezeichnung ausgedrückt werden, z. B. „MRR U Rz 0,9; L Ra 0,3". Wenn die obere und untere Grenze durch die gleichen Kenngrößen mit unterschiedlichen Werten angegeben werden und damit die Angabe eindeutig bleibt, dürfen die Buchstaben „U" und „L" entfallen, z. B. „MRR Ra 6,3; Ra 3,2", wie in **Bild 6-12**.

Die DIN EN ISO 1302 definiert zwei Möglichkeiten für die Angabe und Interpretation der Grenzen der Oberflächenbeschaffenheit. Dies sind die *„16%-Regel"* und die *„max.-Regel"*. Wenn keine zusätzlichen Angaben vorhanden sind, wie z. B. in „MRR Ra 0,7; Rz1 3,3", dann gilt die „16%-Regel" und besagt, dass die definierte Oberflächenbeschaffenheit als annehmbar gilt, wenn nicht mehr als 16% aller gemessenen Werte den betreffenden Grenzwert überschreitet, oder bei gegebener unterer Grenze entsprechend unterschreitet. Im Gegensatz dazu besagt die „max.-Regel", dass kein Messwert an der zu prüfenden Oberfläche den festgelegten Grenzwert überschreiten darf, wie in der Angabe „MRR Ramax 0,7; Rz1max 3,3" vorgegeben. In diesem Fall muss „max" zur Kenngröße hinzugefügt werden.

Die erste Anforderung an die Oberflächenbeschaffenheit steht stets auf Position „a", vergleiche **Bild 6-10**. Die zweite Anforderung ist in Position „b" anzugeben. Bei jeder weiteren eingefügten Anforderung wird das Symbol durch Verlängern des langen Schenkels vergrößert, um Platz für die zusätzlichen Zeilen zu schaffen. Die Positionen „a" und „b" bewegen sich dann aufwärts.

Bei zwei gegebenen Anforderungen an die Oberflächenbeschaffenheit muss es sich jedoch nicht zwingend um die beidseitige Vorgabe der oberen und unteren Grenze handeln. Vielmehr können durch mehrere Angaben mehrere (einseitige) Grenzen z. B. durch die Angabe unterschiedlicher Oberflächenkenngrößen definiert werden. Vor diesem Hintergrund wird besonders deutlich, dass bei gewünschter oberer und unterer Grenze im Zweifelsfall der Buchstabe „U" bzw. „L" anzugeben ist.

Tabelle 6-2 Zusatzsymbole zur Angabe der Oberflächenrillen nach DIN EN ISO 1302

Symbol	zu befolgende Rillenrichtung
=	parallel zur Projektionsebene der Ansicht, in der das Symbol angewendet wird
⊥	senkrecht zu der Projektionsebene der Ansicht, in der das Symbol angewendet wird
X	gekreuzt in zwei schrägen Richtungen zur Projektionsebene, in der Ansicht, in der das Symbol angewendet wird
M	in mehreren Richtungen verlaufend
C	annähernd zentrisch zum Mittelpunkt der Oberfläche, zu der das Symbol gehört
R	annähernd radial zum Mittelpunkt der Oberfläche, zu der das Symbol gehört
P	nichtrillige Oberfläche; ungerichtete oder muldige Rillen

Wie aus **Bild 6-10** hervorgeht, können mit dem Symbol zur Kennzeichnung der Oberflächenbeschaffenheit nach DIN EN ISO 1302 auch Vorgaben über die Rillenrichtung gemacht werden (Position „d“ in **Bild 6-10**). Die für die *Rillenrichtung* maßgeblichen Zusatzsymbole gibt **Tabelle 6-2** an.

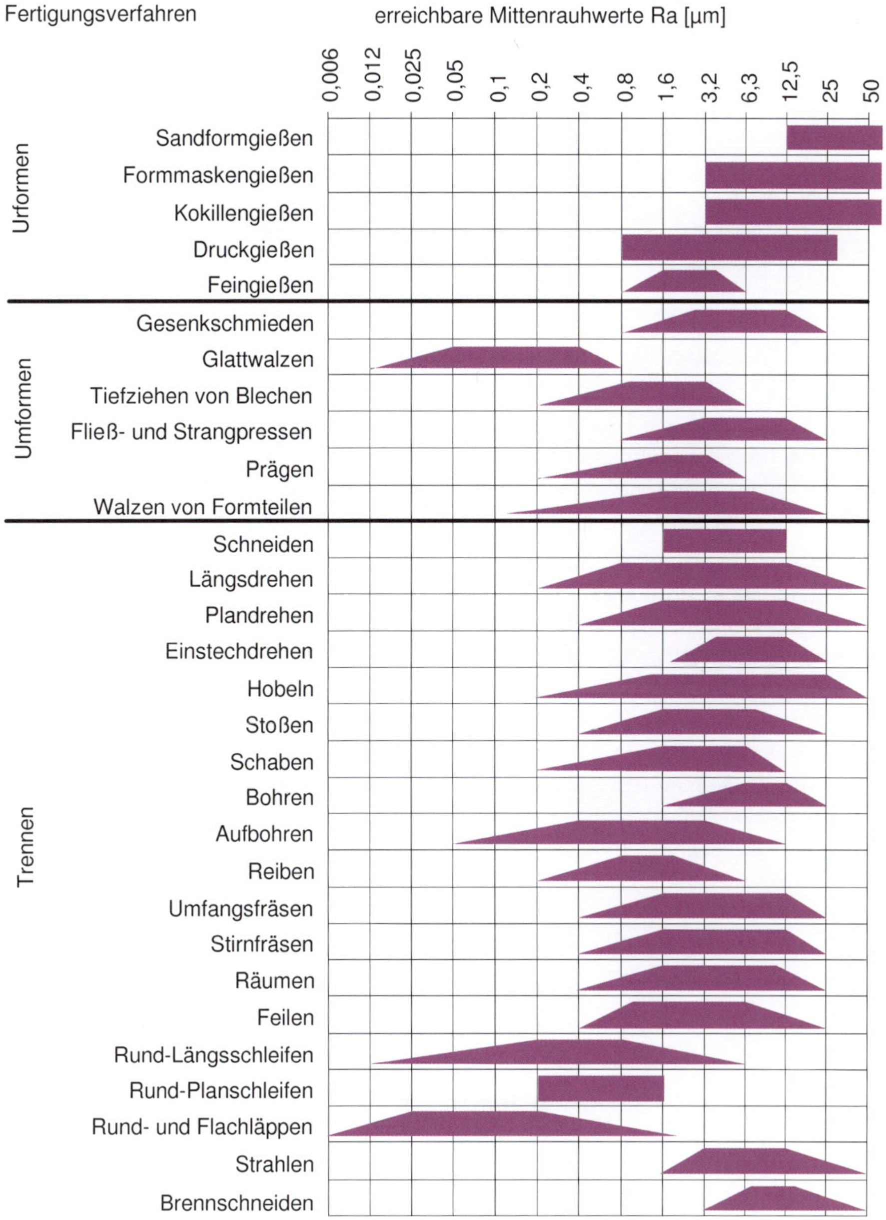

Bild 6-13 Erreichbarer Oberflächenkennwert Ra für verschiedene Fertigungsverfahren; Angaben nach DIN 4766 Teil 2 (zurückgezogen)

An der Position „c" nach **Bild 6-10** steht die *Angabe des Fertigungsverfahrens*, der Behandlung, Beschichtung und/oder weitere Anforderungen an den Bearbeitungsprozess bzw. der Herstellung der Oberfläche. Da sich die Technische Zeichnung stets auf den Endzustand eines Prozesses bezieht, stehen diese Angaben, wie z. B. „gedreht", „drallfrei geschliffen", „poliert", immer in der Vergangenheitsform.

Mit jedem Fertigungsverfahren sind dabei ganz unterschiedliche Oberflächengrenzwerte zu erzeugen. Dabei haben sich die Begriffe „geschruppt" für eine grobe Bearbeitung, „geschlichtet" für eine gute Bearbeitung und „fein-„ bzw. „feinst-geschlichtet" für eine Fein- bzw. Feinstbearbeitung entwickelt. Bei dem Fertigungsverfahren Drehen bedeutet „geschruppt", dass die erzeugten Riefen fühl- und sichtbar sind (Ra = 12,5 µm, Rz = 100 µm). Bei einer „geschlichteten" Fläche sind die Riefen nur noch sichtbar (Ra = 3,2 µm, Rz = 25 µm). Bei einer „fein(st)-geschlichteten" Fläche sind die Riefen weder sicht- noch fühlbar (Ra = 0,8 µm, Rz = 6,3 µm).

Die Angabe des Bearbeitungsverfahrens ist jedoch nicht nur aus Sicht der Arbeitsvorbereitung sinnvoll. Jedes Bearbeitungsverfahren besitzt ein charakteristisches Oberflächenprofil. Deshalb sollte sich eine Oberflächenanforderung nicht allein auf die Angabe von Kenngröße, Grenzwert und Übertragungscharakteristik beschränken, sondern stets auch das Bearbeitungsverfahren benennen, um die Funktion der Fläche eindeutig zu definieren.

Auch sind nicht mit jedem Fertigungsverfahren beliebige Oberflächengrenzwerte zu erzielen. **Bild 6-13** zeigt die Zuordnung des Fertigungsverfahrens zum arithmetischen Mittenrauwert Ra (DIN 4766 Teil 2; zurückgezogen). Der darin angegebene arithmetische Mittenrauwert Ra ist identisch mit dem arithmetischen Mittelwert der Profilordinaten Ra nach DIN EN ISO 4287.

In der Praxis werden sowohl der Oberflächenkennwert als auch der -grenzwert aus der Erfahrung bestimmt. Diese Erfahrung wurde dann meistens teuer (zeitlich und finanziell durch Versuche oder Versagen im Betrieb) bezahlt. Werden Standardelemente, also Normteile, in Standardsituationen verwendet, dann kann man sich sehr gut auf die Angaben der Hersteller in den Katalogen stützen. Handelt es sich bei einer Konstruktion jedoch um ein Sonderbauteil oder um einen Prototyp, dann kann eine sinnvolle Anforderung an die Oberflächenbeschaffenheit wirklich nur noch geschätzt oder ausprobiert werden. Stets jedoch gilt in der Praxis das Motto: „So grob (= billig) wie möglich und so fein (= teuer) wie nötig". Im Folgenden einige Anhaltspunkte für die Anforderungen an die Oberflächenbeschaffenheit in Abhängigkeit von der Funktion der Oberfläche:

- funktionslose Oberflächen: Rz > 100 µm; Ra > 12,5 µm
- Flächen, die kraft- oder formschlüssig aufeinander liegen: Rz ≤ 100µm; Ra ≤ 12,5 µm
- Dichtflächen bei statischer Belastung: 16 µm < Rz < 25 µm; 1,6 µm < Ra < 3,2 µm
- Dichtflächen bei dynamischer Belastung: 4 µm < Rz < µm 6,3; 0,4 µm< Ra < 0,8 µm
- Wälzlagersitz auf der Welle: Rz ≤ 6,3 µm; Ra ≤ 1,6 µm
- Wälzlagersitz im Gehäuse: Rz ≤ 10 µm; Ra ≤ 3,2 µm

An der Stelle „e" im **Bild 6-10** kann die Bearbeitungszugabe angegeben werden. Dies ist in den Fällen sinnvoll, wo mehrere Verfahrensstufen in derselben Zeichnung dargestellt werden. Diese Bearbeitungszugabe wird stets in der Einheit Millimeter angegeben. Sie ist nicht anwendbar für eine Angabe im Text.

6.2.3 Oberflächenbeschaffenheiten in Technischen Zeichnungen

In einer Technischen Zeichnung muss eine Angabe über die Rauheit, das Herstellungsverfahren oder die Bearbeitungszugabe nur dann gemacht werden, wenn sie für die Funktionstauglichkeit des betreffenden Bauteiles erforderlich ist. Angaben zur Oberflächenbeschaffenheit werden also in der Regel nur an den Funktionsflächen gemacht. Nicht notwendig ist die Angabe der Oberflächenbeschaffenheit dann, wenn bereits die üblichen Fertigungsverfahren einen ausreichenden Endzustand der Oberfläche sicherstellen. Die wichtigsten Regeln für die Eintragung von Oberflächenangaben in Zeichnungen sind nach DIN EN ISO 1302 gegeben. Im Folgenden soll auf die wichtigsten Regeln anhand von Beispielen eingegangen werden.

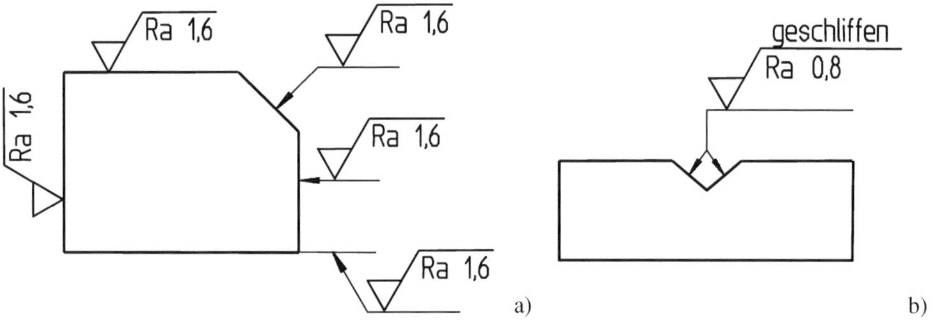

Bild 6-14 Eintragung der Oberflächenangaben; das Symbol wird direkt auf die Oberfläche gesetzt oder auf eine Bezugs-/Hinweislinie mit einem Maßpfeil

Das Symbol nach DIN EN ISO 1302 ist so einzutragen, dass Zusatzangaben – wie ja auch die Bemaßung – von unten bzw. von rechts gelesen werden können. Damit diese Regel eingehalten werden kann, können die Symbole mit Hilfe von Hinweislinien mit Hinweislinienbegrenzung (Pfeil) mit der entsprechenden Oberfläche verbunden werden. Symbol oder Pfeil zeigen dabei stets von außen auf die Körperkante oder auf eine Maßhilfslinie als Verlängerung der Körperkante, **Bild 6-14 a**). Bei mehreren Ansichten bzw. Schnitten sollte die Oberflächenangabe in diejenige Darstellung eingetragen werden, in der die betreffende Fläche bemaßt ist.

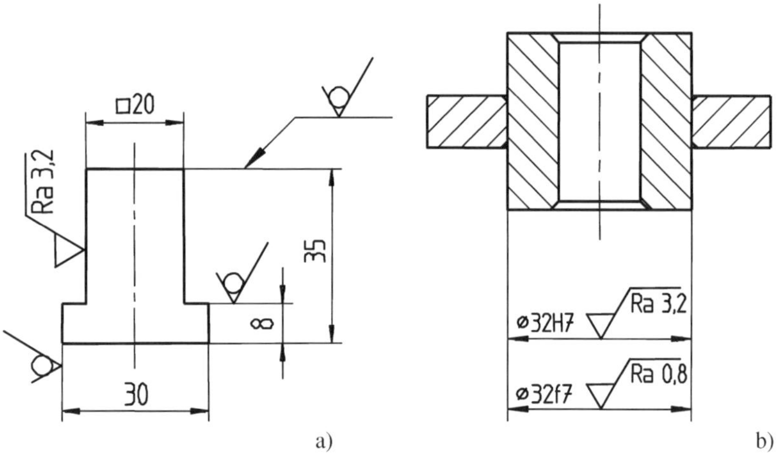

Bild 6-15 Oberflächenkennzeichnung mehrerer Flächen

Eine Oberflächenangabe erfolgt nur einmal pro Oberfläche, d.h. auch bei Rotationsflächen nur an einer Mantellinie. In der Regel bemüht man sich sogar darum, die Anzahl der Oberflächenzeichen zu reduzieren, um die Zeichnung übersichtlich zu gestalten. Dies wird dadurch erreicht, dass ein Oberflächenzeichen für mehrere Flächen benutzt wird, siehe **Bild 6-14 b)**. Auch Symmetrieeigenschaften und -linien können ebenso ausgenutzt werden, siehe **Bild 6-15 a)**. Wenn keine Fehlinterpretationen möglich sind, können die Oberflächenangaben auch zusammen mit der Maßangabe erfolgen, wie in **Bild 6-15 b)** angegeben. Ebenso darf eine Oberflächenangabe auch auf dem Toleranzrahmen für geometrische Toleranzen angebracht werden, siehe hierzu **Bild 6-21**.

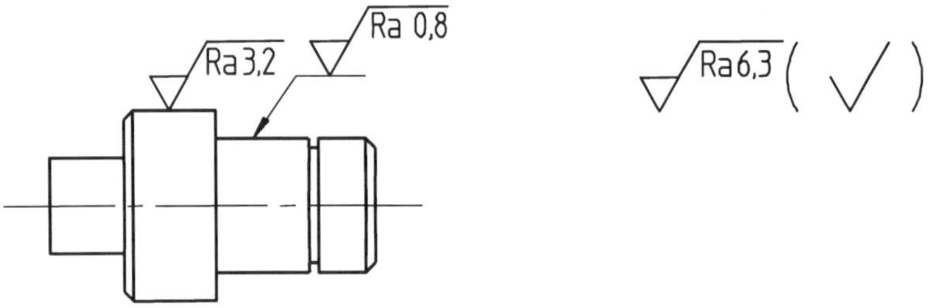

Bild 6-16 Kennzeichnung von überwiegend auftretenden Oberflächenbeschaffenheiten

Treten verschiedene Oberflächenbeschaffenheiten auf, so kann man die überwiegend auftretende in der Nähe der Bauteildarstellung, in der Nähe der Positionsnummer oder über dem Schriftfeld angeben. Alle in der Bauteildarstellung nicht explizit gekennzeichneten Oberflächen müssen dann entsprechend dieser Angabe bearbeitet werden (**Bild 6-16**). Oberflächen mit einer anderen als der überwiegenden Beschaffenheit sind einerseits in der Bauteildarstellung entsprechend zu kennzeichnen, andererseits müssen alle in der Zeichnung verwendeten Oberflächenzeichen („Ausnahmen") in Klammern hinter dem überwiegenden Zeichen aufgeführt werden oder als Sammelbezeichnung durch das Grundsymbol angegeben sein, **Bild 6-16**.

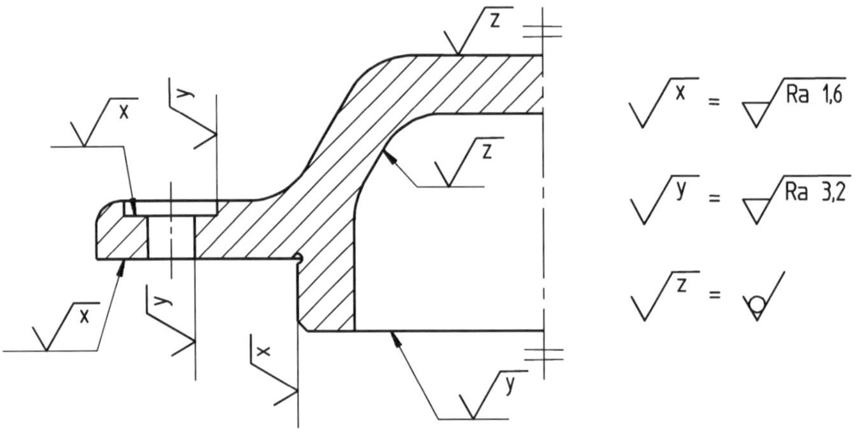

Bild 6-17 Vereinfachte Oberflächenangabe

Eine weitere Vereinfachung der Oberflächenangabe ist durch Anwendung des Grundsymbols nach DIN EN ISO 1302 (siehe **Bild 6-17**) in Kombination mit einem (Klein-)Buchstaben (vorzugsweise x, y und z) möglich. Die Bedeutung der verwendeten vereinfachten Angaben muss dann in der Nähe der Bauteildarstellung oder über dem Schriftfeld erklärt werden. Diese Vereinfachung bietet sich vor allem dann an, wenn auf kleinem Raum mehrere Oberflächenbeschaffenheiten mit Zusatzangaben gekennzeichnet werden müssen. Für den Fall, dass nur ein Symbol in der vereinfachten Form wiedergegeben werden soll, kann auf die Unterscheidung mittels Buchstaben verzichtet werden. Die Bedeutung des Symbols muss weiterhin gesondert auf der Zeichnung erklärt werden.

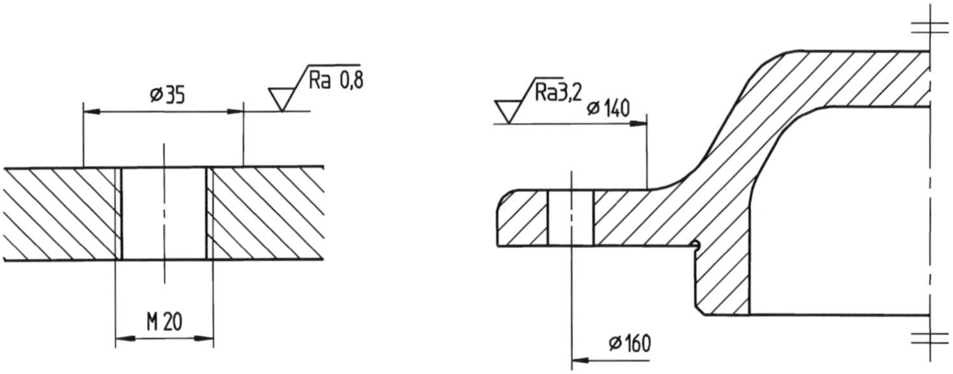

Bild 6-18 Begrenzter Bereich der Oberflächengüte

Bezieht sich eine bestimmte Oberflächenbeschaffenheit nur auf einen Teil der Oberfläche, so legt man den Geltungsbereich durch ein Maß fest und nutzt die so entstandene Maß- oder Maßhilfslinie, **Bild 6-18**.

6.3 Wärmebehandlung und Beschichtung

6.3.1 Angaben zur Wärmebehandlung

Die Wärmebehandlung ist nach DIN 17014 ein Vorgang, in dessen Verlauf ein Werkstück oder ein Bereich eines Werkstücks absichtlich Temperatur-Zeitfolgen und gegebenenfalls zusätzlich anderen physikalischen und/oder chemischen Einwirkungen unterworfen wird, um ihm Eigenschaften zu verleihen, die für seine Weiterverarbeitung oder Verwendung erforderlich sind. Solche Informationen sind fertigungstechnischen Unterlagen wie der Wärmebehandlungsanweisung oder dem Wärmebehandlungsplan zu entnehmen. Dementsprechend geben die Zeichnungen den Zielzustand der Werkstücke an und machen keine Angaben darüber, wie dieser Zustand erreicht wird.

Angaben zur Wärmebehandlung sind zweckmäßigerweise in der Nähe des Schriftfeldes einzutragen. Der gewünschte Zustand nach der Behandlung ist durch die Wortangabe „gehärtet", „einsatzgehärtet", „nitriert", „vergütet" o. ä. und die Einzelangaben festzulegen, welche diesen Zustand bestimmen. Vor Verwendung dieser Begriffe, sollte man sich jedoch mit diesem Themengebiet gut vertraut machen. Im Rahmen dieses Buches wird nicht weiter auf die Technologie eingegangen, es sei hier vielmehr auf die aktuelle Fachliteratur verwiesen: [Rug13], [Wei15].

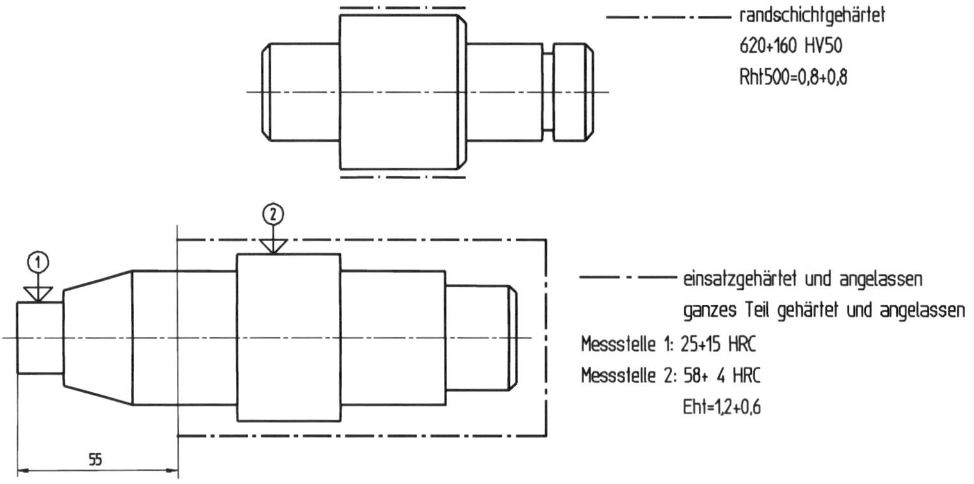

Bild 6-19 Örtlich begrenzte Wärmebehandlung

Bei einer Wärmebehandlung sind in der zeichnerischen Darstellung diejenigen Bereiche eines Teiles, welche behandelt sein müssen, durch eine breite Strichpunktlinie außerhalb der Körperkanten zu kennzeichnen, **Bild 6-19**. Soll ein Bauteil nur örtlich begrenzt gehärtet sein oder in einzelnen Bereichen unterschiedliche Härtewerte aufweisen und die Wärmebehandlung entsprechend einer Wärmebehandlungsanweisung (WBA) durchgeführt werden, sind die Bereiche unterschiedlicher Härte zu kennzeichnen und gegebenenfalls zu bemaßen. Die Position der Messstellen ist zu kennzeichnen, **Bild 6-20**, weil durch die Härteprüfung in der Regel ein verbleibender Eindruck entsteht, der die weitere Funktion des Bauteils nicht behindern darf. Allen Härtewerten ist eine größtmögliche, jedoch funktionsgerechte Plus-Toleranz zuzuordnen.

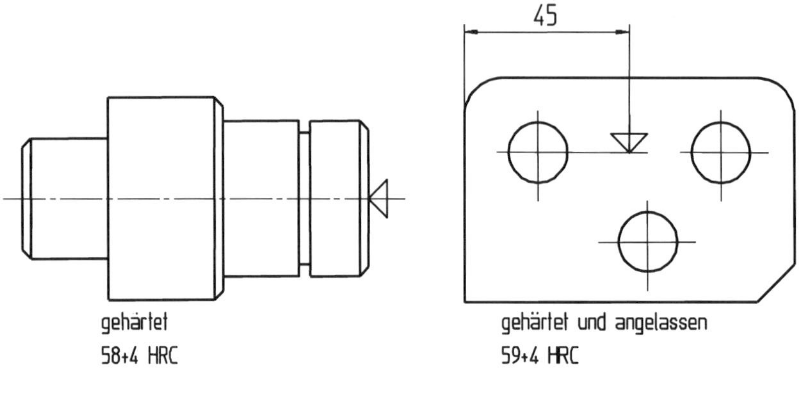

Bild 6-20 Messstellen mit Härteangabe

Wird die Darstellung des Teils durch die Angaben zur Wärmebehandlung unübersichtlich, oder ist eine Verwechslung mit anderen Behandlungsverfahren möglich, so sollte ein Wärmebehandlungsbild wie in **Bild 6-21** (links unten) hinzugefügt werden.

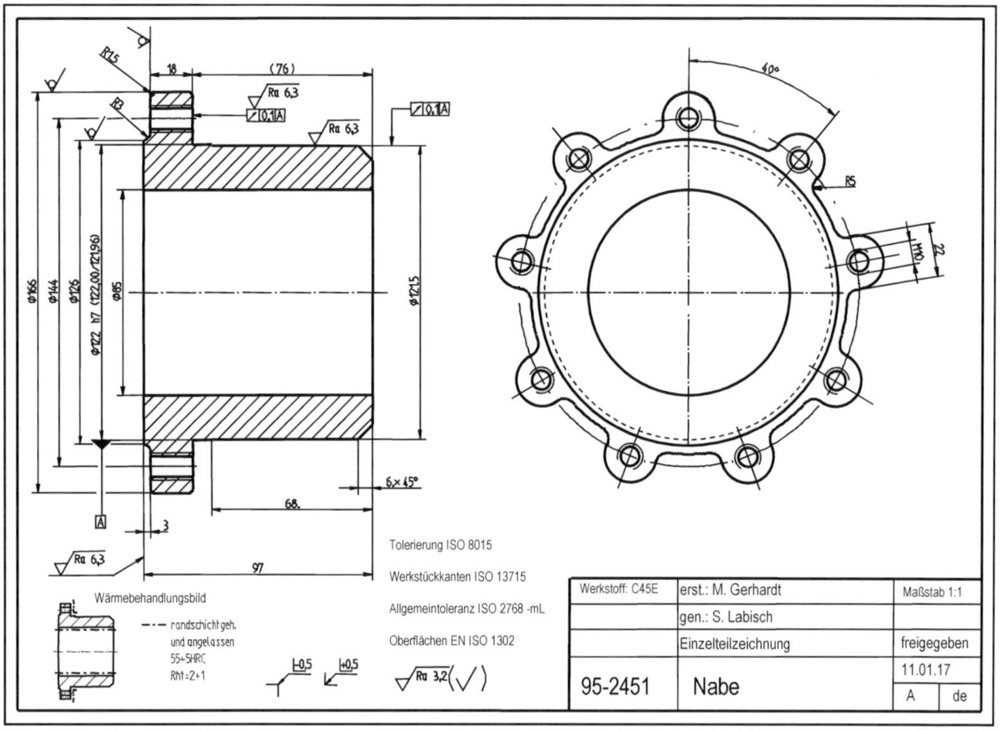

Bild 6-21 Wärmebehandlungsbild in einer Technischen Zeichnung

In einem Wärmebehandlungsbild, das auch ein Teilbild sein kann, wird auf die für die Wärmebehandlung nicht notwendigen zeichnerischen Einzelheiten verzichtet. Eine maßstabgetreue Darstellung ist nicht erforderlich. Es soll in der Nähe des Schriftfeldes angeordnet sein. Es erhält die Kennzeichnung „Wärmebehandlungsbild" und ist mit allen für die Kennzeichnung des wärmebehandelten Zustands notwendigen Angaben versehen.

6.3.2 Angaben zur Beschichtung

Ganz ähnliche Regeln wie für die Kennzeichnung von Wärmebehandlungen gelten auch für die Kennzeichnung von Oberflächenbehandlungen, wie galvanischen Überzügen, Emaillierungen oder Kunststoff-Beschichtungen. In diesem Abschnitt, wie auch bereits bei den Angaben zur Wärmebehandlung, wird auf die technologischen Gegebenheiten von Beschichtungen nicht eingegangen, sondern lediglich dargelegt, wie diese Beschichtungen in Technischen Zeichnungen anzugeben sind.

Sind Werkstücke komplett mit einer Beschichtung zu überziehen, so wird dies durch ein Symbol (Oberflächenzeichen) in der Nähe der Positionsnummer oder des Schriftfeldes angezeigt. In der Regel erhält das Symbol die Angabe der Norm, nach welcher beschichtet wird, und ein

Kurzzeichen, welches den Beschichtungswerkstoff und die Schichtdicke angibt. In Einzelteilzeichnungen wird das Kurzzeichen an die Darstellung gesetzt, **Bild 6-23 a)**. In Gruppenzeichnungen setzt man es hinter die Positionsnummer, **Bild 6-23 b)**.

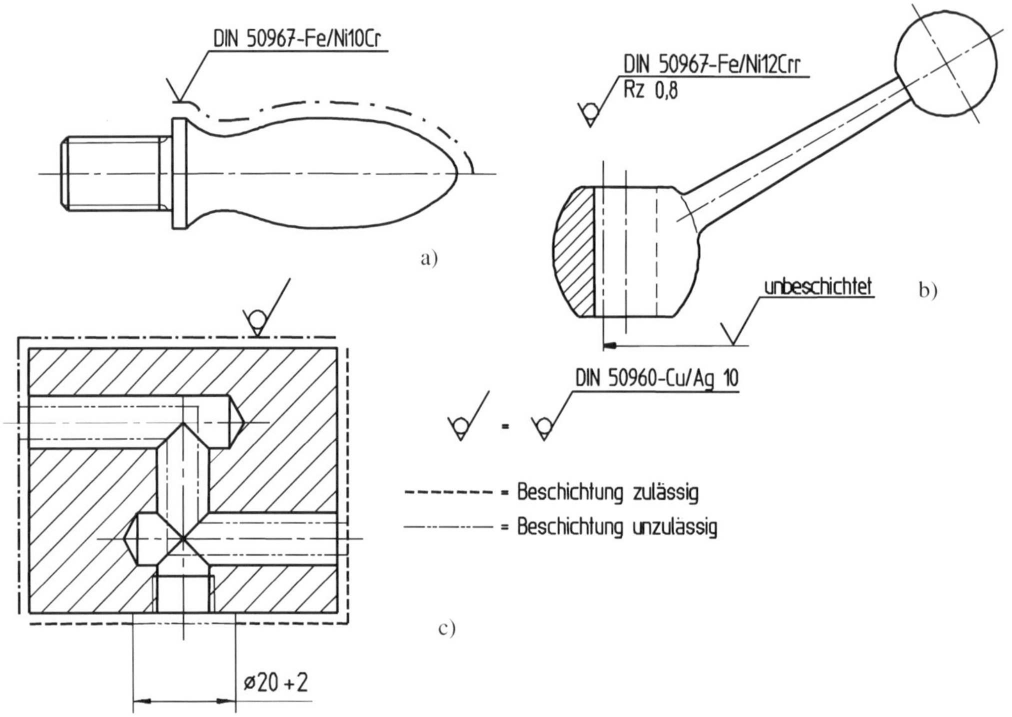

Bild 6-22 Kennzeichnung eines beschichteten Bereiches

Das Kurzzeichen gibt den Werkstoff durch das chemische Zeichen an, also z. B. *Ag* für Silber, *Au* für Gold, *Cr* für Chrom, *Cu* für Kupfer. Es wird in der Regel ergänzt um die Angabe der Schichtdicke in Mikrometern. Sind mehrere *Überzüge* auf dem gleichen Teil vorgesehen, werden die Werkstoffe in der Reihenfolge der Aufbringung eingetragen. Es können Zusatzangaben mit Hilfe von Kennbuchstaben gegeben werden, so steht z. B. bei Nachbehandlungen *e* für Einfärben, *f* für Fetten oder Ölen, *w* für Wachsen. Näheres ist DIN 50960 zu entnehmen.

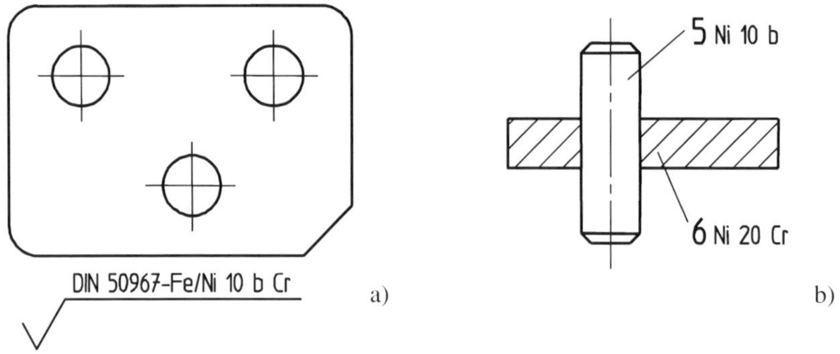

Bild 6-23 Kennzeichnung eines Überzuges

Ist der Überzug nur teilweise erforderlich, umrandet man die betreffende Stelle mit einer breiten Strichpunktlinie und setzt darauf die Beschichtungsangabe, **Bild 6-22 a**). Gilt es, Bereiche auszuweisen, bei denen eine Beschichtung unzulässig ist, so kann man diese Bereiche durch eine schmale Strich-Zweipunktlinie kennzeichnen, **Bild 6-22 b**). Bereiche, bei denen eine Beschichtung geduldet werden kann, können ebenfalls gekennzeichnet werden. Dies erfolgt in der Regel durch eine breite Strichlinie, **Bild 6-22 c**). Bei Verwendung solcher Linien muss ihre Bedeutung in der Zeichnung eindeutig geklärt sein.

6.4 Kantenzustand

Bei der Durchführung der verschiedenen Fertigungsverfahren entstehen zwangsläufig unterschiedliche gratige oder ähnlich geformte Kantenzustände, die aus verschiedenen Gründen entfernt werden müssen oder manchmal aus funktionellen Gründen sogar bestehen bleiben sollen. Hier stellt die DIN ISO 13715 Symbole zur Verfügung, mit deren Hilfe der Konstrukteur in der Technischen Zeichnung vermerken kann, wie die Kanten des von ihm entworfenen Bauteiles bearbeitet werden sollen. Es ist zu beachten, dass es in diesem Zusammenhang nur um Kanten unbestimmter Form geht. Soll eine Kante eine besondere (bestimmte) Form besitzen (z. B. Fase, Rundung), so muss diese detailliert bemaßt werden (z. B. Fasenbreite und -winkel bzw. Rundungsradius).

Kantenzustand bei Außenkanten	Kantenzustand bei Innenkanten	Symbolelement nach DIN ISO 13715
gratig (mit Überhang)	mit Übergang	+
gratfrei (Abtragung)	mit Abtragung	–
scharfkantig (gratig oder gratfrei)	scharfkantig (mit Übergang oder Abtragung)	±

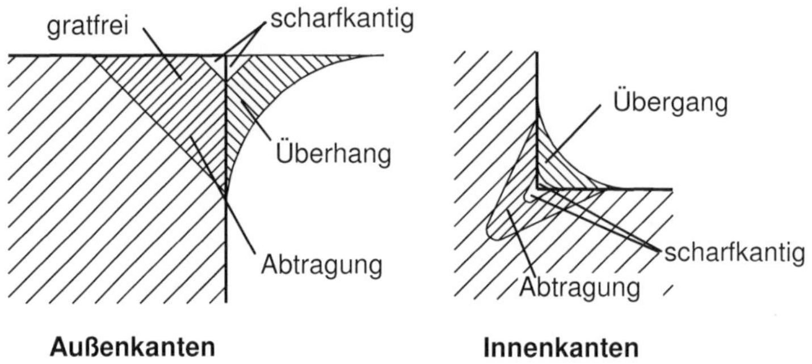

Bild 6-24 Außen- und Innenkanten, jeweils mögliche Kantenzustände und zugeordnete Symbolelemente

Grundsätzlich ist zu unterscheiden zwischen Außen- und Innenkanten. In beiden Fällen ist weiter zu unterscheiden, ob Material in den Kantenbereich hineinragen darf (*Überhang* oder

Grat bei Außenkanten, *Übergang* bei Innenkanten), ob die Kante mit Sicherheit gratfrei sein soll (*Abtragung*) oder ob die Kante möglichst genau scharfkantig herzustellen ist. Jedem der für Außen- und Innenkanten möglichen drei Fälle ordnet DIN ISO 13715 ein bestimmtes Symbol-Element zu (+, –, ±). **Bild 6-24** fasst die Verhältnisse zusammen.

Die Größe des (positiven oder negativen) Grates bei Außenkanten bzw. die Größe des Überganges oder der Abtragung bei Innenkanten lässt sich entsprechend den Skizzen in **Bild 6-25** messen. Werden derartige Maße in Zeichnungen angegeben (so genannte *Kantenmaße*, im Allgemeinen mit „a" bezeichnet), so sollten hierfür nach Möglichkeit nur die ebenfalls in **Bild 6-25** genannten Werte verwendet werden. Aus diesen Zahlenangaben geht gleichzeitig hervor, wann eine Kante im technischen Sinne als scharfkantig gelten kann.

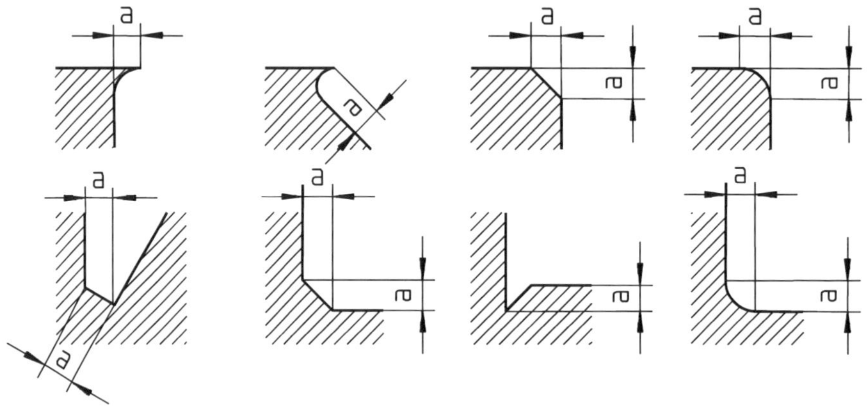

für gratige Außenkanten für Innenkanten mit Übergang	für scharfkantige Außen-/Innenkanten	für gratfreie Außenkanten für Innenkanten mit Abtragung
+2,5; +1; +0,5; +0,3; +0,1	±0,05; ±0,02	–0,1; –0,3; –0,5; –1; –2,5

Bild 6-25 Kantenmaße a bei Außen- und Innenkanten mit empfohlenen Werten für a (Angabe in mm)

Zur „Bemaßung" von Bauteilkanten wird nun das in **Bild 6-26** dargestellte Grundsymbol verwendet. In DIN ISO 13715 sind dessen Abmessungen sowie seine Anordnung definiert. Die Höhe bzw. Länge H der nach oben bzw. zur Seite hin gerichteten Schenkel ist abhängig von der Schrifthöhe. Die Länge der auf die Bauteilkante gerichteten Pfeillinie beträgt mindestens das Eineinhalbfache der Schrifthöhe h. Die Pfeilspitze weist auf die jeweilige Bauteilkante hin, wobei die Pfeillinie dabei einen Winkel von 45° zur Horizontalen aufweist. Selbst die Länge der Pfeilspitze ist genormt und sollte 8/10 der Schrifthöhe betragen.

Das Pfeilsymbol wird ergänzt um eine symbolisch dargestellte Werkstückkante, deren Ecke stets links unten verbleibt. Die Pfeillinie bildet den Bezug zum Werkstück. Das Symbol nach **Bild 6-26 a)** wird ergänzt um das jeweils gewünschte Symbolelement für den Kantenzustand (+, – oder ±) und ist gegebenenfalls auch um das vorgeschriebene Kantenmaß zu erweitern. Ist die Richtung des Grates bzw. der Abtragung beliebig, so werden die entsprechenden Angaben zwischen die Schenkel des Grundsymbols geschrieben, Beispiel in **Bild 6-26 b)**. Wird dagegen eine bestimmte Grat- oder Abtragungsrichtung vorgeschrieben, so steht die geforderte Angabe in der Verlängerung eines der Schenkel des Grundsymbols, **Bild 6-26 c)** oder **d)**. Anstatt eines

Tabelle 6-3 Beispiele für die Kennzeichnung von Kantenzuständen nach DIN ISO 13715

Nr.	Beispiel	Bedeutung	Erklärung
1	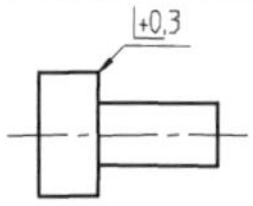		Außenkante gratig bis 0,3 mm; Gratrichtung beliebig
2	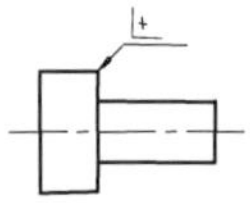		Außenkante gratig; keine Vorgabe des Kantenmaßes; Gratrichtung beliebig
3	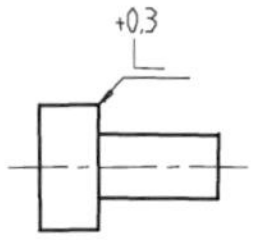		Außenkante gratig bis 0,3 mm; Gratrichtung vorgegeben
4	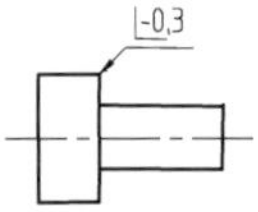		Außenkante gratfrei bis 0,3 mm; Form der Abtragung beliebig
5	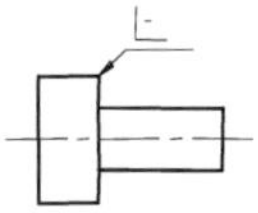		Außenkante gratfrei; Form der Abtragung beliebig
6	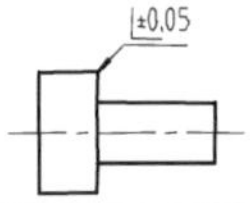	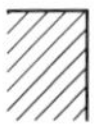	Außenkante wahlweise gratig oder gratfrei bis jeweils 0,05 mm; Gratrichtung beliebig
7	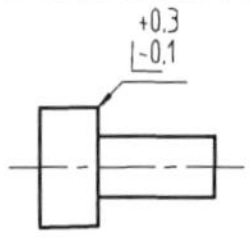		Außenkante wahlweise gratig bis 0,3 mm oder gratfrei bis 0,1 mm; Gratrichtung beliebig
8	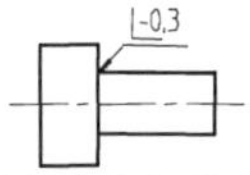	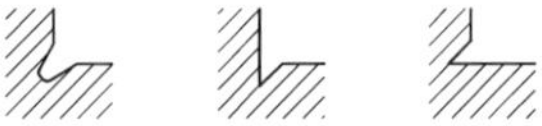	Innenkante mit Abtragung bis 0,3 mm; Abtragungsrichtung beliebig
9	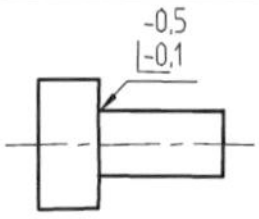		Innenkante mit Abtragung im Bereich von 0,1 bis 0,5 mm; Abtragungsrichtung beliebig
10	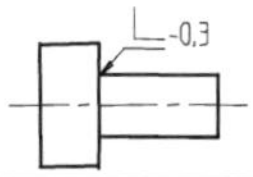		Innenkante mit Abtragung bis 0,3 mm; Abtragungsrichtung vorgegeben
11	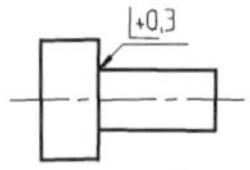		Innenkante mit Übergang bis 0,3 mm; Form des Übergangs beliebig
12	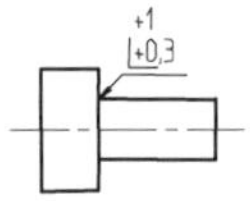		Innenkante mit Übergang im Bereich von 0,3 bis 1 mm; Form des Übergangs beliebig

einzelnen Zahlenwertes für das Kantenmaß (Größtmaß) können auch zwei Zahlenwerte genannt werden, die dann eine obere und eine untere Grenze festlegen. **Tabelle 6-3** zeigt einige nach diesen Regeln gebildete Symbole für den Kantenzustand nach DIN ISO 13715, **Bild 6-27** verdeutlicht durch Beispiele die Anordnung der Symbole auf der Zeichnung.

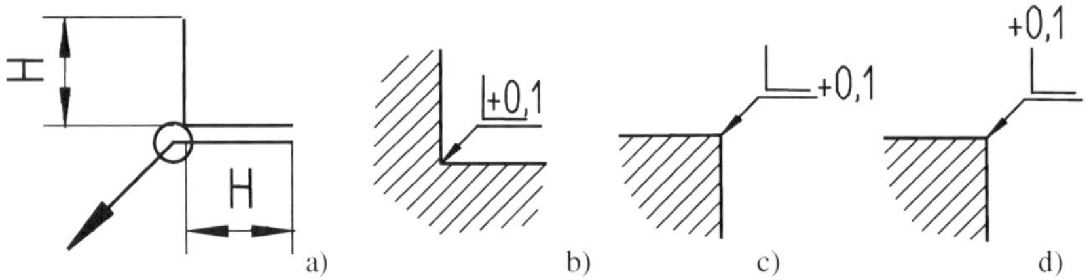

Bild 6-26 Kennzeichnung von Werkstück-Kanten; Erläuterungen siehe Text

Werden in einer Zeichnung die Kantenzustände nach DIN ISO 13715 gekennzeichnet, so muss neben das Schriftfeld der Zeichnung (vergleiche **Abschnitt 5.4**) der Hinweis „Kanten ISO 13715" eingetragen werden. Wird dann für die meisten oder sogar alle Kanten eines Bauteiles der gleiche Kantenzustand gefordert, so wird das entsprechende Kantensymbol in die Nähe der Bauteildarstellung oder des Zeichnungsschriftfeldes gesetzt. Unter Umständen muss man dabei noch nach Außen- und Innenkanten unterscheiden, wozu den Kantensymbolen entsprechend angedeutete Kanten (ohne Schraffur) hinzugesetzt werden. Weitere Symbole für Kantenzustände, die in der Zeichnung vorkommen, werden hinter dieser „Normalfall"-Angabe in Klammern vermerkt, **Bild 6-27**. Kommen viele unterschiedliche Symbole vor, so genügt – wie auch bei den Angaben der Oberflächenbeschaffenheit – ein in Klammern gesetztes Grundsymbol ohne weitere Zahlenangabe.

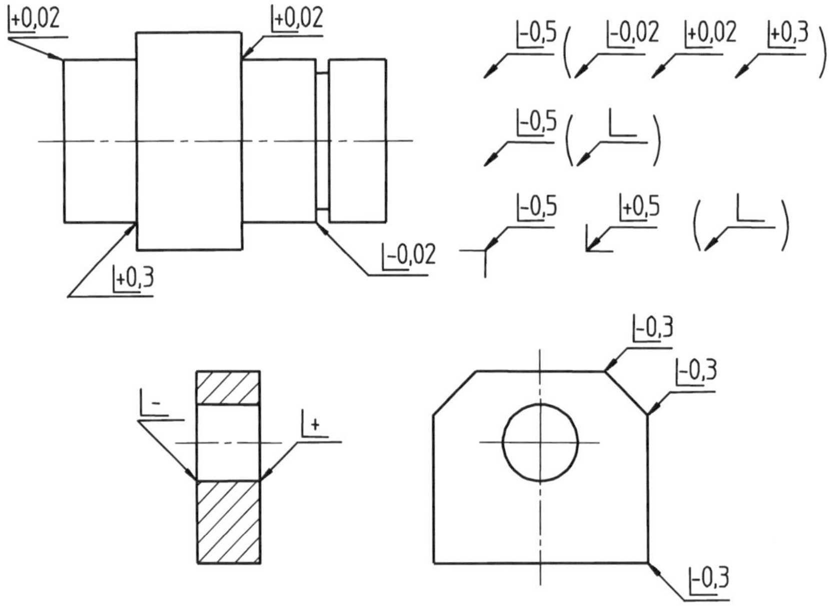

Bild 6-27 Zeichnungsbeispiele

6.5 Übungen

6.1 Was versteht man unter einer Gestaltabweichung?

6.2 Welche Gestaltabweichungen kennen Sie? Nennen Sie Beispiele.

6.3 Was wird mit den Begriffen Istoberfläche, geometrische Oberfläche oder wirkliche Oberfläche bezeichnet?

6.4 Nennen Sie Oberflächenkenngrößen, die nach DIN EN ISO 4287 definiert sind.

6.5 Wie werden das Primärprofil, das Welligkeitsprofil und das Rauheitsprofil ermittelt?

6.6 Wie wird in einer Technischen Zeichnung deutlich gemacht, dass eine bestimmte Oberfläche eine definierte Beschaffenheit aufzuweisen hat? Skizzieren Sie die Möglichkeiten.

6.7 Welche Oberflächenkenngrößen werden für unregelmäßige (aperiodische) Profile z. B. bei durch Schleifen oder Erodieren erzeugten Oberflächen angewendet? Welche Oberflächenkenngrößen dienen zur Charakterisierung von periodischen Profilen, z. B. bei durch Drehen erzeugten Oberflächen?

6.8 Für die im Folgenden gegebenen Körper ist die überwiegende Oberflächenbeschaffenheit mit APA Ra 3,2 festgelegt. Die Ausnahmen sind im Bild angegeben. Zeichnen Sie die geforderten Oberflächenangaben normgerecht als Technische Zeichnung. Zeichnen Sie für jeden Körper mehrere Möglichkeiten einer Oberflächenangabe.

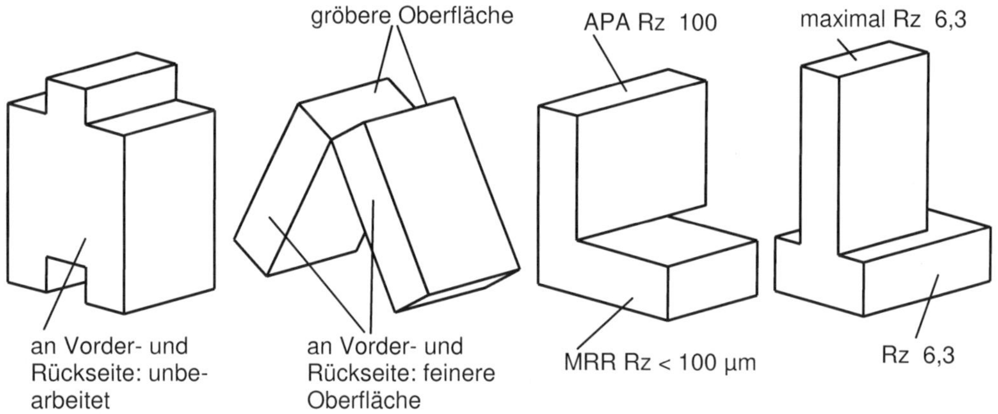

6.9 Was bedeutet die Angabe „APA Ra 3,2“ in einem Text? Was im Gegensatz dazu die Angabe „MRR Ra 3,2“ oder „NMR Ra 3,2“?

6.10 Warum wird bei einer Angabe „Ra 3,2“ zwischen der Oberflächenkenngröße und dem Oberflächengrenzwert ein großer Abstand (zwei Leerzeichen) gefordert?

6.11 Was bedeutet die Angabe „MRR Ra 6,3; Ra 3,2“?

6.12 Wie kann eine Oberflächenbeschaffenheit sowohl nach unten („nicht zu fein“) als auch nach oben hin („nicht zu grob“) begrenzt werden?

6.13 In der folgenden Zeichnung ist der Gussrohling eines Gehäusedeckels dargestellt. In dieser Darstellung ist die sich nach der spanenden Bearbeitung ergebende Geometrie in Strich-Zweipunktlinie eingezeichnet. Der fertige Gehäusedeckel wird nach der Fertigung mit mehreren Schrauben am Gehäuse befestigt (Einbauzustand). Den verschiedenen bearbeiteten Flächen sind in der nachfolgenden Auflistung die entsprechenden Anforderungen zugeordnet.

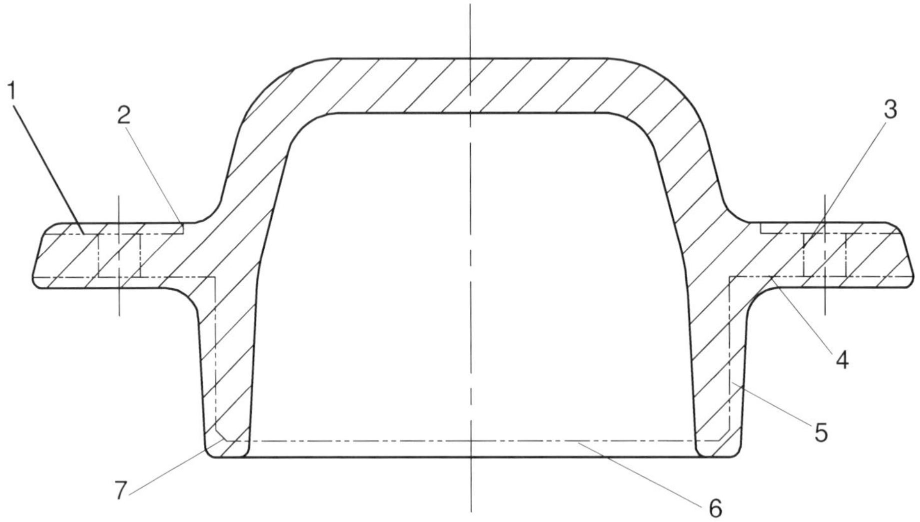

zu 1: Diese Fläche dient als Auflagefläche für die Schraubenköpfe der Befestigungsschrauben. Aus diesem Grund wird eine gute Oberflächenbeschaffenheit gefordert (z. B. als arithmetischer Mittenrauwert Ra = 1,6 μm).

zu 2: Diese Fläche entsteht lediglich durch Abtragung bei der Erzeugung der mit 1 bezeichneten Fläche. Diese Fläche wird nicht weiter genutzt und erhält daher eine grobe Oberflächentoleranz.

zu 3: Die mit 3 bezeichnete Bohrung dient der Aufnahme von Schrauben, die den vorliegenden Deckel mit dem Gehäuse verbinden. Da über diese Fläche die Lage des Deckels in Bezug auf das Gehäuse nicht bestimmt wird und eigentlich die Befestigungsschrauben an keiner Stelle die Durchgangsbohrung berühren sollten, kann die mit 3 bezeichnete Fläche ebenfalls grob toleriert werden.

zu 4: Diese Fläche ist die Auflagefläche zwischen Deckel und Gehäuse. Entsprechend muss diese eine gute Oberflächenbeschaffenheit aufweisen.

zu 5: Die mit 5 bezeichnete Fläche dient der Zentrierung (Lagedefinition) zwischen Deckel und Gehäuse. Diese Fläche muss aus diesem Grunde ebenfalls eine gute Oberflächenbeschaffenheit aufweisen.

zu 6/7: Diese Flächen berühren im Einbauzustand keine weiteren Flächen, es sind also keine Funktionsflächen. Ihre Oberflächenbeschaffenheit ist entsprechend grob zu definieren.

Zeichnen Sie den Gehäusedeckel auf ein separates Blatt auf und fügen Sie die geforderten Oberflächenbeschaffenheiten den Angaben entsprechend normgerecht in diese Zeichnung ein.

6.14 Was besagt die 16%-Regel? Wann hat diese eine Gültigkeit?

6.15 Wie kann die Forderung nach einem Fertigungsverfahren in die Angabe der Oberflächenbeschaffenheit eingehen?

6.16 In welcher Form kann eine Bearbeitungszugabe angegeben werden? In welcher Einheit (mm oder µm) erfolgt diese Angabe?

6.17 Welche Möglichkeiten gibt es, eine Angabe der Oberflächenbeschaffenheit vereinfacht anzugeben?

6.18 Wie erfolgt die Angabe der Oberflächenbeschaffenheit für eine spanlos hergestellte Oberfläche mit gemittelter Rautiefe Rz = 2,5 µm bis 4,5 µm?

6.19 Wie erfolgt die Angabe der Oberflächenbeschaffenheit für eine beliebig hergestellte (spanlos oder spanend), verzinkte Oberfläche mit einem Mittenrauwert Ra ≤ 25 µm?

6.20 Wie wird ein Bereich eines Bauteils in einer Technischen Zeichnung gekennzeichnet, der eine definierte Wärmebehandlung erfahren soll? Wie wird diese Wärmebehandlung definiert?

6.21 Wie erfolgt die Angabe der Oberflächenbeschaffenheit für eine Oberfläche mit einem galvanischen Nickel-Chrom-Überzug versehen; gemittelte Rautiefe Rz ≤ 25 µm?

6.22 Sie sollen für zwei Flächen die gemittelte Rautiefe und den Mittenrauwert angeben. Die erste Fläche ist funktionslos (keine Berührung mit anderen Bauteilen), die zweite Fläche ist ein Wälzlagersitz. Welche Grenzwerte werden Sie fordern?

6.23 Wie wird eine Oberfläche gekennzeichnet, die in keinem Fall eine Beschichtung erhalten darf? Wie wird eine Oberfläche gekennzeichnet, bei der eine Beschichtung zwar nicht notwendig, jedoch zulässig ist?

6.24 Wie wird eine partielle Beschichtung eines Bauteiles gekennzeichnet?

6.25 In einer Technischen Zeichnung soll der Kantenzustand symbolisch angegeben werden. Welche Angabe muss zunächst einmal am Schriftfeld gegeben sein?

6.26 Warum ist es sinnvoll, den Kantenzustand zu definieren?

6.27 Geben Sie das Symbol an, welches definiert: Außenkante gratfrei im Bereich von 0,1 bis 0,5 mm; Gratrichtung ist vorgegeben.

6.28 Was bedeuten die Symbole „+“, „-„ oder „±“ ohne weitere Zahlenangabe bei einem Kantenzustand nach DIN ISO 13715?

6.29 Wie wird die überwiegende Beschaffenheit eines Kantenzustandes nach DIN ISO 13715 in einer Technischen Zeichnung angegeben? Wie sieht diese Angabe aus, wenn in der überwiegenden Beschaffenheit der Kanten die Außen- und Innenkanten explizit angegeben sein sollen?

6.30 Welche Möglichkeiten bestehen nach DIN ISO 13715 die Gratrichtung festzulegen?

6.31 Wie groß (in µm) darf das Kantenmaß nach DIN ISO 13715 sein, damit eine Kante noch als scharfkantig definiert ist?

6.32 Wie ist eine geforderte Rillenrichtung in Technischen Zeichnungen zu dokumentieren? Geben Sie ein praktisches Anwendungsbeispiel mit dazu passendem Symbol.

7 Toleranzen und Passungen

Im vorangegangenen Kapitel wurde auf die Gestaltabweichungen eingegangen, welche die Feingestalt eines Bauteiles betreffenden. Das vorliegende Kapitel beschäftigt sich jetzt mit den Gestaltabweichungen, welche die Grobgestalt betreffen. Im Einzelnen sind dies Maß-, Form- und Lageabweichungen, die das reale Bauteil gegenüber der idealen Geometrie aufweist. Grundsätzlich gilt auch hier, dass bereits in der Konstruktion geklärt werden muss, bis zu welchem Umfang derartige Abweichungen akzeptiert werden können. Die Antwort auf diese Frage hängt natürlich von der Funktion und von den Einsatzbedingungen eines Bauteiles oder einer Baugruppe ab. Der Umfang der im Einzelfall akzeptablen Maß-, Form- und Lageabweichungen wird in der Technischen Zeichnung durch die so genannten Toleranzangaben vermerkt. Man unterscheidet entsprechend zwischen *Maß-, Form- und Lagetoleranzen.*

Wie bereits zu Beginn des letzten Kapitels angemerkt, steht der Konstrukteur bei der Festlegung von Toleranzen stets in dem Zwiespalt zwischen der korrekten Funktionserfüllung, die durch kleine Toleranzen erleichtert wird, und der Forderung nach einer möglichst kostengünstigen Herstellung, die kleinen Toleranzen entgegensteht.

Es muss an dieser Stelle darauf hingewiesen werden, dass die gegenseitige Abgrenzung der auf die Grobgestalt eines Bauteiles bezogenen Begriffe *Maßtoleranz*, *Formtoleranz* und *Lagetoleranz* außerordentlich schwierig ist. Diese Frage hat in den letzten Jahren bei der Aufstellung internationaler Normen zu erheblichen Diskussionen geführt, weil in unterschiedlichen Ländern hierzu stark voneinander abweichende Auffassungen existierten.

7.1 Tolerierungsgrundsätze

Das Ziel einer Konstruktion ist, dass das konstruierte Bauteil seine Funktion erfüllen kann. Da die einzelnen Bestandteile einer Baugruppe, Maschine oder Anlage ja getrennt gefertigt werden, kann das Zusammenspiel und damit die Funktionsfähigkeit der Einzelteile nicht sofort an Ort und Stelle überprüft werden. Trotzdem sollen die Einzelteile, nachdem sie eingebaut sind, tadellos funktionieren. Um dies sicherzustellen, werden die Einzelteile mit Toleranzen, also maximal zulässigen Abweichungen, versehen. Die Tolerierung der Feingestalt, also der Oberfläche, haben wir im vorangegangenen Kapitel ausführlich behandelt. Diese Anforderung ist in jedem Fall unabhängig von Maß-, Form- und Lagetoleranz einzuhalten. Natürlich muss bei der Angabe eine eventuelle gegenseitige Beeinflussung berücksichtigt werden, denn es ist z. B. nicht sinnvoll, enge Toleranzen mit einer groben Rauheit zu kombinieren. Die Frage, die sich dann aber noch zusätzlich stellt, ist, wie sich die einzelnen Maß-, Form- und Lagetoleranzen gegenseitig beeinflussen. Nur wenn hierzu eine Regelung existiert, kann diese bewusst zur Steuerung genutzt werden. In Technischen Zeichnungen wird deshalb die Art und Weise, wie sich die einzelnen Anforderungen beeinflussen sollen, genau vorgeschrieben. Dies erfolgt durch die Wahl des so genannten Tolerierungsgrundsatzes. Die verschiedenen Tolerierungsgrundsätze werden im Folgenden erläutert.

7.1.1 Unabhängigkeitsprinzip

Die DIN EN ISO 8015 legt das *Unabhängigkeitsprinzip* als verbindlichen Grundsatz der Tolerierung fest. Das Unabhängigkeitsprinzip besagt, dass alle in einer Zeichnung angegebenen

Maß-, Form- und Lagetoleranzen unabhängig voneinander einzuhalten sind, sofern nicht besondere Angaben etwas anderes fordern. Dieses Prinzip unterscheidet sich erheblich von der hierzulande früher geltenden *Hüllbedingung* (*alter Tolerierungsgrundsatz*, DIN 7167, die zurückgezogen ist), was ein Beispiel verdeutlichen soll:

Für ein einfaches zylindrisches Bauteil, das sowohl in Bezug auf das Durchmessermaß als auch in Bezug auf die Geradheit als auch in Bezug auf die Rundheit innerhalb bestimmter Grenzen liegen soll, müssen nach dem Unabhängigkeitsprinzip drei entsprechende Toleranzangaben (eine Maßtoleranz, zwei Formtoleranzen) einzeln in der Zeichnung aufgeführt werden. Alle Toleranzen sind unabhängig voneinander einzuhalten. **Bild 7-1** zeigt für einen Nenndurchmesser von 150 mm und für hier angenommene Einzeltoleranzen dasjenige Bauteil, das bei größtem zulässigen Durchmessermaß die größten zulässigen Formabweichungen gerade ausschöpft.

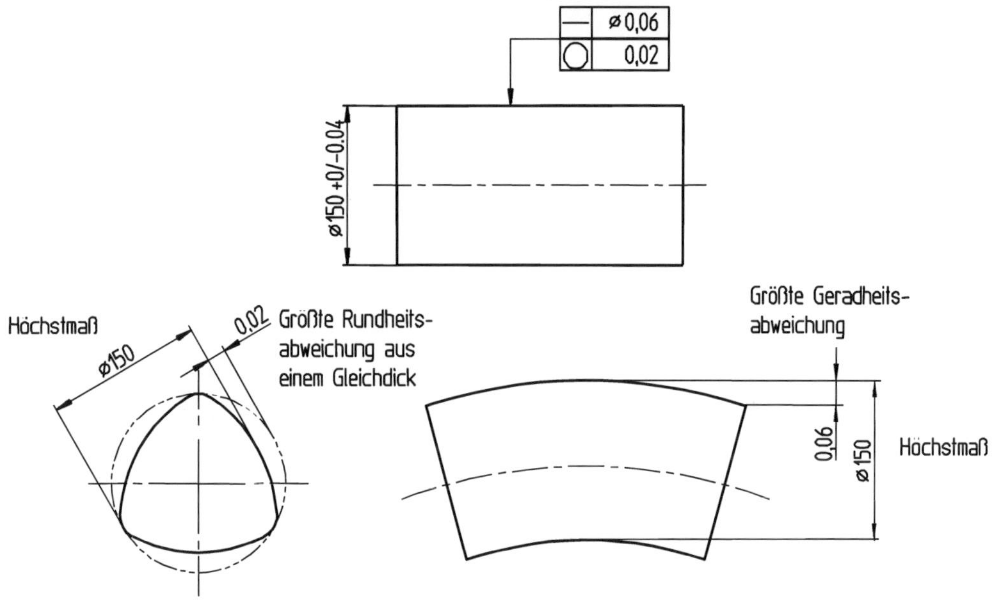

Bild 7-1 Tolerierungsgrundsatz *Unabhängigkeitsprinzip*: alle in einer Zeichnung angegebenen Maß-, Form- und Lagetoleranzen sind unabhängig voneinander einzuhalten, sofern nicht besondere Angaben etwas anderes fordern (Normalfall nach DIN EN ISO 8015)

Früher war die Angabe „Tolerierung ISO 8015" neben dem Schriftfeld zwingend erforderlich, wenn nicht automatisch nach der Hüllbedingung toleriert werden sollte. Um Missverständnisse zu vermeiden, ist also heute bei einer gewünschten Tolerierung nach dem Unabhängigkeitsprinzip nach DIN EN ISO 8015 neben dem Schriftfeld einer Technischen Zeichnung (siehe auch **Abschnitt 5.4**) der Hinweis „Tolerierung ISO 8015" sinnvoll aber nicht mehr zwingend gefordert.

7.1.2 Hüllbedingung

Die früher vorrangig geltende Hüllbedingung verlangt, dass alle Form- und Lageabweichungen innerhalb der Maßtoleranz liegen müssen. Prüfstein ist das so genannte *Maximum-Material-*

Maß, das als derjenige Grenzwert eines tolerierten Maßes definiert ist, der das Bauteil mit dem meisten Material ergibt. Bei Innenteilen (z. B. Wellen) ist dies das Höchstmaß, bei Außenteilen (z. B. Bohrungen) dagegen das Mindestmaß innerhalb des durch die Maßtoleranz abgedeckten Spielraumes[1]. Bei Zugrundelegung der Hüllbedingung müssen auch alle Form- und Lageabweichungen innerhalb der durch das Maximum-Material-Maß vorgegebenen geometrisch idealen Hülle liegen.

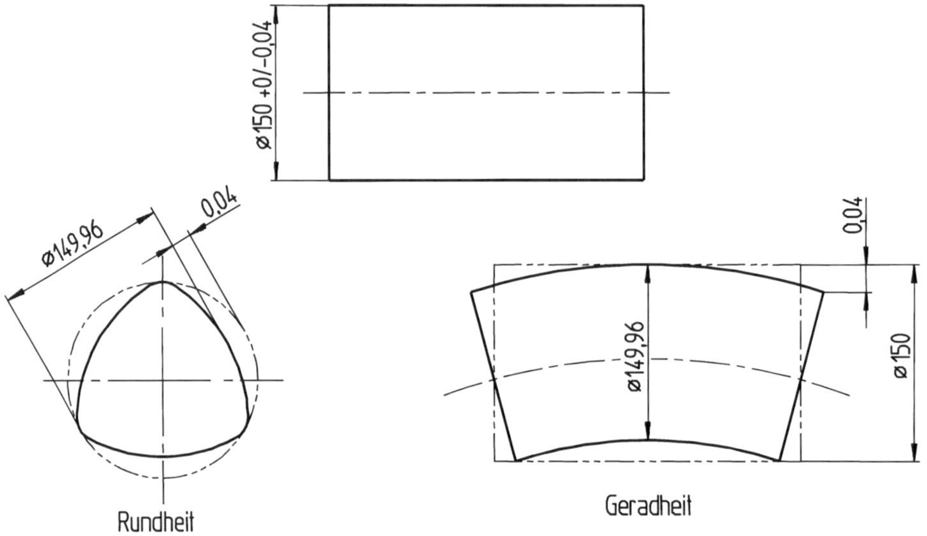

Bild 7-2 Tolerierungsgrundsatz Hüllbedingung: alle Form- und Lageabweichungen müssen innerhalb der durch das Maximum-Material-Maß vorgegebenen geometrisch idealen Hülle liegen; das Maximum-Material-Maß ist derjenige Grenzwert eines tolerierten Maßes, der das Bauteil mit dem meisten Material ergibt (alter Tolerierungsgrundsatz nach DIN 7167 und Sonderfall Ⓔ nach DIN EN ISO 8015)

Für unser Beispiel bedeutet dies, dass nur noch eine einzige Toleranz, nämlich die Maßtoleranz für den Nenndurchmesser, anzugeben ist. Die durch die obere Toleranzgrenze (Maximum-Material-Maß) vorgegebene „Hülle" darf von der Zylinderfläche in ihrer realen Ausprägung an keiner Stelle durchbrochen werden. Man sieht sehr leicht ein, dass Maß-, Form- und Lagetoleranzen unter dieser Bedingung nicht mehr unabhängig voneinander sind (**Bild 7-2**): Beispielsweise dürfte nach der Hüllbedingung ein Bauteil, welches bereits das größte zulässige Durchmessermaß besitzt, überhaupt keine Formabweichungen mehr haben. Im Falle kleinerer Durchmessermaße wäre undefiniert, in welchem Verhältnis der verbleibende Toleranzraum auf die Formabweichungen „Ungeradheit" und „Unrundheit" aufzuteilen wäre.

Als problematisch erweist es sich auch, dass die Einhaltung der Hüllbedingung für eine bestimmte Maßtoleranz zu wesentlich schärferen Genauigkeitsanforderungen führt als die Beach-

[1] Ein *Innenteil* ist ein Bauteil, das von einem anderen umschlossen wird. Ein *Außenteil* ist ein Bauteil, das ein anderes umschließt. Die Begriffe „Innenteil" und „Außenteil" sind streng genommen nur paarweise anwendbar, da ein Teil gleichzeitig ein anderes umschließen und von einem dritten umschlossen sein kann.

tung des Unabhängigkeitsprinzips bei der gleichen Maßtoleranz (man vergleiche dazu **Bild 7-1** und **Bild 7-2**). Dieser Umstand lässt sich auch nicht dadurch beseitigen, dass man im Falle der Hüllbedingung größere Maßtoleranzen angibt als im Falle des Unabhängigkeitsprinzips, weil ja dann der größere Toleranzraum auch alleine für die Maßtoleranz ausgeschöpft werden dürfte (Form- und Lageabweichungen gleich Null), was wiederum die Funktion des Bauteiles in Gefahr brächte. Die aus der Hüllbedingung resultierende höhere Herstellungsgenauigkeit ist in nur wenigen Fällen sachlich gerechtfertigt, so dass die Ablösung der Hüllbedingung durch das Unabhängigkeitsprinzip nicht zuletzt auch Kosteneinsparungen ermöglicht.

Ebenso problematisch ist, dass die Hüllbedingung nur für wenige, einfache Formelemente, wie z. B. zylindrische Wellen bzw. Bohrungen oder parallele ebene Flächen definiert ist. Damit ist der Einsatzbereich der Hüllbedingung stark eingeschränkt.

Sollen die angegebenen Toleranzen nach der Hüllbedingung als Tolerierungsgrundsatz interpretiert werden, dann muss neben dem Schriftfeld der Hinweis „Maße nach DIN EN ISO 14405 Ⓔ“ stehen. Damit werden andere Ergebnisse erzielt als gleiche Angaben nach DIN EN ISO 8015. Die zurückgezogene aber in der Praxis noch im Umlauf befindliche DIN 7167 sieht keine Möglichkeit vor, von der Hüllbedingung abzuweichen und zumindest für spezielle Fälle andere Tolerierungsgrundsätze zur Anwendung zu bringen, wodurch die Möglichkeiten der Tolerierung nach DIN 7167 gegenüber denen nach DIN EN ISO 8015 eingeschränkt sind.

Die DIN EN ISO 8015 hingegen gibt die Möglichkeit, eine Angabe nach der Hüllbedingung zu geben. Allerdings muss das Passmaß, für das die Hüllbedingung dann gelten soll, speziell durch das Symbol Ⓔ gekennzeichnet sein. Das Symbol ist ein Kreis mit einbeschriebenem Buchstaben E („envelope“) hinter der Maßzahl und der zugehörigen Toleranzangabe.

7.1.3 Maximum-Material-Bedingung

Schließlich ist noch anzumerken, dass unabhängig von der Anwendung des Tolerierungsgrundsatzes Unabhängigkeitsprinzip oder Hüllbedingung noch die so genannte *Maximum-Material-Bedingung* als mögliche Interpretation zur Verfügung steht. Die Maximum-Material-Bedingung besagt, dass Maßtoleranzen, die nicht vollständig ausgeschöpft worden sind, bis zur Grenze des Maximum-Material-Maßes von Form- und Lagetoleranzen zusätzlich in Anspruch genommen werden dürfen. Die Maximum-Material-Bedingung sollte aus diesem Grunde nicht bei Werkstücken angewendet werden, bei denen die Funktion durch eine Vergrößerung der Toleranz gefährdet werden kann. Dieser Tolerierungsgrundsatz ist vorteilhaft dort, wo mehrere Teile gleichzeitig gepaart werden sollen (z. B. Steckverbindungen). Bei solchen Verbindungen ist es unvorteilhaft einzelne Maße oder Formtoleranzen nachzuprüfen. Viel geschickter ist es hier, die Funktionstauglichkeit mit besonderen Lehren (z. B. Lochbildern, Bolzenlehren) sicherzustellen.

Das Symbol Ⓜ (ein nachgestellter Kreis mit einbeschriebenem Buchstaben M) kennzeichnet die Gültigkeit der Maximum-Material-Bedingung, siehe auch **Bild 7-3**. Die entsprechende Form- oder Lagetoleranz ist damit speziell zu kennzeichnen. Eine solche Tolerierung nach dem Maximum-Material-Prinzip gilt dann nur für diese spezielle Einzeltoleranz – und zwar unabhängig vom Tolerierungsgrundsatz.

Eine Variante der Maximum-Material-Bedingung welche durch das Zeichen Ⓛ („least“) gekennzeichnet wird, ist die *Minimum-Material-Bedingun*. Diese wird verwendet, wenn Abmessungen nach unten hin begrenzt werden sollen, um z. B. eine minimale Wanddicke oder einen minimalen Abstand zu gewährleisten.

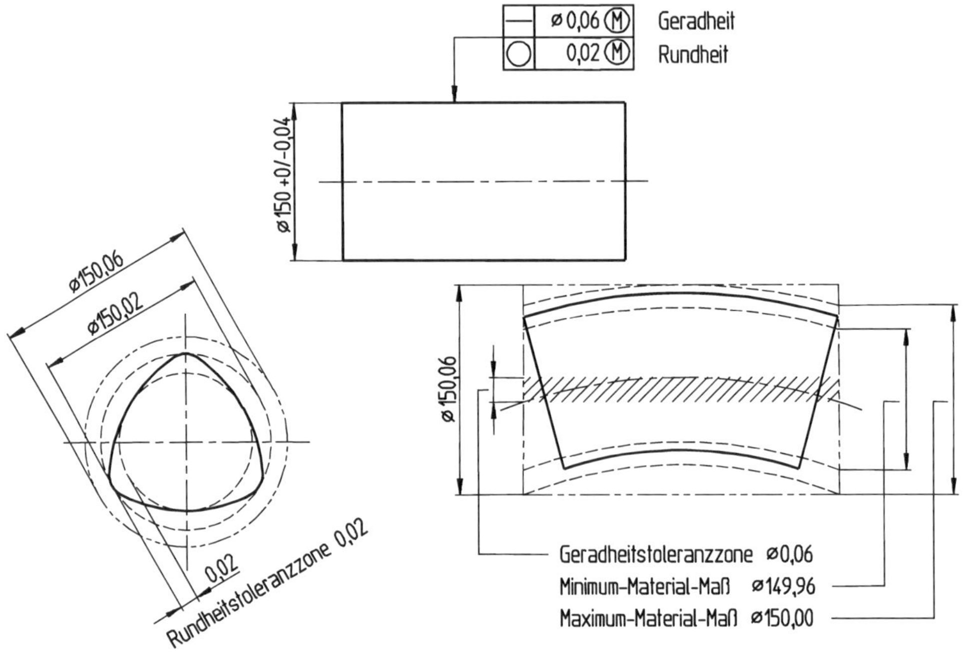

Bild 7-3 Tolerierungsgrundsatz „Maximum-Material-Prinzip": Maßtoleranzen, die nicht vollständig ausgeschöpft worden sind, dürfen bis zur Grenze des Maximum-Material-Maßes von Form- und Lagetoleranzen zusätzlich in Anspruch genommen werden (Kennzeichnung mit Ⓜ)

Zusammenfassend: Es ist heute allgemein üblich, die Tolerierung nach DIN EN ISO 8015 vorzunehmen. Für alle angegebenen Toleranzen gilt dann zunächst das Unabhängigkeitsprinzip. Ausgenommen sind diejenigen Toleranzangaben, die durch die oben genannten Zusätze explizit der Hüllbedingung oder der Maximum-Material-Bedingung unterworfen werden.

7.2 Maßtoleranzen

Jedes in der Technischen Zeichnung eingetragene Maß (so genanntes *Nennmaß* – im Folgenden mit „N" bezeichnet) kann im Herstellungsprozess nicht exakt eingehalten werden. Vielmehr wird das nach der Herstellung messbare Istmaß etwas größer oder kleiner ausfallen. Die Maßtoleranz gibt vor, um wie viel größer und um wie viel kleiner als das Nennmaß das Istmaß sein darf. Die Grundbegriffe für Maßtoleranzen regelt DIN EN ISO 286. **Bild 7-4** zeigt die wesentlichen Größen in der graphischen Übersicht.

Danach gehören zu jedem Nennmaß in der Regel zwei *Grenzmaße*, nämlich die beiden extremen Maße des Formelementes, zwischen denen das Istmaß zu liegen hat. Das Istmaß darf auch mit einem der beiden Grenzmaße identisch sein. Die beiden Grenzmaße sind das *Höchstmaß* (= das nominell größere Maß) und das *Mindestmaß* (= das nominell kleinere Maß). Im Folgenden wird das Höchstmaß mit „Go" und das Mindestmaß mit „Gu" bezeichnet). Die *Maßtole-*

ranz („T") ist die Differenz zwischen dem Höchst- und dem Mindestmaß. (Der Bereich zwischen dem Höchst- und dem Mindestmaß wird älteren Gewohnheiten folgend häufig auch noch als *Toleranzfeld* bezeichnet, obwohl die Verwendung dieses Begriffes nach DIN EN ISO 286 eigentlich nur noch für die graphische Darstellung der Maßtoleranz zulässig ist.) Das *Istmaß* (I) muss kleiner/gleich dem Höchstmaß und größer/gleich dem Mindestmaß sein. Ist dies nicht der Fall, so ist das betreffende Bauteil zu überarbeiten oder als Ausschuss zu betrachten.

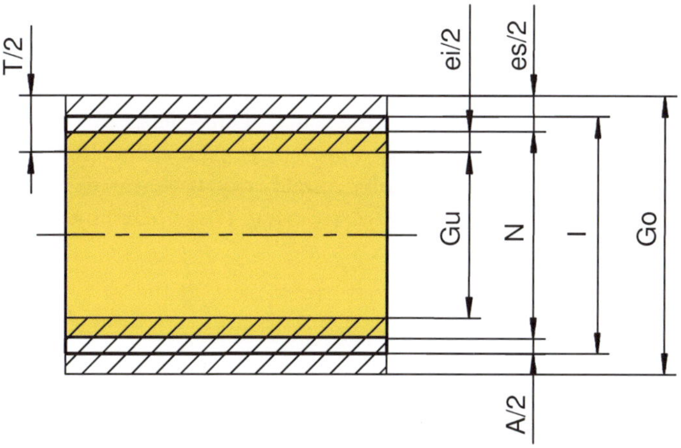

Bild 7-4 Maßtoleranzen, Erläuterung der Grundbegriffe am Beispiel eines Innenteils (Welle)

Die Differenz zwischen dem Höchstmaß und dem Nennmaß wird als *oberes Abmaß* bezeichnet, die Differenz zwischen dem Mindestmaß und dem Nennmaß heißt *unteres Abmaß*. In DIN EN ISO 286 werden für oberes bzw. unteres Abmaß die Bezeichnungen ES/es und EI/ei eingeführt („écart supérieur", „écart inférieur"). Durch die Groß- bzw. Kleinschreibung wird dabei verdeutlicht, ob es sich um Grenzabmaße für ein Innenmaß (z. B. eine Bohrung, Außenteil) oder um Grenzabmaße für ein Außenmaß (z. B. eine Welle, Innenteil) handelt. Oberes und unteres Abmaß sind die so genannten *Grenzabmaße* des jeweiligen Nennmaßes. Die Differenz zwischen dem Istmaß und dem Nennmaß wird im Folgenden als *Istabmaß* (A) bezeichnet.

Tabelle 7-1 Grundbegriffe für Maßtoleranzen

Benennung	Bestimmung
oberes Abmaß	Innenmaß/Bohrung: ES = Go – N Außenmaß/Welle: es = Go – N
unteres Abmaß	Innenmaß/Bohrung: EI = Gu – N Außenmaß/Welle: ei = Gu – N
Istabmaß	A = I – N
Maßtoleranz	Innenmaß/Bohrung: T = Go – Gu = ES – EI Außenmaß/Welle: T = Go – Gu = es – ei

An den vorstehenden Definitionen erkennt man, dass Abmaße vorzeichenbehaftet sind, wobei die Null-Linie durch das Nennmaß vorgegeben wird. In vielen Fällen hat das obere Abmaß ein positives und das untere Abmaß ein negatives Vorzeichen. Das Istabmaß kann beide Vorzeichen besitzen.

Die vorgestellten Grundbegriffe für Maßtoleranzen können mit den Grundgrößen Nennmaß N, Istmaß I, Höchst- und Mindestmaß Go, Gu zusammenfassend auch durch mathematische Formeln dargestellt werden, **Tabelle 7-1**.

Die Angabe von Maßtoleranzen in Technischen Zeichnungen erfolgt am einfachsten dadurch, dass man der Maßzahl, die stets das Nennmaß angibt, das untere und das obere Abmaß hinzufügt. Früher wurden die Grenzabmaße grundsätzlich eine Schriftgröße kleiner als die Maßzahl geschrieben, so dass oberes und unteres Abmaß platzsparend übereinander geschrieben werden konnten; dabei wurde das untere Abmaß gegenüber dem Nennmaß leicht nach unten und das obere Abmaß leicht nach oben versetzt geschrieben. Diese Schreibweise wird noch häufig angetroffen.

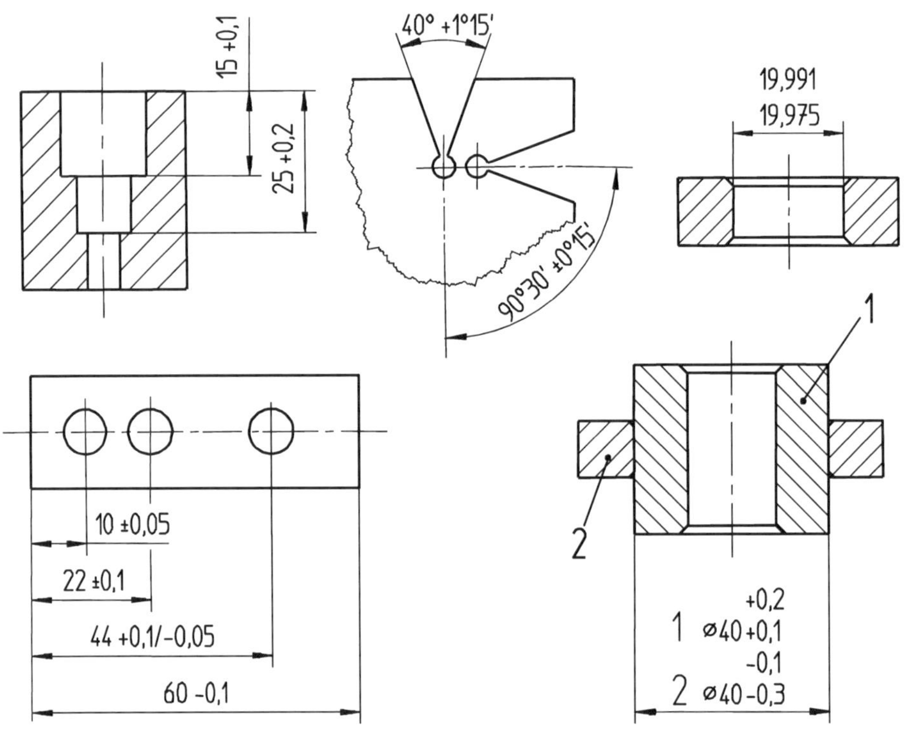

Bild 7-5 Angabe von Maßtoleranzen durch oberes und unteres Abmaß bzw. Höchst- und Mindestmaß

Nach der neuesten Regelung allerdings sollen die Abmaße bevorzugt in gleicher Schriftgröße hinter das Nennmaß geschrieben werden. Hierbei können die Abmaße nach wie vor übereinander oder aber hintereinander geschrieben werden. Werden die Abmaße übereinander geschrieben, so ist das untere Abmaß auf die gleiche Höhe wie das Nennmaß zu schreiben und das obere Abmaß darüber zu setzen. Beim Hintereinanderschreiben der Abmaße werden sie durch das Zeichen „/" getrennt. Sollen Grenzmaße durch das Höchst- und Mindestmaß angegeben werden, so trägt man das obere Grenzmaß über bzw. vor das untere Grenzmaß ein.

Nach wie vor, gehört zu jedem Grenzabmaß das entsprechende Vorzeichen. Unabhängig vom jeweiligen Vorzeichen steht das obere Abmaß über bzw. vor dem unteren Abmaß. Einziger Sonderfall ist ein nach unten und nach oben betragsmäßig gleich großes Grenzabmaß, welches nur einmal angegeben und mit der Vorzeichenangabe „±" versehen wird.

Um Missverständnisse auszuschließen, sollte auch ein oberes oder unteres Abmaß der Größe Null aufgeführt werden. Bei Innenmaßen wird in der Regel aber nur das obere Abmaß angegeben, bei Außenmaßen nur das untere. Die kombinierte Angabe „Nennmaß plus oberes und unteres Abmaß" wird auch als *Passmaß* bezeichnet. Das **Bild 7-5** zeigt einige den vorgestellten Regeln folgende Beispiele für die Angabe von Maßtoleranzen in Technischen Zeichnungen.

Die DIN EN ISO 286 prägt die Begriffe „Maximum-Material-Grenze" (abgekürzt MML – maximum material limit) und „Minimum-Material-Grenze" (abgekürzt LML – least material limit). Aus Gründen der Anschaulichkeit werden hier jedoch die im deutschen Sprachraum eingeführten Begriffe „Gutmaß" bzw. „Ausschussmaß" benutzt.

Die beiden Grenzmaße Go und Gu (Höchst-, Mindestmaß) werden aus fertigungstechnischer Sicht auch oft als *Gutmaß* und *Ausschussmaß* bezeichnet. Mit dem Begriff Gutmaß ist dasjenige Grenzmaß gemeint, das bei der Materialabtragung zuerst erreicht wird. Das Gutmaß ist damit identisch mit dem einführend definierten Maximum-Material-Maß. Ausgehend vom Gutmaß kann man durch weitere Materialabtragung das Istmaß näher an das Nennmaß heranbringen (die Maßgenauigkeit verbessern). Das jeweils andere Grenzmaß ist das Ausschussmaß. Wenn man also ausgehend vom Ausschussmaß weiter Material abträgt, wird die Maßtoleranz endgültig verlassen, es entsteht Ausschuss. Aus diesen Definitionen ergibt sich, dass bei Innenteilen (z. B. Wellen) das Gutmaß dem Höchstmaß und das Ausschussmaß dem Mindestmaß entspricht. Bei Außenteilen (z. B. Bohrungen) ist umgekehrt das Gutmaß identisch mit dem Mindestmaß und das Ausschussmaß identisch mit dem Höchstmaß.

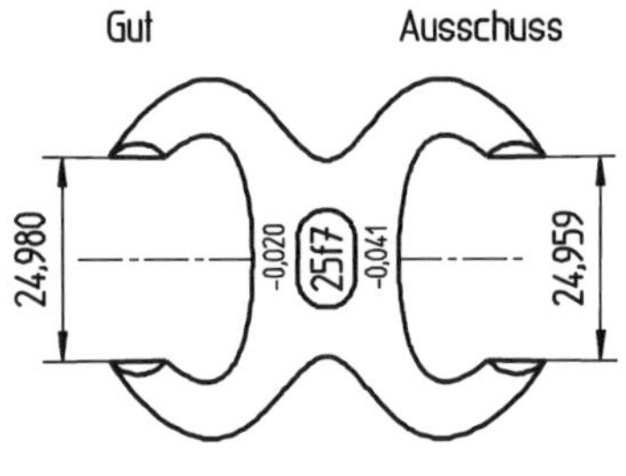

Bild 7-6 Grenzrachenlehre

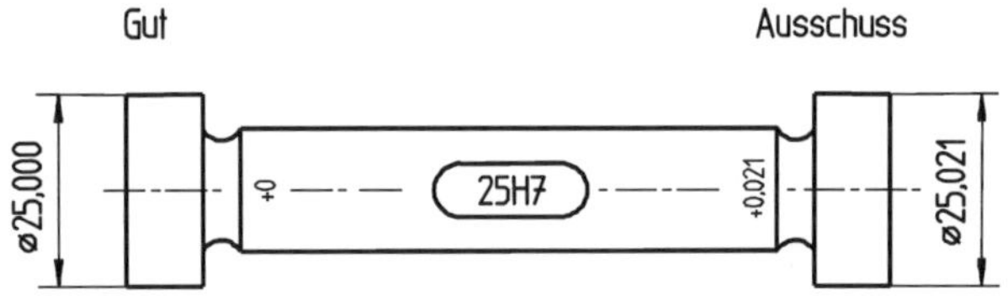

Bild 7-7 Grenzlehrdorn

Zur Erläuterung zeigt **Bild 7-6** eine so genannte Grenzrachenlehre, die zur Prüfung von Innenteilen (z. B. Wellen) dient. Eine Grenzrachenlehre gilt für ein bestimmtes Passmaß, d.h. für eine bestimmte Kombination aus Nennmaß und Grenzabmaßen. Ein hiermit zu prüfendes Bauteil hat das Gutmaß erreicht, wenn es zwischen den Backen der Gutseite hindurchpasst. Es liegt innerhalb der Maßtoleranz, wenn diese Bedingung erfüllt ist, gleichzeitig aber die Grenzrachenlehre mit der Ausschussseite nicht über das Bauteil geschoben werden kann. Das Teil ist als Ausschuss zu betrachten, sobald es durch die Ausschuss-Seite gleiten kann. **Bild 7-7** zeigt einen so genannten Grenzlehrdorn, der in analoger Weise zur Prüfung von Außenteilen (z. B. Bohrungen) verwendet wird.

Ein ganz anderer Weg, Maßtoleranzen in Technische Zeichnungen einzutragen, ist die Verwendung der ebenfalls in DIN EN ISO 286 beschriebenen *ISO-Toleranzklassen*, die sich aus dem *ISO-Toleranzsystem* ergeben (frühere Grundnorm hierzu: DIN 7150). Das ISO-Toleranzsystem geht von der Grundüberlegung aus, dass die erzielbare Herstellungsgenauigkeit unter anderem auch von der Absolutgröße des jeweiligen Bauteiles abhängt. Überspitzt gesagt: Die gleiche Herstellungs-„Qualität" ergibt bei größeren Bauteilen absolut gesehen größere Ungenauigkeiten als bei kleineren. Dementsprechend gibt das ISO-Toleranzsystem verschiedene Nennmaßbereiche vor, in denen für die gleiche Toleranzklasse (für die gleiche „Qualität") jeweils andere Grenzabmaße gelten. Zu beachten ist außerdem, dass eine ISO-Toleranzklasse gleichzeitig das obere und das untere Abmaß vorgibt.

Die Grenzabmaße, die sich abhängig vom Nennmaßbereich und von der Toleranzklasse in jedem Einzelfall ergeben, lassen sich nach in DIN EN ISO 286 gegebenen Beziehungen rechnerisch ermitteln. Dies wird nachfolgend allerdings nicht im Einzelnen erläutert. Wie es auch in der Praxis meistens geschieht, wird vielmehr auf fertig ausgewertete Tabellen zurückgegriffen.

Vor der weiteren Vertiefung des Themas sei noch auf einen weit verbreiteten Irrtum hingewiesen: Vielfach wird angenommen, das ISO-Toleranzsystem sei nur für die Herstellung definierter Passungen bei der Paarung zweier tolerierter Bauteile anwendbar (siehe **Abschnitt 7.4**). Tatsache ist jedoch, dass in sehr vielen Fällen die Angabe der ISO-Toleranzklasse eine gleichrangige, an keine weiteren Bedingungen geknüpfte Alternative zu der oben erläuterten Toleranzangabe über oberes und unteres Abmaß ist. In vielen Fällen ist sogar eine Toleranzangabe auf der Basis des ISO-Toleranzsystems zu bevorzugen, weil nämlich zahlreiche Werkzeuge und Prüfvorrichtungen (Lehren) hierauf abgestimmt sind. Das bevorzugte Anwendungsgebiet des ISO-Toleranzsystems sind zweifellos die Durchmessermaße, was aus den Darstellungen der Pass-Systeme für Wellen und Bohrungen im **Abschnitt 7.4** noch deutlicher ersichtlich sein wird.

Jede ISO-Toleranzklasse besteht aus einem *(Kenn-)Buchstaben* und einer *(Kenn-)Zahl*. Während heute das ISO-Toleranzsystem durchgängig in DIN EN ISO 286 beschrieben ist, waren im früheren deutschen Normenwerk die beiden Bestandteile (Buchstaben, Zahlen) – bei ansonsten identischem Inhalt – in DIN 7152 bzw. DIN 7151 getrennt genormt. Allgemein gilt:

1. Innerhalb einer ISO-Toleranzklasse gibt der Buchstabe die *Lage des jeweiligen Toleranzfeldes* relativ zur Null-Linie (relativ zum Nennmaß) an.

2. Innerhalb einer ISO-Toleranzklasse gibt die Zahl den so genannten *Toleranzgrad*, d.h. die *Größe des Toleranzfeldes* an. (Die Zahl wird deshalb verschiedentlich auch „Qualitätszahl" genannt.)

Zur Kennzeichnung einer ISO-Toleranzklasse für Innenteile (z. B. Wellen) werden *Kleinbuchstaben* a bis z verwendet, zur Kennzeichnung einer ISO-Toleranzklasse für Außenteile (z. B. Bohrungen) dagegen *Großbuchstaben* A bis Z. Um Verwechselungen zu vermeiden, wurde bei der Normierung auf die Verwendung der Buchstaben i, l, o, q und w (für Innenteile) sowie I, L, O, Q, W (für Außenteile) verzichtet. Zusätzliche Toleranzklassen werden durch Buchstabenkombinationen, wie z. B. cd, ef, fg, js, za, zb, zc (für Innenteile) und CD, EF, FG, JS, ZA, ZB, ZC (für Außenteile), gekennzeichnet. **Bild 7-8** und **Bild 7-9** verdeutlichen die zu den einzelnen Buchstaben gehörenden grundsätzlichen Toleranzfeldlagen für Innen- bzw. Außenteile.

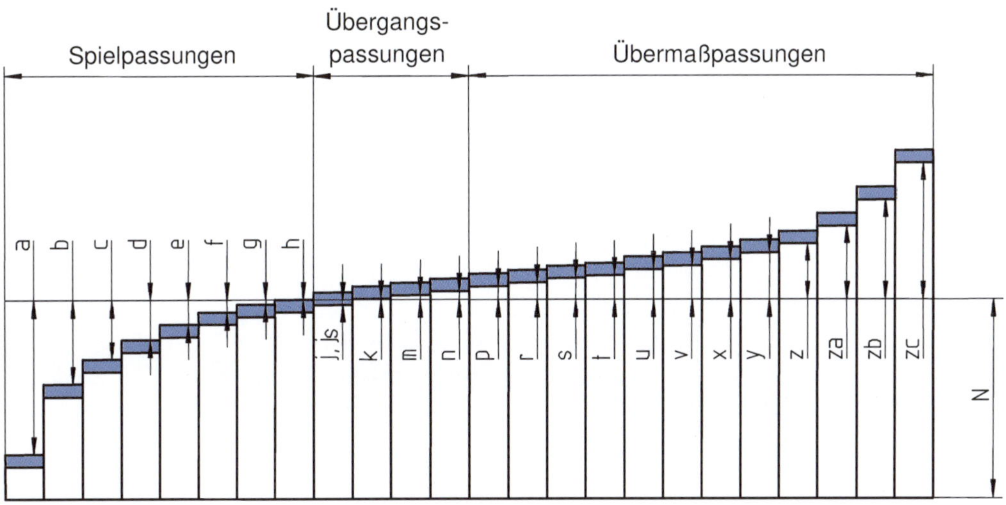

Bild 7-8 Toleranzfeldlage für Innenteile (Wellen) nach DIN EN ISO 286 (früher: nach DIN 7152)

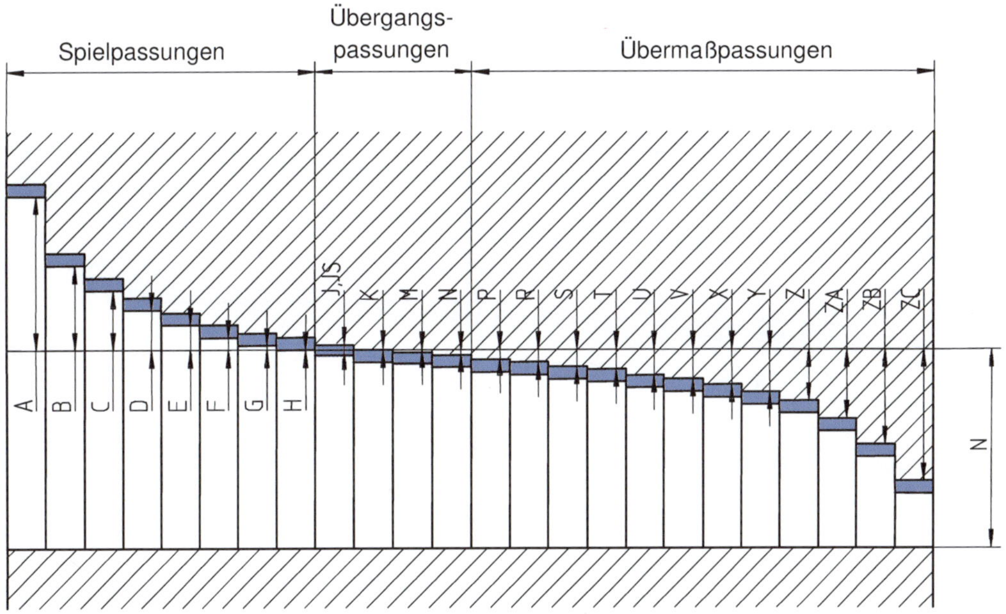

Bild 7-9 Toleranzfeldlage für Außenteile (Bohrungen) nach DIN EN ISO 286 (früher: DIN 7152)

Die Buchstaben j (bei Innenteilen) bzw. J (bei Außenteilen) kennzeichnen eine Toleranzfeldlage um die Null-Linie (das Nennmaß) herum. Die hierzu gehörenden Toleranzklassen besitzen demzufolge ein positives oberes Abmaß und ein negatives unteres Abmaß. Der im Alphabet davor stehende Buchstabe h bzw. H kennzeichnet einen besonderen Fall, in dem es sich um eine Toleranzfeldlage handelt, bei der das obere Abmaß (bei Innenteilen) bzw. das untere Abmaß (bei Außenteilen) gerade gleich Null ist. Aufgrund dessen spielen die Toleranzfeldlagen h bzw. H bei der Passung von Wellen und Bohrungen eine wichtige Rolle (Pass-Systeme Einheitswelle bzw. Einheitsbohrung), wie **Abschnitt 7.4** näher erläutern wird. Die im Alphabet weiter vorn stehenden Buchstaben a bis g bzw. A bis G kennzeichnen Toleranzfeldlagen, bei denen in jedem Fall über die Null-Linie hinaus Material abgetragen wird. Daraus ergeben sich bei Innenteilen ausschließlich negative und bei Außenteilen ausschließlich positive Grenzabmaße. Die im Alphabet folgenden Buchstaben j bzw. J markieren einen Übergangsbereich. Die weiteren Buchstaben (ab k bzw. K) kennzeichnen einen nicht bis zur Null-Linie reichenden Materialabtrag (ausschließlich positive Grenzabmaße bei Innenteilen, ausschließlich negative Grenzabmaße bei Außenteilen).

Wie bereits angemerkt, macht die Zahlenangabe innerhalb einer ISO-Toleranzklassen in verschlüsselter Form eine Aussage über die Größe des jeweiligen Toleranzfeldes. Als Zahlenangaben stehen nach DIN EN ISO 286 insgesamt 20 so genannte Toleranzgrade zur Verfügung.

Die Toleranzgrade des ISO-Toleranzsystems beginnen mit 01, 0, 1, 2 und gehen bis 17, 18. Dabei stehen gleiche Zahlen für gleiche „Qualitäten", woraus sich entsprechend dem Grundgedanken des ISO-Toleranzsystems in Abhängigkeit vom Nennmaßbereich unterschiedlich große absolute Toleranzen (Differenzen der Grenzabmaße) ergeben. Die Toleranzgrade des ISO-Toleranzsystems werden verschiedentlich auch als „IT01", „IT0", „IT1" usw. bezeichnet, wobei „IT" für *internationale Toleranz* steht.

Tabelle 7-2 Anwendungsgebiete der ISO-Toleranzgrade und zugehörige Herstellungsverfahren

<table>
<tr><th></th><th colspan="2">Kleine Toleranzen</th><th colspan="3">Mittlere Toleranzen</th><th>Große Toleranzen</th></tr>
<tr><td>Grundtoleranzgrade</td><td colspan="2">01 0 1 2 3 4</td><td colspan="3">5 6 7 8 9 10 11</td><td>12 13 14 15 16 17 18</td></tr>
<tr><td rowspan="2">Anwendungsgebiete</td><td colspan="2">Prüflehren</td><td colspan="3">Bearbeitete Werkstücke</td><td>Nicht für Passmaße</td></tr>
<tr><td></td><td colspan="2">Arbeitslehren</td><td>Maschinenbau</td><td colspan="2">Gezogene, gewalzte Teile
Gegossene, geschmiedete Teile</td></tr>
<tr><td>Fertigungsverfahren</td><td colspan="2">Läppen, Honen</td><td colspan="3">Schleifen, Reiben, Fräsen, Drehen</td><td>Walzen, Schmieden, Pressen</td></tr>
</table>

Grundsätzlich gilt, dass kleine Zahlenwerte für enge Toleranzen stehen und dass große Zahlenwerte große Toleranzen kennzeichnen. So fordern die Toleranzgrade 01 bis 5 eine sehr große Herstellungsgenauigkeit und werden in der Regel allenfalls für die Lehrenherstellung benötigt. Für „normale" spanabhebende Fertigungsverfahren kommen vorwiegend die „Qualitäten" 5 bis 13 zum Einsatz. Die Toleranzgrade 14 bis 18 entsprechen ungefähr den mit spanlosen Fertigungsverfahren (z. B. Schmieden, Stanzen, Gießen, Walzen, Ziehen) erreichbaren Genauigkeiten. **Tabelle 7-2** gibt eine grobe Übersicht über den Zusammenhang zwischen ISO-Toleranzgraden, Anwendungsgebieten und Herstellungsverfahren.

Tabelle 7-3 Grenzabmaße [μm] für ausgewählte Toleranzklassen (DIN 7157)

Nennmaß [mm]	Innenteile						Außenteile					
	s6	r6	k6	j6	h6	h11	H7	H8	H11	G7	F8	E9
1 bis 3	+20 +14	+16 +10	+6 0	+4 −2	0 −6	0 −60	+10 0	+14 0	+60 0	+12 +2	+20 +6	+39 +14
> 3 bis 6	+27 +19	+23 +15	+9 +1	+6 −2	0 −8	0 −75	+12 0	+18 0	+75 0	+16 +4	+28 +10	+50 +20
> 6 bis 10	+32 +23	+28 +19	+10 +1	+7 −2	0 −9	0 −90	+15 0	+22 0	+90 0	+20 +5	+35 +13	+61 +25
> 10 bis 18	+39 +28	+34 +23	+12 +1	+8 −3	0 −11	0 −110	+18 0	+27 0	+110 0	+24 +6	+43 +16	+75 +32
> 18 bis 30	+48 +35	+41 +28	+15 +2	+9 −4	0 −13	0 −130	+21 0	+33 0	+130 0	+28 +7	+53 +20	+92 +40
> 30 bis 50	+59 +43	+50 +34	+18 +2	+11 −5	0 −16	0 −160	+25 0	+39 0	+160 0	+34 +9	+64 +25	+112 +50
> 50 bis 65	+72 +53	+60 +41	+21 +2	+12 −7	0 −19	0 −190	+30 0	+46 0	+190 0	+40 +10	+76 +30	+134 +60
> 65 bis 80	+78 +59	+62 +43										
> 80 bis 100	+93 +71	+73 +51	+25 +3	+13 −9	0 −22	0 −220	+35 0	+54 0	+220 0	+47 +12	+90 +36	+159 +72
>100 bis 120	+101 +79	+76 +54										
>120 bis 140	+117 +92	+88 +63	+28 +3	+14 −11	0 −25	0 −250	+40 0	+63 0	+250 0	+54 +14	+106 +43	+185 +85
>140 bis 160	+125 +100	+90 +65										
>160 bis 180	+133 +108	+93 +68										
>180 bis 200	+151 +122	+106 +77	+33 +4	+16 −13	0 −29	0 −290	+46 0	+72 0	+290 0	+61 +15	+122 +50	+215 +100
>200 bis 225	+159 +130	+109 +80										
>225 bis 250	+169 +140	+113 +84										
>250 bis 280	+190 +158	+126 +94	+36 +4	+16 −16	0 −32	0 −320	+52 0	+81 0	+320 0	+69 +17	+137 +56	+240 +110
>280 bis 315	+202 +170	+130 +98										
>315 bis 355	+226 +190	+144 +108	+40 +4	+18 −18	0 −36	0 −360	+57 0	+89 0	+360 0	+75 +18	+151 +62	+265 +125
>355 bis 400	+244 +208	+150 +114										
>400 bis 450	+272 +232	+166 +126	+45 +5	+20 −20	0 −40	0 −400	+63 0	+97 0	+400 0	+83 +20	+165 +68	+290 +135
>450 bis 500	+292 +252	+172 +132										

Das Zusammenwirken von Toleranzbuchstabe und -grad sieht zusammenfassend so aus, dass zunächst jeder Toleranzbuchstabe unabhängig vom Toleranzgrad das näher an der Null-Linie liegende Grenzabmaß fest vorgibt und dass dann der Toleranzgrad die (mit dem Nennmaßbereich variable) Größe des Toleranzfeldes und damit das zweite Grenzabmaß festlegt.

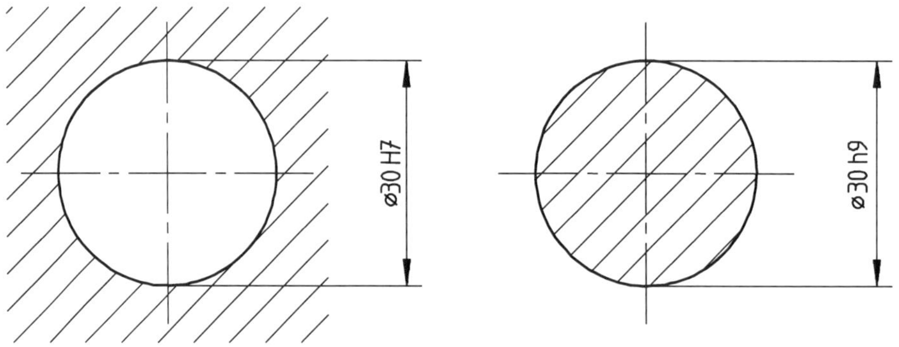

Bild 7-10 Angabe von Maßtoleranzen durch ISO-Toleranzkurzzeichen (Beispiele 1)

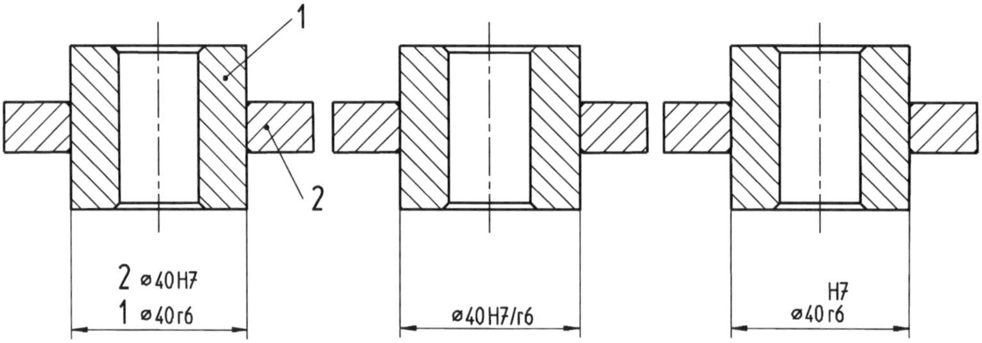

Bild 7-11 Angabe von Maßtoleranzen durch ISO-Toleranzkurzzeichen (Beispiele 2)

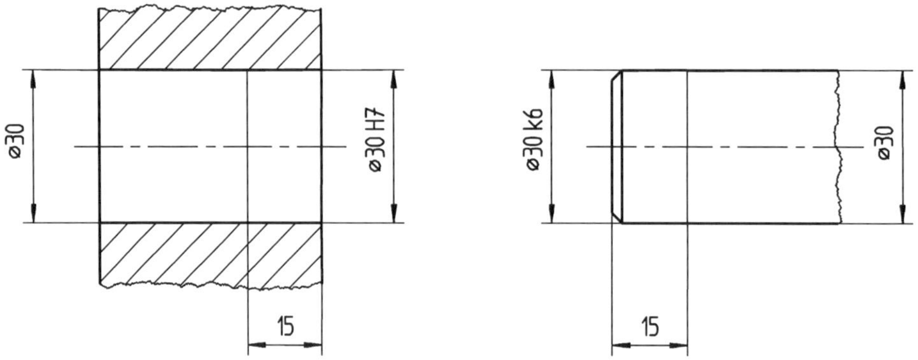

Bild 7-12 Angabe von Maßtoleranzen durch ISO-Toleranzkurzzeichen (Beispiele 3)

Um zu einer noch weitergehenden Standardisierung zu kommen, sind in DIN 7157 bestimmte Toleranzklassen besonders hervorgehoben, die für die meisten Zwecke ausreichen und vorzugsweise verwendet werden sollten. Innerhalb dieser Vorzugsliste ist Reihe 1 wiederum gegenüber Reihe 2 zu bevorzugen. **Tabelle 7-3** gibt für die ausgewählten (Vorzugs-)Toleranzklassen nach DIN 7157 die sich für jeden Nennmaßbereich ergebenden Grenzabmaße wieder.

Wird für die Angabe von Maßtoleranzen in Technischen Zeichnungen das soeben erläuterte ISO-Toleranzsystem verwendet, so wird der betreffenden Maßzahl einfach die ausgewählte Toleranzklasse hinzugesetzt, **Bild 7-10**. Zu beachten ist lediglich, dass das Toleranzkurzzeichen bei Außenteilen (großer Toleranzbuchstabe) über oder vor dem der Innenteile (kleiner Toleranzbuchstabe) geschrieben wird. Werden die Kurzzeichen hintereinander geschrieben, so sind sie durch „/“ zu trennen (z. B. „H7/r6“). Auf diese Weise ist es möglich, für zwei ineinandergefügte Bauteile (beispielsweise im Rahmen einer Gesamtzeichnung) zu dem identischen Nennmaß gleichzeitig die Toleranz für das Innen- und das Außenteil anzugeben, **Bild 7-11**. Gelegentlich tritt der Fall auf, dass ein Maß in bestimmten Bereichen eines Formelementes enger toleriert werden muss als in den übrigen Bereichen. Es ist dann erforderlich, die entsprechenden Bereiche zu bemaßen, **Bild 7-12**.

Damit man bei der Herstellung von Bauteilen, deren Maßtoleranzen in der Technischen Zeichnung mit Hilfe der ISO-Toleranzklassen gekennzeichnet sind, die jeweils dahinter steckenden Grenzabmaße nicht in Tabellen nachschlagen oder berechnen muss, werden diese in der Regel auf der Zeichnung mit angegeben. In selteneren Fällen geschieht dies dadurch, dass man die Grenzabmaße in Klammern direkt hinter das Passmaß setzt, **Bild 7-13**. Übersichtlicher ist es, eine separate Tabelle in der Nähe des Zeichnungsschriftfeldes aufzuführen, die alle in der Zeichnung vorkommenden Passmaße mit den zugehörigen Grenzabmaßen enthält, **Bild 7-14**.

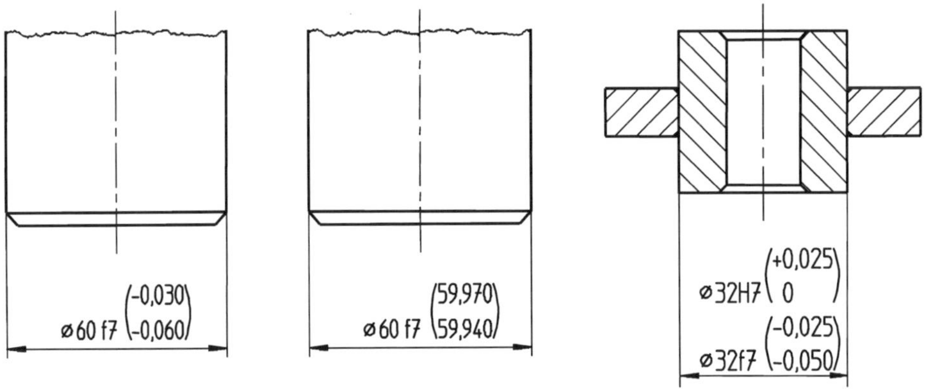

Bild 7-13 Angabe der Grenzabmaße für ISO-Toleranzkurzzeichen in der Zeichnung

Einleitend wurde bereits festgestellt, dass ein in einer Technischen Zeichnung eingetragenes Maß niemals exakt hergestellt werden kann. Deshalb muss man Maßtoleranzen angeben, welche die im Einzelfall zulässigen Maßabweichungen festlegen. Bei strenger Auslegung ist aus diesem Sachverhalt zu schließen, dass eine Maßangabe ohne gleichzeitige Toleranzangabe grundsätzlich unvollständig ist. Damit man nun nicht jedes einzelne angegebene Maß separat tolerieren muss, sieht DIN ISO 2768-1 ergänzend zu dem bisher Gesagten so genannte *Allgemeintoleranzen* vor, **Tabelle 7-4**. Das Prinzip besteht darin, für eine Zeichnung bestimmte zulässige Maßabweichungen global vorzugeben und nur diejenigen Maße separat zu tolerieren, die davon abweichende (meist gesteigerte) Genauigkeitsanforderungen erfüllen sollen.

Tabelle 7-4 Grenzabmaße für Längenmaße nach DIN ISO 2768 (Werte in mm)

Toleranzklasse		Grenzabmaße für Nennmaßbereiche						
Kurzzeichen	Benennung	über 0,5 bis 3	über 3 bis 6	über 6 bis 30	über 30 bis 120	über 120 bis 400	über 400 bis 1000	über 1000 bis 2000
f	fein	± 0,05	± 0,05	± 0,1	± 0,15	± 0,2	± 0,3	± 0,5
m	mittel	± 0,1	± 0,1	± 0,2	± 0,3	± 0,5	± 0,8	± 1,2
c	grob	± 0,2	± 0,3	± 0,5	± 0,8	± 1,2	± 2	± 3
v	sehr grob	–	± 0,5	± 1	± 1,5	± 2,5	± 4	± 6

Zu diesem Zweck unterscheidet DIN ISO 2768-1 die vier Toleranzklassen f, m, c und v. Auch bei den Allgemeintoleranzen wird davon ausgegangen, dass die erzielbare Herstellungsgenauigkeit von der Absolutgröße des jeweiligen Bauteiles abhängt. Deshalb sind die sich aus den genannten Toleranzklassen f, m, c und v ergebenden Grenzabmaße nach Nennmaßbereichen gegliedert. Im Folgenden sind die Grenzabmaße für Längenmaße gegeben. Die DIN ISO 2768-1 gibt auch Allgemeintoleranzen für gebrochene Kanten sowie für Winkelmaße.

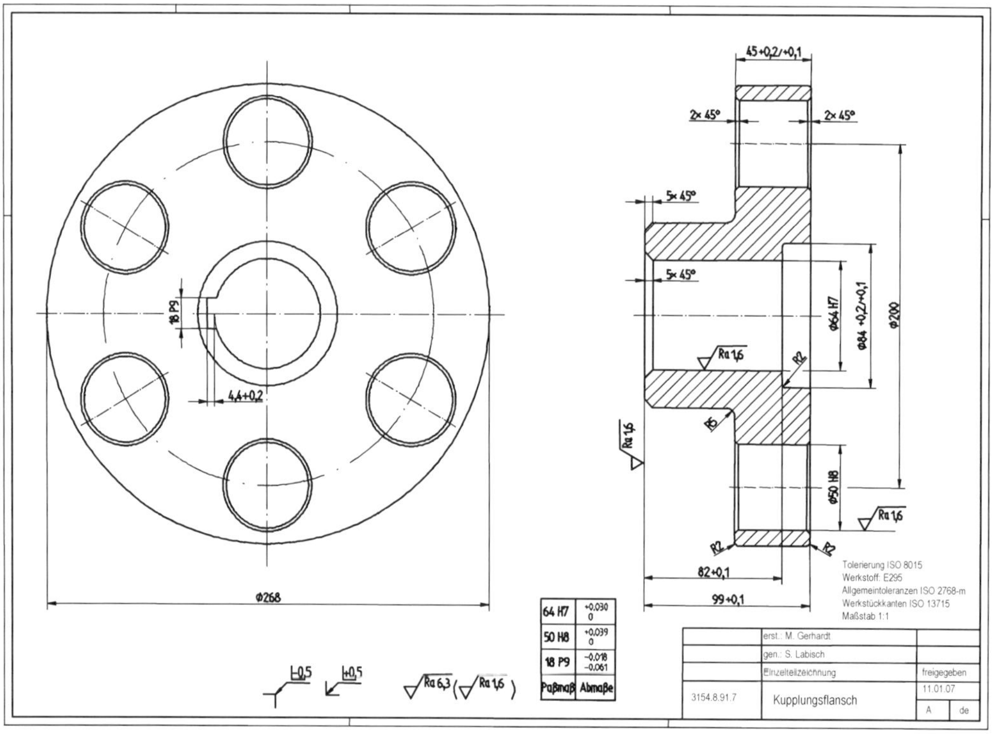

Bild 7-14 Einzelteilzeichnung mit Angabe von Maßtoleranzen

Sollen für alle oder die meisten Abmessungen in einer Zeichnung die Allgemeintoleranzen nach DIN ISO 2768-1 gelten, so ist dies neben dem Zeichnungsschriftfeld und weiteren zusätzlichen Angaben zu vermerken. Beispielsweise würde für die Toleranzklasse m die entsprechende Eintragung lauten: „Allgemeintoleranz ISO 2768-m" oder kurz „ISO 2768-m". Bei der Festlegung von Allgemeintoleranzen nach DIN ISO 2768-1 muss jedoch klar sein, dass diese für in Klammern stehende Hilfsmaße und für rechteckig eingerahmte theoretische Maße grundsätzlich nicht gelten.

Ein abschließendes Beispiel für die Anwendung von Allgemeintoleranzen nach DIN ISO 2768 Teil 1 mit nur in besonderen Fällen separat tolerierten Einzelmaßen zeigt **Bild 7-14**.

7.3 Form- und Lagetoleranzen

Form- und Lagetoleranzen legen fest, wie weit bestimmte geometrische Elemente eines Bauteiles (z. B. ein Wellenstück) von der idealen Form abweichen dürfen (z. B. Zylinderform) und wie weit ihre Lage von der idealen Lage entfernt sein darf (z. B. „konzentrisch zu ..."). Die Angabe von Form- und Lagetoleranzen geschieht dadurch, dass man Zonen definiert, innerhalb derer alle Punkte des jeweils tolerierten Elementes des Bauteiles liegen müssen. Gilt als Tolerierungsgrundsatz das Unabhängigkeitsprinzip (neuer Tolerierungsgrundsatz, DIN EN ISO 8015), so sind die angegebenen Form- und Lagetoleranzen unabhängig von den Maßtoleranzen einzuhalten. Wichtige Begriffe im Zusammenhang mit Form- und Lagetoleranzen sind:

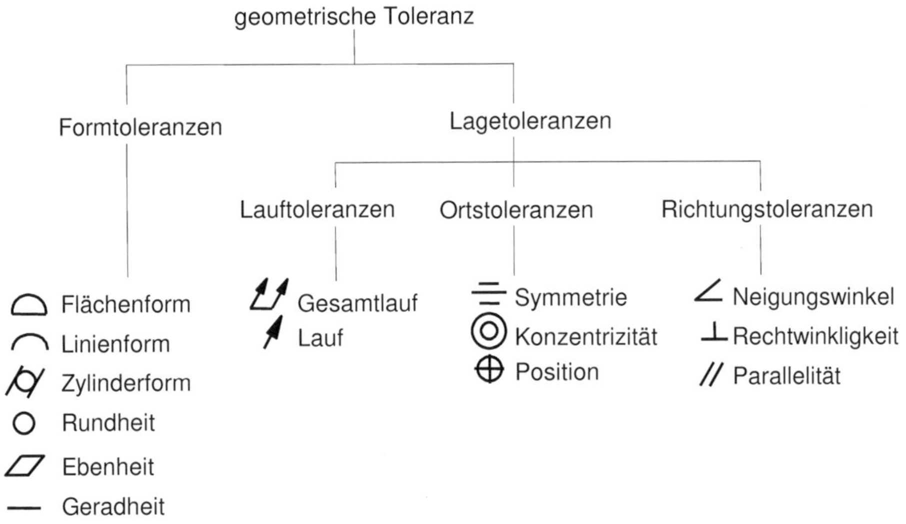

Bild 7-15 Form- und Lagetoleranzen nach DIN EN ISO 1101

Formtoleranz: Definition der zulässigen Abweichung eines Elementes von der geometrisch idealen Form durch Angabe einer Zone, in der das Element eine beliebige Form besitzen darf. Ist nicht gleichzeitig eine Lagetoleranz angegeben, so bestehen in der Toleranzzone keine Einschränkungen bezüglich der Lage des Elementes.

Lagetoleranz: Definition der zulässigen Abweichung der Lage eines Elementes relativ zur Lage eines anderen Elementes (so genanntes *Bezugselement*). Ausgehend vom Bezugselement wird eine Zone angegeben, in der alle Punkte des tolerierten Elementes liegen müssen. Bei den Lagetoleranzen unterscheidet man zusätzlich noch zwischen Lauf-, Orts- und Richtungstoleranzen (siehe unten). Ist zusätzlich keine Formtoleranz angegeben, so bestehen in der für die Lagetoleranz gültigen Toleranzzone keine Einschränkungen hinsichtlich der Form.

Bezugselement: Ausgangsbasis für die Angabe einer Lagetoleranz. Das Bezugselement sollte so gewählt werden, dass es auch am realen Bauteil eine grundlegende Bezugsfunktion besitzt (siehe auch DIN EN ISO 5459.) Das Bezugselement selbst muss genügend formgenau sein, um seinen Sinn erfüllen zu können (gegebenenfalls durch eine Formtoleranz eingrenzen!).

Bild 7-15 gibt zusammenfassend die Hierarchie der in DIN EN ISO 1101 festgelegten Form- und Lagetoleranzen sowie die verwendeten Symbole wieder.

Die Eintragung von Form- und Lagetoleranzen in Technische Zeichnungen ist nach DIN EN ISO 1101 genormt. Im Falle der Formtoleranz besteht die Angabe aus einem in schmaler Linienbreite umrahmten Kasten (so genannter *Toleranzrahmen*), der vertikal in zwei Felder unterteilt ist, **Bild 7-16**. Im ersten Feld steht das Symbol für die tolerierte Eigenschaft (Geradheit, Ebenheit, Rundheit usw.; siehe im einzelnen **Bild 7-15** und **Tabelle 7-5**), im zweiten Feld steht die Größe der Toleranzzone (so genannter *Toleranzwert*). Der Toleranzwert wird in der gleichen Einheit angegeben wie die Bemaßung der Zeichnung insgesamt (im Allgemeinen also in mm). Der Toleranzrahmen weist schließlich noch mit einem Bezugspfeil auf dasjenige Element, für das die Formtoleranz gelten soll.

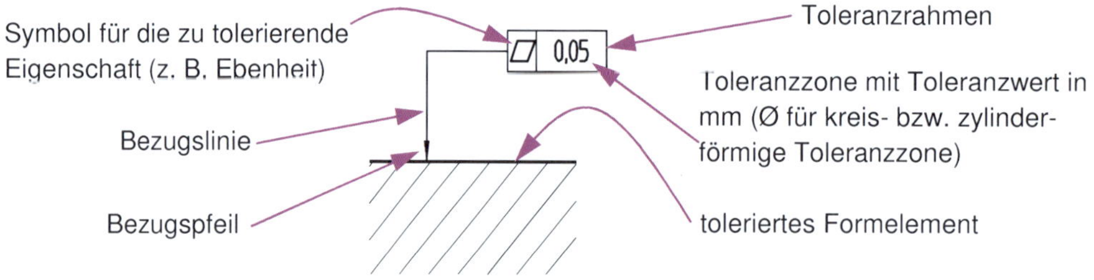

Bild 7-16 Angabe einer Formtoleranz nach DIN EN ISO 1101 (schematisch)

Nicht vorgeschrieben aber die Verständlichkeit vergrößernd, könnte man – ähnlich wie bei der Kennzeichnung der Oberflächenbeschaffenheit oder bei der Angabe von Schweißangaben vorgeschrieben – die Bezugslinie mit Bezugspfeil vorzugsweise von außen auf das zu tolerierende Formelement zeigen lassen. Bei dem zu tolerierenden Element handelt es sich um eine Gerade (Kante), um eine Fläche (Zylinderfläche, Planfläche) oder in selteneren Fällen um eine beliebig geformte Linie oder Fläche.

Tabelle 7-5 zeigt nun anhand von Beispielen die verschiedenen Eigenschaften von geometrischen Elementen, die durch die Eintragung der Formtoleranzen nach DIN EN ISO 1101 vorgeschrieben werden können. In der Spalte „Symbol" sind die in das erste Feld des Toleranzrahmens nach **Bild 7-16** einzutragenden Kennungen für die jeweils tolerierte Eigenschaft angegeben. Die Spalte „Zeichnungseintragung" gibt zu den einzelnen Fällen gängige Beispiele, die gleichzeitig die Verwendung der zuvor erläuterten Eintragungen (Toleranzrahmen, Bezugspfeil, Kennzeichnung des Bezugselementes) verdeutlichen.

Tabelle 7-5 Beispiele für Formtoleranzen nach DIN EN ISO 1101

	Symbol	Toleranzzone	Zeichnungseintragung	Erklärung
Flächenform (Profilform)	⌓	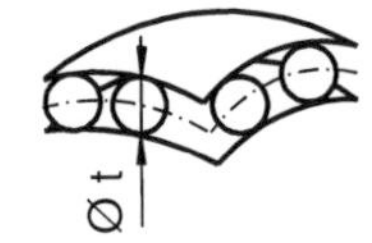	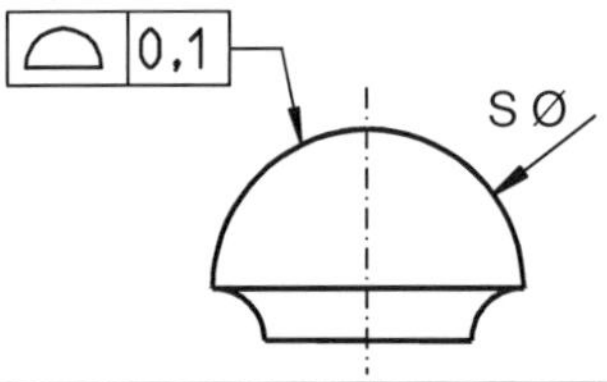	Die tolerierte Fläche muss zwischen zwei Flächen liegen, die Kugeln mit S ∅ 0,1 mm einhüllen.
Linienform (Profilform)	⌒	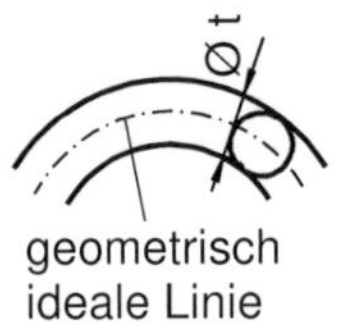	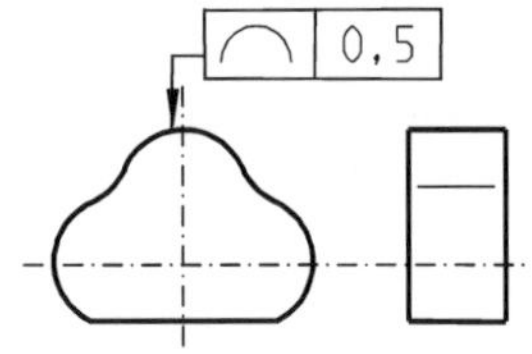	Das tolerierte Profil liegt in jedem parallelen Schnitt zur Zeichenebene zwischen zwei Linien, die Kreise mit ∅ 0,5 mm einhüllen deren Mittelpunkte auf der geometrisch idealen Linie liegen.
Zylinderform	⌭	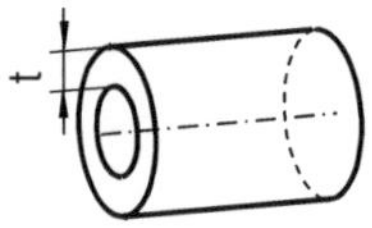	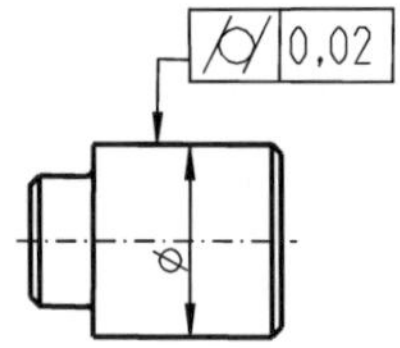	Die tolerierte Mantelfläche muss zwischen zwei koaxialen Zylindern liegen, die einen Abstand von 0,02 mm haben.
Rundheit (Kreisform)	○	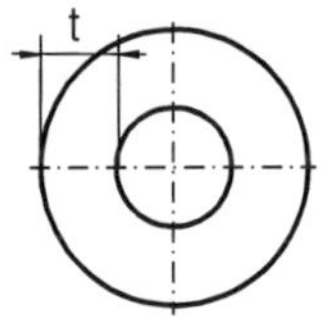	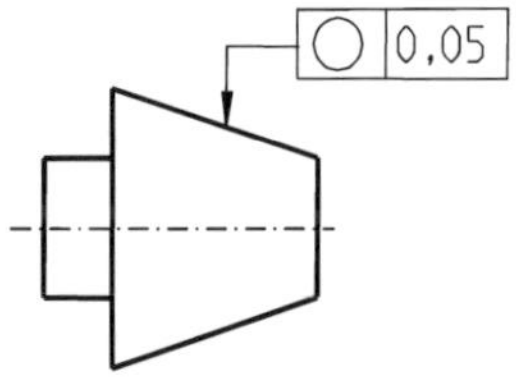	In jeder achssenkrechten Schnittebene muss die tolerierte Umfangslinie zwischen zwei konzentrischen Kreisen mit 0,05 mm Abstand liegen.
Ebenheit	▱	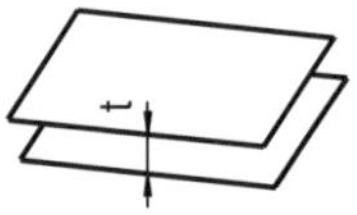	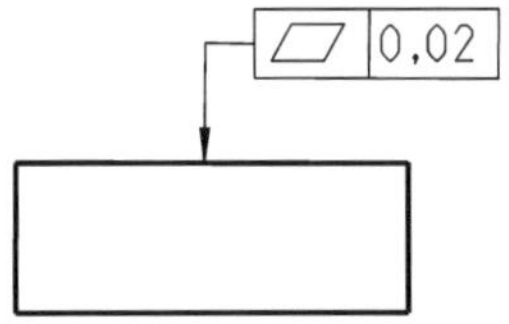	Die tolerierte Fläche muss zwischen zwei parallelen Ebenen mit Abstand 0,02 mm liegen.
Geradheit	—	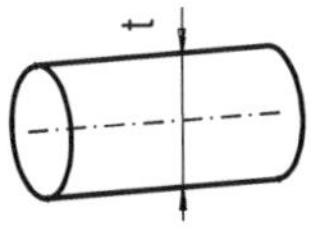	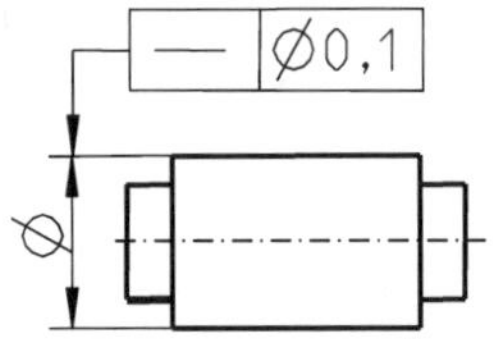	Die tolerierte Achse des Zylinders muss innerhalb eines Zylinders mit ∅ 0,1 mm liegen.
		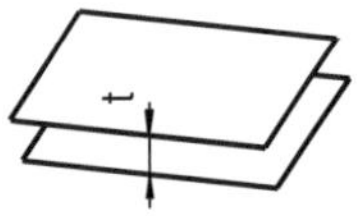	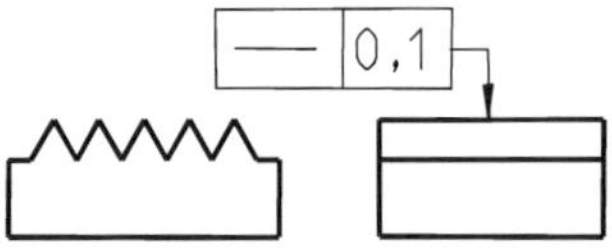	Die Kante des Werkstücks muss zwischen zwei senkrecht zur tolerierten Richtung (Pfeilrichtung) liegenden parallelen Ebenen mit 0,1 mm Abstand liegen.

Für die Angabe einer Lagetoleranz gilt im Prinzip genau das gleiche, allerdings muss zusätzlich noch das Bezugselement definiert werden, weil die Lage eines Elementes ja nur relativ zu einem anderen Element angegeben werden kann, siehe **Tabelle 7-6**, **Tabelle 7-7**, **Tabelle 7-8**.

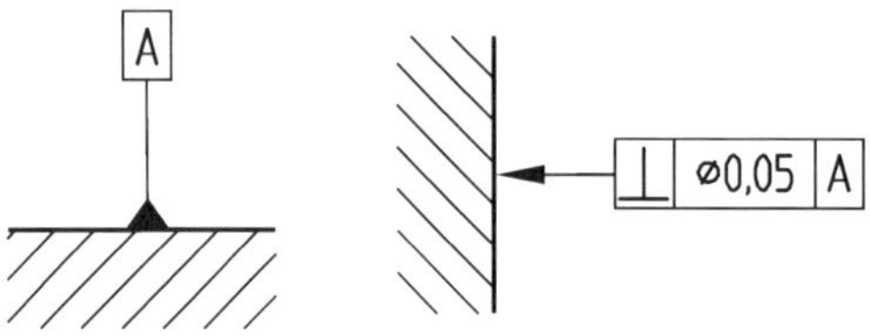

a) b)

Bild 7-17 Bezugsdreieck und Angabe einer Lagetoleranz nach DIN EN ISO 1101 (schematisch)

Die Kennzeichnung des Bezugselementes erfolgt stets durch ein so genanntes *Bezugsdreieck* (gefüllt oder ungefüllt). Das Bezugsdreieck wird nun mit einem schmal eingerahmten *Bezugsbuchstaben* vorzugsweise vom Anfang des Alphabetes, also A, B usw., versehen, **Bild 7-17 a)**. Dieser Buchstabe wird in dem zugehörigen Toleranzrahmen in einem dritten Feld wiederholt, **Bild 7-17 b)**, um den Bezug zu kennzeichnen.

Tabelle 7-6 Beispiele für Lagetoleranzen – hier Richtungstoleranzen – nach DIN EN ISO 1101

	Symbol	Toleranzzone	Zeichnungseintragung	Erklärung
Neigung (Winkligkeit)	∠	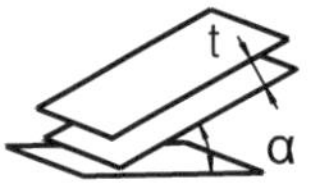	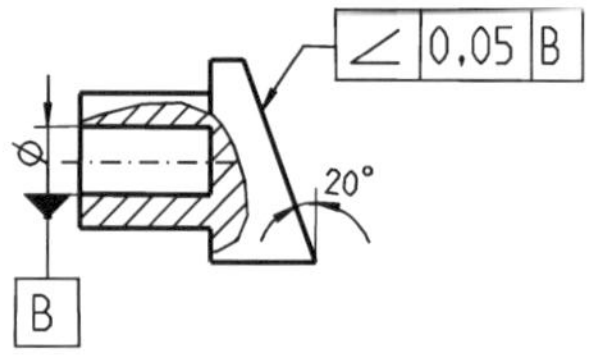	Die tolerierte Neigung der Ebene muss zwischen zwei parallelen Ebenen mit 0,05 mm Abstand liegen. Die Neigung ist relativ zur Bohrungsachse angegeben.
Rechtwinkligkeit	⊥	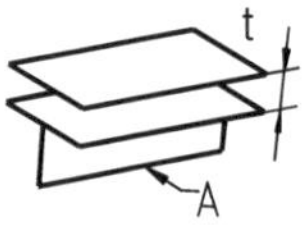	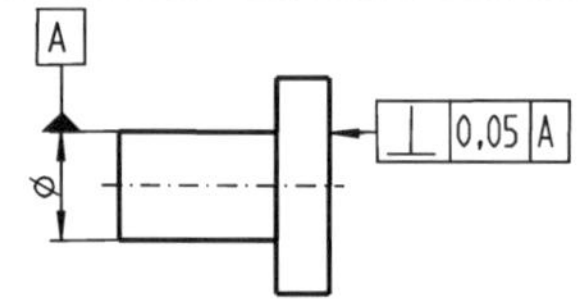	Die tolerierte Fläche muss zwischen zwei parallelen und zur Bezugsachse A senkrechten Ebenen mit 0,05 mm Abstand liegen.
Parallelität	//	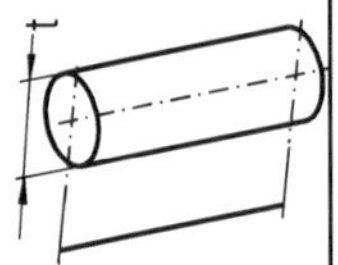	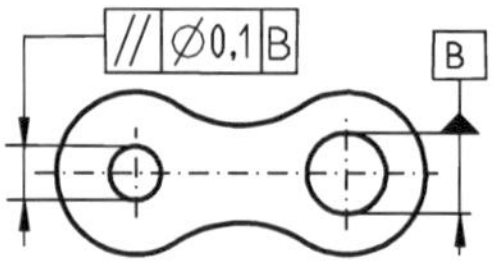	Die tolerierte Achse der linken Bohrung muss innerhalb eines Zylinders Ø 0,1 mm liegen, der parallel zur Bezugsachse B (Achse der rechten Bohrung) liegt.
		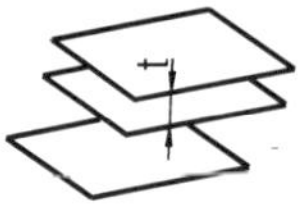	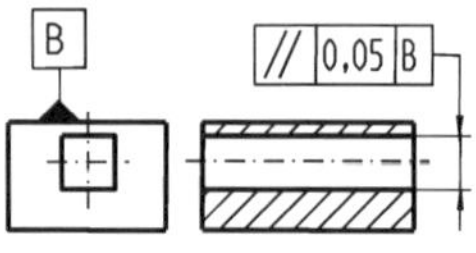	Die tolerierte Achse der Nut muss zwischen zwei zur Bezugsfläche B parallelen Ebenen mit 0,05 mm Abstand liegen.

Tabelle 7-7 Beispiele für Lagetoleranzen – hier Ortstoleranzen – nach DIN EN ISO 1101

	Symbol	Toleranzzone	Zeichnungseintragung	Erklärung
Symmetrie	⌯	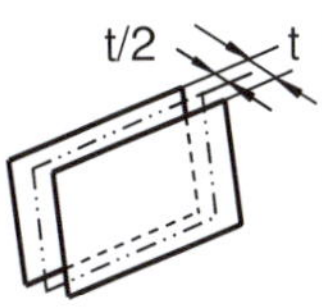	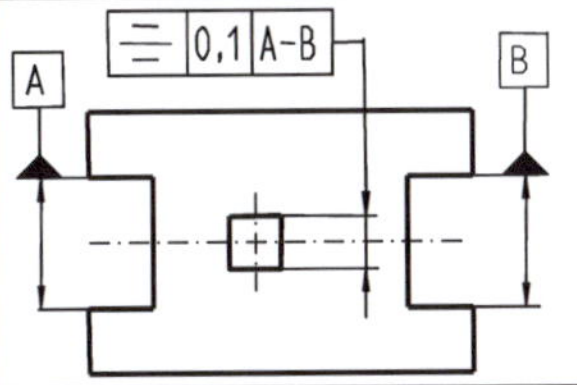	Die tolerierte Achse der Nut muss zwischen zwei parallelen Ebenen mit 0,1 mm Abstand liegen, die symmetrisch zur Mittelebene der Schlitze A und B angeordnet sind.
Konzentrizität und Koaxialität	◎	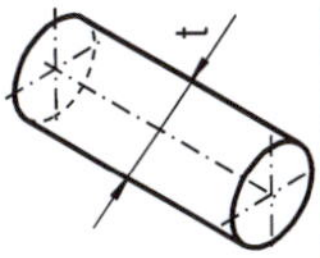	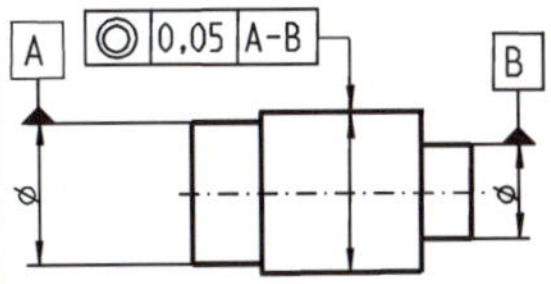	Die tolerierte Achse des mittleren Zylinders muss innerhalb eines zur Bezugsachse AB koaxialen Zylinders mit ∅ 0,05 mm liegen.
Position	⌖	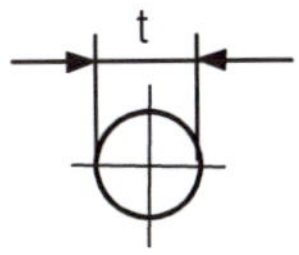	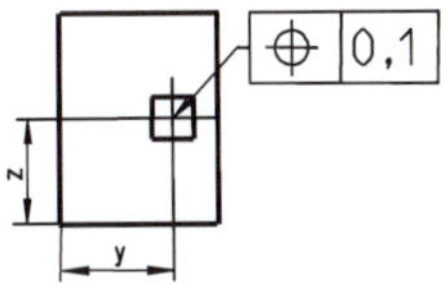	Der tatsächliche Mittelpunkt der quadratischen Nut muss in einem Kreis vom Ø 0,1 mm liegen, dessen Mitte mit der bemaßten Lage übereinstimmt.

Tabelle 7-8 Beispiele für Lagetoleranzen – hier Lauftoleranzen – nach DIN EN ISO 1101

	Sym.	Toleranzzone	Zeichnungseintragung	Erklärung
Gesamtlauf	⌰	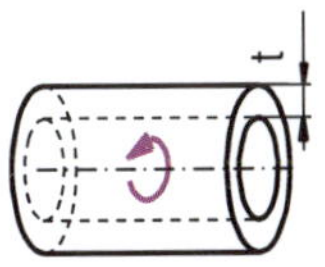	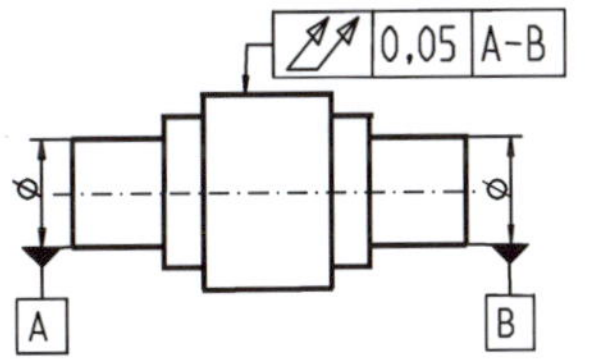	Bei mehrmaliger Drehung um die Bezugsachse A-B und axialer Verschiebung von Werkstück und Messvorrichtung müssen alle Punkte des tolerierten Zylinders innerhalb t = 0,05 mm liegen.
		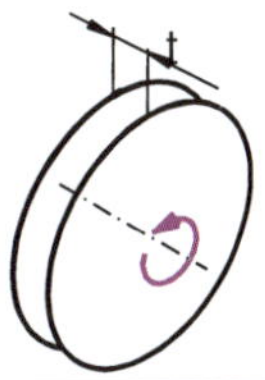	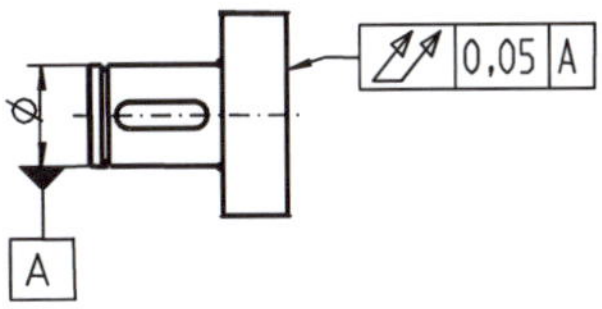	Bei mehrmaliger Drehung um die Bezugsachse und radialer Verschiebung von Werkstück und Messvorrichtung müssen alle Punkte der tolerierten Planfläche innerhalb von t = 0,05 mm liegen.
Rundlauf	↗	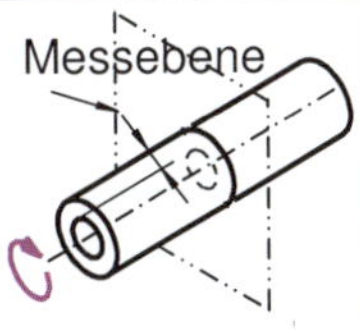	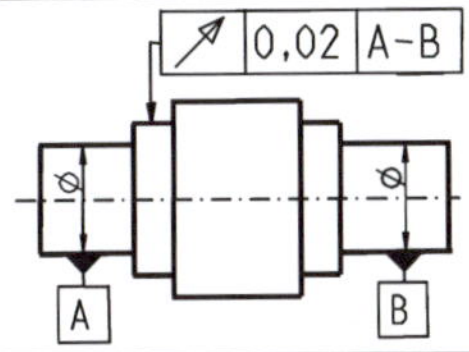	Bei Drehung um die Bezugsachse AB darf die Rundlaufabweichung in jeder achssenkrechten Messebene 0,02 mm nicht überschreiten.
Planlauf		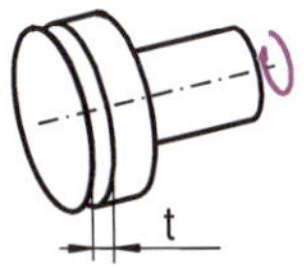	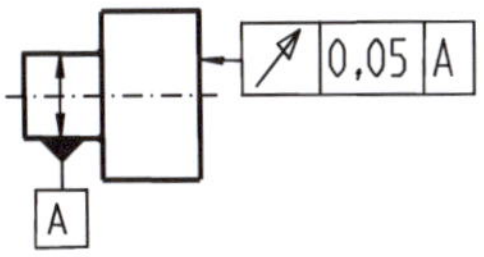	Bei Drehung um die Bezugsachse A darf die Planlaufabweichung in jedem Messzylinder 0,05 mm nicht überschreiten.

Insbesondere bei *Positionstoleranzen*, aber in ähnlicher Weise auch bei Profil- und Neigungstoleranzen muss in der Regel von den theoretisch genauen *Positionsmaßen* (bzw. Profil-, Winkelmaßen) ausgegangen werden. (Es wäre beispielsweise sinnlos, die Position des Mittelpunktes einer Bohrung sowohl durch Maßtoleranzen als auch durch eine Positionstoleranz einzugrenzen.) Theoretisch genaue Maße als Bezug einer Positions-, Profil- oder Neigungstoleranz werden in einen rechteckigen Rahmen gesetzt, **Bild 5-31**. Die betreffenden Istmaße unterliegen in einem solchen Fall stets nur den im Toleranzrahmen angegebenen Toleranzen.

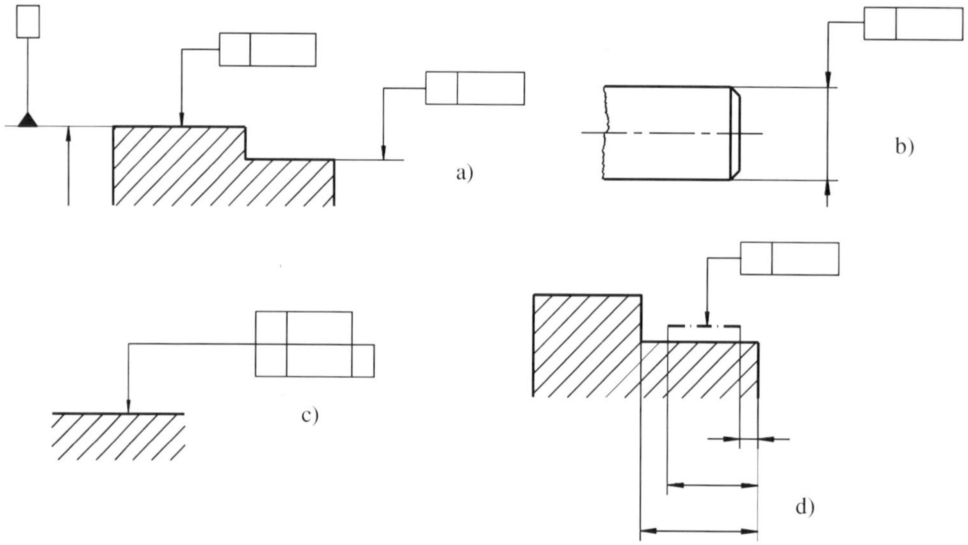

Bild 7-18 Eintragung von Form- und Lagetoleranzen in Technische Zeichnungen; Bildteil e) nicht mehr in der Norm enthalten, aber noch häufig im Gebrauch (Erläuterungen im Text)

Zur korrekten Verwendung der Eintragungen sind noch einige ergänzende Bemerkungen und Regeln anzugeben, die im Folgenden aufgelistet und durch Beispiele belegt sind.

- Ist das tolerierte Element eine einzelne Fläche oder Linie, so setzt man den Bezugspfeil direkt auf die Fläche oder Linie, bei Platzmangel auch auf eine Maßhilfslinie. Um Unklarheiten zu vermeiden (siehe nächste Regel), darf der Bezugspfeil nicht in der Verlängerung einer Maßlinie stehen. Sinngemäß das gleiche gilt für die Kennzeichnung von Bezugselementen durch Bezugsdreiecke, **Bild 7-18 a)**.
- Ist das tolerierte Element eine Mittellinie oder eine (Symmetrie-)Achse, so setzt man den Bezugspfeil in die Verlängerung der Maßlinie. Bei Platzmangel darf der Bezugspfeil gleichzeitig als Maßlinienbegrenzung benutzt werden. Wiederum gilt sinngemäß das gleiche für die Kennzeichnung von Bezugselementen durch Bezugsdreiecke, **Bild 7-18 b)**.
- Mehrere Angaben zu Form- und Lagetoleranzen, die sich auf das gleiche Element beziehen, werden durch „übereinandergeschichtete" Toleranzrahmen verdeutlicht, **Bild 7-18 c)**.
- Gilt die Toleranzangabe nur für einen bestimmten Teilbereich eines Elementes, so ist dieser – ähnlich wie bei der in **Abschnitt 6.3** erläuterten Kennzeichnung von Wärmebehandlungszonen – durch eine breite Strichpunktlinie zu kennzeichnen und zu bemaßen, **Bild 7-18 d)**.

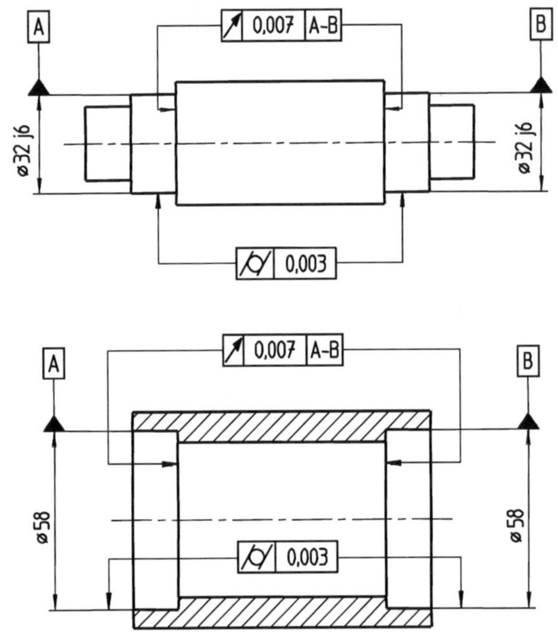

Bild 7-19 Beispiele zur Eintragung von Form- und Lagetoleranzen nach DIN EN ISO 1101

Bild 7-19 zeigt abschließend ein Beispiel zur Eintragung von Maß-, Form- und Lagetoleranzen in Technische Zeichnungen nach DIN EN ISO 1101, wie es für den Einsatz von Wälzlagern gefordert sein könnte. Hier dienen die Achsen der Wellenabsätze, auf denen später die Lager aufgebracht werden als Bezüge. Sie werden durch zwei Bezugsbuchstaben gekennzeichnet, die im Toleranzrahmen durch einen Strich voneinander getrennt werden. Weitere Beispiele zeigt [Jor12].

Genau wie für die Maße von Bauteilen (siehe Ende des **Abschnittes 7.2**) gibt es auch für die wichtigsten Form- und die Lageeigenschaften einzelner geometrischer Elemente Allgemeintoleranzen. Die *Allgemeintoleranzen für Form und Lage* sind nach DIN ISO 2768-2 genormt. Wiederum sollte die Praxis so aussehen, dass man in einer Zeichnung bestimmte Allgemeintoleranzen für Form und Lage vorgibt und nur dort ergänzende Toleranzangaben macht, wo von den Allgemeintoleranzen abweichende (meist gesteigerte) Genauigkeiten notwendig sind.

Es sei angemerkt, dass bei der Auswertung von Allgemeintoleranzen für Form und Lage nach DIN ISO 2768-2 streng danach zu unterscheiden ist, ob der neue oder der alte Tolerierungsgrundsatz gilt (Unabhängigkeitsprinzip bzw. Hüllbedingung, siehe **Abschnitt 7.1**). Die nachstehenden Erläuterungen beziehen sich ausschließlich auf eine Tolerierung nach DIN EN ISO 8015 (Unabhängigkeitsprinzip, neuer Tolerierungsgrundsatz). Dies setzt unter anderem voraus, dass die Zeichnung den Hinweis „Tolerierung ISO 8015“ aufweist. Bei Zugrundelegung des alten Tolerierungsgrundsatzes nach DIN 7167 (Hüllbedingung) sind bestimmte Ausnahmen zu beachten, die hier nicht behandelt werden (Einzelheiten siehe in DIN ISO 2768-2 selbst).

Ähnlich wie für die Allgemeintoleranzen für (Längen- und Winkel-)Maße nach DIN ISO 2768-1 sind für die Allgemeintoleranzen für Form und Lage nach DIN ISO 2768-2 insgesamt drei

Toleranzklassen definiert, die zur sicheren Unterscheidung mit den Großbuchstaben H, K und L bezeichnet werden. Der Buchstabe H steht für die höchste, der Buchstabe L für die geringste Genauigkeit. Auch bei den Allgemeintoleranzen für Form und Lage nach DIN ISO 2768-2 wird davon ausgegangen, dass die erzielbare Herstellungsgenauigkeit von der Absolutgröße des jeweiligen Bauteiles abhängt. Deshalb sind insbesondere die sich aus den genannten Toleranzklassen ergebenden Formtoleranzen wieder nach Nennmaßbereichen gegliedert. In **Tabelle 7-9** sind die Allgemeintoleranzen für die Eigenschaften Geradheit und Ebenheit wiedergegeben. Nach DIN ISO 2768-2 sind darüber hinaus auch die Allgemeintoleranzen für die Eigenschaften Rechtwinkligkeit, Symmetrie sowie Lauf definiert.

Tabelle 7-9 Allgemeintoleranzen für Geradheit und Ebenheit nach DIN ISO 2768-2 (Werte in mm)

Toleranzklasse	Allgemeintoleranzen für Nennmaßbereiche					
	bis 10	über 10 bis 30	über 30 bis 100	über 100 bis 300	über 300 bis 1000	über 1000 bis 3000
H	0,02	0,05	0,1	0,2	0,3	0,4
K	0,05	0,1	0,2	0,4	0,6	0,8
L	0,1	0,2	0,4	0,8	1,2	1,6

Der Kennbuchstabe für die nach DIN ISO 2768-2 ausgewählte Toleranzklasse der Allgemeintoleranzen für Form und Lage wird im Schriftfeld der Zeichnung vermerkt, und zwar in Kombination mit der Angabe bezüglich der Allgemeintoleranzen für Maße nach DIN ISO 2768-1. In dem Fall also, dass für Maße die Toleranzklasse „m“ und für Form und Lage die Toleranzklasse „K“ gelten soll, würde die kombinierte Angabe lauten „ISO 2768-mK“.

7.4 Passungen

Bei der Erläuterung der Maßtoleranzen (**Abschnitt 7.2**) wurde bereits angedeutet, dass eine Passung durch das Zusammenfügen zweier zusammengehöriger Bauteile (z. B. Welle und Lager) entsteht. Man spricht in diesem Fall auch von der Paarung zweier Passteile, wobei die Passteile entsprechende korrespondierende Passflächen aufweisen. Passflächen sind mit Passmaßen versehen. Sie werden nach Außenpassflächen (z. B. Außenfläche einer Welle) und Innenpassflächen (z. B. Innenfläche einer Bohrung) unterschieden. Es ist vor diesem Hintergrund klar, dass die auf den Zeichnungen der Einzelteile angegebenen Maßtoleranzen die sich im Teileverband einstellenden Passungen bestimmen und dass sie deshalb hauptsächlich mit Blick auf das funktionsgerechte Zusammenspiel der Bauteile auszuwählen sind. Die exakte Definition des Begriffes Passung lautet:

Passung ist die Maßdifferenz von Innen- und Außenpassfläche vor der Paarung der Passteile.

Eine Passung (im Folgenden mit „P“ bezeichnet) ist damit letztlich ein Längenmaß, das – wie sich noch zeigen wird – vorzeichenbehaftet ist.

In Erweiterung der bereits zum Thema Maßtoleranzen vorgestellten Begriffsfestlegungen und in weitgehender Analogie zu diesen (siehe **Abschnitt 7.2**) sollen im Folgenden die durch die frühere nationale Norm DIN 7182 definierten Begriffe verwendet werden:

Spiel (P_S) ergibt sich, wenn eine *positive Passung* vorliegt, wenn also das Maß der Innenpassfläche größer ist als das Maß der Außenpassfläche.

Analog spricht man von *Übermaß* ($P_Ü$), wenn eine *negative Passung* vorliegt, wenn also das Maß der Innenpassfläche kleiner ist als das Maß der Außenpassfläche.

Das *Istspiel* oder das *Istübermaß* (Istpassung P_i) ist die (positive bzw. negative) Differenz zwischen dem Istmaß der Innenpassfläche und dem Istmaß der Außenpassfläche.

Grenzpassungen ergeben sich, wenn man annimmt, dass die Maße der korrespondierenden Passflächen an den Grenzen der jeweils zugehörigen Toleranzbereiche liegen (Paarung bei Vorliegen der Grenzmaße). Die verschiedenen Fälle sind in **Tabelle 7-10** gegeben.

Tabelle 7-10 Grenzpassungen

Benennung		Definition	Beispiel für zylindrische Passflächen
Höchstspiel	P_{SO}	bei Vorliegen von Spiel die (positive) Differenz zwischen dem Höchstmaß der Innenpassfläche und dem Mindestmaß der Außenpassfläche	größter Bohrungsdurchmesser minus kleinster Wellendurchmesser
Mindestspiel	P_{SU}	bei Vorliegen von Spiel die (positive) Differenz zwischen dem Mindestmaß der Innenpassfläche und dem Höchstmaß der Außenpassfläche	kleinster Bohrungsdurchmesser minus größter Wellendurchmesser
Mindestübermaß	$P_{ÜO}$	bei Vorliegen von Übermaß die (negative) Differenz zwischen dem Höchstmaß der Innenpassfläche und dem Mindestmaß der Außenpassfläche	größter Bohrungsdurchmesser minus kleinster Wellendurchmesser
Höchstübermaß	$P_{ÜU}$	bei Vorliegen von Übermaß die (negative) Differenz zwischen dem Mindestmaß der Innenpassfläche und dem Höchstmaß der Außenpassfläche	kleinster Bohrungsdurchmesser minus größter Wellendurchmesser

Wie aus den Definitionen nach **Tabelle 7-10** und aus **Bild 7-20** ersichtlich, entspricht der im Fall von Spiel verwendete Begriff *Höchstspiel* dem im Fall von Übermaß verwendeten Begriff *Mindestübermaß*. In älteren Normen (DIN 7182) wurden deswegen beide unter dem auch heute noch gebräuchlichen Begriff *Höchstpassung* (im Folgenden mit P_O bezeichnet) zusammengefasst. Analoges gilt für die Begriffe *Mindestspiel* und *Höchstübermaß*, für die man auch noch die Sammelbezeichnung *Mindestpassung* (im Folgenden mit P_U bezeichnet) findet.

Die *Passtoleranz* (P_T) ist eine aus den soeben definierten Grenzpassungen abgeleitete Größe: In Analogie zur Maßtoleranz, die sich aus der Differenz zwischen Höchst- und Mindestmaß ergibt, ist die Passtoleranz definiert als die Differenz zwischen der Höchst- und der Mindestpassung. Die (stets positive) Passtoleranz gibt damit die Größe des „Streubereiches“ für die möglichen Maßunterschiede zwischen Innen- und Außenpassfläche wieder. Mit Hilfe der am Anfang von **Abschnitt 7.2** gegebenen Begriffsdefinitionen für Maßtoleranzen lässt sich nachweisen, dass die Passtoleranz mit der Summe der Maßtoleranzen von Innen- und Außenpassfläche identisch ist.

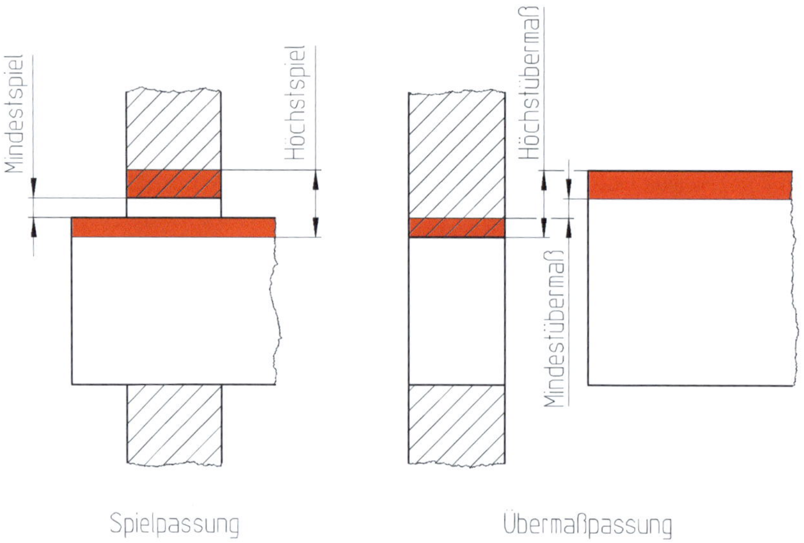

Bild 7-20 Grenzpassungen bei Spiel- und Übermaßpassung

Die vorgestellten Grundbegriffe für Passungen nach DIN ISO 286-1 können mit den Grundgrößen Höchst- und Mindestmaß Go, Gu (bzw. oberes und unteres Abmaß ES/es und EI/ei), Istmaß I (bzw. Istabmaß A) sowie Maßtoleranz T und mit den zusätzlichen Indices „I" für *Innenpassfläche* (Außenteil!) und „A" für *Außenpassfläche* (Innenteil!) wie folgt mathematisch formuliert werden:

Höchstpassung: $P_O = Go_I - Gu_A = ES - ei$

$P_O > 0 \Rightarrow P_O = P_{SO}$ (Höchstspiel)

$P_O < 0 \Rightarrow P_O = P_{ÜO}$ (Mindestübermaß)

Mindestpassung: $P_U = Gu_I - Go_A = EI - es$

$P_U > 0 \Rightarrow P_U = P_{SU}$ (Mindestspiel)

$P_U < 0 \Rightarrow P_U = P_{ÜU}$ (Höchstübermaß)

Istpassung: $P_i = I_I - I_A = A_I - A_A$

$P_i > 0$: Istspiel

$P_i < 0$: Istübermaß

Passtoleranz: $P_T = P_O - P_U = T_I + T_A$

Höchst- und Mindestpassung (P_O, P_U) spannen ein so genanntes Passtoleranzfeld auf, dessen Größe durch die Passtoleranz P_T erfasst wird und dessen Lage folgende drei Fälle ergeben kann, **Bild 7-21**:

Spielpassung (früher *Spieltoleranzfeld* genannt): Höchstpassung $P_O = P_{SO}$ (Höchstspiel) und Mindestpassung $P_U = P_{SU}$ (Mindestspiel) sind beide positiv (Mindestspiel P_{SU} mindestens gleich Null). Die Außenpassfläche weist also stets ein kleineres Maß auf als die Innenpassfläche (Spiel). Das Paaren der Passteile ist in jedem Falle praktisch kraftfrei möglich. Nach dem Paaren ergibt sich ein relativ loser Sitz der Innenpassfläche auf der Außenpassfläche.

Übergangspassung (früher *Übergangstoleranzfeld* genannt): Die Höchstpassung $P_O = P_{SO}$ ist positiv (Höchstspiel), die Mindestpassung $P_U = P_{ÜU}$ ist negativ (Höchstübermaß). Je nachdem, wie die Istmaße von Außen- und Innenpassfläche in ihrer jeweiligen Maßtoleranz liegen, kann das Istmaß der Außenpassfläche geringfügig kleiner oder größer ausfallen als das der Innenpassfläche (positive oder negative Passung, Spiel oder Übermaß). Das Paaren der Passteile ist ganz ohne oder mit sehr geringen Kräften möglich. Nach dem Paaren ergibt sich ein enger, jedoch immer noch beweglicher Sitz der Innenpassfläche auf der Außenpassfläche, der gar kein oder nur geringes Spiel aufweist.

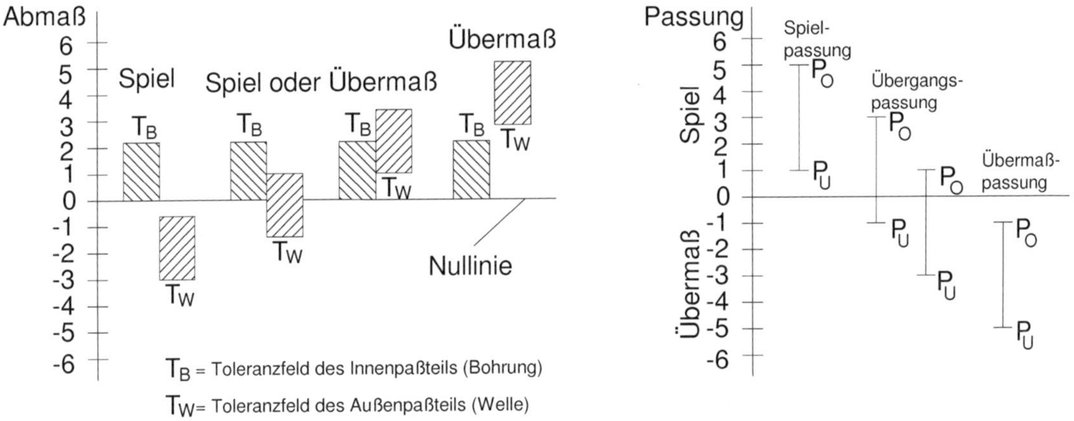

Bild 7-21 Zusammenhang zwischen Maß- und Passtoleranzen

Übermaßpassung (früher *Übermaßtoleranzfeld* oder anschaulicher *Presspassung* genannt): Sowohl Höchstpassung $P_O = P_{ÜO}$ (Mindestübermaß) als auch Mindestpassung $P_U = P_{ÜU}$ (Höchstübermaß) sind negativ (Höchstpassung P_O höchstens gleich Null). Die Außenpassfläche weist also stets ein größeres Maß auf als die Innenpassfläche (Übermaß). Das Paaren der Passteile ist nur durch (unter Umständen erhebliche) Krafteinwirkung in Fügerichtung oder durch besondere Fügeverfahren (z. B. Aufschrumpfen) möglich. Nach dem Paaren ergibt sich ein mit Sicherheit spielfreier, fester Sitz der Innenpassfläche auf der Außenpassfläche.

Zum besseren Verständnis sollen im Folgenden am Beispiel einer Übergangspassung die Maß- und Passtoleranzen exemplarisch bestimmt werden, **Bild 7-22**.

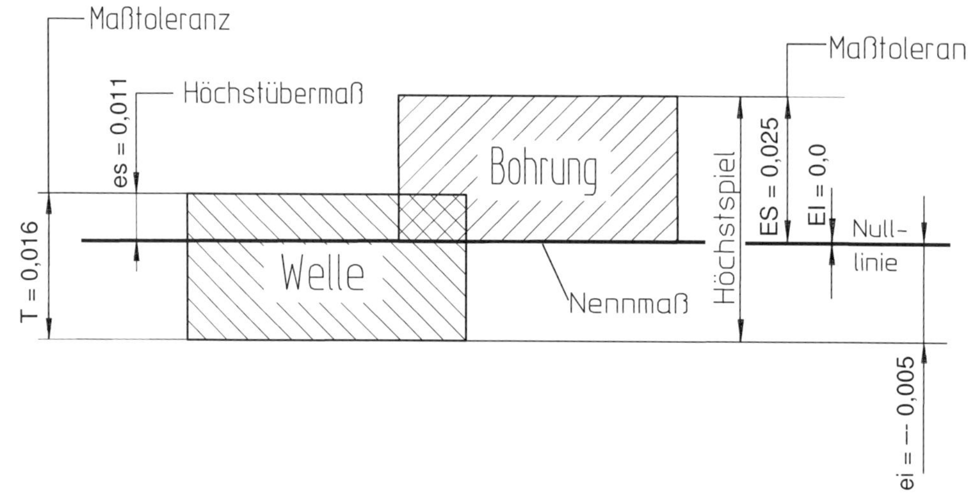

Rundpassung ∅ 50 H7/j6	Bohrung ∅ 50 H7	Welle ∅ 50 j6
oberes Abmaß unteres Abmaß Höchstmaß Mindestmaß Maßtoleranz	ES = +0,025 EI = 0,000 Go = N + ES = 50,025 Gu = N + EI = 50,000 T = Go – Gu = 0,025	es = +0,011 ei = –0,005 Go = N + es = 50,011 Gu = N + ei = 49,995 T = Go – Gu = 0,016
Passung		
Höchstspiel Höchstübermaß Passtoleranz	$P_{SO} = Go_I - Gu_A$ = 50,025 – 49,995 = 0,030 $P_{ÜU} = Gu_I - Go_A$ = 50,000 – 50,011 = –0,011 $P_T = P_O - P_U$ = 0,030 + 0,011 = 0,041	

Bild 7-22 Maß- und Passtoleranzen der Übergangspassung ∅ 50 H7/j6 (Werte in mm)

Zur Sicherstellung funktionsgerechter Passungen in Bauteilverbänden, vor allem bei zylindrischen oder kegeligen Passflächen (Wellen, Bohrungen) bedient man sich in der Regel des ISO-Toleranzsystems (siehe **Abschnitt 7.2**). Da das ISO-Toleranzsystem aufgrund der verschiedenen Toleranzfeldlagen (Kennbuchstaben) und Toleranzgrade (Kennzahlen zur Festlegung der Größe des Toleranzfeldes) in der (jeweils paarweisen) Kombination zu einer extrem großen Zahl an resultierenden Passtoleranzen führen würde, wird im Interesse einer größeren Wirtschaftlichkeit die Kombinationsvielfalt durch so genannte Pass-Systeme sinnvoll eingegrenzt. Gebräuchlich sind die beiden ISO-Pass-Systeme der Einheitsbohrung (EB) und der Einheitswelle (EW).

Beim *ISO-Pass-System der Einheitsbohrung (EB)* nach DIN 7154 wird für die Innenpassfläche (Bohrung) einheitlich die Toleranzfeldlage H verwendet, also gerade diejenige Toleranzfeldlage, deren unteres Abmaß Null beträgt. Das gewünschte Passtoleranzfeld (Spiel-, Übergangs- oder Übermaßpassung) wird zu dieser *Einheitsbohrung* allein durch die geeignete Wahl der Toleranzfeldlage für die Außenpassfläche (Welle) festgelegt.

Im Sinne einer möglichst weitgehenden Standardisierung werden beim ISO-Pass-System der Einheitsbohrung für die Innenpassflächen (Bohrungen) zur grundsätzlichen Toleranzfeldlage H insgesamt nur 8 ISO-Toleranzklassen zugelassen, nämlich die Toleranzklassen H6 bis H13. Außerdem wird auch für die Außenpassflächen (Wellen) die Zahl der möglichen Toleranzfeldlagen und Toleranzgrade noch einmal beschränkt.

Eine noch weitergehende Eingrenzung, die für die meisten praktischen Fälle völlig ausreicht, erhält man, wenn man von den für die Bohrungen zugelassenen Toleranzklassen H6 bis H13 und von denen ihnen zugeordneten Toleranzklassen für die Wellen wiederum diejenigen bevorzugt, die nach DIN 7157 standardisiert sind (siehe **Tabelle 7-3** in **Abschnitt 7.2**).

Tabelle 7-11 ISO-Pass-System Einheitsbohrung nach DIN 7154 und Passungsauswahl nach DIN 7157

(H6)	**H7**	**H8**	(H9...H10)	H11	(H12...H13)
..	(za6)	(zc8)	....	(zc11)	...
..	(z6)	(zb8)	....	(zb11)	...
	(x6)	(za8)		(za11)	
	(u6)	(z8)		(z11)	
	(t6)	**x8**		(x11)	
	s6	**u8**		**h9**	
	r6	(t8)		h11	
	(p6)	(s8)		d9	
	n6	(h8)		(d11)	
	(m6)	**h9**		c11	
	k6	**f7**		(b11)	
	j6	(f8)		(b12)	
	h6	**e8**		a11	
	g6	**d9**		–	
	(f6)	(c9)		–	
	f7	(b9)		–	

Reihe 1 + Reihe 1 **Reihe 1 + Reihe 2** Reihe 2 + Reihe 2

Tabelle 7-11 verdeutlicht das schrittweise Eingrenzungsverfahren für Passungen nach dem ISO-Pass-System der Einheitsbohrung nach DIN 7154. Von den grundsätzlich möglichen Toleranzklassen H6 bis H13 der Einheitsbohrung sind nur diejenigen weiter ausgeführt, die zu den Vorzugstoleranzklassen nach DIN 7157 zählen. Dies sind nach Reihe 1 aus DIN 7157 die Toleranzklassen H7 und H8 (fett und groß gedruckt) sowie nach der Reihe 2 die Toleranzklasse H11 (fett gedruckt). Zu jeder Vorzugstoleranzklasse für die Einheitsbohrung sind nun aus Gründen der Vollständigkeit alle nach DIN 7154 zulässigen Toleranzklassen für die Welle aufgeführt. Diejenigen in Klammern decken sich aber nicht mit den Vorzugstoleranzklassen nach DIN 7157 und sollten deswegen in der Praxis nicht eingesetzt werden. Von den nach **Tabelle 7-11** aufgeführten ungeklammerten Toleranzklassen für Wellen stehen die fett und groß gedruckten in Reihe 1 nach DIN 7157, die fett gedruckten hingegen in Reihe 2.

Tabelle 7-12 ISO-Pass-System Einheitswelle nach DIN 7155 und Passungsauswahl nach DIN 7157

(h5)	**h6**	(h8)	**h9**	(h10)	h11	(h12...h13)
..	(ZA7)	..	(ZC9)	...	(ZC11)	...
..	(Z7)	..	(ZB9)	...	(ZB11)	...
	(X7)		(ZA9)		(ZA11)	
	(U7)		(Z9)		(Z11)	
	(T7)		(X9)		(X11)	
	(S7)		(U9)		(H9)	
	(R7)		(T9)		H11	
	(P7)		**H8**		(D9)	
	(N7)		(H9)		**D10**	
	(M7)		**H11**		(D11)	
	(K7)		**F8**		**C11**	
	(J7)		**E9**		(B11)	
	H7		**D10**		(B12)	
	G7		(C10)		A11	
	(F7)		**C11**		–	
	F8		(B10)		–	

Reihe 1 + Reihe 1 **Reihe 1 + Reihe 2** Reihe 2 + Reihe 2

Für die Passungsauswahl insgesamt zu bevorzugen sind nunmehr an erster Stelle Toleranzklassenkombinationen, bei denen die Toleranzklasse sowohl für die Einheitsbohrung als auch für die Welle aus der Reihe 1 nach DIN 7157 stammen, in der Darstellung nach **Tabelle 7-11** also alle Kombinationen zweier fett und groß gedruckter Toleranzklassen (dunkel grau unterlegt und umrahmt). An zweiter Stelle kommen Kombinationen in Betracht, bei denen je eine Toleranzklasse der Reihe 1 und der Reihe 2 nach DIN 7157 entstammt (in **Tabelle 7-11**: alle Kombinationen einer fett und groß gedruckten mit einer nur fett gedruckten Toleranzklasse; grau unterlegt und umrahmt). An dritter und letzter Stelle dürfen schließlich noch zwei Toleranzklassen der Reihe 2 nach DIN 7157 miteinander kombiniert werden (in **Tabelle 7-11**: Kombinationen zweier normal gedruckter Toleranzklassen; umrahmt). Die Vorzugstoleranzklassenkombinationen werden in der genannten Reihenfolge nach DIN 7157 Teil 2, welche die Passungsauswahl insgesamt regelt, auch als Toleranzklassenkombinationen der Reihen I, II und III bezeichnet.

Die Verhältnisse beim *ISO-Pass-System der Einheitswelle (EW)* nach DIN 7155 liegen ganz ähnlich wie beim gerade erläuterten ISO-Pass-System der Einheitsbohrung. Es vertauschen lediglich Innen- und Außenpassfläche ihre jeweilige Rolle. So wird beim ISO-Pass-System der Einheitswelle für die Außenpassfläche (Welle) einheitlich die Toleranzfeldlage h verwendet, also diejenige Toleranzfeldlage, deren oberes Abmaß Null beträgt. Das gewünschte Passtoleranzfeld (Spiel-, Übergangs- oder Übermaßpassung) wird zu dieser *Einheitswelle* durch die geeignete Wahl der Toleranzfeldlage für die Innenpassfläche (Bohrung) festgelegt.

Zur Standardisierung werden auch beim ISO-Pass-System der Einheitswelle insgesamt nur 8 ISO-Toleranzklassen für die Außenpassflächen (Wellen) zugelassen, nämlich die Toleranzklassen h5, h6 und h8 bis h13. Ebenso sind für die jeweils zugeordneten Innenpassflächen (Bohrungen) nur bestimmte Toleranzklassen zulässig.

Bevorzugt man von den für die Einheitswelle und für die Bohrungen nach DIN 7155 zulässigen Toleranzklassen wiederum diejenigen, die nach DIN 7157 standardisiert sind (siehe **Tabelle 7-3** in **Abschnitt 7.2**), so ergibt sich zusammenfassend die in **Tabelle 7-12** gezeigte Passungsauswahl im ISO-Pass-System der Einheitswelle. In **Tabelle 7-12** sind völlig analog zu **Tabelle 7-11** wieder die Toleranzklassen nach Reihe 1 DIN 7157 groß und fett und diejenigen nach Reihe 2 DIN 7157 nur fett gedruckt. Toleranzklassen, die nach DIN 7157 überhaupt nicht als Vorzugstoleranzklassen ausgewiesen sind, stehen in Klammern und sollten grundsätzlich vermieden werden.

Im Rahmen der Passungsauswahl zu bevorzugen sind an erster Stelle wieder Toleranzklassenkombinationen, bei denen die Toleranzklasse sowohl für die Einheitswelle als auch für die Bohrung aus der (in **Tabelle 7-12** fett und groß gedruckten) Reihe 1 nach DIN 7157 stammt (Toleranzklassenkombination der Reihe I nach DIN 7157 Teil 2; dunkel grau unterlegt und umrahmt). Lassen sich damit nicht alle funktional erforderlichen Passungen realisieren, so folgen an zweiter Stelle Toleranzklassenkombinationen mit je einer Toleranzklasse aus Reihe 1 (fett und groß gedruckt) und Reihe 2 (fett gedruckt) nach DIN 7157 (Toleranzklassenkombination der Reihe II nach DIN 7157 Teil 2; grau unterlegt und umrahmt). An dritter und letzter Stelle steht die Kombination zweier (in **Tabelle 7-12** normal gedruckter) Toleranzklassen der Reihe 2 nach DIN 7157 (Toleranzklassenkombination der Reihe III nach DIN 7157 Teil 2; umrahmt).

Hält man sich strikt an die Empfehlungen von DIN 7157 Teil 2 zur Passungsauswahl (Toleranzklassenkombinationen der Reihen I bis III), so bleiben aus beiden ISO-Pass-Systemen die in **Tabelle 7-13** aufgelisteten Kombinationen übrig (grau unterlegt und mit „Häkchen“ versehen). Die **Tabelle 7-13** gibt in übersichtlicher Weise an, bei welchen Toleranzklassenkombinationen es sich um das System Einheitsbohrung (EB) oder das System Einheitswelle (EW) handelt. Des Weiteren ist zu entnehmen, bei welchen Kombinationen sich eine Übermaßpassung, eine Übergangspassung oder eine Spielpassung ergibt.

Von den beiden vorgestellten ISO-Pass-Systemen wird häufig das Pass-System der Einheitsbohrung (EB) bevorzugt, da es fertigungstechnisch einfacher und kostengünstiger ist, zu einer einheitlichen Bohrung verschiedene Wellen herzustellen als umgekehrt. Das zeigt sich unter anderem auch daran, dass sich aus den Empfehlungen zur Passungsauswahl nach DIN 7157 Teil 2 mehr Toleranzklassenkombinationen aus dem ISO-Pass-System der Einheitsbohrung als aus dem ISO-Pass-System der Einheitswelle ergeben (siehe **Tabelle 7-13**).

Tabelle 7-13 Passungsauswahl nach DIN 7157 Teil 2

Reihe I	System		Reihe II	System		Reihe III	System	
	EB	EW		EB	EW		EB	EW
Übermaßpassungen:								
H8/x8	✓		H7/s6	✓				
H8/u8	✓							
H7/r6	✓							
Übergangspassungen:								
H7/n6	✓		H7/k6	✓				
			H7/j6	✓				
Spielpassungen:								
H7/h6	✓	✓	H11/h9	✓	✓	H11/h11	✓	✓
H8/h9	✓	✓	G7/h6		✓	H11/d9	✓	
H7/f7	✓		H7/g6	✓		H11/c11	✓	
F8/h6		✓	H8/e8	✓		A11/h11		✓
H8/f7	✓		H8/d9	✓		H11/a11	✓	
F8/h9		✓	D10/h11		✓			
E9/h9		✓	C11/h11		✓			
D10/h9		✓						
C11/h9		✓						

Abschließend zeigt **Tabelle 7-14** einige Anwendungsbeispiele für die Passungsauswahl auf. Hierbei sind wiederum die Toleranzklassenkombinationen der unterschiedlichen Reihen gekennzeichnet: Reihe I ist fett und groß gedruckt, Reihe II ist fett gedruckt, Reihe III ist normal gedruckt. Die übrigen Kombinationen sind in Klammern gesetzt.

Tabelle 7-14 a Anwendungsbeispiele für die Passungsauswahl bei Übermaßpassung

DIN 7154 Einheits-bohrung	DIN 7155 Einheits-welle	DIN 7157 Passungs-auswahl	Kennzeichen	Anwendungsbeispiele
H7/s6 **H7/r6**	(R7/h6) (S7/h6)	**H8/x8** **H8/u8** **H7/r6**	Teile unter hohem Druck, durch Erwärmen oder Kühlen fügbar. Zusätzliche Sicherung gegen Verdrehung nicht erforderlich.	Kupplungen auf Wellenenden, Buchsen in Radnaben, festsitzende Zapfen und Bunde, Bronzekränze auf Schneckenradkörpern, Ankerkörper auf Wellen

Tabelle 7-14 b Anwendungsbeispiele für die Passungsauswahl bei Übergangspassung

DIN 7154 Einheits-bohrung	DIN 7155 Einheits-welle	DIN 7157 Passungs-auswahl	Kennzeichen	Anwendungsbeispiele
H7/n6	(N7/h6)	**H7/n6**	Festsitzteile unter hohem Druck fügbar. Zusätzliche Sicherung gegen Verdrehung erforderlich.	Zahn- und Schneckenräder, Lagerbuchsen, Winkelhebel, Radkränze auf Radkörpern, Antriebsräder
H7/k6	(K7/h6)	**H7/k6**	Haftsitzteile unter geringem Kraftaufwand fügbar. Sicherung gegen Verdrehen bzw. Verschieben ist erforderlich.	Riemenscheiben, Zahnräder und Kupplungen sowie Wälzlagerinnenringe auf Wellen für mittlere Belastungen, Bremsscheiben
H7/j6	(J7/h6)	**H7/j6**	Schiebesitzteile bei guter Schmierung von Hand füg- und verschiebbar. Sicherung gegen Verdrehen, Verschieben daher notwendig.	Häufig auszubauende, aber durch Keile gesicherte Scheiben, Räder und Handräder; Buchsen, Lagerschalen, Kolben auf Kolbenstange und Wechselräder

Tabelle 7-14 c Anwendungsbeispiele für die Passungsauswahl bei Spielpassung

DIN 7154 Einheits-bohrung	DIN 7155 Einheits-welle	DIN 7157 Passungs-auswahl	Kennzeichen	Anwendungsbeispiele
H7/h6	**H7/h6**	**H7/h6**	Gleitsitzteile bei guter Schmierung durch Handdruck verschiebbar.	Pinole im Reitstock, Fräser auf Fräsdornen, Wechselräder, Säulenführungen, Dichtungsringe
H7/g6	**H7/h6**	**H7/g6**	Enge Laufsitzteile gestatten Bewegung ohne merkliches Spiel.	Schieberäder in Wechselgetrieben, verschiebbare Kupplungen, Spindellagerungen an Schleifmaschinen und Teilapparaten
H7/f7	(F7/h6)	**H7/f7**	Laufsitze gewähren ein leichtes Verschieben der Passteile und erleichtern einwandfreie Schmierung durch reichliches Spiel.	Meist angewendete Lagerpassung, z. B. Spindellagerung an Werkzeugmaschinen, Kurbel- oder Nockenwellenlagerung, Gleitführungen
(H8/f8)	**F8/h9**	**F8/h9**	Schlichtlaufsitzteile besitzen merkliches bis reichliches Spiel, sind daher gut ineinander beweglich.	Für mehrfach gelagerte Wellen, Kolben in Zylindern, Ventilspindeln in Führungsbuchsen, Lager für Zahnrad- und Kreiselpumpen
(H9/d10)	**D10/h9**	**D10/h9**	Weite Schlichtlaufsitzteile weisen sehr reichliches Spiel auf.	Achsbuchsen für Fuhrwerke und Landmaschinen, Transmissionslager und Losscheiben
H11/h11	H11/h11	H11/h11	Passteile, die große Toleranzen aufweisen.	Teile, die verstiftet, verschraubt, zusammengesteckt und verschweißt werden, z. B. Kurbeln, Griffe, Hebel
H11/c11	**C11/h11**	**C11/h11**	Passteile, die große Toleranzen und große Spiele aufweisen.	Lager an landwirtschaftlichen und Haushaltsmaschinen
H11/a11	A11/h11	A11/h11	Passteile, die sehr große Toleranzen und einen sehr lockeren Sitz aufweisen.	Türangeln, Kuppelbolzen, Feder- und Bremsgehänge an Fahrzeugen

7.5 Übungen

7.1 In welcher Form können Maßtoleranzen gegeben sein? Geben Sie mehrere Beispiele.

7.2 Warum ist es notwendig, Maßtoleranzen zu definieren?

7.3 Prüfen Sie, ob es sich bei den im Folgenden genannten Passungen um Übermaß-, Übergangs- oder Spielpassungen handelt.

H7/r6; H7/n6; H7/h6; H11/h11; F8/h9; H7/j6; H8/x8; J7/h6; H7/k6; S7/h6; A11/h11; H7/f7

Gehören die genannten Passungen zum System Einheitsbohrung oder Einheitswelle?

7.4 Was kennzeichnet, d.h. woran erkennt man eine Übermaß-, Übergangs- oder eine Spielpassung?

7.5 Welche Passungen schlagen Sie jeweils vor, wenn Folgendes gefordert wird:

- nach dem Fügen ist eine zusätzliche Sicherung gegen Verdrehen/Verschieben nicht mehr erforderlich
- nach dem Fügen ist eine Sicherung gegen Verdrehen/Verschieben erforderlich
- das Fügen soll von Hand möglich sein

7.6 Bestimmen Sie für die Passungen H7/r6, H7/j6 und H7/h6 für ein Durchmessermaß von 50 mm jeweils

- das obere und untere Abmaß (ES, EI und es, ei) für Bohrung und Welle
- das Höchst- und Mindestmaß (Go und Gu) für Bohrung und Welle
- die Maßtoleranz (T) für Bohrung und Welle
- je nach Passung das Höchstübermaß ($P_{ÜU}$) und Mindestübermaß ($P_{ÜO}$), Höchstübermaß ($P_{ÜU}$) und Höchstspiel (P_{SO}), Mindestspiel (P_{SU}) und Höchstspiel (P_{SO})
- die Passtoleranz P_T

Verdeutlichen Sie sich die Zusammenhänge gegebenenfalls anhand einer Zeichnung.

7.7 Wie sind Maßtoleranzen in einer Technischen Zeichnung anzugeben?

7.8 Wie sind Form- und Lagetoleranzen in einer Technischen Zeichnung anzugeben?

7.9 Welche Maß-, Form- und Lagetoleranzen sind gültig, wenn explizit keine Maß-, Form- und Lagetoleranzen in der Zeichnung angegeben sind?

7.10 Was versteht man unter den Begriffen Gutmaß und Ausschussmaß?

7.11 Was versteht man unter dem Begriff Allgemeintoleranzen und wann werden sie verwendet?

7.12 Was ist darunter zu verstehen, wenn am Schriftfeld einer Zeichnung „Tolerierung ISO 8015“ steht? Was wird vorausgesetzt, wenn diese Angabe nicht gegeben ist?

7.13 In der folgenden Zeichnung sind die zulässigen Abweichungen verbal niedergelegt. Zeichnen Sie die vorgegebene Zeichnung auf ein separates Blatt; die Abmessungen können Sie abmessen oder frei wählen. Setzen Sie die gestellten Anforderungen normgerecht in Ihrer Zeichnung um.

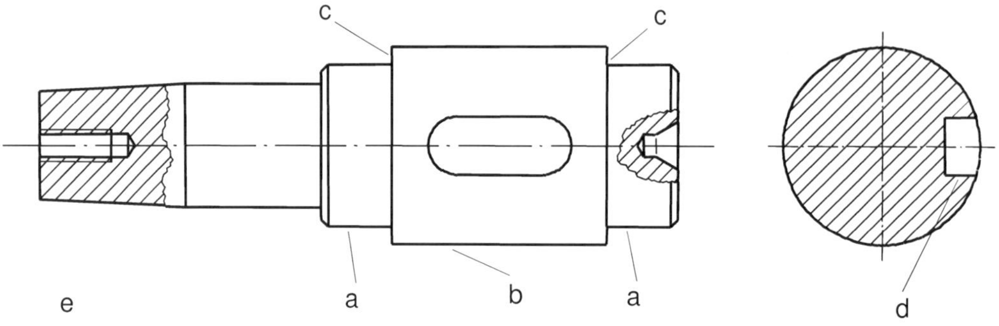

zu a: Maßtoleranz: k6; Zylinderformtoleranz: 3 µm

zu b: Maßtoleranz: n6; Zylinderformtoleranz: 3 µm

zu c: Planlauftoleranz: 7 µm

zu d: Maßtoleranz der Nutbreite: P9

zu e: Maßtoleranz der Gesamtlänge: -0,1 mm

7.14 Was bedeutet jeweils das eingekreiste M, L und E hinter einer Maßangabe?

7.15 Wie wird der Maßbereich genannt, in dem sich das Maß „bewegen" darf, ohne dass es zu einem Ausschussmaß wird?

7.16 Wie wird die Abweichung genannt, welche die Differenz zwischen dem geforderten Nennmaß und der vorhandenen Abmessung angibt? Welches Vorzeichen besitzt diese Abweichung?

7.17 Bei einer ISO-Toleranzklasse: Was definiert der Buchstabe? Was definiert die Zahl dahinter?

7.18 Welche Buchstaben des Alphabets sind bei Nutzung einer ISO-Toleranzklasse möglich? Wann gelten die Kleinbuchstaben, wann die Großbuchstaben?

7.19 Welche Zahlen (Toleranzgrade) sind bei Nutzung einer ISO-Toleranzklasse möglich?

7.20 Welche Toleranzgrade sind durch das Bearbeitungsverfahren Drehen realisierbar?

7.21 Welche Grenzabmaße ergeben sich für die folgenden Durchmesser?

7.21.1 Ø 255 h11

7.21.2 Ø 120 h6

7.21.3 Ø 119 H11

7.21.4 Ø 121 h6

7.21.5 Ø 5 E9

7.21.6 Ø 500 E9

7.21.7 Ø 355 G7

7.22 Für das folgende Bauteil ist eine Tolerierung nach Allgemeintoleranzen mittel definiert. Bestimmen Sie für die gegebenen Bemaßungen die jeweilige Toleranz der Gesamtlänge.

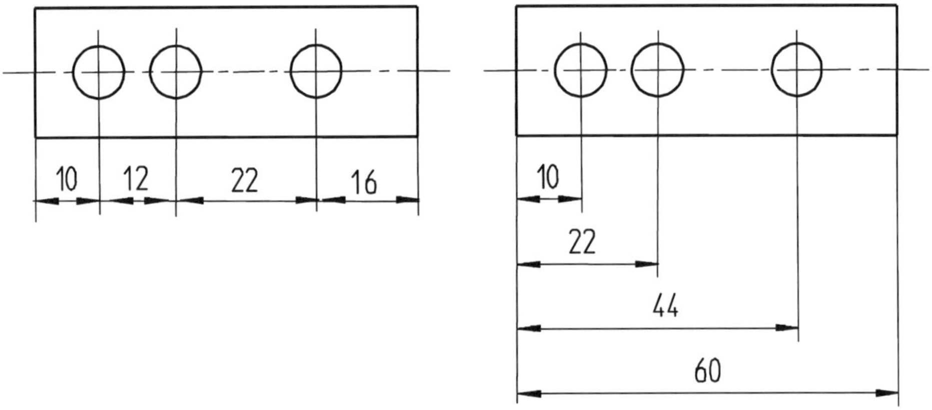

7.23 In den folgenden Beispielen sind die Abmessungen zu tolerieren. An welcher Stelle ist es sinnvoll sowohl ein unteres als auch ein oberes Abmaß anzugeben? An welcher Stelle ist es sinnvoll, nur eines dieser Abmaße anzugeben?

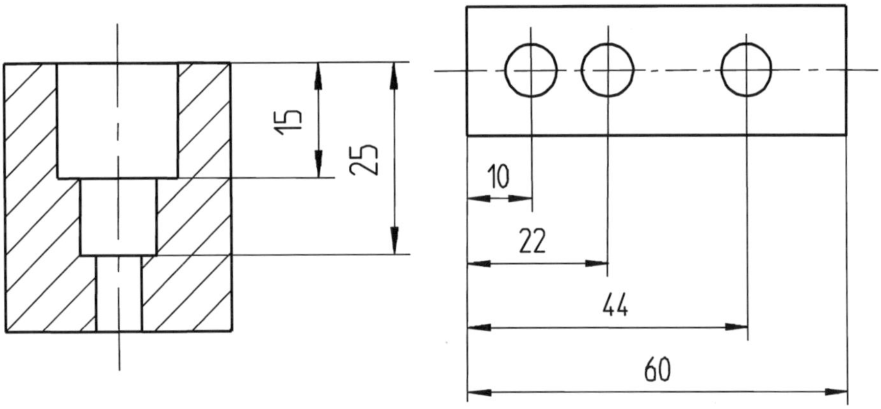

7.24 Warum ist es sinnvoll, nicht jede Kombination von Toleranzfeld und Toleranzgrad in der Praxis zuzulassen, sondern nur einige wenige?

7.25 Wie können die Grenzabmaße der ISO-Toleranzkurzzeichen in Zeichnungen angegeben werden?

7.26 Zeichnen Sie das Symbol für Zylinderformtoleranz, Ebenheitstoleranz, Rechtwinkligkeitstoleranz, Konzentrizität, Gesamtlauftoleranz.

7.27 Wann wird das Symbol der Lauftoleranz für Planlauftoleranz und wann für Rundlauftoleranz genutzt?

7.28 Worin liegt der Unterschied der Lauftoleranz zur Gesamtlauftoleranz?

7.29 Wie werden Formtoleranzen in eine Technische Zeichnung eingetragen? Was ist der Unterschied zu Lagetoleranzen?

7.30 In welcher Einheit wird der Toleranzwert in den Toleranzrahmen angegeben?

7.31 Geben Sie für die im Folgenden gegebene Welle die Tolerierung (die Maße selbst können geschätzt oder frei gewählt werden) entsprechend den folgenden Maßgaben an. Wählen Sie eine günstige Ansicht und/oder erstellen Sie eine zusätzliche Ansicht, um dieser Aufgabe gerecht zu werden.

- Die zulässige Abweichung der Gesamtlänge ist kleiner als 0,1 mm.
- Die Breite der Passfedernuten besitzt die Passtoleranz P9.
- Die zulässige Abweichung der Tiefe der Passfedernuten ist kleiner als 0,2 mm.
- Die Lagersitze haben im Durchmesser eine Maßtoleranz von k6.
- Die Lagersitze haben eine Zylinderformtoleranz von 5 μm.
- Die Lagersitze besitzen eine Koaxialität von 5 μm.
- Die Anlageschultern für die Lager besitzen eine Planlauftoleranz von 7 μm zur Achse.
- Die Breite der Nut für die Sicherungsringe hat die Passtoleranz H13.
- Die Anlageschulter für den Sicherungsring besitzt eine Planlauftoleranz von 0,3 mm.
- Die Anlageschulter für den Sicherungsring besitzt eine Rechtwinkligkeitstoleranz zur Achse von 0,4 mm.
- Der Nutgrund für den Sicherungsring besitzt eine Rundlauftoleranz von 0,4 mm.

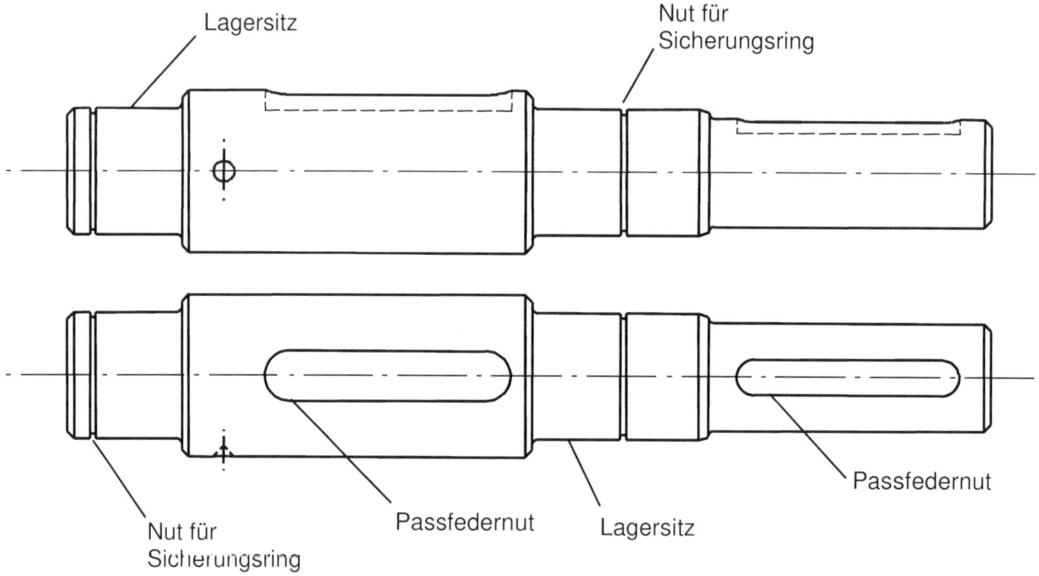

7.32 Was bedeutet das „K“ bei der Angabe „ISO 2768-mK“? Was bedeutet das „m“?

7.33 Welche Toleranzen gelten, wenn sowohl keine Maßtoleranzen als auch keine Allgemeintoleranzen angegeben sind?

7.34 Was genau definiert der Begriff „Passung“?

7.35 Was versteht man unter dem Begriff „Grenzpassung“?

7.36 Warum soll das ISO-Pass-System der Einheitsbohrung bevorzugt angewendet werden?

7.37 Nennen Sie die nach dem ISO-Pass-System Einheitsbohrung zu bevorzugenden Toleranzklassen.

7.38 Nennen Sie die nach dem ISO-Pass-System Einheitswelle zu bevorzugenden Toleranzklassen.

7.39 Das Nennmaß der Passung soll in folgendem Beispiel 40 mm betragen. Die Maßtoleranz des Außenteils (1) soll die angegebenen 40 mm nicht unterschreiten und um maximal 25 μm überschreiten. Das Innenteil (2) soll eine maximale Abweichung von +50 μm und eine minimale Abweichung von +34 μm aufweisen.

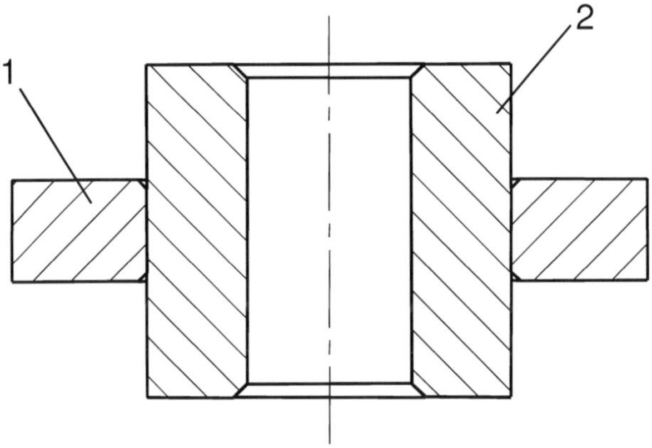

Tragen Sie die Maßtoleranz in dieses Beispiel mit Hilfe eines ISO-Toleranzkurzzeichens ein. Benutzen Sie die **Tabelle 7-3**.

Handelt es sich um eine Übermaß-, Übergangs- oder um eine Spielpassung?

7.40 Welche Möglichkeiten bestehen, die Grenzabmaße der durch ISO-Toleranzkurzzeichen gegebenen Toleranzen in einer Technischen Zeichnung anzugeben?

7.41 Warum werden die Buchstaben i, l, o, q und w bzw. I, L, O, Q und W nicht als Kennbuchstaben bei den ISO-Toleranzkurzzeichen benutzt?

7.42 Wie viele μm ergeben einen mm?

7.43 Geben Sie 30 μm in der Einheit mm an. Geben Sie 20 mm in der Einheit μm an.

7.44 Sie wollen eine Übermaßpassung realisieren, die Sie gegen Verdrehen nicht mehr zu sichern brauchen. Geben Sie zwei Beispiele für das System Einheitsbohrung, die diese Anforderung erfüllt.

8 Schraubenverbindungen

In diesem Kapitel wird sowohl auf das Funktionselement Gewinde mit seinen Besonderheiten der Darstellung, wie auf die Maschinenelemente Schraube und Mutter, deren Darstellung, Funktion und Vielfalt eingegangen. Um die Thematik Schraubenverbindung abzurunden ist in diesem Kapitel ebenfalls das zugehörige Zubehör wie Unterlegscheiben und Schraubensicherungen erwähnt. Nicht behandelt wird allerdings die Thematik des Entwerfens und der Auslegung. Sehr gute weiterführende Angaben zur Gestaltung und Berechnung von Schraubenverbindungen sind in [RoMa15] zu finden.

8.1 Besonderheiten der Darstellung

Die Grundregeln der normgerechten Darstellung gelten auch hier. In den folgenden Abschnitten geht es hauptsächlich darum, herauszustellen, was es an Besonderheiten bei der Darstellung zu beachten gibt.

8.1.1 Gewindedarstellung

Es sei an dieser Stelle bereits erwähnt, dass es sehr viele Gewindearten gibt, die sich in Form und Funktion durchaus unterscheiden. Auf diese unterschiedlichen Gewindearten wird in **Abschnitt 8.2** eingegangen. Fakt ist jedoch, dass ganz unabhängig von der Gewindeart, das Gewinde in Technischen Zeichnungen immer gleich dargestellt wird. Die Unterscheidung erfolgt stets nur über die Beschriftung bzw. Bemaßung.

In **Kapitel 5** wurde bereits gezeigt, dass Gewinde vereinfacht darzustellen sind. Was genau vereinfacht wird, wird erst bei genauer Betrachtung eines Gewindes deutlich. Doch zuvor muss man sich verdeutlichen, dass eine Schraubverbindung immer aus zwei Teilen besteht: dem *Innengewinde* und dem *Außengewinde*. Eines dieser Elemente allein für sich ist nutzlos. Ein Element mit Innengewinde wird meistens *Mutter* genannt. Ein Element mit Außengewinde wird meistens als *Gewindebolzen* bezeichnet. Im Folgenden wird ja ausnahmslos von Gewindebolzen gesprochen und deswegen auch vereinfachend der Begriff *Bolzen* genutzt.

Bild 8-1 zeigt ein reales Außen- und Innengewinde im Vergleich zu der technischen Darstellung. Das reale Gewinde (das Innengewinde ist hier aufgeschnitten dargestellt) ist eine spiralförmige Einkerbung um eine zylindrische Fläche. Diese Einkerbung wird in der Technischen Zeichnung nicht dargestellt, sondern lediglich der *Kern-* und der *Nenndurchmesser* durch eine Linie angedeutet (DIN ISO 6410-1). Zur besseren Anschauung sind in **Bild 8-1** diese Durchmesser bemaßt. In einer Technischen Zeichnung wird jedoch stets nur der Nenndurchmesser des Gewindes mit der Angabe der Gewindeart bemaßt. Alle anderen Angaben resultieren aus dieser Maßangabe. Auch muss, obwohl der Kerndurchmesser nicht bemaßt wird, dieser trotzdem maßstabsgerecht eingezeichnet sein.

Dabei werden jeweils die Begrenzungskanten des Gewindes in breiter Voll-Linie dargestellt, also die Außenkante beim Außengewinde (Bolzen) und die Innenkante beim Innengewinde (Mutter). Wer Schwierigkeiten hat, sich das vorzustellen, merkt sich einfach, dass stets diejenige Kante mit breiter Voll-Linie dargestellt wird, die den Körper begrenzt, also mithilfe eines

Mess-Schiebers (Schieblehre) erfasst werden kann. Besonders deutlich wird das im Schnitt an der Schraffur des Muttern-Gewindes, weil die Schraffur bis an den Kerndurchmesser, der hier die Körperbegrenzungskante darstellt, herangezogen wird.

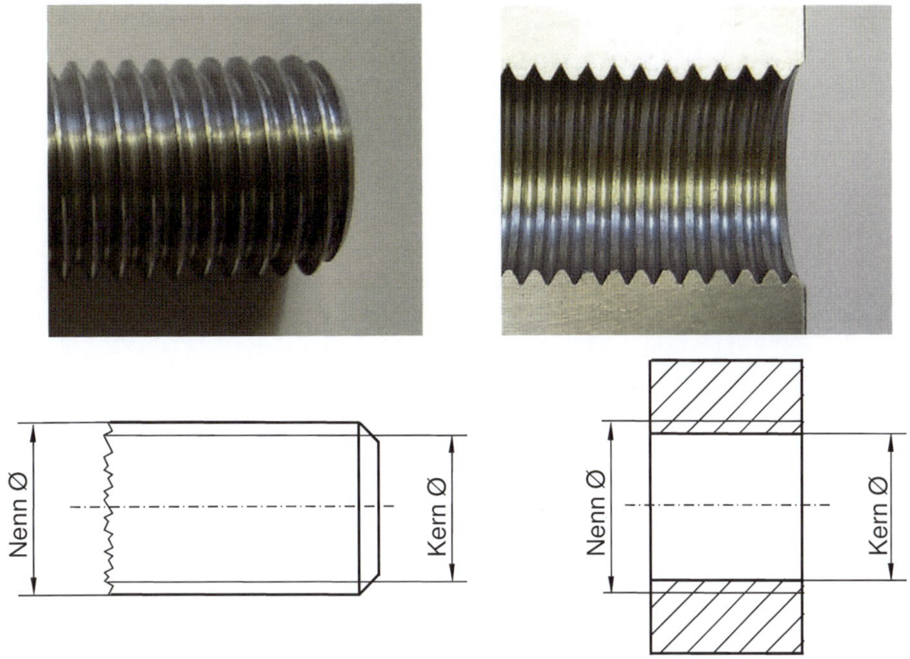

Bild 8-1 Darstellung von Außen- und Innengewinde

Bolzen- und Mutter-Gewinde können ineinander geschraubt werden. Bei einem ineinander geschraubtem Gewinde hat bei der Darstellung stets das Bolzengewinde „Vorrang" und seine Begrenzungskanten werden mit breiter Voll-Linie gezeichnet, siehe **Bild 8-2**. Man kann sich hierbei vereinfachend vorstellen, dass es „obenauf" liegt. Bei Konstruktionen mit Gewinde ist stets darauf zu achten, dass das Bolzengewinde oder auch das Mutterngewinde eine Fase erhalten. Das Ineinanderschrauben von Gewindeteilen kann sich sonst zu einem Geduldsspiel entwickeln. Die Fase wird auch immer als Körperkante dargestellt.

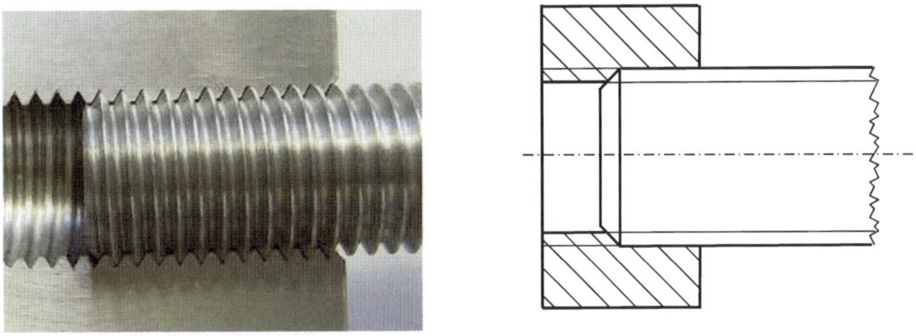

Bild 8-2 Ineinandergeschraubter Bolzen mit Mutter

Bei Betrachtung eines Gewindebolzens oder einer Gewindebohrung in axialer Richtung ist beim Außengewinde (Bolzen) der Nenndurchmesser vollständig sichtbar. Der Kerndurchmesser allerdings ist nicht über die 360° sichtbar, sondern nur etwa 270°. Dieses liegt daran, dass die Linie des Kerndurchmessers sich aufgrund der Steigung nach unten windet. Diesem Umstand wird Rechnung getragen indem der Kerndurchmesser auch nur über 270° dargestellt wird, siehe hierzu **Bild 8-3**. Dabei ist noch zu berücksichtigen, dass diese 270°-Linie nicht direkt an einer Mittellinie anfängt bzw. endet, sondern kurz davor bzw. danach. Beim Innengewinde (Mutter) drehen sich die Verhältnisse um: hier ist der Kerndurchmesser vollständig (über die 360°) sichtbar und der Nenndurchmesser nur über etwa 270°.

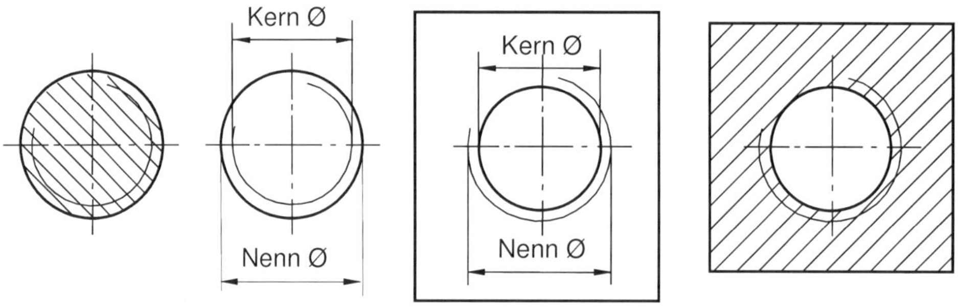

Bild 8-3 Darstellung von Außen- und Innengewinde bei axialer Ansicht

Interessant wird die Darstellung erst bei ineinander geschraubtem Bolzen und Mutter. Doch auch hier gilt die übergreifende Regel, dass das Bolzengewinde vorrangig zu zeichnen ist. In **Bild 8-4** sind die vier theoretischen Möglichkeiten der Darstellung bildlich wiedergegeben. In **Bild 8-4 a)** sind Gewindebolzen und Innengewinde im nicht geschnittenen Zustand dargestellt, also in der Ansicht von außen. Die Körperkante des Bolzens (= Nennmaß) wird mit breiter Voll-Linie gezeichnet. In **Bild 8-4 b)** ist das Innengewinde im Schnitt dargestellt, auch hier müsste der Außendurchmesser des Gewindebolzens (= Nennmaß) vorrangig dargestellt werden, doch diese Schnittdarstellung kann praktisch nicht vorkommen, weil der Schnitt auch den Bolzen erfassen müsste. Ist der Bolzen geschnitten dargestellt, so ergeben sich die beiden rechts wiedergegebenen Möglichkeiten. Auch hier ist der Bolzen vorrangig darzustellen, das bedeutet, dass die Schraffur des Mutternmaterials nur bis zur Körperkante des Bolzens zu zeichnen ist, **Bild 8-4 c)** und **d)**.

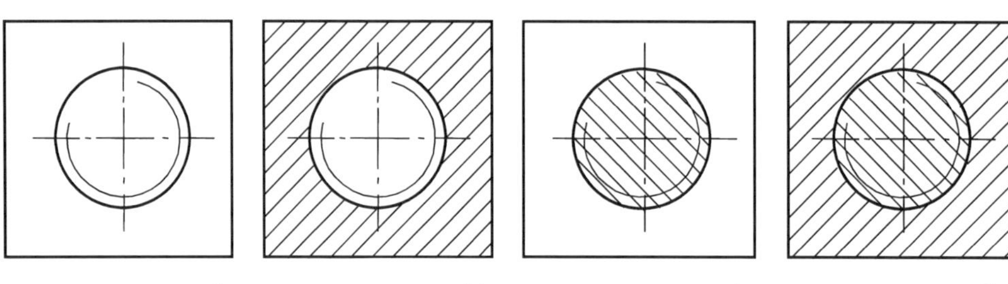

a) b) c) d)

Bild 8-4 Darstellung von ineinander geschraubtem Bolzen und Mutter in axialer Ansicht; siehe Text

8.1.2 Nutzbare Gewindelänge

Das Ende des Gewindes muss in einer Zeichnung dargestellt sein, um die nutzbare Länge zu kennzeichnen. Als *nutzbare Gewindelänge* wird die Gewindelänge bezeichnet, die bei der Anlagefläche beginnt und bis zum letzten vollen Gewindegang reicht. Bis genau zu diesem Gewindegang kann das Gewindegegenstück aufgeschraubt werden. Das Ende der nutzbaren Gewindelänge wird mit einer breiten Voll-Linie dargestellt und in der Regel als Länge auch bemaßt.

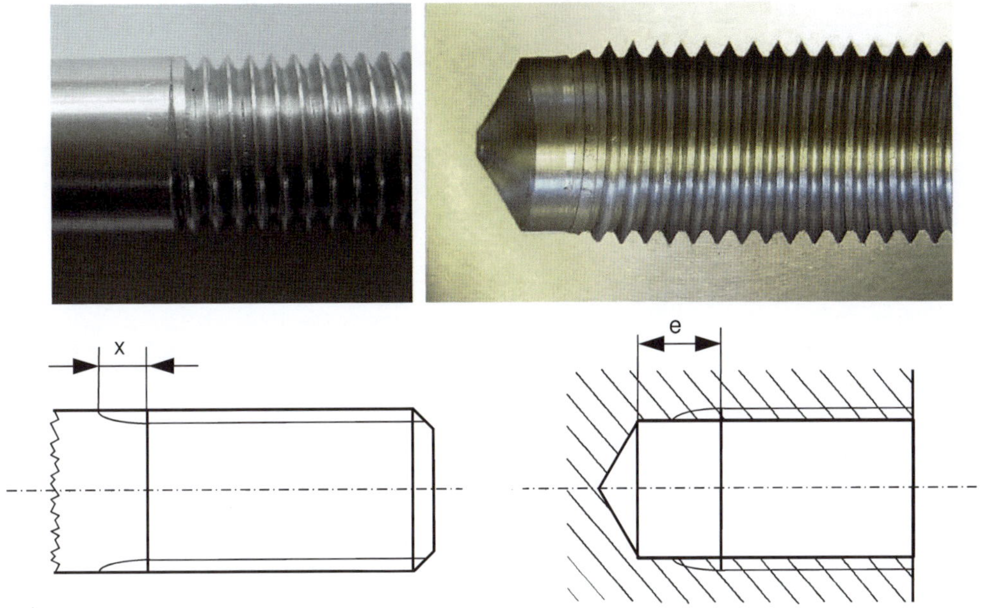

Bild 8-5 Darstellung des Gewindeauslaufs bei Außen- und Innengewinde

An die nutzbare Gewindelänge schließt sich noch ein Stück an, welches als *Gewindeauslauf* bezeichnet wird. Dieser Gewindeauslauf ist herstellungsbedingt und kann je nach Herstellungsverfahren des Gewindes in Form und Länge variieren.

Das Außengewinde eines Bolzens wird im Allgemeinen auf einer Drehbank mithilfe eines Schneidwerkzeugs geschnitten. In dem Bereich des Gewindeauslaufs werden entsprechend die Gewindezähne immer kleiner, weil das Schneidwerkzeug nach Außen gezogen wird, bis der glatte Bolzendurchmesser verbleibt.

Das Innengewinde einer Mutter wird im Allgemeinen mithilfe eines Gewindebohrers, siehe auch **Bild 5-13 b)**, geschnitten. Hierbei können entweder mehrere aufeinander abgestimmte Gewindebohrer hintereinander benutzt werden, um ausgehend von der glatten Bohrung das Gewinde zu schneiden oder es sind diese Schnittfolgen auf einem Gewindebohrer integriert. In beiden Fällen werden zum innen liegenden Gewindeende hin die Gewindezähne kleiner. Größere Gewindebohrungen können auch auf einer Drehbank geschnitten werden.

Die Länge eines Gewindeauslaufes ist natürlich genormt und beträgt z. B. bei einem M16-Gewinde x = 5 mm, siehe auch **Bild 8-5**. Als „Faustregel" gilt, dass die Länge des Gewindeauslaufs etwa das 2,5fache der Steigung P beträgt. Bei einem Innengewinde muss darüber hinaus noch der Grundlochüberhang berücksichtigt werden, um das Gewinde auch schneiden zu können. Dieser Grundlochüberhang beträgt z. B. bei einem M16-Gewinde e = 9,3 mm. Dieses sind die Regel-Abmessungen. Wenn nichts Besonderes angegeben wird, gilt auch hier stets der Regelfall.

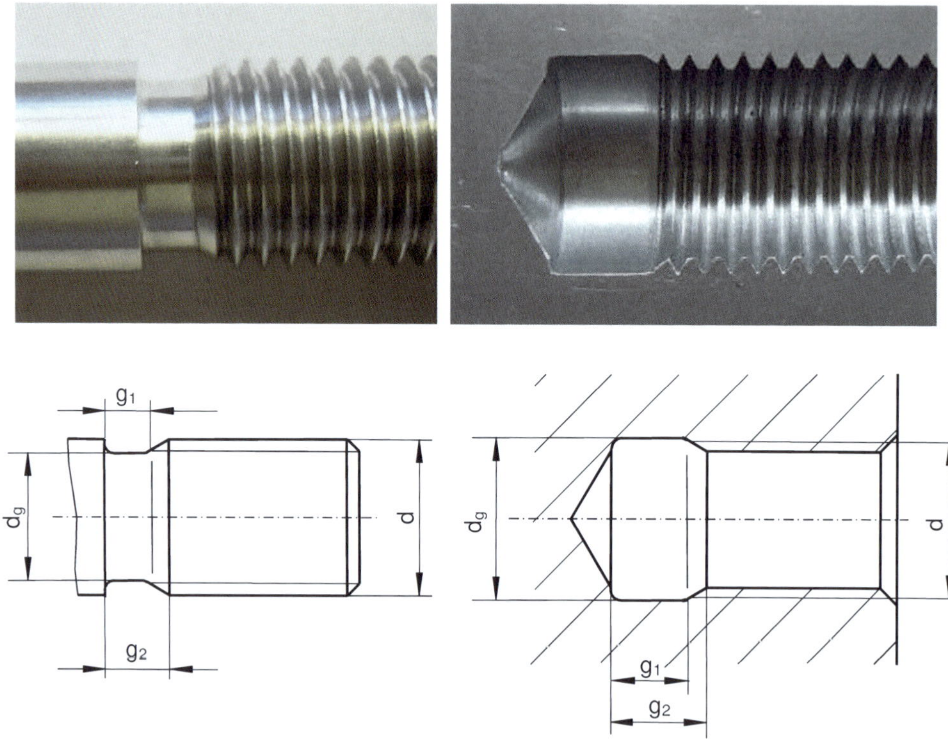

Bild 8-6 Darstellung des Gewindefreistichs bei Außen- und Innengewinde

Die Darstellung des Gewindeauslaufes, kann auch vereinfachend ohne die kurzen Linien für den Gewindeauslauf dargestellt sein, niemals darf jedoch die Gewinde-Begrenzungskante (breite Voll-Linie) entfallen, vergleiche auch **Bild 5-15**.

Die nutzbare Gewindelänge ist nach Möglichkeit stets zusammen mit dem Gewinde-Nenndurchmesser in einer Ansicht zu bemaßen, um ein Suchen auf der Zeichnung zu vermeiden.

Neben dem Gewindeauslauf, kann auch ein *Gewindefreistich* realisiert werden. Dieser wird bevorzugt dann angewendet, wenn die Möglichkeit geschaffen werden soll, das aufzuschraubende Gegenstück über die nutzbare Gewindelänge hinaus aufzuschrauben, **Bild 8-6**.

Auch beim Gewindefreistich bietet die DIN 76 mehrere Formen an. Um einen Einblick zu gewähren sind im Folgenden einige Abmessungen gegeben. Beim Außengewindefreistich beträgt im Regelfall (Form A) bei z. B. einem M16-Gewinde die Länge g_1 = 4,5 mm (mindestens), g_2 = 7 mm (maximal) und d_g = 13 mm bei einer h13-Toleranz. Beim Innengewindefreistich beträgt im Regelfall (Form C) wiederum für ein M16-Gewinde g_1 = 8 mm (mindestens), g_2 = 10,3 mm (maximal) und d_g = 16,5 mm bei eine H13-Toleranz.

8.2 Gewindearten

Die Gewinde werden nach der Profilform, z. B. Dreieck oder Trapez, der Steigung, der Gangzahl und dem Windungssinn unterschieden. Einige gebräuchliche Profilformen sind in **Bild 8-7** wiedergegeben. Auf die Gewindeformen wird im Folgenden eingegangen.

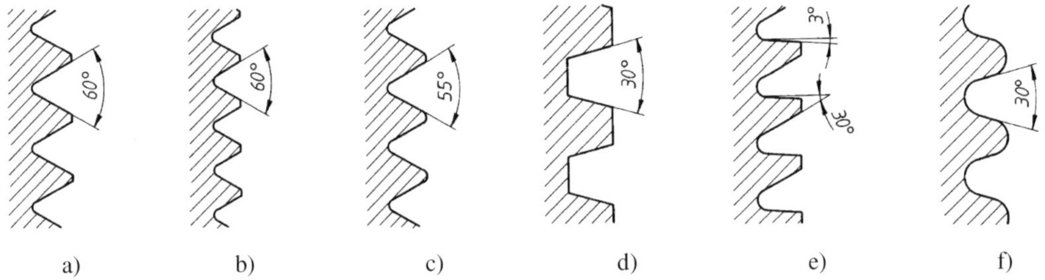

Bild 8-7 Grundformen einiger gebräuchlicher Gewinde; a) metrisches Gewinde, b) metrisches Feingewinde, c) Whitworth-Rohrgewinde, d) Trapezgewinde, e) Sägengewinde, f) Rundgewinde [RoMa13]

8.2.1 Metrisches ISO-Gewinde

Gewindebolzen und Mutter können miteinander verschraubt werden, wenn ihre Geometrie und Abmessungen zusammenpassen. Da sehr viele Abmessungen das Gewinde definieren, siehe auch **Bild 8-8**, wäre es ungünstig, alle diese Abmessungen nennen zu müssen, um ein bestimmtes Gewinde zu erhalten. Deshalb ist es üblich, durch einen Kennbuchstaben (z. B. „M" für metrisches ISO-Gewinde nach o.g. DIN 13) anzuzeigen, welche Gewindeform gewünscht ist und durch das so genannte Nennmaß (z. B. „16" für einen Nenndurchmesser von d = D = 16 mm) den Durchmesser festzulegen. Alle weiteren Abmessungen können dann aus dieser Kennzeichnung, hier also „M16", abgeleitet werden, weil sie in der Norm (hier DIN 13) verbindlich vorgeschrieben sind.

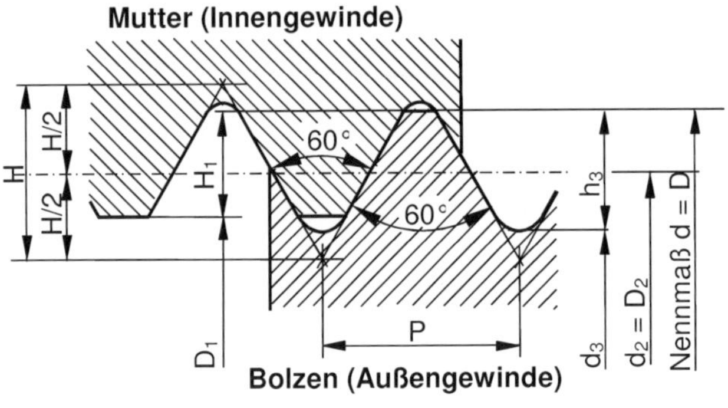

d = D = Gewinde-Nenn-Ø
P = Steigung
H = Höhe des Profildreiecks = 0,86603·P
H_1 = Flankenüberdeckung = 0,54127·P
d_2 = D_2 = Flanken-Ø = d – 0,64953·P
D_1 = Kern-Ø der Mutter = d – 2·H_1
d_3 = Kern-Ø des Bolzens = d – 1,22687·P
h_3 = Gewindetiefe am Bolzen = 0,61343·P

Bild 8-8 Metrisches ISO-Gewinde: wichtige Abmessungen des theoretischen Profils nach DIN 13-1

Das *metrische ISO-Gewinde* ist nach DIN 13-1 genormt. Das theoretische Profil ist in **Bild 8-8** wiedergegeben. Charakteristisch für das metrische Gewinde ist die 60°-Steigung der Zahnflanken. Wegen dieser Form wird das metrische ISO-Gewinde häufig auch als *Spitzgewinde* bezeichnet.

Diese Gewindeform wird auch gerne als *Regelgewinde* bezeichnet. Das Regelgewinde ist in DIN 13-1 genormt in einem Durchmesserbereich zwischen d = 1 mm und d = 68 mm. Nenndurchmesser unterhalb d = 1 mm, z. B. für die Uhrwerksindustrie, sind in DIN 14-1 genormt. Vorzugsweise wird das Regelgewinde als Befestigungsgewinde eingesetzt.

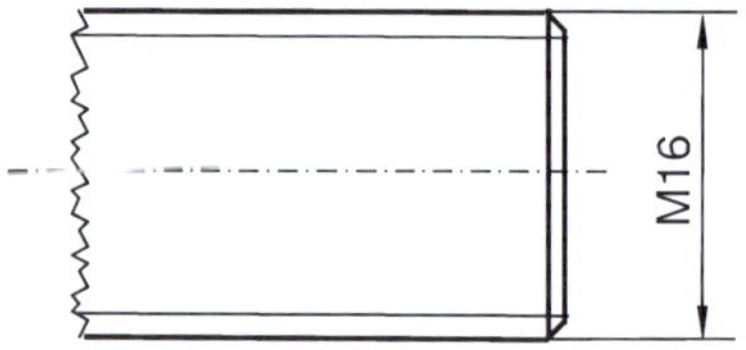

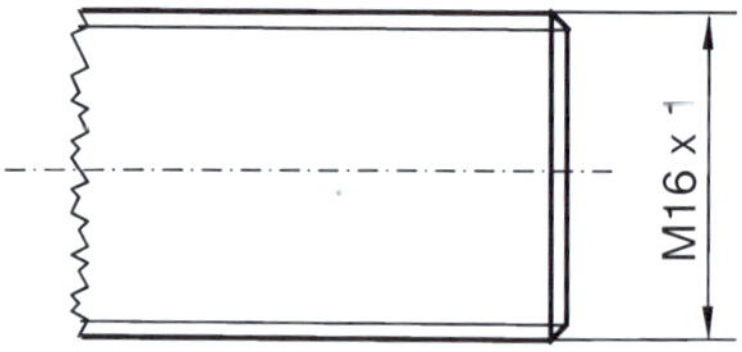

Bild 8-9 Metrisches ISO-Gewinde und ISO-Feingewinde im Vergleich

Ein M16-Regelgewinde besitzt z. B. eine Steigung von P = 2 mm. Weitere Größen, wie z. B. der Kerndurchmesser des Mutterngewindes D_1 können aus dem Nenndurchmesser d = D = 16 mm und der Steigung P = 2 mm errechnet werden, siehe auch **Bild 8-8**.

Neben dem metrischen ISO-Gewinde nach DIN 13-1 (Regelgewinde) existieren noch weitere Sonderformen dieses Gewindetyps, auf die im Folgenden eingegangen wird. Die Sonderformen behalten das grundsätzliche Profil des metrischen Spitzgewindes bei, lediglich die Steigung oder die Anzahl der Gewindegänge wird verändert.

Das *metrische ISO-Feingewinde* besitzt eine verringerte Steigung, wodurch natürlich auch die Zahnflanken (Zähne) kleiner werden. In DIN 13 Teil 2 bis 11 sind die verschiedenen Abmessungen des metrischen ISO-Feingewindes nach Steigungen geordnet niedergelegt.

Hierin ist das Feingewinde genormt in dem Durchmesserbereich von d = 1 mm bis d = 1.000 mm. Der Anwendungsbereich des Feingewindes reicht von einem Befestigungsgewinde vor allem für dünnwandige Teile oder hohe Beanspruchungen bis zu der Anwendung als Mess-, Einstell- und Dichtungsschraube.

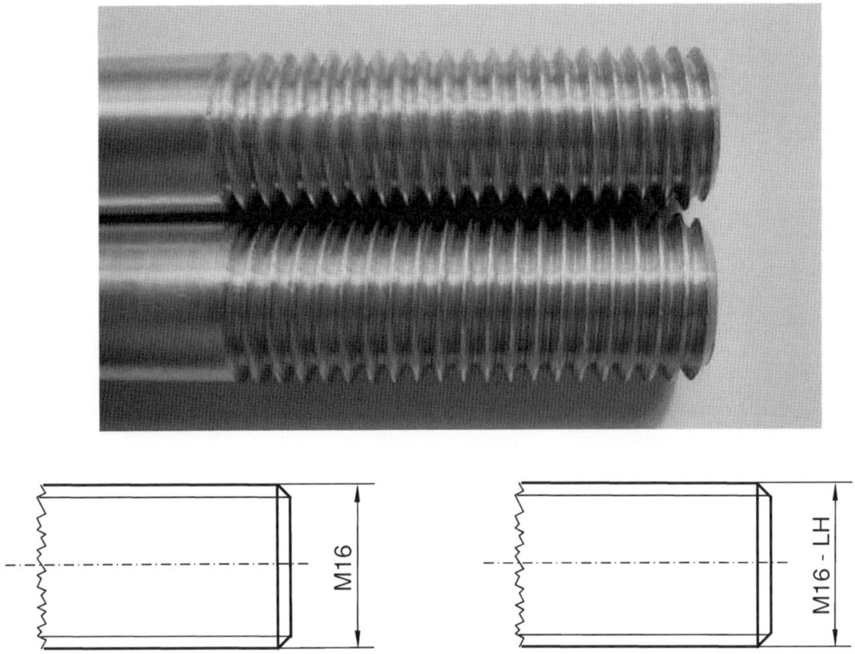

Bild 8-10 Metrisches Links- und Rechtsgewinde (Außengewinde) im Vergleich

Wenn man wiederum das Beispiel mit dem Nenndurchmesser von 16 mm heranzieht, so bieten sich hierfür zwei Steigungen an: P = 1,5 mm (fein) und P = 1 mm (extra fein). **Bild 8-9** zeigt den Unterschied zwischen einem Regel- und einem Feingewinde bei gleichem Nenndurchmesser. Hier ist auch die normgerechte Bemaßung beider Gewinde angegeben. Das ISO-Feingewinde wird vom Regelgewinde durch die Angabe der Steigung unterschieden. Ist also keine Steigung angegeben, so handelt es sich stets um das Regelgewinde.

Damit ist die Änderung der Steigung ein Sonderfall des metrischen Gewindes. Ein weiterer Sonderfall ergibt sich, wenn die Richtung der Steigung verändert wird. Im Regelfall wird bei einer Drehung nach Rechts ein Gewindebolzen in das Mutterngewinde hineingedreht. Aus konstruktiven Gründen kann es aber auch sinnvoll sein, dass bei einer Rechtsdrehung sich der Bolzen herausdreht. Auch solche Gewinde sind herstellbar und genormt, es sind so genannte *Linksgewinde*.

Der Regelfall ist das *Rechtsgewinde*. Wenn dieses realisiert werden soll, so muss es nur dann explizit als Rechtsgewinde mit dem Zusatz „-RH“ gekennzeichnet werden, wenn Verwechselungsgefahr besteht. Normalerweise wird nur das Linksgewinde mit dem Zusatz „-LH“ gekennzeichnet, siehe auch **Bild 8-10**.

8.2.2 Metrisches ISO-Trapezgewinde

Das *metrische ISO-Trapezgewinde* ist nach DIN 103 genormt. Das theoretische Profil ist in **Bild 8-11** wiedergegeben. Charakteristisch für das metrische ISO Trapezgewinde ist die trapezförmige Profilform der Zahnflanken, die dem Gewinde auch seinen Namen gab.

Die DIN 103 gibt einen Durchmesserbereich von d = 8 mm bis d = 300 mm vor, wobei jedem Durchmesser (je nach Größe) zwei oder drei verschiedene Steigungen direkt zugeordnet sind. Dem metrischen ISO-Trapezgewinde „Tr16" ist z. B. eine Steigung von P = 2 mm und P = 4 mm zugeordnet, wobei die 4 mm Steigung zu bevorzugen ist. Dem Gewinde-Nenndurchmesser d = 70 mm werden die Steigungen P = 4 mm, P = 10 mm und P = 16 mm zugeordnet, wobei die Steigung von P = 10 mm zu bevorzugen ist. Weil beim Trapezgewinde einem Nenndurchmesser mehrere Steigungen zugeordnet sind, wird bei der Bemaßung stets die Steigung mit angegeben, also z. B. „Tr16 x 4".

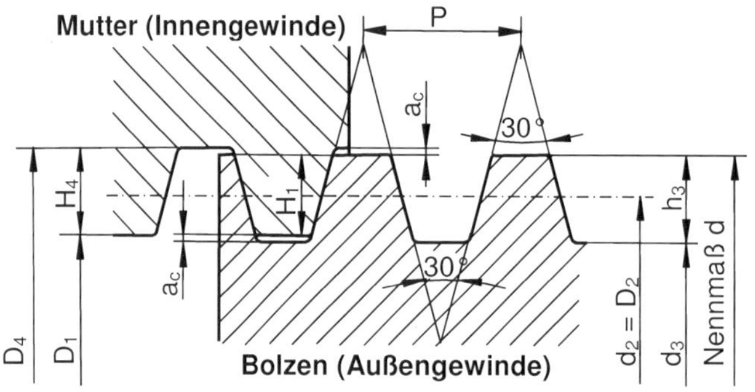

d = Gewinde-Nenn-Ø
P = Steigung
H_1 = Flankenüberdeckung = $0{,}5 \cdot P$
d_2 = D_2 = Flanken-Ø = $d - 0{,}5 \cdot P$
D_1 = Kern-Ø der Mutter = $d - 2 \cdot H_1$ = $d - P$
d_3 = Kern-Ø des Bolzens = $d - 2 \cdot h_3$ = $d - 0{,}5 \cdot P + a_c$
h_3 = Gewindetiefe am Bolzen = $0{,}5 \cdot P + a_c$ = $H_1 + a_c$

Bild 8-11 Metrisches ISO-Trapezgewinde; wichtige Abmessungen des theoretischen Profils nach DIN 103

Beim metrischen ISO-Trapezgewinde sind einige Größen direkt von der Steigung P abhängig und nicht wie beim metrischen ISO-Gewinde vom Nenndurchmesser. Dazu gehören z. B. die Flankenüberdeckung H_1 und das Kopfspiel a_c. Die Abhängigkeit der Flankenüberdeckung H_1 von der Steigung P geht aus der Formel von **Bild 8-11** direkt hervor. Für das Kopfspiel ist in der Norm keine Gleichung festgelegt, sondern der Wert für das Kopfspiel a_c wird in einer Tabelle der Steigung P fest zugewiesen. Das Kopfspiel hat bei einer Steigung von P = 4 mm einen Betrag von $a_c = 0{,}25$ mm.

Ein Vergleich der Zahlenwerte zeigt, dass die Steigung beim Trapezgewinde doppelt so groß ist, wie beim metrischen ISO-Gewinde. Die Flankenüberdeckung fällt auch etwa doppelt so groß aus. Die Zahnflanken sind damit deutlich größer als beim metrischen Gewinde.

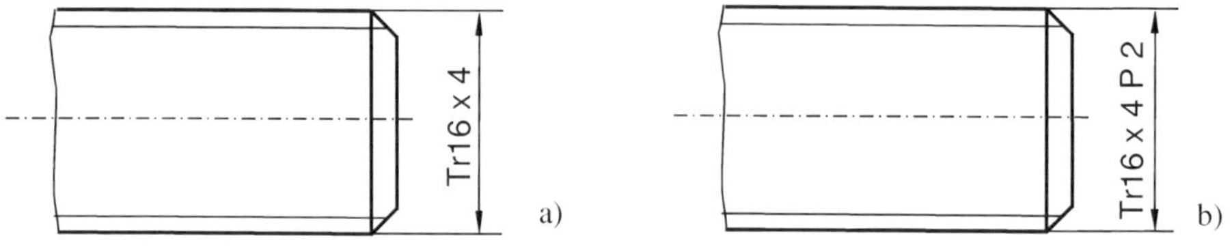

Bild 8-12 Metrisches ISO-Trapezgewinde; a) eingängig; b) zweigängig

Der Grund hierfür ist, dass die Trapezgewinde in der Regel als Bewegungsgewinde eingesetzt werden. Sie dienen also nicht wie die zuvor behandelten metrischen Gewinde zum Befestigen von Bauelementen, sondern Außen- und Innengewinde gleiten aufeinander und dienen somit zum Heben bzw. Senken von Lasten.

Um Lasten schneller, also mit einem größeren Hub pro Umdrehung heben bzw. senken zu können, kann noch ein „Kunstgriff" angewendet werden: Man vergrößert die Steigung und füllt den sich ergebenden Zwischenraum mit weiteren Gewindegängen. Wird eine Zahnflanke eines solchen Gewindes in ihrer Windung nach unten verfolgt, dann steht diese Zahnflanke nach einer 360° Drehung nicht direkt unterhalb der Startflanke, sondern eine oder mehrere Flanken tiefer. So gestaltete Gewinde werden *mehrgängig* genannt.

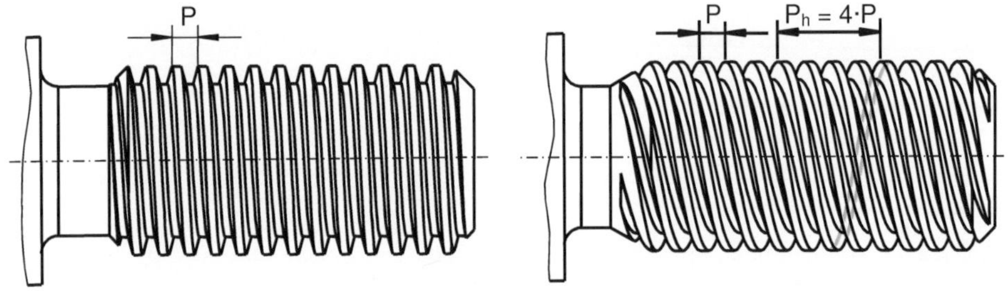

Bild 8-13 Steigung P_h und Teilung P bei einem eingängigen und einem viergängigen Trapezgewinde

In **Bild 8-12** sind sowohl ein (eingängiges) metrisches ISO-Trapezgewinde als auch ein zweigängiges metrisches ISO-Trapezgewinde zum direkten Vergleich dargestellt. Bei einem mehrgängigen Gewinde ist stets sowohl die Steigung P_h als auch die Teilung P anzugeben. Die Gewindesteigung P_h entspricht der Axialverschiebung, die sich bei einer Umdrehung ergibt. Die Teilung P ist lediglich der Abstand zweier Zahnflanken. Wird die Steigung P_h durch die Teilung P dividiert, erhält man die Gangzahl. Das in **Bild 8-12** gegebene Beispiel „Tr16 x 4 P 2" hat die Gangzahl 2. Ein Gewinde „Tr48 x 6 P 3" ist ebenfalls zweigängig. **Bild 8-13** zeigt am Beispiel eines Trapezgewindes den Unterschied zwischen Steigung P_h und Teilung P.

8.2.3 Metrisches Sägengewinde

Das *metrische Sägengewinde* ist in seiner Profilform sehr ähnlich zum metrischen ISO-Trapezgewinde, vgl. **Bild 8-14**. Es ist nach DIN 513 genormt. Es wird genau so wie das metrische ISO-Trapezgewinde als Bewegungsgewinde eingesetzt mit dem einzigen Unterschied, dass die Lastübertragung nur in einer Richtung erfolgt, z. B. nur zum Heben unter Last bei kraftfreiem Senken oder zum Zusammenpressen (unter Last) bei kraftfreiem Entlasten. Diese Eigenschaft zeigt sich auch in der Profilform, denn die Zahnflanken weisen unterschiedliche Winkel auf.

Der Neigungswinkel der tragenden Flanke ist mit 3° sehr klein, was sich bei der Beanspruchung günstig auswirkt. Gegenüber dem metrischen ISO-Trapezgewinde können deshalb metrische Sägegengewinde bei gleichem Nenndurchmesser größere Lasten ertragen. Zwischen den nicht tragenden Flanken besteht ein Axialspiel, welches steigungsabhängig ist.

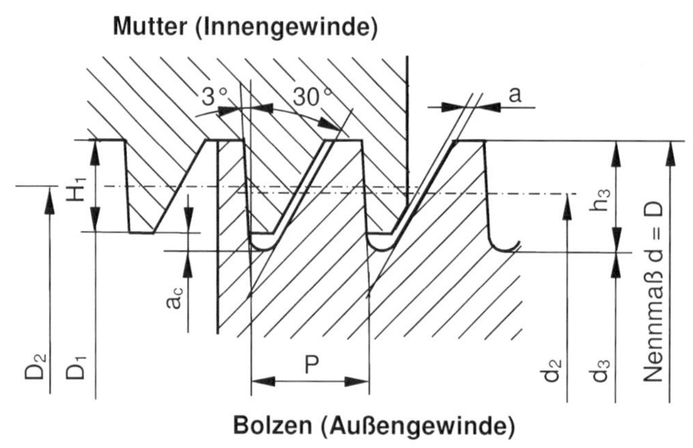

$d = D =$ Gewinde-Nenn-Ø
$P =$ Steigung
$H_1 =$ Flankenüberdeckung $= 0{,}75 \cdot P$
$d_2 =$ Flanken-Ø $= d - 0{,}75 \cdot P$
$D_2 = d - 0{,}75 \cdot P + 3{,}1758 \cdot a$
$a =$ Axialspiel $= 0{,}1 \cdot \sqrt{P}$
$D_1 =$ Kern-Ø der Mutter $= d - 2 \cdot H_1 = d - 1{,}5 \cdot P$
$d_3 =$ Kern-Ø des Bolzens $= d - 2 \cdot h_3$
$h_3 =$ Gewindetiefe am Bolzen $= 0{,}86777 \cdot P = H_1 + a_c$
$a_c = 0{,}11777 \cdot P$

Bild 8-14 Metrisches Sägengewinde; theoretisches Profil nach DIN 513

Die DIN 513 gibt einen Durchmesserbereich von d = 10 mm bis d = 640 mm vor. Die Steigungen betragen dabei zwischen P = 2 mm bis P = 44 mm. Das metrische Sägengewinde wird im Allgemeinen als ein eingängiges Gewinde ausgeführt.

8.2.4 Weitere Gewindearten

Neben den hier ausführlich vorgestellten Gewindearten metrisches Gewinde, Trapez- und Sägengewinde existieren noch weitere Gewindearten, die an dieser Stelle jedoch nicht mehr in dieser Ausführlichkeit behandelt werden sollen. Die folgende **Tabelle 8-1** gibt einen Überblick über die verschiedenen Gewindearten mit ihren Kurzzeichen und Anwendungsgebieten.

Tabelle 8-1 Gewindearten mit Kurzzeichen und Anwendungsgebiet (Auswahl)

Gewindeart (Norm)	Kurzzeichen	Anwendungsgebiet (Besonderheiten)
Whitworth-Rohrgewinde (DIN EN ISO 228-1)	G	Spitzgewinde; Befestigungsgewinde; Nennweite entspricht etwa dem Innendurchmesser des Rohres; Angaben in Zoll; nicht dichtend
Metrisches ISO-Trapezgewinde (DIN 103)	Tr	Bewegungsgewinde; zweiseitig nutzbar, z. B. für Leitspindeln von Drehmaschinen, Spindeln und Pressen, Ventile, Schraubstöcke
Metrisches Sägengewinde (DIN 513)	S	Bewegungsgewinde, ggf. auch Befestigungsgewinde, zur Übertragung von Kräften durch Bewegungsspindel in nur einer Richtung, z. B. in einer Presse
Rundgewinde (DIN 405)	Rd	Bewegungsgewinde, ggf. auch Befestigungsgewinde; für wechselseitige stoßartige Beanspruchung, bei starker Verschmutzung; auch in Blech realisierbar, z. B. Glühlampenfassungen

8.2.5 Toleranzen für metrische ISO-Gewinde

Wie bei zylindrischen Bauelementen, wird die zulässige Maßabweichung von metrischen ISO-Gewinden durch eine Toleranzklasse (Toleranzgrad und Toleranzfeldlage) festgelegt. Die DIN ISO 965-1 enthält die Grundlagen des Toleranzsystems für metrische ISO-Gewinde. Darin ist festgelegt, dass der Toleranzgrad zwischen 3 und 9 liegt. Außengewinde (Bolzen) besitzen eine Toleranzfeldlage von e, f, g oder h, Innengewinde (Mutter) hingegen G oder H.

Tabelle 8-2 Toleranzklasse für blanke, phosphatierte oder mit dünnen galvanischen Schutzschichten versehene Oberflächen von metrischen ISO-Gewinden

Toleranzklasse		Toleranzgrad und Toleranzfeldlage
fein	Innengewinde (Mutter)	4H; 5H
	Außengewinde (Bolzen)	4g
mittel	Innengewinde (Mutter)	5H für Regelgewinde bis d = M1,4 und Feingewinde mit Steigung bis P = 0,25 mm 6H für Regelgewinde ab d = M1,6 und Feingewinde mit Steigung P = 0,35 mm bis 8 mm
	Außengewinde (Bolzen)	6h für Regelgewinde und Feingewinde bis d = M1,4 6g für Regelgewinde und Feingewinde ab d = M1,6
grob	Innengewinde (Mutter)	7H für Regelgewinde ab d = M3 und Feingewinde mit Steigung P = 0,5 mm bis P = 8 mm
	Außengewinde (Bolzen)	8g für Regelgewinde ab d = M3 und Feingewinde mit Steigung P = 0,5 mm bis P = 8 mm

Bei der Angabe der Toleranzen für Gewinde stehen allerdings die Zahlen (Toleranzgrad) vor den Buchstaben (Toleranzfeldlage), um auf diese Art und Weise nochmals zu dokumentieren, dass es sich um eine Gewindetolerierung handelt, **Tabelle 8-2**. Diese Klarstellung ist deshalb sehr wichtig, weil die Werte der Lage und Größe der Gewinde-Toleranzen sich von den Werten der Lage und Größe der „normalen" Flach- bzw. Rundpassungen unterscheiden.

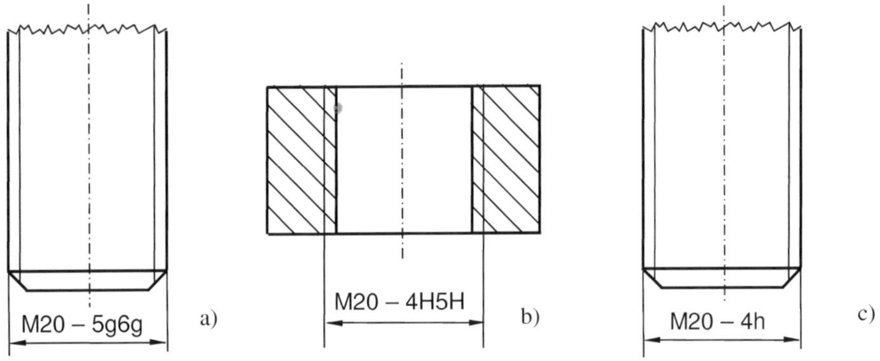

Bild 8-15 Eintragung von Gewindetoleranzen; Erläuterungen siehe Text

Bei der Vorgabe der Gewinde-Toleranzen müssen eigentlich zwei Maße toleriert werden, nämlich beim Außengewinde (Bolzen) der Flankendurchmesser (d_2) und der Nenndurchmesser (d), **Bild 8-15 a**), bzw. beim Innengewinde (Mutter) der Flankendurchmesser (D_2) und der Kerndurchmesser (D_1), **Bild 8-15 b**). Sind die Toleranzklassen für beide Werte gleich, was häufig zutrifft, so werden die Toleranzklassen nicht wiederholt, **Bild 8-15 c**).

Ist in einer Zeichnung keine Tolerierung der Gewindeabmessung explizit gegeben, dann gelten die Vorgaben nach DIN ISO 965-2 und damit die Toleranzklasse „mittel". Diese Toleranzklasse gibt für Außengewinde die Toleranzklasse 6g und für Innengewinde 6H vor.

8.3 Schrauben und Muttern

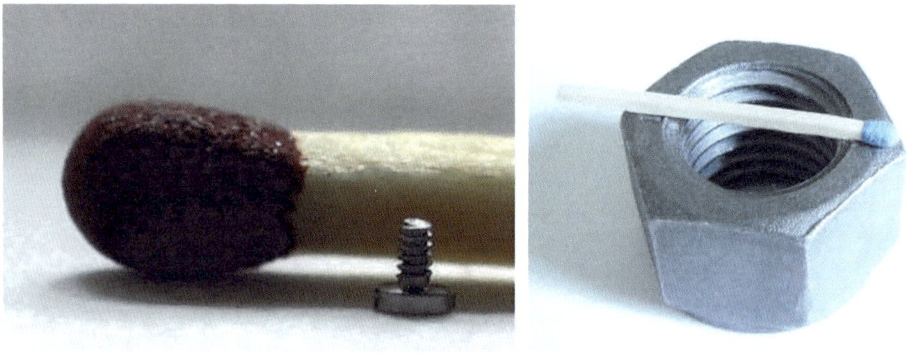

Foto: Helmut Jansen

Bild 8-16 Metrische Schraube (hier M 0,6) und Mutter (hier M 24)

Das am meisten angewendete Maschinenelement ist sicherlich die Schraube bzw. die Mutter, was mit der Vielfalt der Durchmessergrößen und dem Profilformenspektrum zusammenhängt.

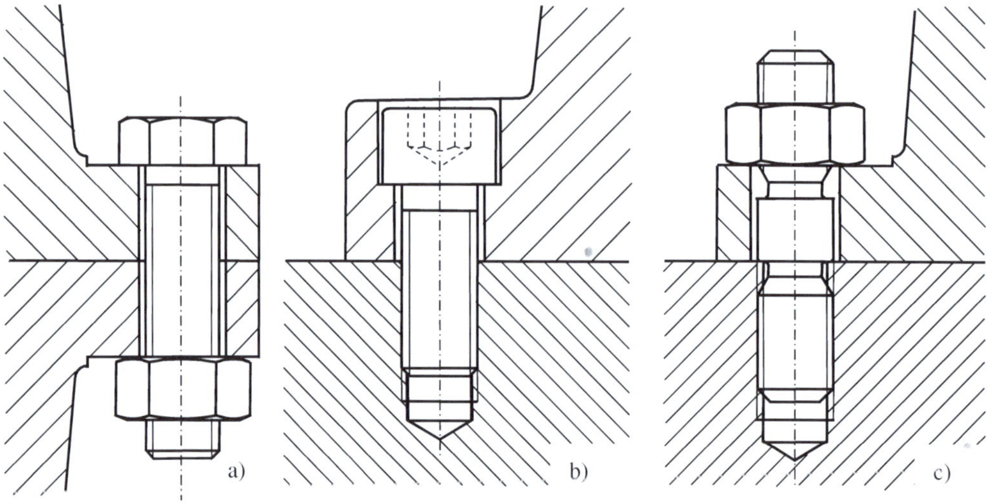

Bild 8-17 Gestaltung von Schraubenverbindungen; a) Sechskantschraube nach DIN EN ISO 4014; b) Zylinderschraube mit Innensechskant nach DIN EN ISO 4762, c) Stiftschraube nach DIN 939

Zwei der Anwendungsformen sind bereits in den vorangegangenen Abschnitten angesprochen worden: die *Befestigungs-* und die *Bewegungsgewinde*. Doch auch, wenn man sich – wie im Folgenden geschehen – auf die Befestigungsgewinde beschränkt, sind die Möglichkeiten scheinbar grenzenlos. In **Bild 8-17** sind als Beispiel für die Vielseitigkeit von Schraubenverbindungen drei verschiedene Schraubentypen mit derselben Funktion dargestellt. Im Folgenden sind aus der großen Vielfalt von Schrauben- und Mutternformen einige angesprochen.

8.3.1 Schraubenformen

Die Auswahl der hier vorgestellten Schrauben beschränkt sich auf den metallbearbeitenden Bereich. Weitere – und von den hier dargestellten Schraubenformen stark abweichende – Gewinde- und Schraubenformen sind natürlich im Kunststoff oder Holz verarbeitenden Bereich zu finden. Auch zur Verschraubung von Blech sind besondere Schrauben- und Gewindeformen entstanden.

Drei verschiedene Schraubenformen sind ja bereits in **Bild 8-17** dargestellt. Die unter **Bild 8-17 a)** und **b)** dargestellten Schrauben werden wegen ihrer Form *Kopfschrauben* genannt. Die *Stiftschraube*, **Bild 8-17 c)** hat im Gegensatz hierzu keinen ausgeprägten Kopf. Neben Kopf- und Stiftschrauben sind noch *Gewindestifte* (gerne auch *Madenschrauben* genannt) zu erwähnen. Diese besitzen keinen Kopf und der Schaft ist in der Regel nur ein durchgehender Gewindebolzen.

Grundsätzlich können Schrauben also unterschieden werden nach

- der Kopfform,
- der Schaftform und
- der Form der Gewindeenden.

Diese Formelemente können frei kombiniert werden. Die Benennung in der Praxis erfolgt dann nach dem Merkmal, welches für die Funktionserfüllung am wichtigsten ist. In der Regel ist dies die Grundgestalt des Schraubenkopfes, weil diese auch das Montagewerkzeug bestimmt.

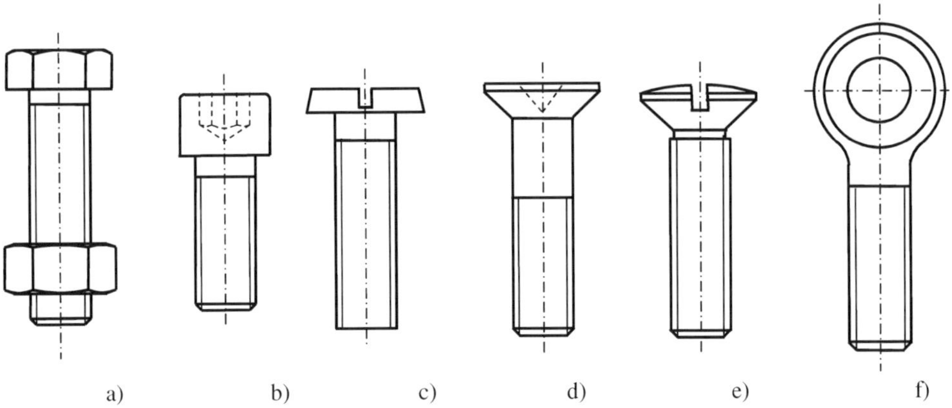

Bild 8-18 Beispiele für Kopfschrauben; a) Sechskantschraube (DIN EN ISO 4014); b) Zylinderschraube mit Innensechskant (DIN EN ISO 4762); c) Flachkopfschraube mit Schlitz (DIN EN ISO 1580); d) Senkschraube mit Kreuzschlitz (DIN EN ISO 7046); e) Linsen-Senkschraube (DIN EN ISO 7047); f) Augenschraube (DIN 444)

In **Bild 8-18** sind einige Kopfschrauben dargestellt. Hierzu zählen die Sechskantschrauben, die mit einem Schraubenschlüssel mit definierter Schlüsselweite angezogen werden. Diese Schraubenköpfe müssen stets gut zugänglich und mit genügendem Abstand zu umliegenden Kanten liegen, damit der Schraubenschlüssel gut angesetzt werden kann und genügend Bewegungsfreiheit beim Anziehen hat. Andere Kopfformen werden versenkt, und heißen deshalb Senkschrauben, z. B. die Linsen-Senkschraube nach DIN EN ISO 7047. Eine andere versenkbare Variante ist die Zylinderschraube mit Innensechskant nach DIN EN ISO 4762, vergleiche auch **Bild 8-17**. Der Kopf einer Flügelschraube nach DIN 316 (hier nicht dargestellt) ist so geformt, dass diese von Hand angezogen werden kann. Ringschrauben nach DIN 580 (hier nicht dargestellt) besitzen als Kopf einen Ring und werden eingesetzt, um angeschraubte Lasten, wie z. B. Gehäuse oder Gehäusedeckel, mit Hilfe eines Kranes zu heben.

Bild 8-19 Beispiele für Kopfformen in symbolischer Darstellung; a) Schlitz, b) Kreuzschlitz, c) erweiterter Schlitz; d) Innensechskant, e) Stern

Das Montagewerkzeug muss nicht zwingend von außen angesetzt werden, wie es z. B. mit einem Schraubenschlüssel („Maulschlüssel") bei der Sechskant- oder der Vierkantschraube stets der Fall ist, sondern kann auch einen so genannten *Innenangriff* aufweisen. Auch beim Innenangriff existiert eine ganze Reihe von Formen, um das Drehmoment vom Montagewerkzeug auf die Schraube zu übertragen. Einige Beispiele sind in **Bild 8-19** zusammengestellt.

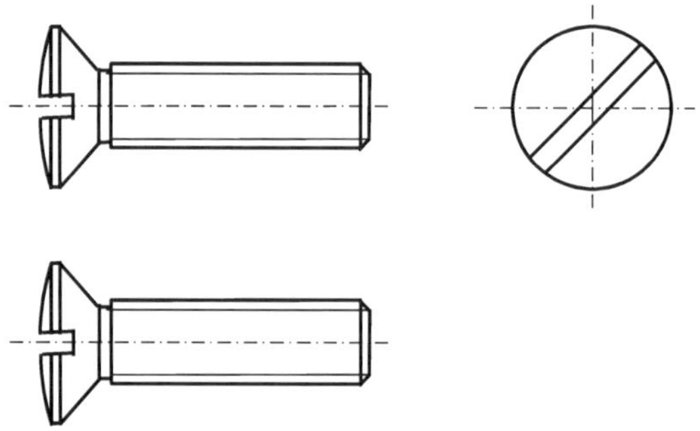

Bild 8-20 Darstellung von Schlitzschrauben in Dreitafelprojektion; hier Linsen-Senkschraube nach DIN EN ISO 7047

Die Darstellung eines Schraubenkopfes erfolgt dabei stets so, dass die Art des Montagewerkzeuges, wie z. B. Sechskantschlüssel oder Schraubenzieher (Schraubendreher) der Zeichnung sofort entnommen werden kann. Bei Zylinderschrauben mit Innensechskant wird in der Ansicht von der Seite stets der Innensechskant als verdeckte Kante (in schmaler Strichlinie) mit dargestellt obwohl normalerweise auf die verdeckten Kanten verzichtet wird. In der Draufsicht sind die Körperkanten vom Innensechskant darzustellen. Bei Schlitz- und Kreuzschlitzschrauben ist in der Seitenansicht der Schlitzquerschnitt wiederzugeben, **Bild 8-20**. Auch in einer eventuell zweiten Seitenansicht ist so zu verfahren (obwohl dies von der Projektion her so nicht korrekt ist). In der Draufsicht sind die Schlitzkanten unter 45° zu zeichnen (auch hier ohne

Rücksicht auf die Projektionen). Sollte als Sonderschraube eine Sechskantschraube zusätzlich einen Schlitz erhalten, dann ist dieser unter 60° bzw. 30° zu zeichnen.

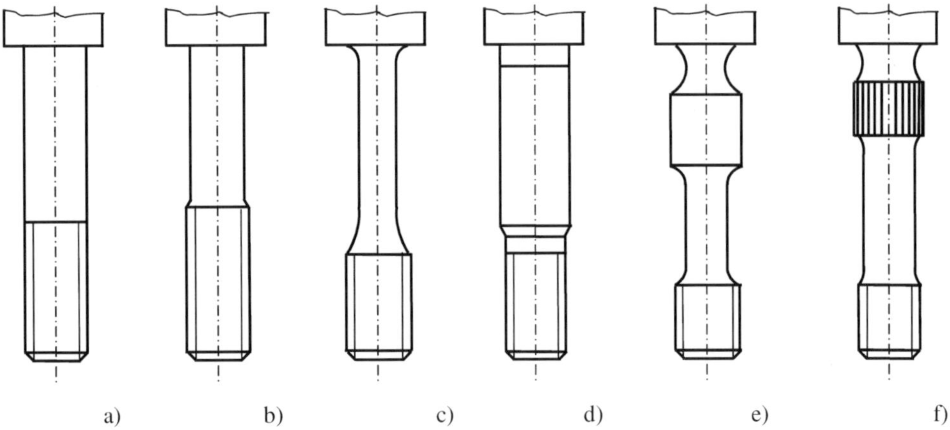

Bild 8-21 Beispiele für Schaftformen in symbolischer Darstellung; a) Dickschaft, b) Dünnschaft, c) Dehnschaft, d) Pass-Schaft, e) Schaft mit Führungszylinder, f) Schaft mit Verdrehsicherung

Bei der Schaftform sind zunächst die *Starrschraube* und die *Dehnschraube* zu unterscheiden. Bei den Starrschrauben sind besonders die *Pass-Schrauben* hervorzuheben, weil diese im Schaft einen Bereich aufweisen, der passgenau auf die Durchgangsbohrung abgestimmt ist. Damit werden die Funktion Halten (durch das Gewinde) und die Funktion Positionieren (durch den Passdurchmesser) in einem Bauelement umgesetzt. Eine Sonderform dieser Pass-Schäfte bzw. Führungszylinder kann auch mithilfe von eingebrachten Längsrillen zusätzlich eine Verdrehsicherung gewährleisten, **Bild 8-21**.

Dehnschrauben haben einen verjüngten Abschnitt ohne Gewinde, in dem der Gewindedurchmesser auf etwa 90% reduziert ist. Beim Anziehen der Schraube dehnt (längt) sich dieser Bereich stärker, diese Federwirkung wird bei Dehnschrauben ausgenutzt.

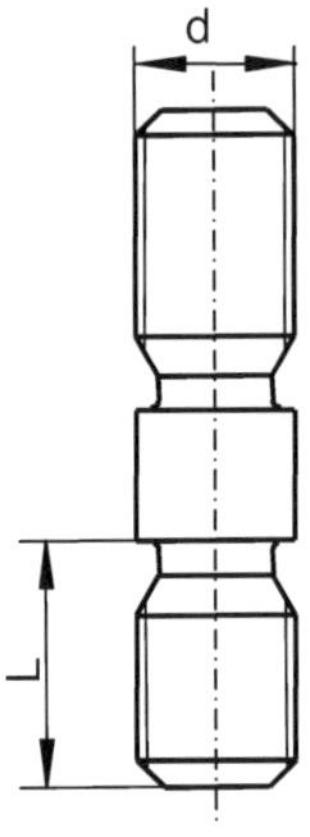

	Werkstoff des Innengewindes	minimale Länge L
a	Stahl	1·d
b	Grauguss	1,25·d
c	Aluminium	2·d
d	Weichmetall	2,5·d

Bild 8-22 Beispiele für Stiftschrauben; a) nach DIN 938, b) nach DIN 939; c) nach DIN 835; d) nach DIN 940

Stiftschrauben besitzen Gewinde an beiden Enden. Dazwischen liegt ein Bereich ohne Gewinde. Die Gewindeenden müssen dabei nicht zwingend dieselbe Gewindeform aufweisen. Eines dieser Enden hat eine vom Nenndurchmesser abhängige Länge, die sich auch nach dem Werkstoff des Werkstückes richtet, in den diese Stiftschraube eingeschraubt werden soll, siehe auch **Bild 8-22**. Das andere Gewindeende wird dann zur Befestigung von weiteren aufgesetzten Elementen benutzt, siehe auch **Bild 8-17**.

Wenn bei den Stiftschrauben die beiden Gewindeenden unterschiedlich sind, müssen bei der Normbezeichnung auch beide Gewindeformen genannt sein, wobei das Einschraubgewinde in der Reihenfolge zuerst genannt wird, z. B. Stiftschraube DIN 938 – M12 – M12 x 1,5 x 80. Bei der angegebenen Länge der Stiftschraube (hier 80 mm) ist die Länge ohne das Einschraubgewinde anzugeben.

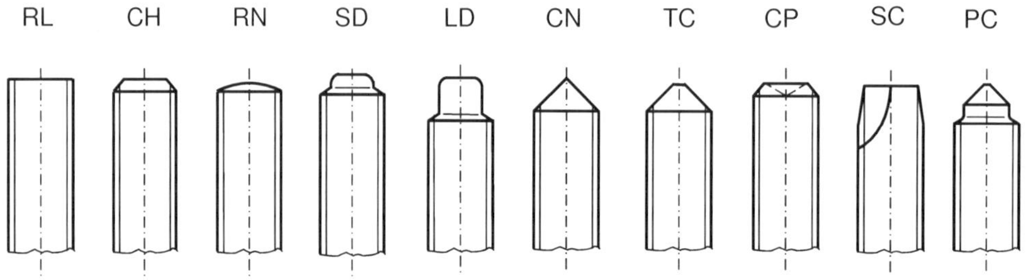

Bild 8-23 Beispiele für Schraubenenden nach DIN EN ISO 4753; RL – ohne Kuppe; CH – Kegelkuppe; RN – Linsenkuppe; SD – kurzer Zapfen; LD – langer Zapfen; CN – Spitze; TC – Spitze, abgeflacht; CP – Ringschneide; SC – Schabenut (zum Gewindeschneiden); PC – Einführzapfen mit Ansatzspitze

Schrauben enden meistens mit einer Kegelkuppe (CH) oder Linsenkuppe (RN), **Bild 8-23**. Für Spann- oder Druckschrauben können Enden mit einem kurzen (SD) oder langen Zapfen (LD) verwendet werden. Dadurch wird eine Beschädigung des Gewindes vermieden. Ringschneiden (CP) werden für Stellschrauben an Stellringen eingesetzt. Ein Ende mit Spitze (CN) oder abgeflachter Spitze (TC) wird für Sicherungsschrauben verwendet, diese Spitze wird in einer kegeligen Senkung arretiert. Ein Ende mit Schabenut (SC) erleichtert das Gewindeschneiden. Alle diese Enden sind in der Längenangabe mit enthalten. Allein das Ende mit Einführzapfen (PC) wird bei der Längenangabe nicht mit eingerechnet.

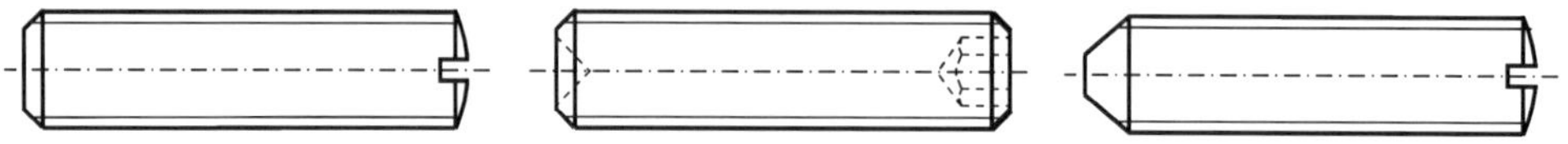

Bild 8-24 Beispiele für unterschiedliche Gewindestifte (Madenschrauben)

Gewindestifte, häufig wegen ihres Aussehens auch *Madenschrauben* genannt, werden vollständig eingeschraubt und besitzen deshalb ein Gewinde auf der gesamten Länge, **Bild 8-24**. Sie werden hauptsächlich zur Sicherung der Position von Teilen genutzt. Gewindestifte mit Zapfen dienen zum Einstellen von Bauelementen, wie z. B. Stellhebeln.

8.3.2 Mutternformen

Muttern sind für Durchsteckschraubenverbindungen sowie für Stiftschrauben erforderlich, siehe auch **Bild 8-17**. Zur einfacheren Montage wird das Gewinde bis zum Kerndurchmesser auf beiden Seiten angefast.

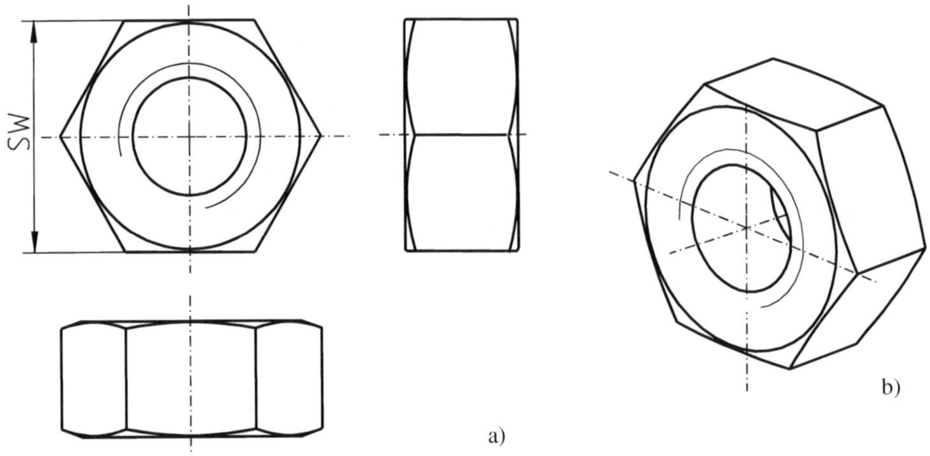

Bild 8-25 Sechskantmutter nach DIN EN ISO 4032; a) Dreitafelansicht; b) 3D-Projektion

Die wahrscheinlich am häufigsten eingesetzte Mutter, die Sechskantmutter nach DIN EN ISO 4032 bzw. ISO 4032, ist auch außen an beiden Stirnflächen gefast, **Bild 8-25**. Diese Fasen werden in Technischen Zeichnungen in der Regel auch dargestellt, was zum einen sicherlich eine gute Wiedererkennung bringt, zum anderen aber auch eine Unterscheidung von nicht gefasten Elementen ermöglicht. Muttern werden in der Regel in der Außenansicht dargestellt nur selten im Schnitt oder im Halbschnitt wiedergegeben, **Bild 8-26**. Eine zeichnerische Darstellung im Schnitt oder Halbschnitt ist nur dann erforderlich, wenn der Innenaufbau der Mutter nicht eindeutig ist oder ein besonderes Merkmal hervorgehoben werden soll.

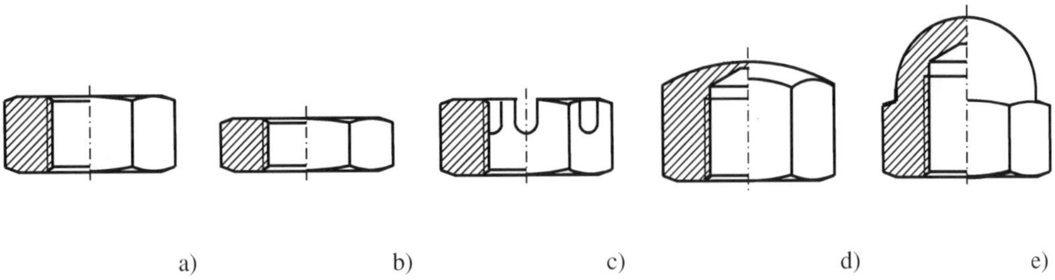

Bild 8-26 Beispiele für verschiedene Mutternformen; a) Sechskantmutter (DIN EN ISO 4032); b) Sechskantmutter niedrige Form (DIN EN ISO 4035); c) Kronenmutter (DIN 935); d) Hutmutter niedrige Form (DIN 917); e) Hutmutter hohe Form (DIN 1587)

8.4 Scheiben, Ringe, Sicherungen

In einer Schraubenverbindung können noch weitere Elemente mit verspannt werden. Einige dieser Elemente sollen hier angesprochen werden. Durch die große Vielfalt kann eine Auflistung an dieser Stelle jedoch nicht vollständig sein. Die Reihenfolge der im Folgenden angesprochenen Elemente ist willkürlich und spiegelt keinerlei Wertung wider.

8.4.1 Scheiben

Für die Verwendung von flachen Scheiben als *Unterlegscheiben* z. B. nach DIN EN ISO 7089, siehe **Bild 8-27**, zwischen Mutter und Bauteil kann einer der folgenden Gründe sprechen.

- Eine rauhe Oberfläche des Bauteils verursacht eine hohe Reibung beim Anziehen der Mutter, reduziert damit das wirksame Anzugsmoment und hierdurch die Vorspannung in der Schraube. Im schlimmsten Fall könnte durch die zu gering gewordene Vorspannkraft die Funktion der Schraube gefährdet sein. Durch eine (glatte) Unterlegscheibe reduziert sich das hohe Reibmoment in der Kopfauflage und dadurch steigt der Anteil des auf die Vorspannkraft wirkenden Anzugsmomentes.
- Ein Bauteilwerkstoff mit geringer zulässiger Flächenpressung würde bei einer Mutter und damit bei einer kleinen Auflagefläche vielleicht eingedrückt und beschädigt. Durch eine (größere) Unterlegscheibe wird die Vorspannkraft der Schraube/Mutter auf eine größere Fläche verteilt und dadurch die Flächenpressung reduziert.
- Eine schräge Fläche des Bauelementes würde beim Anziehen der Schraube entweder zu einer zu kleinen Vorspannkraft führen oder die Schraube verformen. Wenn ein Abtragen der Schräge am Bauteil nicht sinnvoll ist (aus Kosten- oder aus Festigkeitsgründen), sind Scheiben mit definierter Schräge einzusetzen, welche die Schiefstellung ausgleichen.

Zu bedenken ist, dass eine Unterlegscheibe keine Sicherung gegen das Aufdrehen der Schraubenverbindung sein kann. Hierzu müssen andere Elemente eingesetzt werden.

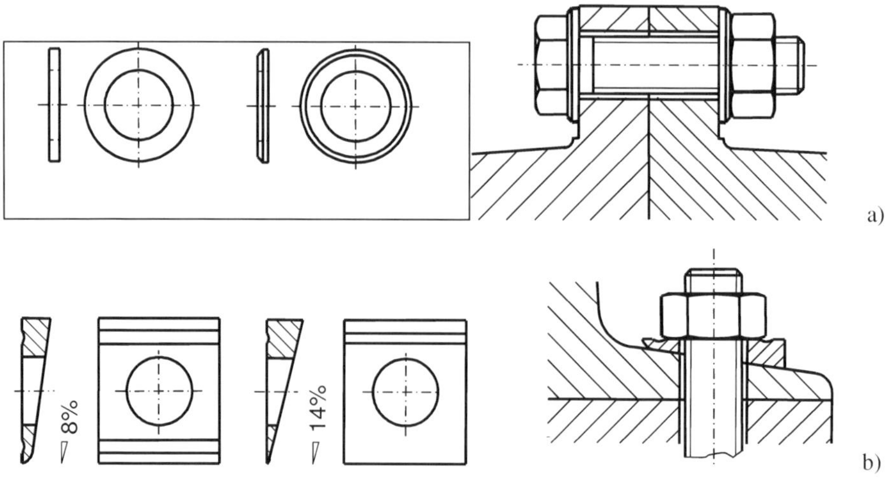

Bild 8-27 Beispiele für Scheiben, Darstellung des Einbauzustandes; a) Unterlegscheibe ohne/mit Fase nach DIN EN ISO 7089; b) Unterlegscheibe nach DIN 434 (U-Scheibe) und nach DIN 435 (I-Scheibe)

8.4.2 Federringe

Federringe sind Elemente, die zwischen Schraubenkopf bzw. Mutter und verspanntem Bauteil gesetzt werden. Die Form der unverspannten Federringe ist gewölbt oder gewellt, wobei der Ring nicht geschlossen ist, sondern einen schrägen Schlitz aufweist. Die Schrägung des Schlitzes ist so gestaltet, dass ein Zudrehen der Verbindung nicht behindert wird, beim Aufdrehen hingegen der Federring sperrt und somit ein weiteres Aufdrehen behindert, **Bild 8-28**. Beim Anziehen der Mutter werden diese Federringe gerade gezogen und sollen aufgrund der vorhandenen Federwirkung eine minimale Vorspannung aufrechterhalten. Fachleute zählen Federringe allerdings zu den unwirksamen Schraubensicherungen, weil Versuche die Aufrechterhaltung der Vorspannung nicht immer nachweisen konnten.

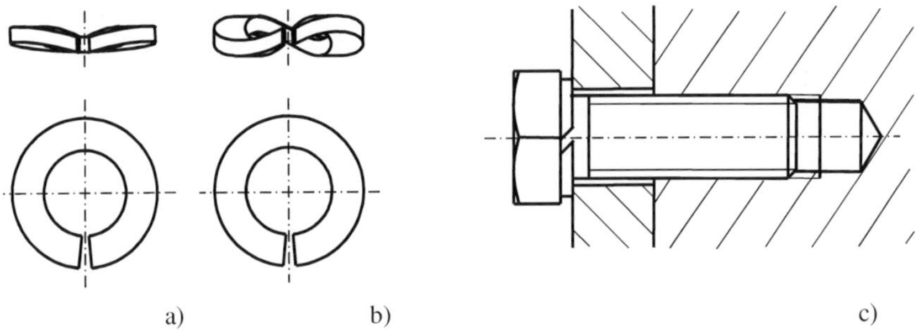

Bild 8-28 Beispiele für Federringe nach DIN 267; a) gewölbt; b) gewellt; c) Darstellung des Einbauzustandes (beider Formen)

Federringe werden in Technischen Zeichnungen in der Regel im zusammengepressten Zustand dargestellt. Um in der Zeichnung zu verdeutlichen, dass es sich bei diesem Element um einen Federring handelt, wird ein Federring nie geschnitten dargestellt, denn dann wäre er von einer einfachen Unterlegscheibe nicht mehr zu unterscheiden. Bei einem Federring wird stets die Seite des Federringes nach vorne gedreht, die den Schlitz aufweist. Bei der Zeichnung von Hand ist besonders darauf zu achten, dass der Schlitz in die richtige Richtung geneigt ist.

8.4.3 Federscheiben

Federscheiben haben im Gegensatz zu Federringen keinen Schlitz, sind also geschlossen, basieren jedoch auf demselben Funktionsprinzip, nämlich der elastischen Federwirkung.

Diese Federwirkung wird im Falle von einfachen Federscheiben durch eine gewölbte, oder gewellte Form erreicht. Bis auf den nicht vorhandenen Schlitz unterscheidet sich diese Form nicht von den bereits angesprochenen Federringen. Darüber hinaus sind noch *Zahnscheiben* (**Bild 8-29**) und *Fächerscheiben* verfügbar, die je nach Form eine außen oder innen liegende gezahnte und aufgebogene Kontur besitzen. Allen gemeinsam ist allerdings, dass die Zahnformen die oben bereits erwähnte Federwirkung entfalten und sich gegebenenfalls in das Material vom Bauteil und/oder Mutter eingraben sollen. Häufig werden Zahnscheiben dazu genutzt, das Aufdrehen einer Schraubenverbindung zu behindern. Zahnscheiben sind jedoch aus einem so weichen Werkstoff hergestellt, dass sie dieser Funktion nicht nachkommen können.

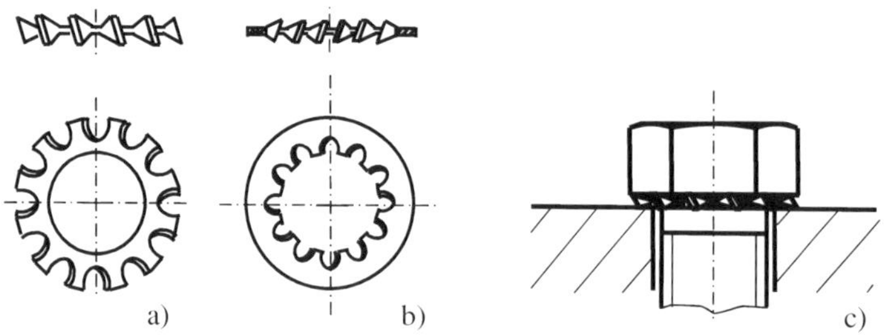

Bild 8-29 Beispiele für Federscheiben, hier Zahnscheiben; a) außen gezahnt; b) innen gezahnt; c) Darstellung des Einbauzustandes

Bei der zeichnerischen Darstellung werden glatte Federscheiben im gestauchten Zustand wiedergegeben. Damit sind sie kaum von einfachen Unterlegscheiben zu unterscheiden. Bei gezahnten Federscheiben werden die Zähnchen dargestellt, um die Zahn- bzw. Fächerscheibe hervorzuheben. Dies geschieht auch dann, wenn im verspannten Zustand vielleicht die Zähnchen alle plan gedrückt sind und anliegen.

8.4.4 Scheiben mit Lappen und Nasen

Einige der eingesetzten Unterlegscheiben besitzen Verlängerungen, die, nachdem die Schraubenverbindung angezogen wurde, so umgebogen werden können, dass ein Aufdrehen der Schraube bzw. Mutter nicht mehr möglich ist. **Bild 8-30** zeigt eine Scheibe mit Lappen zum einen einzeln und zum anderen im Einbauzustand. Neben dieser Bauform sind weitere Scheibenbauformen z. B. mit zwei Lappen oder mit Außennase verfügbar. Unabhängig von der Bauform muss bei der Darstellung einer solchen Sicherung klar hervorgehen, wie und auch welcher der Lappen bzw. Nasen an dem Bauteil und welcher an dem Schraubelement ein- oder umzulegen ist. Eine Sonderform dieser Scheiben, nämlich das so genannte Sicherungsblech, wird noch einmal ausführlich im Kapitel über Sicherungselemente angesprochen.

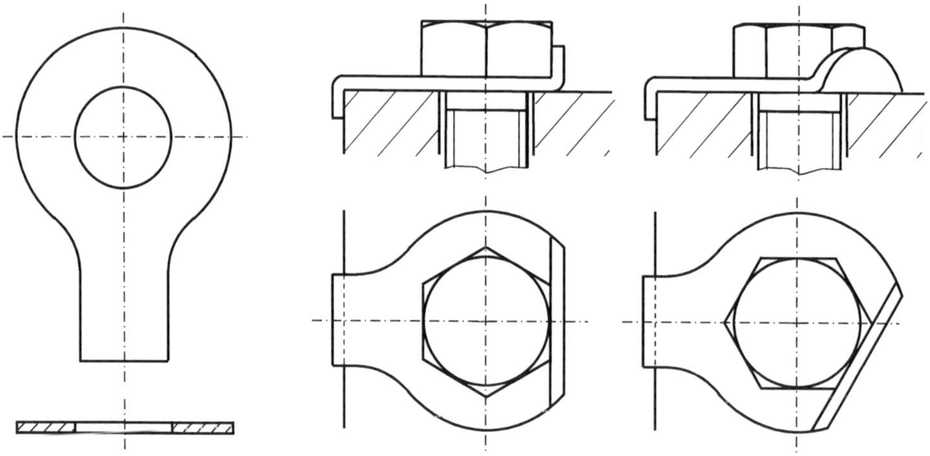

Bild 8-30 Beispiele für eine Scheibe mit Lappen; Darstellung des Einbauzustandes

8.4.5 Selbstsichernde Muttern

Neben den bisher erwähnten metallischen mitverspannten Elementen existieren auch viskoelastische Elemente, die mögliche auftretende Schwingungen dämpfen. Solche viskoelastischen Elemente, z. B. Kunststoffringe, sind in die so genannten selbstsichernden Muttern eingelegt und verhindern erfolgreich ein vibrationsbedingtes Aufdrehen.

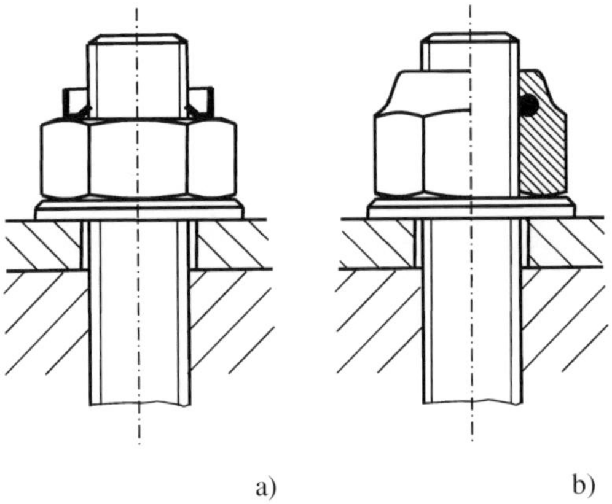

Bild 8-31 Beispiele für selbstsichernde Muttern; a) Sicherungsmutter; b) Sicherungsmutter nach ISO 7040

Die Darstellung einer Sicherungsmutter ist lediglich im Schnitt oder im Halbschnitt möglich, wobei der Halbschnitt bevorzugt verwendet wird, wenn die Sicherungselemente symmetrisch sind, **Bild 8-31**.

8.4.6 Splinte

Eine andere Möglichkeit, die Verdrehung zwischen Schraubenschaft und Mutter zu verhindern, ist die Verwendung von Splinten. Hierzu bedarf es einer Bohrung im Schraubenschaft, durch welche der *Splint* hindurchgeführt wird, **Bild 8-32**.

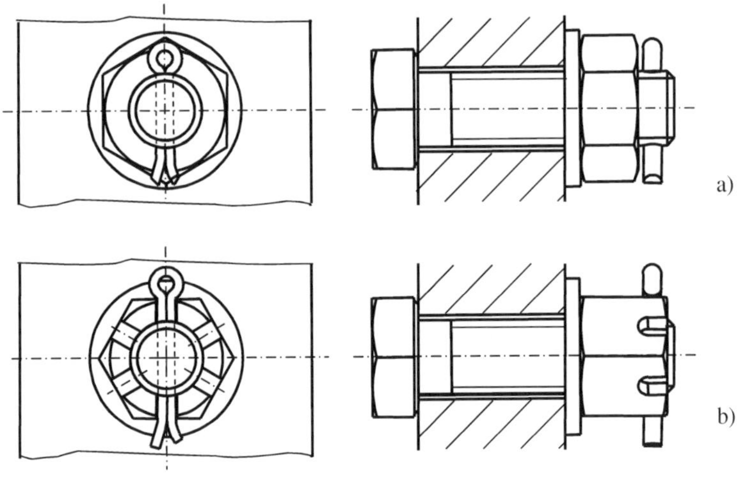

Bild 8-32 Anwendung von Splinten zur Schraubenverdrehsicherung; a) Splintsicherung DIN EN ISO 1234; b) Kronenmutter DIN 979 mit Splintsicherung

Als Muttern können „normale" Sechskantmuttern verwendet werden, wenn es lediglich um eine axiale Sicherung geht. Soll eine Verdrehung der Mutter unterbunden werden, dann muss eine so genannte Kronenmutter verwendet werden, die mehrere Nuten aufweist, in die der Splint dann zu liegen kommt. Der Splint muss durch Aufspreizen der Enden ebenfalls gegen ein Verlieren gesichert sein. Andere Splintsicherungen sehen eine Bohrung in dem verschraubten Bauelement vor, durch die der Splint zur Schraube hindurchgeführt wird.

Die Darstellung einer solchen Sicherung zeigt in jedem Fall an, wie der Splint anzuordnen ist und gegenüber welchen Bauelementen er eine Verdrehsicherung erzielt. Auch kann es sinnvoll sein festzulegen, an welcher Stelle der Splintkopf und wo die aufzuspreizenden Enden liegen sollen.

8.4.7 Stoffschlüssige Schraubensicherungen

Zum Abschluss sollen auch stoffschlüssige Schraubensicherungen und ihre Darstellung kurz angesprochen werden. Zu den stoffschlüssigen Verbindungen zählen das Schweißen, das Löten und das Kleben. Solche stoffschlüssigen Sicherungen sind recht wirksam, weisen jedoch den Nachteil auf, dass sie nicht mehr (bzw. nur zerstörend) lösbar sind. Schrauben können stoffschlüssig gesichert werden durch einen Schweißpunkt an Schraube und ggf. auch Mutter, der den Schraubenkopf bzw. die Mutter mit dem Bauelement verbindet.

Spezielle Muttern, **Bild 8-33**, weisen an den Kanten bereits eine Materialanhäufung auf, die bei Erwärmung aufschmilzt und die Mutter mit dem darunter liegendem Element verbindet. Bei der verschweißten Mutter wird die Schweißstelle, notfalls mit einer Hinweislinie, angezeigt. In der Stückliste ist die Schweißmutter ebenfalls als solche zu kennzeichnen, sonst kann es zu Verwechselungen kommen.

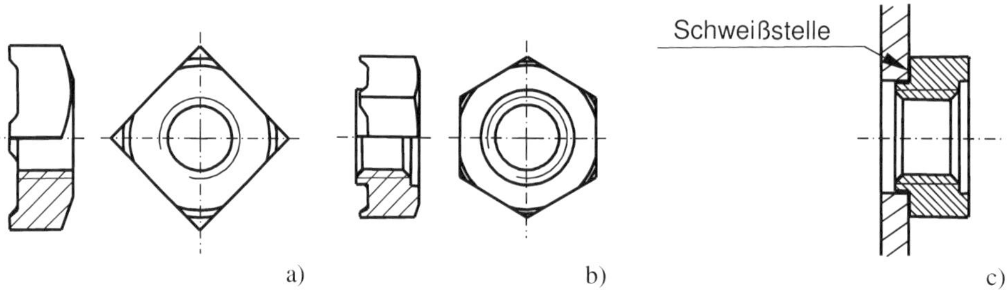

Bild 8-33 Beispiel für Schraubensicherungen durch Schweißmuttern DIN 928; a) Vierkantmutter; b) Sechskantmutter; c) Darstellung des Einbauzustandes

Eine weitere Möglichkeit bietet das Kleben. Dazu genügt es eigentlich, den Schraubenkopf oder die Mutter auf ihrer Auflagefläche mit einem Lack zu benetzen, der nach dem Austrocknen eine sehr effektive Sicherung bietet. Das Gewinde kann ebenfalls verklebt werden. Auch hier genügt das Aufbringen von Klebstoff kurz vor der Montage.

Eine gute Möglichkeit bieten einige Hersteller von Klebstoffen, die Schrauben und Muttern liefern können, welche bereits mit einer mikroverkapselten Beschichtung versehen sind. Diese Mikrokapseln reißen beim Aufschrauben auf und der freigewordene Klebstoff benetzt und verbindet die berührenden Flächen.

In einer Technischen Zeichnung kann so eine Verbindung kaum noch dargestellt werden, weil das verbindende Element – der Klebstoff – nur eine ganz geringe Dicke aufweist. Hier kann lediglich der Hinweis mit einer Hinweislinie in die Zeichnung eingefügt werden „Schraubenverbindung durch Klebung gesichert", **Bild 8-34**.

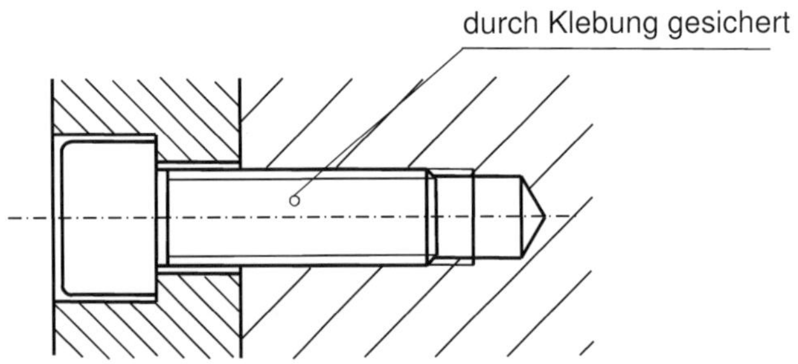

Bild 8-34 Schraubensicherung durch Kleben

In der Stückliste ist dann entweder die genaue Bezeichnung der Schraube, gegebenenfalls unter Angabe des Herstellers, anzugeben oder der Klebstoff mit der entsprechenden Menge als zusätzliches Bauelement einzufügen.

8.5 Bezeichnungen nach Norm

Normteile werden in einer Technischen Zeichnung nicht bemaßt, sondern in der Stückliste mit der genauen Normbezeichnung aufgeführt. Deshalb ist es besonders wichtig, für jedes Bauteil auch die entsprechende Bezeichnung geben bzw. lesen zu können.

Die Angabe von Schrauben und Muttern erfolgt nach DIN 962. Hierin ist genau definiert, welche Angaben zu geben sind und in welcher Reihenfolge. Dies ist besonders wichtig, weil viele der Angaben aus reinen Zahlenangaben bestehen und es sonst unter Umständen zu Verwechselungen kommen könnte.

Die Bezeichnung erfolgt nach der folgenden Formel, wobei die hier gegebenen Buchstaben Platzhalter darstellen, die sogleich erklärt werden. Der Erklärung sind Beispiele angefügt.

A B – C D x E x F x G – H – K – L – M – N – P

A = Benennung, wie z. B. Sechskantschraube, Stiftschraube, Zylinderschraube mit Innensechskant

B = zugehörige Norm-Hauptnummer, z. B. ISO 4014, DIN 938, ISO 4762

C = Form des Schaftes, z. B. Dünnschaft (falls erforderlich)

D = Gewinde, z. B. M20 oder M20 x 1,5 oder M20 – LH

E = Zusätzliche Durchmesserangabe, z. B. bei Pass-Schrauben (falls erforderlich)

F = Nennlänge, z. B. 80 (entfällt bei Muttern); Vorsicht, die Längen sind gestuft und damit nicht beliebig wählbar

G = Gewinde- oder Schaftlänge (falls erforderlich)

H = Formbuchstaben für bestimmte zusätzliche Merkmale, z. B. K für Kegelkuppe; sind mehre Merkmale zu nennen, dann erfolgt die Nennung in alphabetischer Reihenfolge

K = Schlüsselweite (falls erforderlich)

L = Festigkeitsklasse, Härteklasse oder Werkstoff; bei Schrauben nach DIN EN ISO 898-1; z. B. 8.8 für R_m = 800 N/mm² (Nennzugfestigkeit) und $R_{p0,2}$ = 640 N/mm² (Nennstreckgrenze); bei Muttern nach DIN EN ISO 898-2; z. B. 8 für S_{pmin} = 800 N/mm² (Prüfspannung)

M = Produktklasse (Ausführung), z. B. B für mittel

N = Formbuchstabe für Kreuzschlitz (falls erforderlich)

P = Oberflächenbehandlung (falls erforderlich)

In der Regel genügen einige wenige Angaben. Bei einer Sechskantschraube nach DIN EN ISO 4014 mit M12-Gewinde, Nennlänge 50 mm mit der Festigkeitsklasse 8.8 ergibt sich einfach: Sechskantschraube ISO 4014 – M12 x 50 – 8.8.

Bei der Angabe: Sechskantschraube ISO 4014 – B M12 x 50 – K Sk To – 8.8 – B bedeutet das erste B (vor der Gewindeangabe), dass der Schaftdurchmesser etwa die Abmessung des Flankendurchmessers aufweisen soll; K steht für Kegelkuppe, Sk steht für mit Sicherungsloch im Kopf, To steht für ohne Telleransatz, das zweite B definiert die Produktklasse.

Bei einer Stiftschraube müssen, wie bereits erwähnt gegebenenfalls zwei Gewinde angegeben werde, wenn diese voneinander abweichen (hier eine Regelgewinde und ein Feingewinde): Stiftschraube DIN 938 – M12 – M12 x 1,25 x 80 – 8.8.

Ist das Gewinde an beiden Enden identisch, dann kann die Wiederholung entfallen, es folgt: Stiftschraube DIN 938 – M20 x 80 – 8.8.

Sechskantmutter ISO 4032 – M12 – 8 bezeichnet eine Sechskantmutter nach DIN EN ISO 4032 mit Gewinde M12 und der Festigkeitsklasse 8.

Bei den verspannten Elementen (Unterlegscheiben, Federringen etc.) genügt in der Regel die Bezeichnung, die Norm- sowie die Größenangabe, um diese Elemente vollständig zu charakterisieren.

8.6 Vereinfachte Darstellung

Eine vereinfachte Darstellung von Schrauben, Muttern oder Schraubverbindungen kann aus zwei Gründen sinnvoll sein. Zum einen kann sie helfen Zeichenarbeit zu ersparen, zum anderen kann sie die Übersichtlichkeit fördern. Sie ist in keinem Fall dann gestattet, wenn durch die vereinfachte Darstellung Angaben missverständlich oder unvollständig werden könnten.

Die Darstellung einer Verschraubung kann nach DIN ISO 6410-3 vereinfacht werden, indem z. B. die Fasenkreise und Fasenkanten sowie die Kuppenform nicht dargestellt werden, siehe auch **Tabelle 8-3**. Diese Vereinfachung erspart viel Zeit, wenn von Hand gezeichnet wird. Wird die Zeichnung mithilfe eines CAD-Systems erstellt, dann werden die Normteile ohnehin aus einer Bibliothek entnommen und die Details, wie Fasen oder Kuppen, verursachen keine Zusatzarbeit. Solche Vereinfachungen sind also nur bei Handzeichnungen sinnvoll oder dann, wenn nur wenige Merkmale gezeigt werden sollen.

Tabelle 8-3 Beispiele für die vereinfachende Darstellung von Gewindeteilen nach DIN ISO 6410-3

Bezeichnung	vereinfachte Darstellung		Bezeichnung	vereinfachte Darstellung	
Sechskant-schraube	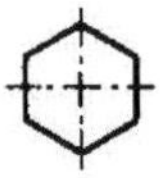	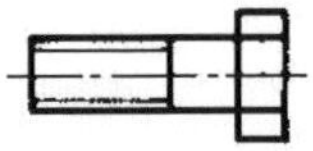	Sechskant-mutter		
Zylinder-schraube mit Innensechs-kant		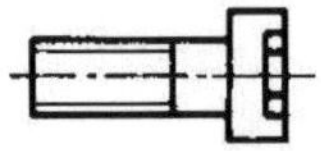	Kronen-mutter	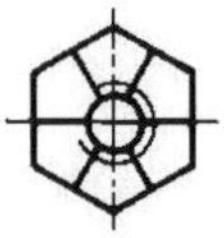	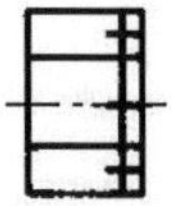
Senkschraube mit Kreuzschlitz		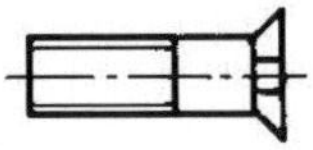	Vierkant-mutter		
Flügel-schraube		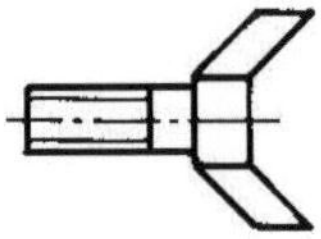	Flügelmutter		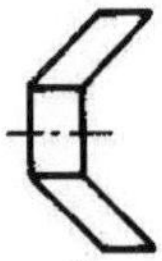

Die Darstellung einer Gewindebohrung oder von Schrauben kann auch gänzlich entfallen, wenn der Nenndurchmesser kleiner oder gleich 6 mm ist oder die Gewindeelemente ein regelmäßiges Muster aufweisen. In solchen Fällen erscheint die Gewindebezeichnung auf einer Hinweislinie, **Bild 8-35**. Ihr Pfeil deutet dabei auf die Mitte des Gewindeelementes (Mittellinie).

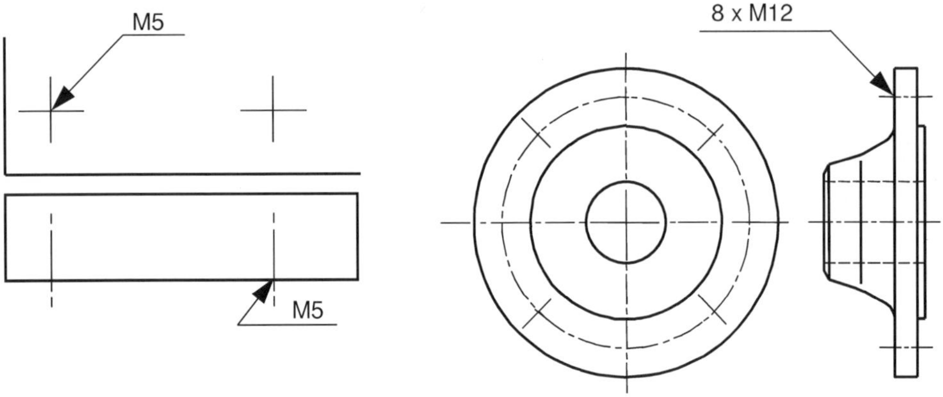

Bild 8-35 Beispiele für vereinfachte Darstellung

8.7 Übungen

8.1 Stellen Sie einen Gewindebolzen mit Trapezgewinde Tr 16 x 4 P2 in Seitenansicht und in axialer Ansicht dar und bemaßen Sie diese Darstellung normgerecht.

8.2 Erzeugen Sie eine weitere Zeichnung mit Vorder- und Seitenansicht, in der dieser Gewindebolzen zur Hälfte in ein Innengewinde eingeschraubt ist.

8.3 Wie unterscheidet sich ein metrisches Feingewinde von einem „normalen" metrischen Gewinde?

8.4 Wie wird ein linksdrehendes Gewinde in Technischen Zeichnungen gekennzeichnet?

8.5 Kennzeichnen Sie die Fehler in den folgenden Zeichnungen.

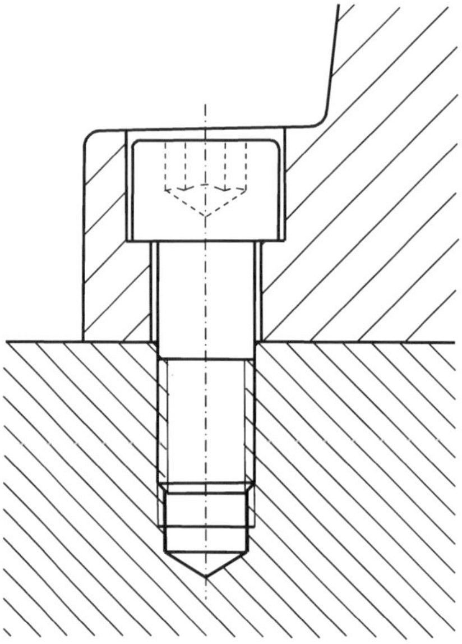

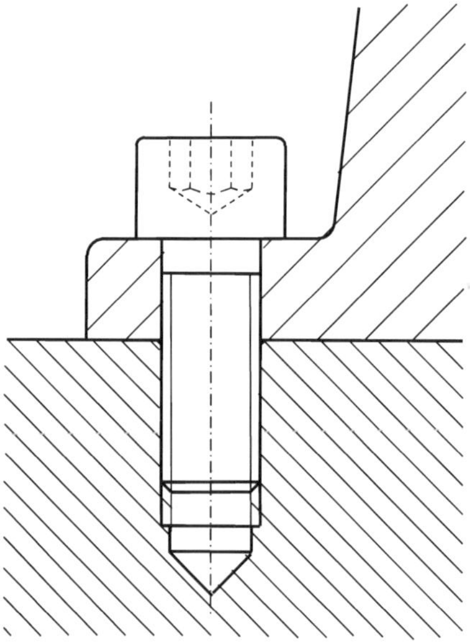

8.6 Können Unterlegscheiben zu den Sicherungselementen gezählt werden?

8.7 Warum ist es sinnvoll Schraubverbindungen zu sichern? Wogegen?

8.8 Geben Sie die Bezeichnung nach Norm für eine Sechskantschraube nach DIN EN ISO 4014 mit M12 Linksgewinde, einer Nennlänge von 50 mm und einer Festigkeitsklasse von 10.8 an.

8.9 Geben Sie die Bezeichnung nach Norm für eine Sechskantmutter nach DIN EN ISO 4032 mit M12 Linksgewinde und der Festigkeitsklasse 10 an.

8.10 Es ist eine Verschraubung mit einer versenkten Zylinderschraube mit Innensechskant nach DIN EN ISO 4762 entsprechend der unten wiedergegebenen Prinzipskizze zu realisieren. Das Gewindenennmaß ist d = M16. Der Gehäusewerkstoff ist aus Aluminium.

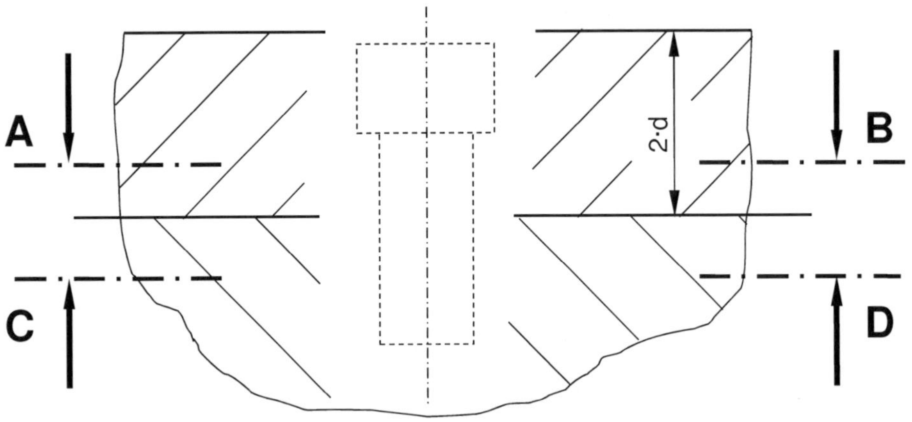

Hinweise: Bestimmen Sie die notwendige Einschraublänge im Gehäuse und entnehmen Sie anschließend aus Normblättern die verfügbaren Abmessungen. Es ist nicht notwendig, den Schraubenkopf aufgebrochen darzustellen, um den Innensechskant zu zeigen.

8.11 Es ist eine Verschraubung mit einer Sechskantschraube nach DIN EN ISO 4014 und Sechskantmutter nach DIN EN ISO 4032 entsprechend der unten wiedergegebenen Prinzipskizze zu realisieren. Das Gewindenennmaß ist d = M12.

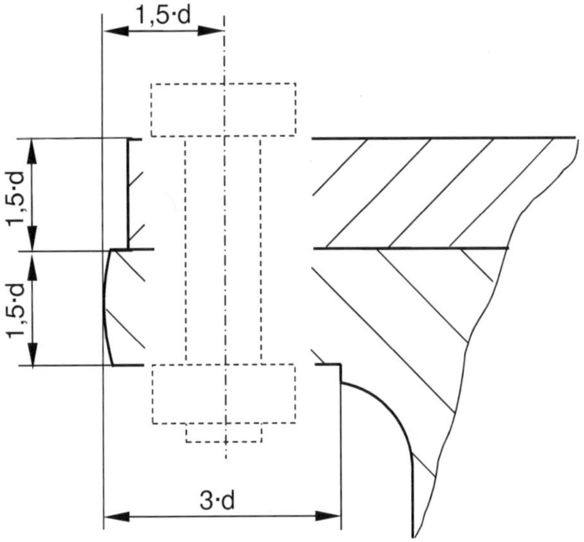

Hinweis: Bestimmen Sie zunächst die notwendige Länge der Schraube und entnehmen Sie anschließend aus Normblättern die verfügbaren Abmessungen.

8.12 Zeichnen Sie aus der Aufgabe 8.10 die Schnitte A-B und C-D.

9 Elemente an Achsen und Wellen

Im Folgenden wird auf die Darstellung von Formelementen eingegangen, die die Gestaltung von Achsen und Wellen maßgeblich beeinflussen, wobei an dieser Stelle nicht die strenge Trennung zwischen Achsen und Wellen im Vordergrund stehen soll, denn viele der angesprochenen Formelemente können sowohl auf Achsen als auch auf Wellen realisiert werden.

In diesem Kapitel sollen ausnahmslos Elemente erwähnt sein, die zu einer Formgestaltung der Welle (bzw. Achse) führen. Dazu zählen die genormten Wellenenden, Freistiche sowie Zentrierbohrungen. Auf die Gruppe der Welle-Nabe-Verbindungen wird nur insoweit eingegangen, wie es zu ihrer Darstellung notwendig ist. Dabei wird nicht auf das eigentliche Welle-Nabe-Element vorrangig eingegangen, sondern aus der Gestaltungssicht einer Welle bzw. Achse.

Da es vorrangig um die zeichnerische Erfassung und normgerechte Darstellung der genannten Bauelemente geht, ist eine weitergehende Betrachtung von Welle-Nabe-Verbindungen der zitierten Literatur [RoMa15] zu entnehmen. Darin wird ausführlich auf die Funktion und die Auslegung/Berechnung mit den genormten Abmessungen eingegangen.

9.1 Wellenenden

Als Wellenenden werden die Teile von Wellen bezeichnet, die aus einem Getriebe oder einer Arbeitsmaschine austreten und als Anschlusselement z. B. für eine Kupplung dienen. Die Hauptfunktion eines Wellenendes ist damit die Drehmomentübertragung. In **Bild 9-1** ist ein Beispiel eines Getriebes mit zwei Wellenenden zu sehen. Diese können aufgrund der Normung abgebrochen dargestellt werden.

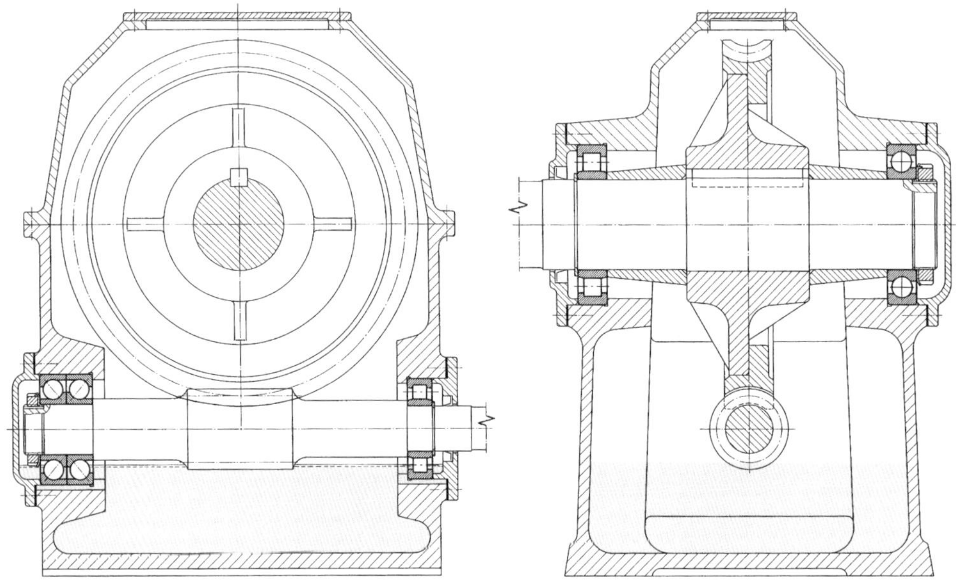

Bild 9-1 Schneckenradgetriebe; Antrieb: Schneckenwelle; Abtrieb: Schneckenradwelle [RoMa15]

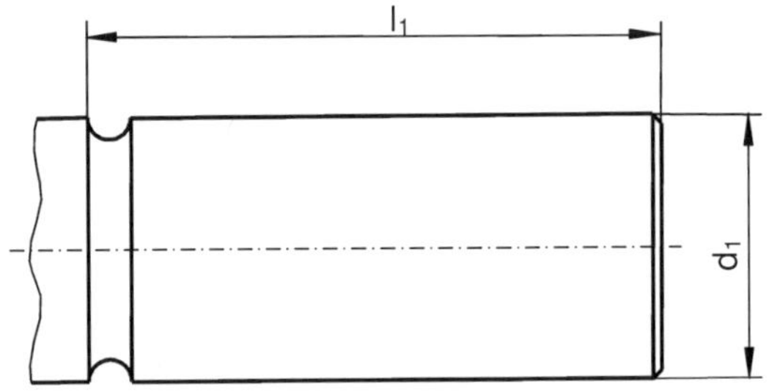

Zylindrisches Wellenende ohne Wellenbund nach DIN 748-1

d_1 = 50 mm
l_1 = 110 mm

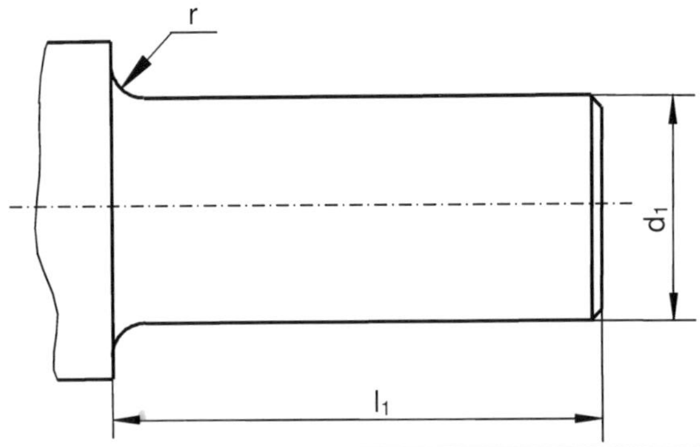

Zylindrisches Wellenende mit Wellenbund nach DIN 748-1

d_1 = 50 mm
l_1 = 110 mm
r_{max} = 1,6 mm

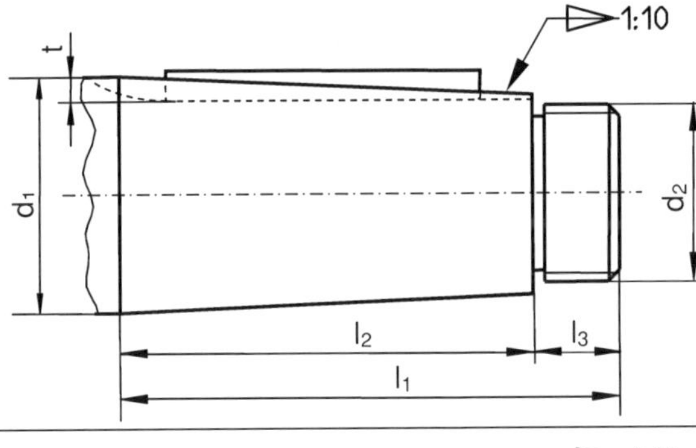

Kegeliges Wellenende mit Außengewinde nach DIN 1448

d_1 = 50 mm
d_2 = M36 x 3
l_1 = 110 mm
l_2 = 82 mm
l_3 = 28 mm
t = 7,1 mm

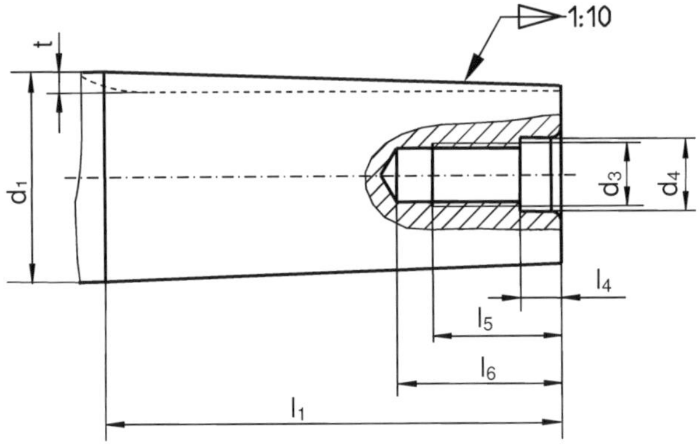

Kegeliges Wellenende mit Innengewinde nach DIN 1449

d_1 = 50 mm
d_3 = M16
d_4 = 17 mm
l_1 = 110 mm
l_4 = 12 mm
l_5 = 36 mm
l_6 = 45 mm
t = 7,1 mm

Bild 9-2 Normgerechte Wellenenden mit zugehörigen Abmessungen am Beispiel d_1 = 50 mm

Da der Durchmesser einer Welle von der Belastung und dem Werkstoff abhängt, könnte eine Festigkeitsrechnung einen optimierten Durchmesser für jedes Wellenende liefern. Wenn allerdings bei jedem Getriebe und bei jeder Arbeitsmaschine so verfahren würde, dann gäbe es eine sehr große Vielfalt an Durchmessern für Wellenenden und die notwendigen Kupplungen wären stets Sonderanfertigungen. Um dies zu vermeiden, sind die Wellenenden in ihren Durchmessern gestuft vorgesehen. Die Längen sind diesen Durchmessern zugeordnet.

In der DIN 748 sind Vorgaben für *zylindrische Wellenenden* enthalten, in der DIN 1448 sind *kegelige Wellenenden* mit Außengewinde und in DIN 1449 sind kegelige Wellenenden mit Innengewinde mit ihren möglichen Durchmessern und Längen festgelegt, **Bild 9-2**. Die zylindrischen Wellenenden können genutzt werden, um eine Kupplung aufzuziehen, die kegeligen Wellenenden können z. B. Keilriemenscheiben aufnehmen.

Als Normbezeichnung für ein zylindrisches Wellenende nach DIN 748 mit einem Durchmesser d_1 = 45 mm und einer Länge l_1 = 110 mm würde gelten: Wellenende DIN 748 – 45 x 110.

Als Toleranz ist für die Wellenenden bis zu einem Durchmesser von d_1 = 50 mm die Toleranzklasse k6 vorgegeben, für Durchmesser d_1 = 55 mm bis 630 mm gilt die Toleranzklasse m6.

9.2 Freistiche

9.2.1 Funktion

Durchmesserübergänge an Wellen und Achsen dienen zur Aufnahme von Bauelementen wie z. B. Wälzlagern oder Zahnrädern. Aus **Bild 9-1** ist ersichtlich, dass sich diese Maschinenelemente gegen diese Durchmesserübergänge „anlehnen" bzw. gegen diese verspannt werden. Sie dienen als axiale Fixierung.

Die Gestaltung dieser Durchmesserübergänge muss also so ausgeführt sein, dass die jeweiligen Bauelemente sich tatsächlich gegen diese Anlageschultern „lehnen" können. Eine solche Gestaltung fordert zunächst einmal einen kleinen Radius in dem *Wellenabsatz*. Der Radius des Wellenabsatzes muss stets kleiner sein, als der Radius des aufgeschobenen Bauelements, weil sonst das Bauelement nicht bis an die Wellenschulter herangeschoben werden kann und ein Freiraum verbleibt, siehe **Bild 9-3**.

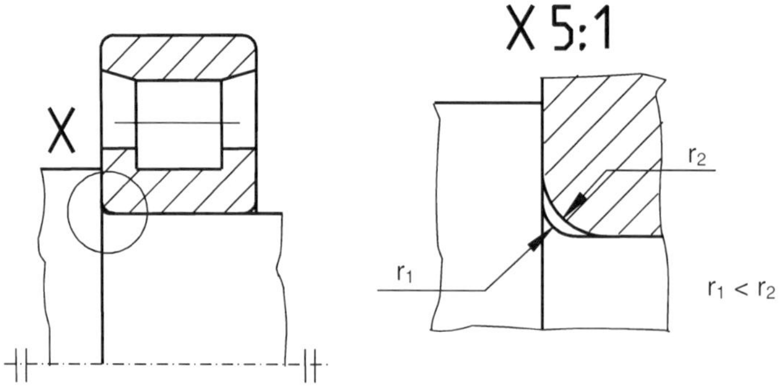

Bild 9-3 Forderung nach einem kleinen Radius im Bereich des Durchmesserabsatzes

Des Weiteren haben die Hersteller der aufgeschobenen Bauelemente durchaus weitere Forderungen an die Gestaltung des Wellenabsatzes, wenn sie die Funktion des Bauelementes garantieren sollen. Solche Forderungen betreffen z. B. die Oberflächenbeschaffenheit, die Durchmessertoleranz, die Zylinderformtoleranz oder die Planlauftoleranz der Schulter. Solche Forderungen müssen fertigungstechnisch umgesetzt werden können, was allerdings einen definierten Werkzeugauslauf, z. B. für eine Schleifscheibe, im Bereich des Wellenabsatzes erforderlich macht, **Bild 9-4**.

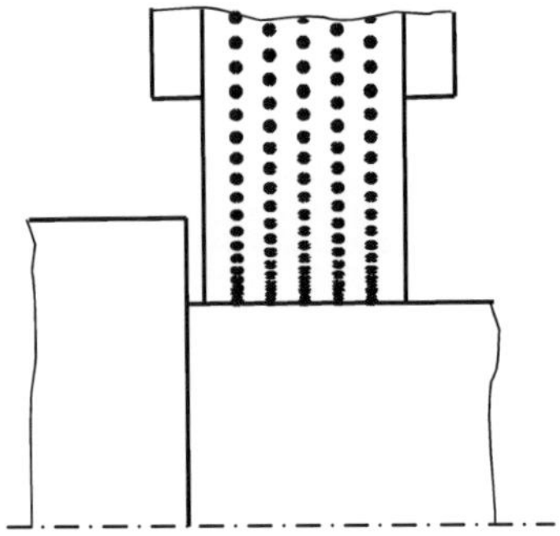

Bild 9-4 Forderung nach einem Werkzeugauslauf im Bereich des Durchmesserabsatzes; hier angedeutete Schleifscheibe

Die Festigkeit der Welle fordert hingegen, dass die Wellenabsätze möglichst große *Übergangsradien* aufweisen sollen, um nur eine geringe *Kerbwirkung* zu verursachen.

Damit laufen die genannten Forderungen scheinbar konträr. Die Lösung des Problems liegt in der Form der Freistiche, die nach DIN 509 genormt sind, **Bild 9-5**. Die Formen A bis D waren in früheren Fassungen der DIN 509 enthalten und sollen nicht mehr benutzt werden. Ihre Bezeichnungen werden nicht wieder verwendet, um eine Verwechselung auszuschließen.

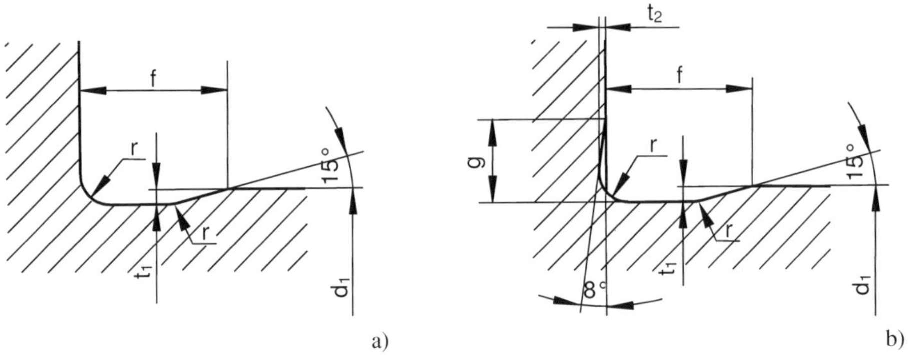

Bild 9-5 Freistiche nach DIN 509; a) Form E und b) Form F

Die Form E wird dann angewendet, wenn an die Planfläche keine besonderen Anforderungen gestellt sind. Form F wird angewendet, wenn die rechtwinkelig zueinander stehenden Flächen weiter bearbeitet werden sollen. Die Formen E und F werden hauptsächlich genutzt. Die Form G wird angewendet, wenn bei gering belasteten Werkstücken ein möglichst kleiner Übergang zwischen den rechtwinkeligen Flächen erzielt werden soll. Die Form H ist bei stärker ausgerundeten Übergängen anzuwenden.

9.2.2 Besonderheiten der Darstellung

Freistiche treten demnach in nahezu allen Wellen- und Achsenzeichnungen auf. Allerdings sind die Abmessungen der Freistiche vom Durchmesser der Welle abhängig und müssen deshalb in der Zeichnung angegeben werden. Klar ist, dass die Bemaßung dieses winzigen Elementes in der Hauptansicht unübersichtlich sein würde. Aus diesem Grunde werden Freistiche in der Regel als Einzelheit angegeben und bemaßt, vergleiche **Bild 9-6**.

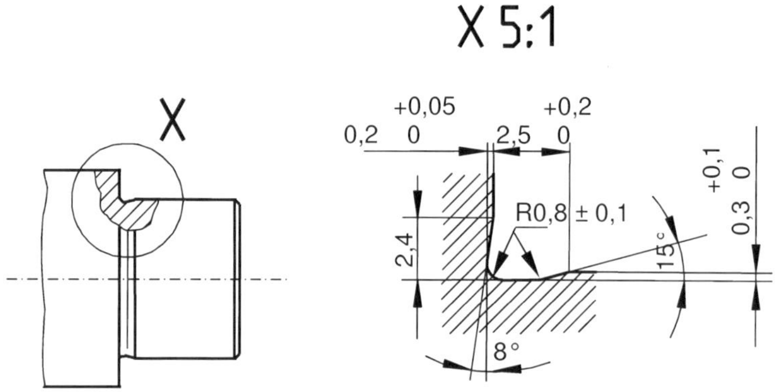

Bild 9-6 Maßangabe bei einem Freistich DIN 509 – F0,8 x 0,3; Darstellung wahlweise als Einzelheit oder vereinfacht nach **Bild 9-7**

Die Abmessungen der Freistiche sind zwar von dem Durchmesser der Welle abhängig, doch es ergibt sich für eine normale Beanspruchung eine recht grobe Stufung der Durchmesser von 18 mm < $d_1 \leq 80$ mm und bei einer Welle mit erhöhter Wechselfestigkeit ein Durchmesserbereich von 18 mm < $d_1 \leq 50$ mm und 50 mm < $d_1 \leq 80$ mm, siehe auch **Tabelle 9-1**.

Die Bezeichnung des Freistiches, z. B. DIN 509 – F0,8 x 0,3, enthält neben der Angabe der DIN-Norm und der Form des Freistichs den Radius r = 0,8 mm und die Tiefe t_1 = 0,3 mm. Im Freistichgrund wird eine geschlichtete Oberflächengüte realisiert (Rz1max 25 bzw. Ra 3,2). Sind andere Oberflächengüten gefordert, so müssen diese besonders angegeben werden.

Tabelle 9-1 Abmessungen der Freistiche Formen E und F nach DIN 509 (Auswahl), Bezeichnungen siehe **Bild 9-5**

Durchmesserbereich	r [mm] ± 0,1	t_1 [mm] +0,1 0	f [mm] +0,2 0	g [mm]	t_2 [mm] + 0,05 0
normale Beanspruchung 18 mm < $d_1 \leq 80$ mm	0,8	0,3	2,5	(2,3)	0,2
erhöhte Wechselfestigkeit 18 mm < $d_1 \leq 50$ mm	1,2	0,2	2,5	(2,0)	0,1
erhöhte Wechselfestigkeit 50 mm < $d_1 \leq 80$ mm	1,6	0,3	4	(3,1)	0,2

9.2.3 Vereinfachte Darstellung

Da Freistiche in ihren Abmessungen vollständig genormt sind, kann eine Angabe der Abmessungen dann entfallen, wenn die Norm und die Grundabmessungen definiert sind. Bei einer solchen vereinfachten Darstellung wird der Freistich nicht mehr in allen Details ausgezeichnet, sondern mit breiter Voll-Linie im Abstand f von dem Wellenabsatz symbolisch dargestellt. Eine Hinweislinie mit Pfeil auf diese Linie trägt die Normbezeichnung des Freistichs.

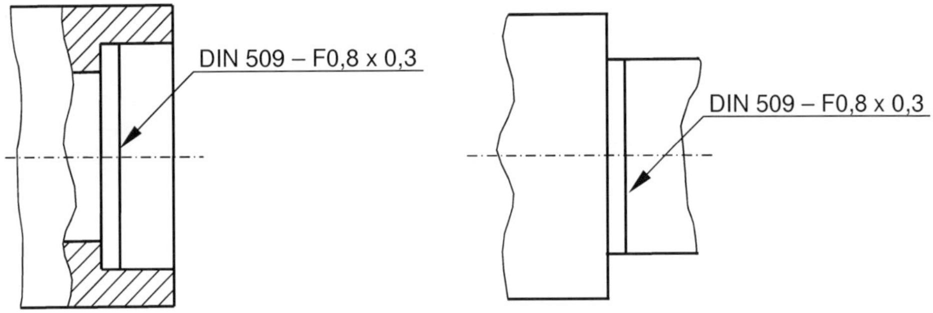

Bild 9-7 Vereinfachte Darstellung von Freistichen

Eine Angabe der Abmessungen trotz vereinfachter Darstellung und Angabe der Norm kann für die Fertigungsabteilung trotzdem hilfreich sein.

9.3 Zentrierbohrungen

9.3.1 Funktion

Bei der Gestaltung von Achsen und Wellen muss die Einspannung des Werkstücks in der Drehmaschine berücksichtigt werden. Erforderlich ist mindestens eine einseitige Einspannung des Werkstücks im so genannten *Spannfutter* der Drehmaschine. Eine einseitige Einspannung reicht allerdings nur bei sehr kurzen Werkstücken aus. Meistens ist es zur Begrenzung der Verformungen des Werkstücks infolge der Schnittkräfte und damit letztlich zur Begrenzung der Maß-, Form- und Lageabweichungen erforderlich, auch das andere Ende der Achse/Welle in einem so genannten Reitstock zu führen.

Für den so genannten Rollkörner des *Reitstocks* (Konus) muss an der durch den Reitstock geführten Stirnseite des Achsen- bzw. Wellenrohrings eine entsprechende Aufnahme, die so genannte Zentrierbohrung, vorgesehen werden. Bei Achsen bzw. Wellen, die während der Bearbeitung umgespannt werden müssen, sind entsprechend an beiden Stirnseiten Zentrierbohrungen erforderlich.

Zentrierbohrungen sind nach DIN 332-1 genormt, wobei zwischen mehreren Ausführungsformen gewählt werden kann, **Bild 9-8**. Die im Folgenden näher betrachteten Ausführungsformen A, B und R sind bevorzugt anzuwenden, weil ihre Form direkt mit einem genormten Zentrierbohrer gefertigt werden kann.

Die einfachste und günstigste Zentrierbohrung hat die Form A. Die Form B besitzt eine Schutzsenkung, welche die weiter innen liegenden Flächen und Kanten der Zentrierbohrung vor Beschädigungen schützen soll. Die Form R besitzt durch die gewölbte Innenfläche den Vorteil, dass beim Spannen Maßabweichungen ausgeglichen werden und dass bei Lagefehlern oder Verformungen des Werkstücks ein Kantentragen vermieden wird.

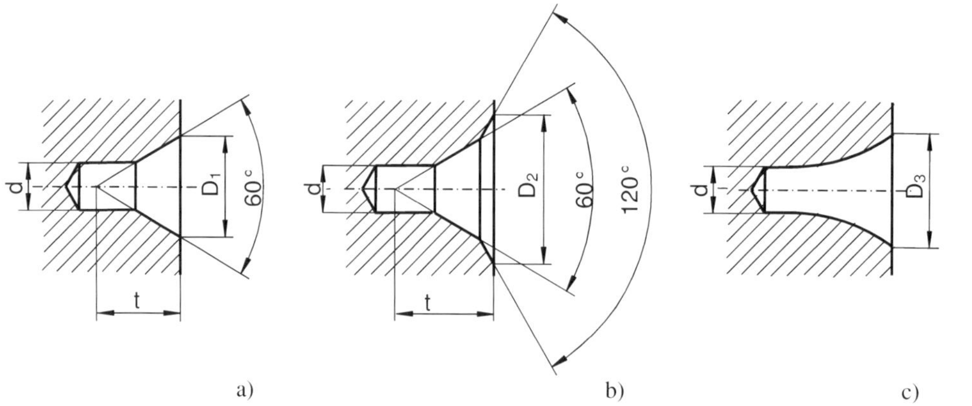

Bild 9-8 Zentrierbohrungen nach DIN 332-1; a) Form A nach ISO 866; b) Form B nach ISO 2540; c) Form R nach ISO 2541

Bild 5-13 c) zeigt bereits im Kapitel Bemaßung exemplarisch für Zentrierbohrungen der Form A nach DIN 332 das Herstellungswerkzeug (den so genannten Zentrierbohrer). Wie leicht zu erkennen ist, hat der Zentrierbohrer als Außenkontur exakt die Form, die später die Zentrierbohrung als Innenkontur aufweist. Die Zentrierbohrung wird vor der Bearbeitung der Achse bzw. Welle direkt auf der Drehmaschine in einem Arbeitsgang, d.h. ohne Vorbohren, am Rohling angebracht.

9.3.2 Besonderheiten der Darstellung

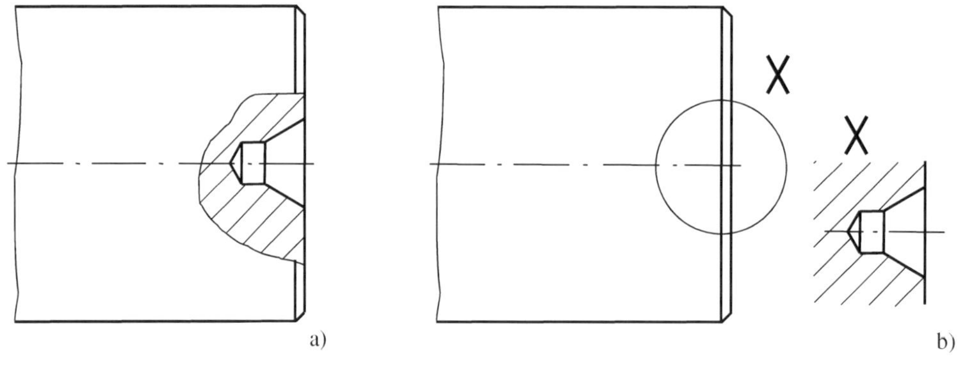

Bild 9-9 Darstellung einer Zentrierbohrung; a) durch einen Ausbruch oder b) als Einzelheit

Die Darstellung und Bemaßung von Zentrierbohrungen in Technischen Zeichnungen erfolgt explizit als Ausbruch oder als Einzelheit (**Bild 9-9**) mit vollständiger Bemaßung nach **Tabelle 9-2** oder es kommt die vereinfachte Darstellung zum Einsatz, siehe nachfolgenden Abschnitt. Da Zentrierbohrungen mit genormten Zentrierbohrern hergestellt werden, ist eine vereinfachte Darstellung einer vollständigen Bemaßung vorzuziehen. Bei Nutzung der vereinfachten Darstellung können sogar Zusatzinformationen durch Symbole gegeben werden, die sonst nur durch einen Begleittext erzielbar wären.

Tabelle 9-2 Abmessungen der Zentrierbohrungen Formen A, B und R entsprechend **Bild 9-8** (Auswahl)

Form	A		B		R
d [mm]	D_1 [mm]	t [mm]	D_2 [mm]	t [mm]	D_3 [mm]
1,0	2,12	0,9	3,15	0,9	2,12
2,0	4,25	1,8	6,3	1,8	4,25
4,0	8,50	3,5	12,5	3,5	8,50
10,0	21,20	8,7	28	8,7	21,20

Die Bezeichnung einer Zentrierbohrung, z. B. ISO 6411 – B 2,0 x 6,3, enthält die Angabe der Norm, den Buchstaben B für die Form des Freistichs den Führungsdurchmesser d = 2,0 mm sowie den Senklochdurchmesser D_2 = 6,3 mm.

9.3.3 Vereinfachte Darstellung

Wie oben bereits erwähnt, ist es bei Zentrierbohrungen sinnvoll, eine vereinfachte Darstellung zu wählen, weil die Zentrierbohrer ohnehin genormt sind und damit die Abmessungen festgelegt sind. Die vereinfachte Darstellung von Zentrierbohrungen wird in DIN ISO 6411 geregelt. Bei der vereinfachten Angabe der Zentrierbohrung wird deshalb als Norm ISO 6411 angegeben, siehe **Bild 9-10**, obwohl die Abmessungen der Zentrierbohrungen eigentlich in DIN 332 genormt sind.

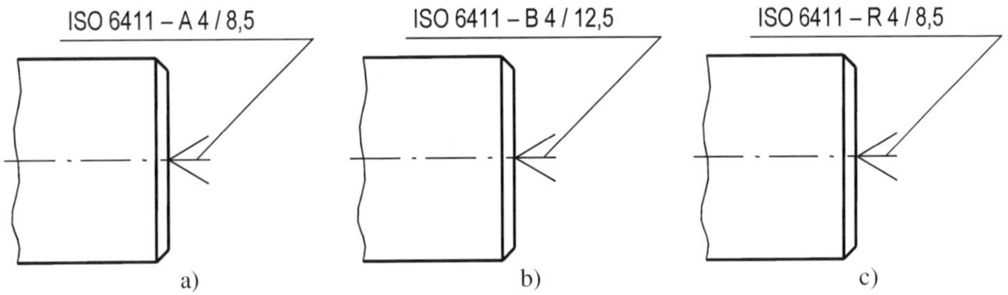

Bild 9-10 Vereinfachte Darstellung von Zentrierbohrungen; a) Form A (ohne Schutzsenkung); b) Form B (mit Schutzsenkung); c) Form R (mit Radiusform)

Dabei ist bezüglich des verwendeten Symbols zu unterscheiden, ob die Zentrierbohrung auch am fertigen Bauteil eine Funktion übernimmt und deshalb an der Achse bzw. Welle verbleiben muss, ob sie keinen Einfluss auf die Funktion des Bauteils im Betrieb ausübt und deshalb verbleiben darf, oder ob sie die Bauteilfunktion beeinträchtigt und nach der Bearbeitung der Achse bzw. Welle zu entfernen ist (Kürzen der gegenüber dem Endmaß zunächst zu langen Achse/Welle), **Bild 9-11**.

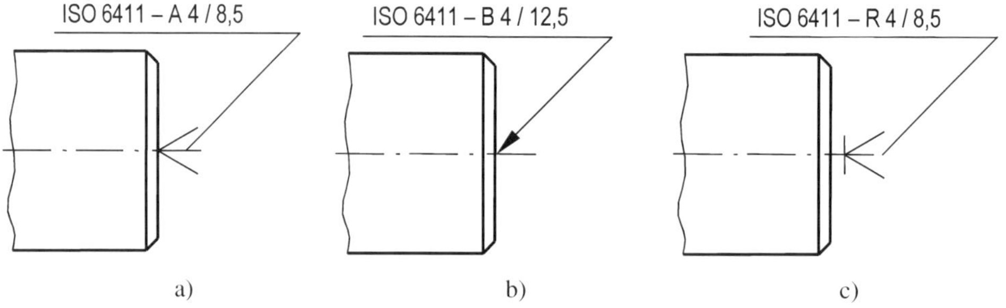

Bild 9-11 Definition des Verbleibs von Zentrierbohrungen am fertigen Bauteil; a) ist am fertigen Teil erforderlich; b) darf am fertigen Teil verbleiben; c) darf am fertigen Teil nicht verbleiben

9.4 Passfedern

9.4.1 Funktion

Passfedern zählen zu den *formschlüssigen Welle-Nabe-Verbindungen*. Die Aufgabe von Welle-Nabe-Verbindungen ist, ganz allgemein, die *Drehmoment-* und *Kraftübertragung* (in radialer und/oder axialer Richtung) zwischen auf einer Welle aufgezogenen Maschinenteilen (z. B. Zahnrädern, Riemenscheiben) und Wellen sicherzustellen, **Bild 9-12**.

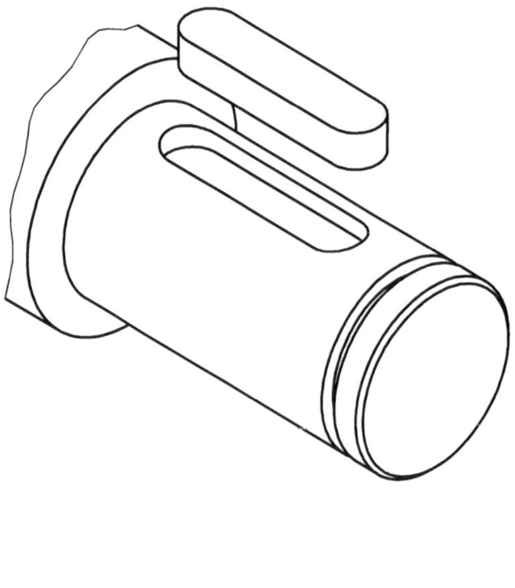

Bild 9-12 Welle mit Passfedernut und Passfeder

Das als Passfeder bezeichnete Maschinenelement wird in eine speziell dafür vorbereitete Nut in der Welle eingelegt. Die Nut ist in ihrer Tiefe so gestaltet, dass ein Teil der Passfeder nach dem Einlegen noch aus der Welle herausschaut. Über diese wird dann eine Nabe geschoben, die als Vorbereitung ebenfalls eine Nut aufweist, in welche dann der aus der Welle hervorstehende Teil zu liegen kommt.

	ohne	mit 1	mit 2	mit Schrägung; mit/ohne
	Halteschraube(n)			
rundstirnig	A	C	E	
geradstirnig	B	D	F	G, H, J

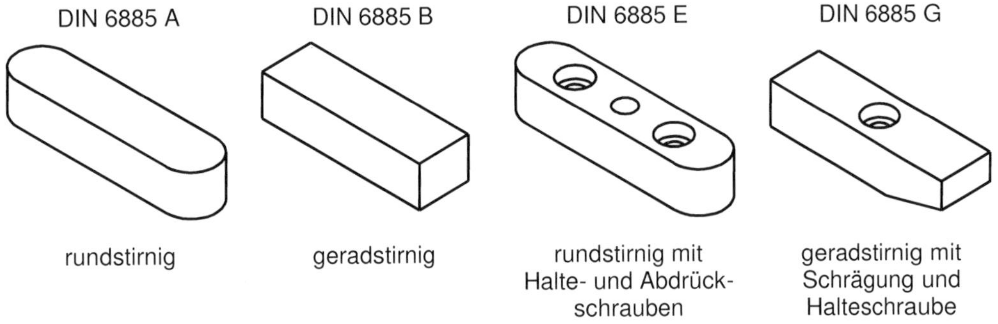

Bild 9-13 Systematik der Ausführungsformen für Passfedern nach DIN 6885

Passfedern sind aufgrund ihrer Bauform gut geeignet, um einseitig wirkende Drehmomente kleiner und mittlerer Größe zu übertragen. Passfederverbindungen sind preiswert, einfach zu montieren und problemlos lösbar.

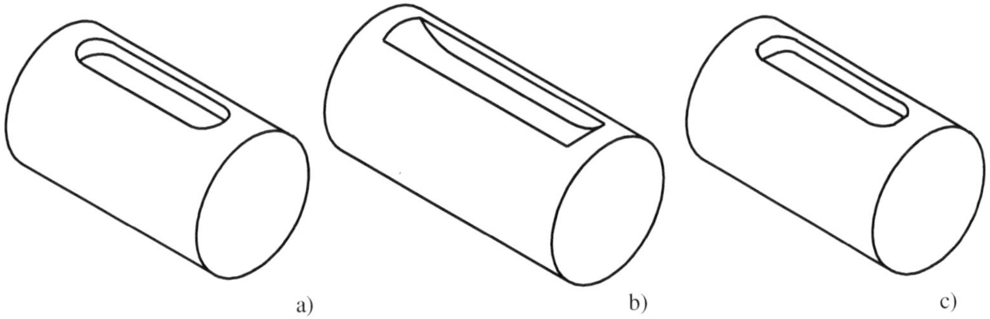

Bild 9-14 Ausführungsformen für Passfedernuten nach DIN 6885; a) Form N1; b) Form N2; c) Form N3

Bild 9-13 zeigt die Formen A, B, E und G, wobei die Formen A, B und E als wichtigste Ausführungsformen nach DIN 6885 zu nennen sind. Am häufigsten angewendet wird Form A (rundstirnig, ohne zusätzliche Bohrungen). Passfedern der Form E (ebenfalls rundstirnig) besitzen zwei Bohrungen für *Halteschrauben*, oft zusätzlich auch noch eine oder mehrere Bohrungen für *Abdrückschrauben*, und bieten sich für Passfederverbindungen mit axial beweglichen Naben an (verschiedentlich auch „Gleitfederverbindungen“ genannt). Derartige Verbindungen kommen beispielsweise bei Verschiebezahnrädern in Getrieben und bei Spindelführungen in Werkzeugmaschinen vor.

Bei *Passfedernuten* werden drei Formen N1 bis N3 unterschieden, wobei nahezu ausschließlich die Formen N1 (für rundstirnige Passfedern) und N2 (für geradstirnige Passfedern) zum Einsatz kommen, **Bild 9-14**. Die Herstellung dieser Nuten erfolgt mit unterschiedlichen Fräsern. Die Form N1 wird mit einem Schaft-, die Form N2 mit einem Scheibenfräser erzeugt.

9.4.2 Besonderheiten der Darstellung

Die DIN 6885 selbst ist noch unterteilt und gibt unterschiedliche Passfederformen für die verschiedenen Anwendungsbereiche. In DIN 6885-1 sind Passfedern und Nuten, hohe Form für Wellendurchmesser von d = 6 mm bis 500 mm angegeben. Die DIN 6885-2 enthält die hohe Form für Werkzeugmaschinen, und die DIN 6885-3 gibt Passfedern mit niedriger Form an.

Die Bestimmung der Abmessungen einer Passfeder erfolgt zunächst nach dem Durchmesser der Welle, in die diese Passfeder eingesetzt werden soll. Entsprechend diesem Wellendurchmesser wird der Passfederquerschnitt (b x h) bestimmt, siehe **Tabelle 9-3**. Anschließend wird die zur Übertragung des Drehmomentes notwendige Länge der Passfeder berechnet, worauf hier nicht eingegangen sei, siehe [RoMa15]. Die errechnete Länge wird anschließend auf eine erhältliche Normlänge aufgerundet.

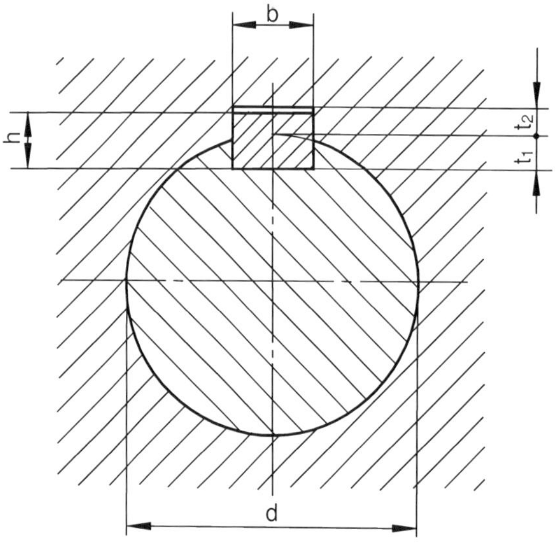

Bild 9-15 Abmessungen einer Passfederverbindung;
t_1 = Tiefe der Nut in der Welle;
t_2 = Tiefe der Nut in der Nabe

Die Längen von Passfedern sind in der DIN 6885 gestuft angegeben. Im Folgenden eine Auswahl: 1 – 6, 8, 10, 12, 14, 16, 18, 20, 22, 25, 28, 32, 36, 40, 45, 50, 56, 63, 70, 80, 90 usw. Auch die Längen (sowohl der Passfeder als auch der Passfedernut in der Welle) unterliegen einer Tolerierung.

Eine Auswahl der Abmessungen von Passfedern und Passfedernuten nach DIN 6885 geht aus **Tabelle 9-3** hervor. Zu beachten ist, dass eine Passfeder nur mit den Seitenflächen trägt, dass also die Rückenfläche im Normalfall Spiel hat („Rückenspiel"). Darüber hinaus sind auch Passfedern definiert, bei denen das Rückenspiel entfällt und die sogar im Maß t_2 ein Übermaß aufweisen (hier nicht angegeben).

Tabelle 9-3 Abmessungen für Passfedern und Passfedernuten nach DIN 6885 (Auswahl), Bezeichnungen siehe **Bild 9-15**; [mm]

b x h	für Wellendurchmesser d über	bis	t_1	t_2
12 x 8	38	44	5,0 + 0,2	3,3 + 0,2
14 x 9	44	50	5,5 +0,2	3,8 + 0,2
16 x 10	50	58	6,0 + 0,2	4,3 + 0,2
18 x 11	58	65	7,0 + 0,2	4,4 + 0,2
20 x 12	65	75	7,5 + 0,2	4,9 + 0,2
22 x 14	75	85	9,0 + 0,2	5,4 + 0,2
25 x 14	85	95	9,0 + 0,2	5,4 + 0,2
28 x 16	95	110	10,0 + 0,2	6,4 + 0,2
32 x 18	110	130	11,0 + 0,2	7,4 + 0,2
36 x 20	130	150	12,0 + 0,3	8,4 + 0,3

Neben den in **Tabelle 9-3** gegebenen zulässigen Maßabweichungen für die Nuttiefen t_1 und t_2 ist für die Breite der Nuten eine Toleranzklasse vorgegebenen. Es gilt:

- bei festem Sitz: Wellennut b P9 bzw. P8; Nabennut b P9 bzw. P8
- bei leichtem Sitz: Wellennut b N9 bzw. N8; Nabennut b JS9 bzw. JS8
- Gleitsitz: Wellennut b H8; Nabennut b D10

Darüber hinaus ist eine sinnvolle Wahl der Toleranzklassen für die Durchmessermaße der Welle und der Nabe zu treffen. **Tabelle 9-4** gibt hierfür Hinweise.

Tabelle 9-4 Durchmesserpassungen für Welle und Nabe bei Passfederverbindungen

Anordnung der Nabe	Passung bei Einheitsbohrung	Einheitswelle
auf längeren Wellen, fest	H7 / j6	J7 / h6; h8; h9
auf Wellenenden, fest	H7 / k6; m6	K7; M7 / h6; N7 / h8
auf Wellen, verschiebbar	H7 / h6; j6	H7, J7 / h6; h8

Ein Wellenelement mit Passfedernut lässt sich aufgrund seiner Komplexität nur durch zwei Ansichten darstellen. Dabei sind alle Abmessungen und Toleranzen mit anzugeben. Besonders wichtig – und häufig falsch gemacht – ist die Angabe der Nuttiefe, die ausgehend von der abzufräsenden Wellenoberfläche zum Nutgrund zu bemaßen ist, siehe auch **Bild 9-16**.

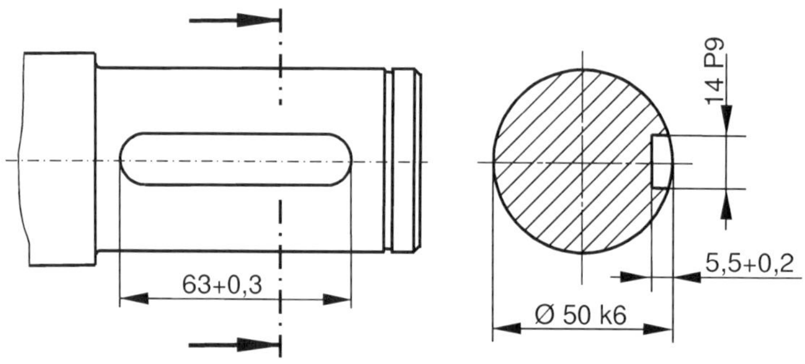

Bild 9-16 Beispiel für eine Darstellung einer Welle mit normgerecht bemaßter Passfedernut

Als Normbezeichnung für eine Passfeder z. B. der Form A mit den Abmessungen b = 12, h = 8 und l = 40 gilt: Passfeder DIN 6885 – A 12 x 8 x 40. Zu berücksichtigen ist bei dieser Angabe, dass die Länge einer Passfeder der Form A als Gesamtlänge, also inklusive der beiden Bögen, anzugeben ist. Das ist besonders dann verwunderlich, wenn bekannt ist, dass die Passfeder lediglich an den geraden Seitenflächen trägt und deshalb auch nur diese in die festigkeitsmäßige Auslegung eingehen.

Eine vereinfachende Darstellung ist bei Passfedern nicht üblich und nicht genormt.

9.5 Vielnutprofil

9.5.1 Funktion

Vielnutprofile (verschiedentlich auch „Keilwellenprofile“ bzw. „Keilnabenprofile“ genannt) sind formschlüssige Welle-Nabe-Verbindungen, die man sich aus der Vervielfachung einer Passfederverbindung entstanden denken kann.

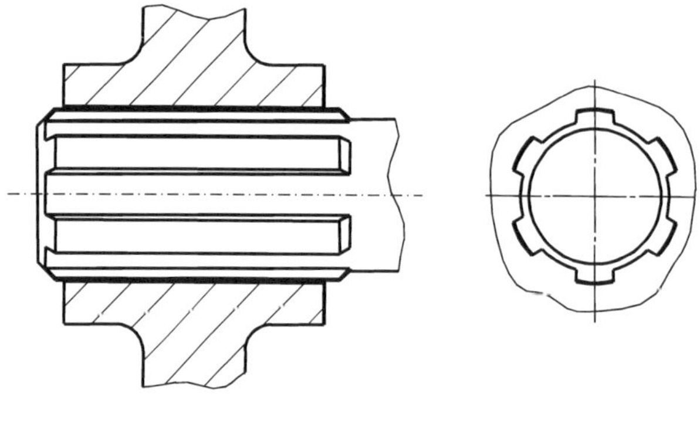

Bild 9-17 Vielnutverbindung

Vielnutprofile werden sowohl für feste Verbindungen von Welle und Nabe als auch für längsverschiebliche Verbindungen verwendet. **Bild 9-17** zeigt als Anwendungsbeispiel die (geringfügig längsverschiebliche) Verbindung zwischen Welle und Nabe wie sie zwischen Kupplungsscheibe und der Getriebe-Eingangswelle eines Kraftfahrzeuges vorkommt.

Der Vorteil der Vielnutverbindung gegenüber der Passfederverbindung ist die Übertragbarkeit wesentlich größerer Drehmomente. Nachteile sind jedoch die relativ teure Fertigung und die nicht zu unterschätzende Schwächung von Welle und Nabe durch die von den Nuten verursachende Kerbwirkung.

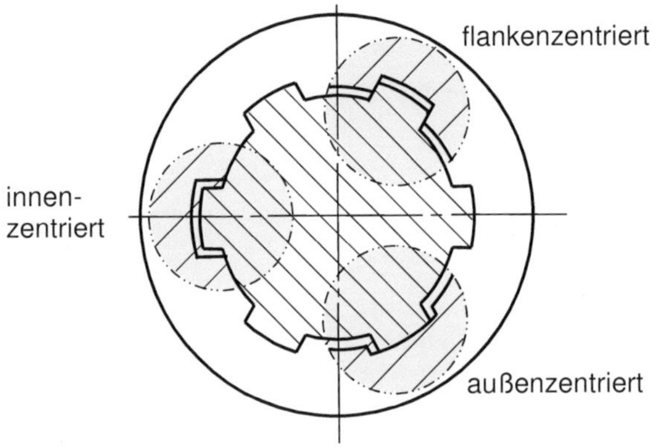

Bild 9-18 Zentriermöglichkeiten bei einer Vielnutverbindung

Zu beachten ist bei Vielnutverbindungen die Zentrierung von Welle und Nabe: Die Vielnutverbindung kann innenzentriert (entsprechende Passung auf dem Innendurchmesser d), flankenzentriert (entsprechende Passung in Bezug auf das Breitenmaß B), oder außenzentriert (entsprechende Passung auf dem Außendurchmesser D) ausgeführt werden. In der Regel wird die Innenzentrierung bevorzugt. Nur bei besonders hohen Wechsellasten geht man auf die (aufwendigere) Flankenzentrierung über. Die Außenzentrierung ist kaum noch gebräuchlich, da sie sich genau so verhält wie die Innenzentrierung, dabei aber teurer ist. Abhängig von der Zentrierung ist die Auswahl der Toleranzen für Welle und Nabe vorzunehmen.

9.5.2 Besonderheiten der Darstellung

Die Keilwellen bzw. Vielnutprofile sind nach DIN ISO 14 sowie nach DIN 5471 und DIN 5472 (für Werkzeugmaschinen) genormt. Dabei werden nur innenzentrierte Vielnutverbindungen berücksichtigt. Die DIN ISO 14 hat im Jahr 1986 die bis dahin geltenden, inhaltlich weitgehend identischen nationalen Normen DIN 5461 bis DIN 5463 abgelöst.

Auch Keilwellen (Vielnutprofile) haben genormte Bezeichnungen, z. B. um entsprechend geformte Bereiche einer Nabe oder einer Welle einfach bemaßen zu können. Die Bezeichnung setzt sich zusammen aus der zugrundeliegenden Norm, einem Kennbuchstaben für Naben- oder Wellenprofil (N – Naben-, W – Wellenprofil) sowie einer Größenangabe der Form „Anzahl der Keile x Innendurchmesser x Außendurchmesser". So bezeichnet beispielsweise die Angabe „DIN ISO 14 – W 8 x 32 x 36" ein Wellenprofil nach DIN ISO 14 mit 8 Keilen, 32 mm Innen- und 36 mm Außendurchmesser (leichte Reihe). Die Länge des Vielnutprofiles ist stets separat anzugeben. Die in DIN ISO 14 angegebenen Toleranzen zeigen **Bild 9-20** und **Bild 9-21**.

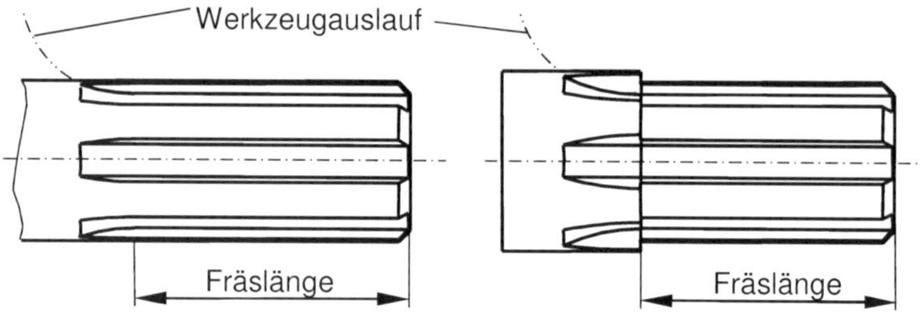

Bild 9-19 Werkzeugauslauf bei gefrästen Profilen berücksichtigen

Tabelle 9-5 Nennmaße und Kurzbezeichnungen der Vielnutprofile nach DIN ISO 14 (Auswahl); Maßparameter siehe **Bild 9-20**

d [mm]	leichte Reihe				mittlere Reihe			
	Kurzzeichen	N [mm]	D [mm]	B [mm]	Kurzzeichen	N [mm]	D [mm]	B [mm]
11	-	-	-	-	6 x 11 x 14	6	14	3
13	-	-	-	-	6 x 13 x 16	6	16	3,5
16	-	-	-	-	6 x 16 x 20	6	18	4
18	-	-	-	-	6 x 18 x 22	6	20	5
21	-	-	-	-	6 x 21 x 25	6	25	5
23	6 x 23 x 26	6	26	6	6 x 23 x 28	6	28	6
26	6 x 26 x 30	6	30	6	6 x 26 x 32	6	32	6
28	6 x 28 x 32	6	32	7	6 x 28 x 34	6	34	7
32	8 x 32 x 36	8	36	6	8 x 32 x 38	8	38	6
36	8 x 36 x 40	8	40	7	8 x 36 x 42	8	42	7
42	8 x 42 x 46	8	46	8	8 x 42 x 48	8	48	8
46	8 x 46 x 50	8	50	9	8 x 46 x 54	8	54	9
52	8 x 52 x 58	8	58	10	8 x 52 x 60	8	60	10
56	8 x 56 x 62	8	62	10	8 x 56 x 65	8	65	10
62	8 x 62 x 68	8	68	12	8 x 62 x 72	8	72	12
72	10 x 72 x 78	10	78	12	10 x 72 x 82	10	82	12
82	10 x 82 x 88	10	88	12	10 x 82 x 92	10	92	12
92	10 x 92 x 98	10	98	14	10 x 92 x 102	10	102	14

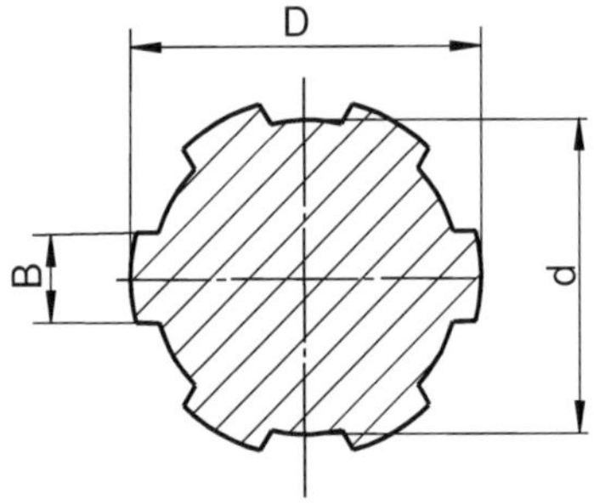

<table>
<tr><th rowspan="3">Einbauart</th><th colspan="3" rowspan="2">Toleranzen für die Welle</th><th colspan="6">Toleranzen für die Nabe</th></tr>
<tr><th colspan="3">nach dem Räumen nicht behandelt</th><th colspan="3">nach dem Räumen behandelt</th></tr>
<tr><th>B</th><th>D</th><th>d</th><th>B</th><th>D</th><th>d</th><th>B</th><th>D</th><th>d</th></tr>
<tr><td>Gleitsitz</td><td>d10</td><td>a11</td><td>f7</td><td rowspan="3">H9</td><td rowspan="3">H10</td><td rowspan="3">H7</td><td rowspan="3">H11</td><td rowspan="3">H10</td><td rowspan="3">H7</td></tr>
<tr><td>Übergangssitz</td><td>f9</td><td>a11</td><td>g7</td></tr>
<tr><td>Festsitz</td><td>h10</td><td>a11</td><td>h7</td></tr>
</table>

Bild 9-20 Toleranzen für Vielnutverbindungen nach DIN ISO 14

Auch wenn in **Tabelle 9-5** lediglich eine Auswahl der Abmessungen wiederzufinden ist, so ist doch daraus ersichtlich, dass die Anzahl N der Nuten nach DIN ISO 14 lediglich 6, 8 oder 10 Nuten aufweisen kann.

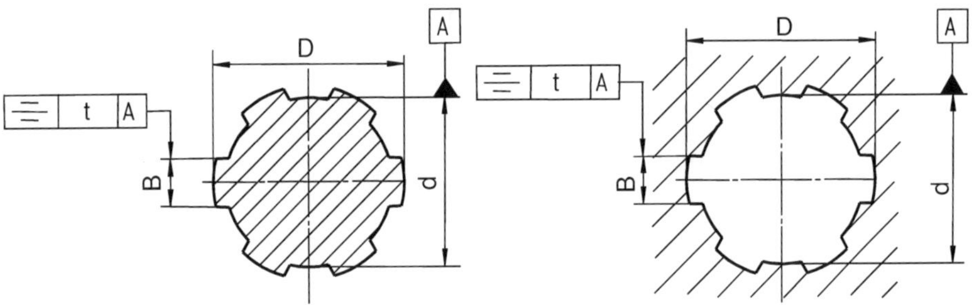

Keilbreite B [mm]	3	3,5 4 5 6	7 8 9 10	12 14 16 18
Toleranz t für die Symmetrie [mm]	0,010 (IT 7)	0,012 (IT 7)	0,015 (IT7)	0,018 (IT7)

Bild 9-21 Toleranzen für die Symmetrie für Vielnutverbindungen nach DIN ISO 14

9.5.3 Vereinfachte Darstellung

In Verbindung mit der oben erläuterten Bezeichnung von Vielnutprofilen ist in Technischen Zeichnungen eine vereinfachte Darstellung nach DIN ISO 6413 entsprechend **Bild 9-22** zulässig.

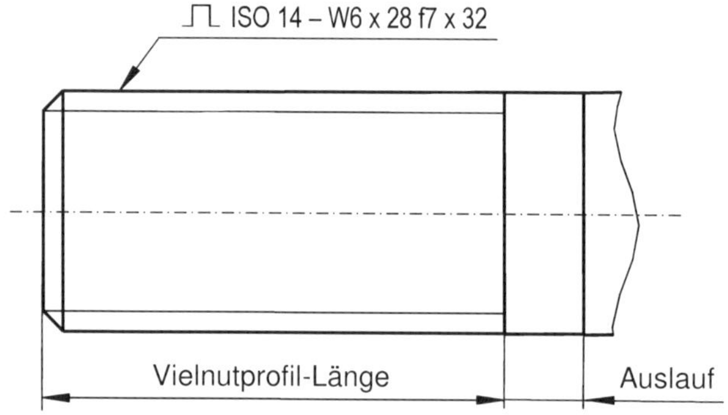

Bild 9-22 Vereinfachte Darstellung von Vielnutprofilen nach DIN ISO 14

Das Symbol ⎍ deutet dabei die Form des Vielnutprofiles an und vermeidet die Verwechslungsgefahr mit einem Gewinde. Die hier beispielhaft angegebene Toleranz „f7" zeigt einen Gleitsitz entsprechend **Bild 9-20** an. Der Werkzeugauslauf, siehe auch **Bild 9-19**, ist sowohl bei der Konstruktion als auch in der bildlichen Darstellung zu berücksichtigen und in der Zeichnung zu bemaßen.

9.6 Passverzahnung

9.6.1 Funktion

Passverzahnungen gehören wie die Vielnut- (**Abschnitt 9.5**) und die Polygonverbindung (**Abschnitt 9.7**) zu den so genannten Profilwellenverbindungen und damit zu den formschlüssigen Welle-Nabe-Verbindungen. Bei Passverzahnungen wird nach der Zahnform unterschieden in Passverzahnung mit Kerb- (**Bild 9-23**) oder mit Evolventenflanken (**Bild 9-24**).

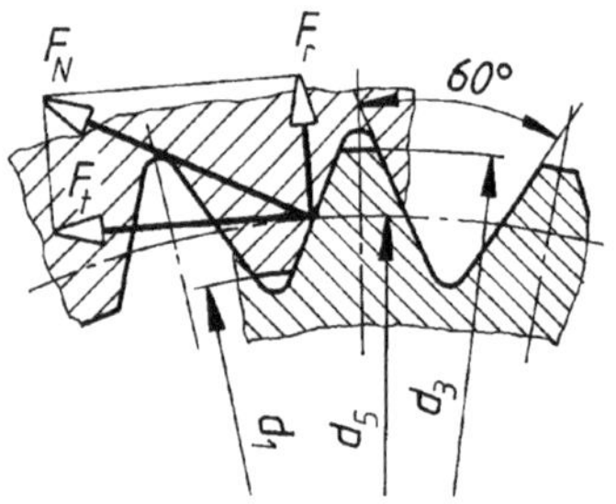

Bild 9-23 Querschnitt einer Passverzahnung mit Kerbflanken nach DIN 5481 [RoMa15]

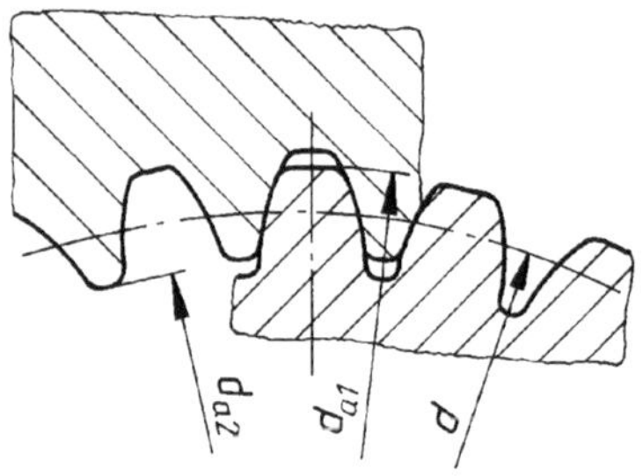

Bild 9-24 Querschnitt einer Passverzahnung mit Evolventenflanken nach DIN 5480 [RoMa15]

Bei Wellen mit *Passverzahnung* weisen die Mitnehmer im Gegensatz zu den Vielnutverbindungen keine parallelen Flanken auf, sondern entweder dreieckförmige Zähne bei den *Kerbflanken* nach DIN 5481 oder mit *Evolventenflanken* nach DIN 5480. Die Profile werden in der Regel im Abwälzverfahren hergestellt.

Die Passverzahnung mit Kerbflanken nach DIN 5481 ist wegen dem Übergangssitz nur für feste, nicht axial verschiebliche Verbindungen geeignet. Bei der Passverzahnung mit Evolventenflanken kann sogar mithilfe der Flankenzentrierung ein Press-Sitz realisiert werden. Die Zähnezahl variiert bei der Kerbzahnwelle zwischen z = 28 und 81 bei einem Durchmesserspektrum von d = 8 mm bis 125 mm und bei der Zahnwelle mit Evolventenprofil von z = 12 bis 82 Zähnen bei einem Durchmesserspektrum von d = 15 mm bis zu 500 mm. Dadurch, dass die Zähne klein sind, können geringe Nabenwanddicken realisiert werden. Ihre Kerbwirkung ist geringer als die von Vielnutverbindungen.

9.6.2 Besonderheiten der Darstellung

Die Darstellung von Bereichen mit Kerbzahnprofil bzw. Zahnprofil mit Evolventenflanken erfolgt in der Regel in der vereinfachten Darstellung (siehe **Abschnitt 9.6.3**). Zusätzlich zur Angabe der Kurzbezeichnung sind bei der Zahnwellenverbindung der Kopfkreis- sowie der Fußkreisdurchmesser, die Verzahnungsbreite sowie die Oberflächenangaben in der Zeichnung nach **Tabelle 9-6** einzutragen, denn diese Angaben gehen nicht aus der Kurzbezeichnung hervor. Unter Umständen kann es sogar sinnvoll sein, neben die vereinfachte Darstellung das jeweilige Profil zu platzieren, um notwendige detaillierte Angaben (wie Toleranzen, Oberflächenbeschaffenheiten) kenntlich machen zu können.

Tabelle 9-6 Abmessungen für Kerbverzahnung nach DIN 5481, siehe **Bild 9-23** (Abmessungen in mm; Auszug)

Nenndurchmesser $d_1 \times d_3$	Nennmaß d_1 A11	Nennmaß d_3 a11	d_5	Teilung errechnet für d_5 t	Zähnezahl z
26 x 30	26,5	30	28	2,513	35
30 x 34	30,5	34	32	2,792	36
36 x 40	36	39,9	38	3,226	37
40 x 44	40	44	42	3,472	38
45 x 50	45	50	47,5	3,826	39
50 x 55	50	54,9	52,5	4,123	40
55 x 60	55	60	57,5	4,301	42

Kerbverzahnungen haben genormte Bezeichnungen, um einen entsprechend geformten Bereich einer Nabe oder einer Welle einfach maßlich angeben zu können. Die Bezeichnung setzt sich zusammen aus der zugrunde liegenden Norm, einem Kennbuchstaben für Naben- oder Wellenprofil (N – Naben-, W – Wellenprofil) sowie einer Größenangabe und zwar mithilfe der Nenndurchmesser d_1 x d_3, zum Beispiel DIN 5481 – N 40 x 44. Die Länge des Kerbzahnprofils ist stets separat anzugeben.

Tabelle 9-7 Abmessungen für Zahnprofile mit Evolventenflanken nach DIN 5480, siehe **Bild 9-24** (Abmessungen in mm; Auszug für Modul m = 2 mm)

Bezugs-durch-messer d_B	Zähne-zahl z	Modul m	Teil-kreis-durch-messer d (= m · z)	Welle: Kopf-kreis-durch-messer d_{a1}	Welle: Fuß-kreis-durch-messer d_{f1}	Nabe: Kopf-kreis-durch-messer d_{a2}	Nabe: Fuß-kreis-durch-messer d_{f2}
35	16	2	32	34,6	30,6	31	35
37	17	2	34	36,6	32,6	33	37
40	18	2	36	39,6	35,6	36	40
42	20	2	40	41,6	37,6	38	42
45	21	2	42	44,6	40,6	41	45
48	22	2	44	47,6	43,6	44	48
50	24	2	48	49,6	45,6	46	50
55	26	2	52	54,6	50,6	51	55

Auch Passverzahnungen mit Evolventenflanken haben eine genormte Bezeichnung. Weil die Verzahnung durch das Bezugsprofil der Evolventenverzahnung definiert ist, sind die Abmessungen bestimmt durch Bezugsdurchmesser d_B, Zähnezahl z bzw. Modul m nach **Tabelle 9-7**.

Im Einzelnen setzt sich die Normbezeichnung aus der zugrunde liegenden Normnummer, einem Kennbuchstaben für Naben- oder Wellenprofil (N – Naben-, W – Wellenprofil) mit nachgestellten A bei Außen- bzw. I bei Innendurchmesserzentrierung (siehe **Bild 9-18**) sowie der Größenangabe, die sich wiederum zusammensetzt aus dem Bezugsdurchmesser x Modul x Zähnezahl x Toleranzklasse und Abmaßreihe, also z. B. DIN 5480 – WA 120 x 3 x 38 x 8f.

In dieser Kurzbezeichnung sind weitere wichtige Angaben wie Eingriffswinkel, Verzahnungsbreite oder Oberflächenbeschaffenheit noch nicht enthalten. Diese müssen separat z. B. in einem Datenfeld angegeben werden. Der Eingriffswinkel beträgt einheitlich $\alpha = 30°$. Als Eingriffswinkel wird der Winkel bezeichnet, den die Flächennormale der Zahnflanke auf dem Teilkreis zur Horizontalen aufweist.

9.6.3 Vereinfachte Darstellung

In Verbindung mit der oben erläuterten Bezeichnung von Kerbverzahnung und Zahnprofil mit Evolventenflanken ist in Technischen Zeichnungen eine vereinfachte Darstellung nach DIN ISO 6413 entsprechend **Bild 9-25** bzw. **Bild 9-26** zulässig.

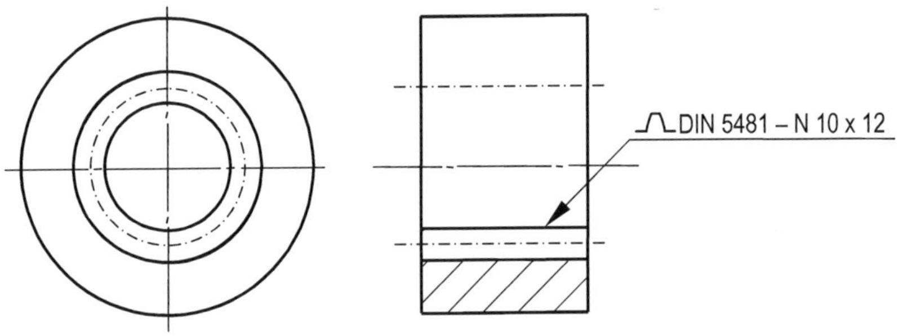

Bild 9-25 Vereinfachte Darstellung nach DIN ISO 6413 eines Bauteils (hier Außenteil/Nabe) mit Kerbverzahnung nach DIN 5481

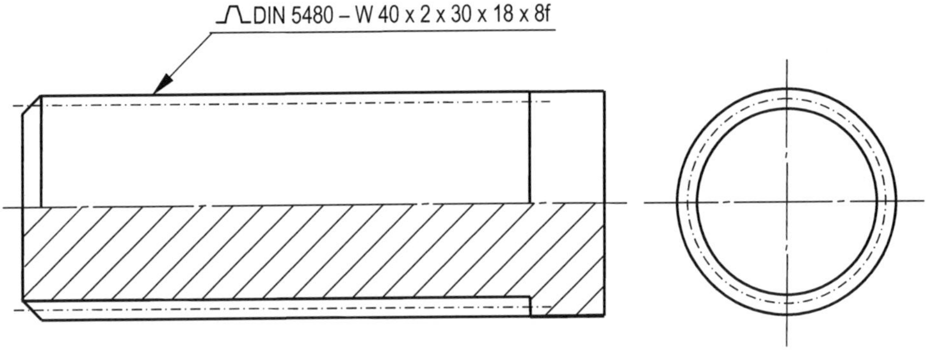

Bild 9-26 Vereinfachte Darstellung nach DIN ISO 6413 eines Bauteils (hier Innenteil/Welle) mit Zahnprofil mit Evolventenflanken nach DIN 5480

9.7 Polygonprofil

9.7.1 Funktion

Polygonprofile sind *Unrundprofile* und werden nicht nur im Bereich des allgemeinen Maschinenbaus, sondern auch im Werkzeugmaschinen-, Kraftfahrzeug- und Flugzeugbau sowie in der Elektroindustrie eingesetzt. Sie sind geeignet, auch stoßartige Drehmomente zu übertragen und werden für lösbare Verbindungen vorgesehen. Sie sind als Schiebesitze genau so gut einsetzbar wie für Press-Sitze.

Durch Polygonprofile realisierte Verbindungen sind selbstzentrierend, weil durch die Geometrie ein eventuell vorhandenes Spiel symmetrisch ausgeglichen wird. Polygonverbindungen sind auch hinsichtlich ihrer Kerbwirkung günstiger als alle zuvor erwähnten Profilwellenverbindungen und erlauben daher bei gleichem Durchmesser die höchste Drehmoment-Übertragung. **Tabelle 9-8** und **Tabelle 9-9** geben die Abmessungen zu **Bild 9-27** an.

Für die Herstellung von Polygonprofilen sind zwar Spezialmaschinen erforderlich, doch insgesamt ist die Fertigung einfacher, genauer und auch preiswerter als die von Vielnut- und Zahnprofilen. Es gibt zwei Grundformen. Ein gleichseitiges Dreieck ist die Grundform des Profils P3G, **Bild 9-27 a)** und die Grundform für das Profil P4C ist ein Quadrat, **Bild 9-27 b)**. Beim Profil P3G sind die Ecken so gerundet, dass ein so genanntes Gleichdick entsteht. Beim Profil P4C sind die Ecken von einem konzentrischen Kreiszylinder angeschnitten.

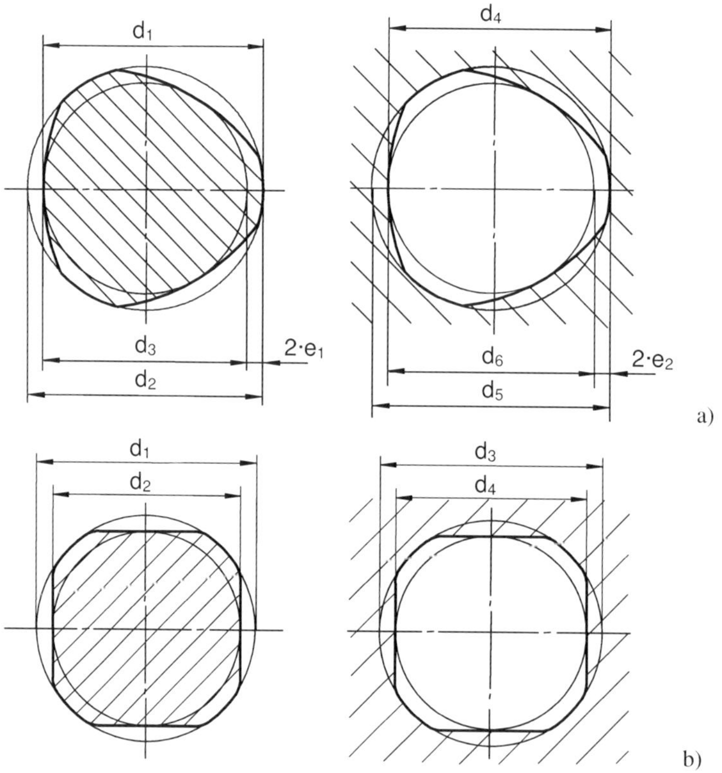

Bild 9-27 Polygonprofile; a) Profil P3G nach DIN 32711; b) Profil P4C nach DIN 32712

9.7.2 Besonderheiten der Darstellung

Das Profil P3G ist nach DIN 32711 genormt. Festsitze und Schiebesitze können mit H7/k6, g6 realisiert werden. Das Profil P4C ist nach DIN 32712 genormt. Festsitze und Schiebesitze können mit H7/g6, k6 realisiert werden.

Im Einzelnen setzt sich die Normbezeichnung wiederum aus der zugrundeliegenden Normnummer, einem Kennbuchstaben für Wellen- oder Nabenprofil (hier jedoch: A – Polygonwellenprofil, B – Polygonnabenprofil), der Profilbezeichnung sowie der Größenangabe, die sich hier auf den Durchmesser d_1 für die Welle bzw. d_3 für die Nabe beschränkt.
Beispiel:
Profil DIN 32711 – A P3G 40 – k6 (Nenngröße $d_1 = 40$ mm, Toleranzklasse k6 für d_1)
Profil DIN 32712 – A P4C 40 – g6 (Nenngröße $d_1 = 40$ mm, Toleranzklasse g6 für d_1)

Tabelle 9-8 Abmessungen für Polygonprofile P3G nach DIN 32711, Bezeichnungen für **Bild 9-27** a) (Abmessungen in mm; Auszug)

d_1	d_2	d_3	e_1
d_4	d_5	d_6	e_2
35	37,5	32,5	1,25
40	42,8	37,2	1,4
45	48,2	41,8	1,6
50	53,6	46,4	1,8
55	59	51	2
60	64,5	55,5	2,25
65	69,9	60,1	2,45
70	75,6	64,4	2,8
75	81,3	68,7	3,15
80	86,7	73,3	3,35

Tabelle 9-9 Abmessungen für Polygonprofile P4C nach DIN 32712, Bezeichnungen für **Bild 9-27 b)** (Abmessungen in mm; Auszug)

d_1	d_2	e_1
d_3	d_4	e_2
35	30	5
40	35	6
45	40	6
50	43	6
55	48	6
60	53	6
65	58	6
70	60	6
75	65	6

Eine vereinfachte Darstellung von Polygonprofilen ist nicht üblich und auch nicht genormt.

9.8 Übungen

9.1 Skizzieren Sie die beiden Wellen aus **Bild 9-1** auf separate Blätter und kennzeichnen Sie jedes der Formelemente der Wellen (Absatz, Nut und Ähnliches) mit der Funktion, die dieses Formelement an dieser Stelle übernimmt.

9.2 Welche Typen der Wellenenden sind in **Bild 9-1** realisiert? Geben Sie die entsprechende Norm an.

9.3 Welche Maßtoleranzen würden Sie für die beiden Wellenenden nach **Bild 9-1** vorschlagen?

9.4 Wann ist es sinnvoll Freistiche einzusetzen? Was ist der Vorteil des Freistichs gegenüber einem einfachen kleinen Radius?

9.5 Wann genügt bei Freistichen die Form E, wann ist nur Form F geeignet?

9.6 Skizzieren Sie einige Möglichkeiten, wie Freistiche in einer Technischen Zeichnung angegeben sein können.

9.7 Welche Angaben sind bei der vereinfachten Darstellung eines Freistichs anzugeben? Geben Sie ein Beispiel.

9.8 Welche Oberflächenkenngrößen sind im Flächengrund eines Freistichs vorhanden, wenn keine expliziten Angaben hierzu existieren?

9.9 Für welchen Einsatzfall ist es sinnvoll, Zentrierbohrungen zu realisieren? Genügt eine Zentrierbohrung oder müssen stets zwei Zentrierbohrungen realisiert sein?

9.10 Welche Formen von Zentrierbohrungen kennen Sie? Nennen Sie die jeweiligen Vorteile.

9.11 Skizzieren Sie einige Möglichkeiten, wie Zentrierbohrungen in einer Technischen Zeichnung angegeben sein können. Welcher dieser Möglichkeiten ist der Vorzug zu geben?

9.12 Ist es sinnvoll, Zentrierbohrungen in Gesamtzeichnungen anzugeben?

9.13 Welche Angaben sind bei der vereinfachten Darstellung einer Zentrierbohrung anzugeben? Geben Sie ein Beispiel.

9.14 Nennen Sie Beispiele dafür, dass eine Zentrierbohrung am fertigen Bauteil verbleiben darf. Nennen Sie Beispiele dafür, dass am fertigen Bauteil keine Zentrierbohrung mehr vorhanden sein darf.

9.15 Nennen Sie verschiedene Ausführungsformen von Passfedern. Nennen Sie Gründe, die für eine der Ausführungsformen (Ihrer Wahl) sprechen.

9.16 Warum ist nicht jedem Wellendurchmesser ein eigener Passfederquerschnitt zugeordnet?

9.17 Können Passfedern der Form A (rundstirnig) eingesetzt werden in Nuten der Form N2 (mit Scheibenfräser erzeugt)?

9.18 Warum sind Passfedern in ihren Längen nicht stufenlos erhältlich?

9.19 Welcher Passfederquerschnitt ist für einen Wellendurchmesser von d = 50 mm zu wählen? Welcher Passfederquerschnitt ist für einen Wellendurchmesser von d = 51 mm zu wählen?

9.20 Gegeben ist ein Wellenquerschnitt mit einem Nenndurchmesser von 58 mm. Bemaßen Sie die im Folgenden gegebene Zeichnung vollständig und normgerecht.

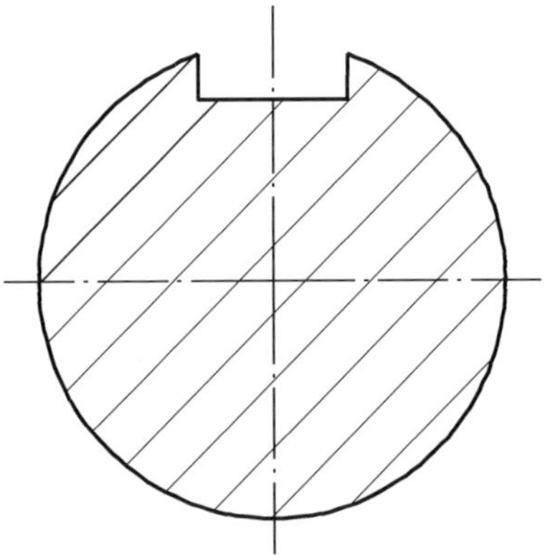

9.21 Geben Sie die Normbezeichnung für ein Vielnutprofil für eine Nabe nach DIN ISO 14 an, welches 10 Keile besitzt, für einen Innendurchmesser von 72 mm geeignet ist und als Außendurchmesser 78 mm aufweist.

9.22 Geben Sie die Normbezeichnung für ein Kerbzahnprofil für eine Welle nach DIN 5481 bei einem Durchmesser d_1 = 50 mm und einem Durchmesser d_3 = 55 mm an. Wie wird die Länge dieses Kerbzahnprofils angegeben?

9.23 Ergänzen Sie die im Folgenden gegebene Zeichnung durch noch nicht gegebene Maßangaben.

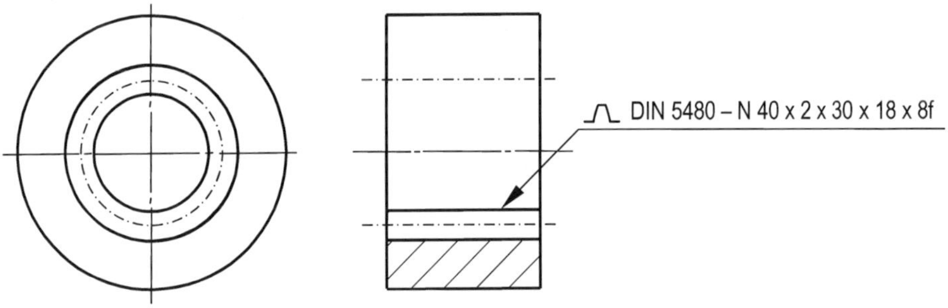

9.24 Wie groß ist bei einem Kerbzahnprofil DIN 5481 – 26 x 30 die Überdeckung der Zähne in radialer Richtung bzw. wie groß ist die Kontaktfläche zwischen Welle und Nabe an einem Zahn?

9.25 Nennen Sie die Grundformen von Polygonprofilen.

9.26 Geben Sie die Normbezeichnung für ein Polygonprofil P3G nach DIN 32711 für eine Nabe mit dem Nenndurchmesser von d_4 = 35 mm.

10 Sicherungselemente

Formschlüssige Welle-Nabe-Verbindungen wie Passfeder-, Vielnut- oder die im vorhergehenden Kapitel ebenfalls behandelten Zahnwellen oder Polygonprofile übertragen im Normalfall keine Axialkräfte, Welle und Nabe sind also in axialer Richtung relativ zueinander verschieblich. Dort, wo eine solche Verschieblichkeit nicht gewünscht ist, müssen Maßnahmen zur axialen Sicherung ergriffen werden. Da das Abstützen der Nabe an einem Wellenbund höchstens auf einer Seite möglich ist, sind in jedem Falle zusätzlich noch besondere Maschinenelemente zur axialen Sicherung erforderlich. Die am häufigsten gebräuchlichen Sicherungselemente – Sicherungsringe und Nutmuttern – werden im Folgenden behandelt.

Ganz grundsätzlich werden unter dem Begriff *Sicherungselement* alle Maschinenelemente verstanden, die ganz allgemein die Position eines anderen Maschinenelementes sichern. Hierzu können dann z. B. Gewindestifte (Madenschrauben), Kontermuttern oder Splinte zählen. Diese Maschinenelemente sind in den vorangegangenen Kapiteln angesprochen worden, so dass es an dieser Stelle nicht mehr notwendig ist, nochmals auf diese einzugehen.

10.1 Sicherungsringe

10.1.1 Funktion

Axial montierbare *Sicherungsringe* werden an Wellen und Bohrungen in entsprechende Ringnuten eingesetzt. In der Ausgangslage hat der Sicherungsring eine nicht kreisrunde Form, wobei sich die radiale Breite des Ringes von der Mitte zu den Enden hin verjüngt. Durch diese besondere Form wird erreicht, dass sich der Sicherungsring nach dem Einbau rund verformt und mit gleichmäßiger radialer Vorspannung in der Ringnut sitzt. Der Einbau erfolgt mit genormten Werkzeugen. Die sind Spreizen bei der Montage auf Wellen, **Bild 10-1 a)**, und Zangen beim Einbau in Bohrungen, **Bild 10-1 b)**. Der aus der Ringnut ragende Sicherungsringteil bildet dann eine axial belastbare künstliche Schulter, an der sich das zu sichernde Bauteil abstützen kann.

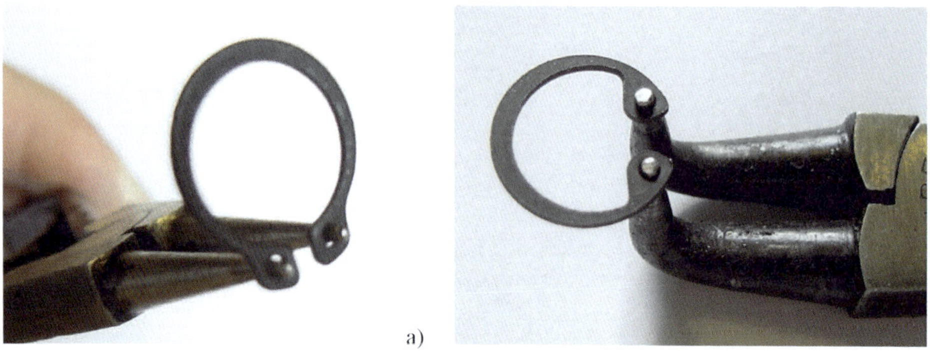

a) b)

Bild 10-1 Einbau eines Sicherungsringes; a) Sicherungsring DIN 471; b) Sicherungsring DIN 472

Bei der Konstruktion und bei der Darstellung von Sicherungsringen ist zu beachten, dass die Sicherungsringe in ihren Nuten stets etwas Axialspiel haben. So weist z. B. für einen Wellendurchmesser d = 55 mm der Sicherungsring eine Breite von s = 2 (– 0,07) mm und die Nut eine Breite von m = 2,15 (H13 = 0 / +0,14) mm auf (in Klammern jeweils die Toleranzen). Für dieses Beispiel ergeben sich also mindestens 0,15 mm und maximal 0,36 mm (= 0,15 mm + 0,07 mm + 0,14 mm) als Axialspiel. Bei Einsatz von Sicherungsringen sollte also durchaus vorher geprüft werden, ob die vorhandenen Randbedingungen diese Toleranzen zulassen oder ob die Konstruktion droht im Betriebszustand zu klappern.

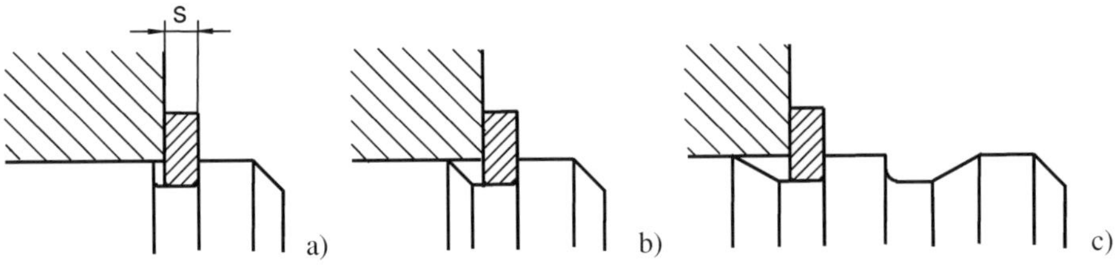

Bild 10-2 Nutausführung für Wellen; a) Regelausführung; b) einseitig geschrägte Nut (Fertigungsvereinfachung); c) mit Entlastungsnut (zur Verbesserung der Dauerfestigkeit)

Eine Nut für den Sicherungsring verursacht aber unter Umständen in der Welle noch ein weiteres Problem: Diese Nuten werden mit einem speziellen Werkzeug geschnitten und weisen einen kleinen Radius auf (r ≈ 0,1 · s). Diese Form der Nut hat dadurch eine sehr hohe Kerbwirkung. Aufgrund dieser hohen Kerbwirkung sollten Sicherungsringe nur an den Enden von Bolzen, Achsen und Wellen angeordnet werden, wo eine geringe Biegebeanspruchung vorherrscht. Eine weitere Möglichkeit ist, die Form der Kerbe zu verändern und damit die Kerbwirkung zu reduzieren, siehe **Bild 10-2 c**).

10.1.2 Besonderheiten der Darstellung

Sicherungsringe sind nach DIN 471 für Wellen und nach DIN 472 für Bohrungen genormt. **Tabelle 10-1** und **Tabelle 10-2** zeigen eine Auswahl von Abmessungen der Sicherungsringe für Wellen- bzw. Bohrungsdurchmesser nach DIN 471 bzw. DIN 472.

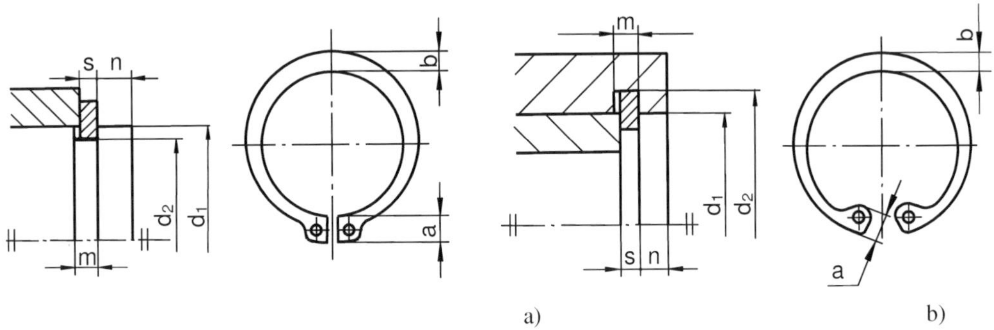

Bild 10-3 Sicherungsring; a) nach DIN 471; b) nach DIN 472; jeweils im Einbauzustand und einzeln

Tabelle 10-1 Abmessungen für Sicherungsringe für Wellen nach DIN 471, Bezeichnungen siehe **Bild 10-3**; a > b (Regelausführung; Abmessungen in mm; Auszug)

Wellen-durchmesser d_1	Ring s	Ring a (maximal)	Nut d_2 h12	Nut m H13	Nut n (mindestens)
35	1,5 – 0,06	5,6	33	1,6	3
40	1,75 – 0,06	6	37,5	1,85	3,8
45	1,75 – 0,06	6,7	42,5	1,85	3,8
50	2 – 0,07	6,9	47	2,15	4,5
55	2 – 0,07	7,2	52	2,15	4,5
60	2 – 0,07	7,4	57	2,15	4,5
65	2,5 – 0,07	7,8	62	2,65	4,5
70	2,5 – 0,07	8,1	67	2,65	4,5

Tabelle 10-2 Abmessungen für Sicherungsringe für Bohrungen nach DIN 472, Bezeichnungen siehe **Bild 10-3**; a > b (Regelausführung; Abmessungen in mm; Auszug)

Bohrungs-durchmesser d_1	Ring s	Ring a (maximal)	Nut d_2 H12	Nut m H13	Nut n (mindestens)
35	1,5 – 0,06	5,4	37	1,6	3
40	1,75 – 0,06	5,8	42,5	1,85	3,8
42	1,75 – 0,06	5,9	44,5	1,85	3,8
47	1,75 – 0,06	6,4	49,5	1,85	3,8
52	2 – 0,07	6,7	55	2,15	4,5
55	2 – 0,07	6,8	58	2,15	4,5
62	2 – 0,07	7,3	65	2,15	4,5
68	2,5 – 0,07	7,8	71	2,65	4,5
72	2,5 – 0,07	7,8	75	2,65	4,5

Bei der zeichnerischen Darstellung ist zu berücksichtigen, dass Sicherungsringe in der Regel in Gesamtzeichnungen dargestellt werden, also wenn sie auf die Welle aufgezogen sind bzw. in der Bohrungsnut sitzen. Um die Sicherungsringe in diesem Fall als solche erkennbar zu machen, werden sie stets im Schnitt dargestellt, siehe **Bild 10-4**. Dabei ist der Sicherungsring so zu drehen, dass die „breite" Seite in der Zeichnung oben und die „offene" Seite unten liegt. Die „breite" Seite erscheint dann im Schnitt, die „offene" Seite wird als Ansicht gezeichnet, doch nicht als Projektion, sondern stets in die Schnittebene hineingedreht. In einer Technischen Zeichnung ist dadurch ein Sicherungsring einfach zu zeichnen und auch gut zu erkennen. In jedem Fall ist bei der Darstellung auch auf die Umlaufkanten der Nut zu achten.

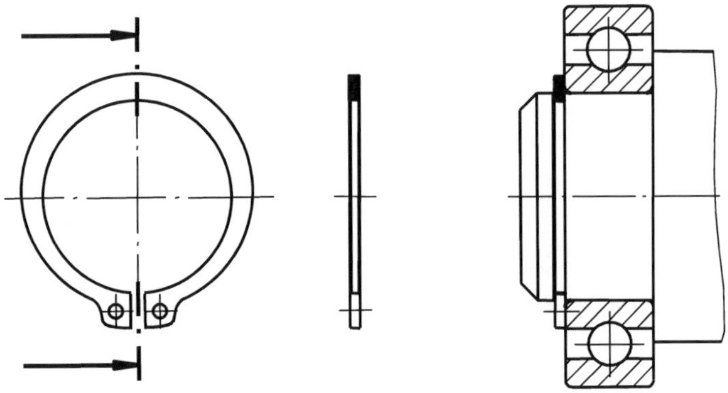

Bild 10-4 Darstellung von Sicherungsringen (hier nach DIN 471) in Gesamtzeichnungen

Des Weiteren ist zu berücksichtigen, dass die Nut in der Welle bzw. in der Bohrung einigen Lagetoleranzen (Lauf- und Richtungstoleranzen) unterliegt, damit der Sicherungsring auch seine sichernde Aufgabe übernehmen kann. Besondere Beachtung in der Zeichnung und damit in der Fertigung sollten daher der Nutgrund und die Schulter erfahren, gegen die sich der Sicherungsring später abstützt. In **Bild 10-5** sind die Abmessungen (bis auf die Fase) in Variablen gegeben. Diese müssen in der Fertigungszeichnung natürlich durch die richtigen Maße ersetzt werden. Die Größe der Lagetoleranzen richtet sich dabei nach der Tiefe der Nut, die in der Zeichnung selbst nicht bemaßt wird. Die Tiefe t kann für die Welle einfach errechnet werden mit $t = (d_1 - d_2) / 2$ bzw. für die Bohrung $t = (d_2 - d_1) / 2$.

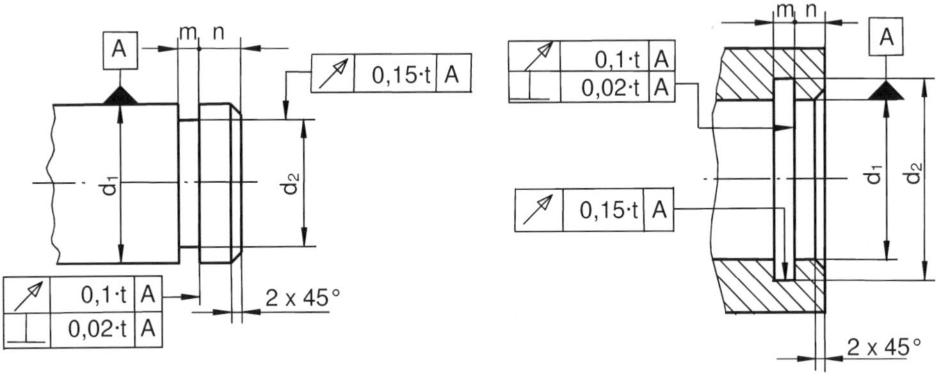

Bild 10-5 Lagetoleranzen bei der Fertigungszeichnung einer Wellen- bzw. Bohrungsnut für einen Sicherungsring nach DIN 471 bzw. DIN 472; t ist jeweils die Tiefe der Nut; die Fasen sind beispielhaft mit 2 x 45° angegeben, andere Fasenbreiten sind möglich

Als Normbezeichnung eines Sicherungsringes für einen Wellendurchmesser mit d_1 = 55 mm und Ringbreite s = 2 mm wird gegeben: Sicherungsring DIN 471 – 55 x 2. Bei einem Sicherungsring für eine Bohrung entsprechend: Sicherungsring DIN 472 – 55 x 2. Als Größenangaben reichen also Wellendurchmesser bzw. Bohrungsdurchmesser und Dicke des Sicherungsringes völlig aus.

Neben den hier behandelten Sicherungsringen nach DIN 471 und DIN 472 exstieren noch weitere Ringe, die in gleicher Funktion eingesetzt werden können, wie z. B. Sicherungsringe mit Lappen (DIN 983 für Wellen bzw. DIN 984 für Bohrungen), Runddraht-Sprengringe (DIN 7993) oder Sicherungsscheiben (DIN 6799). Auf diese Elemente soll hier aber nicht mehr näher eingegangen sein, da die Funktionsweise bzw. Art der Darstellung immer dieselbe ist und eventuell interessierende Abmessungen ohnehin der jeweiligen Norm entnommen werden müssen. Darüber hinaus werden die Sicherungsringe nach DIN 471 bzw. DIN 472 in der Praxis am häufigsten angewendet.

10.1.3 Vereinfachte Darstellung

Als Vereinfachung bei Handzeichnungen wird häufig die Höhe b des Sicherungsringes im Schnitt (siehe **Bild 10-3**) gleichgroß zur Höhe a der Klemmseite gezeichnet, obwohl die Höhe b deutlich kleiner ist (etwa halb so groß). Auch wird bei Handzeichnungen meistens darauf verzichtet, die Bohrungen für die Spreizen bzw. Zangen (mit Mittellinie und gegebenenfalls gestrichelten Linien) darzustellen. Bei den ohnehin sich immer stärker durchsetzenden CAD-Zeichnungen kommt das Normteil Sicherungsring aus einer Bibliothek und besitzt damit automatisch die richtigen Abmessungen. Eine weitere Vereinfachung der Darstellung von Sicherungsringen ist nicht üblich und auch nicht genormt.

10.2 Nutmuttern

10.2.1 Funktion

Eine weitere Möglichkeit, Bauteile auf Wellen axial zu sichern, ist die Verwendung von Muttern, die auf einem auf die Welle geschnittenen Gewinde (normalerweise Feingewinde, siehe auch **Kapitel 8**) festgezogen werden. Bei derartigen Lösungen ist grundsätzlich zu beachten, dass die Muttern gegen Losdrehen gesichert werden müssen, da sonst die Funktion der axialen Sicherung verloren ginge.

Am häufigsten werden so genannte *Nutmuttern* verwendet. Nutmuttern sind nach DIN 981 (Nutmuttern für Wälzlager), nach DIN 1804 (Nutmuttern für Werkzeugmaschinen) und nach DIN 1816 (Kreuzlochmuttern) genormt. Sie werden in der Regel zusammen mit *Sicherungsblechen* als Losdrehsicherung verwendet.

Maßgebliches Merkmal von Nutmuttern ist, dass sie auf dem äußeren Umfang mehrere gleichmäßig verteilte Nuten besitzen. Diese Nuten haben zwei Funktionen: Einerseits kann man in den Nuten zum Festziehen der Nutmutter Haken- oder Schlagschlüssel ansetzen. Andererseits wird nach dem Festziehen der Nutmutter in eine der Nuten die Nase eines Sicherungsbleches gebogen, um eine Relativdrehung des Sicherungsbleches gegen die Nutmutter zu verhindern. Da gleichzeitig eine zweite, nach innen ragende Nase des Sicherungsbleches in eine in der

Welle eingefräste Nut gebogen wird, so dass auch die Relativbewegung zwischen Sicherungsblech und Welle verhindert ist, können sich Welle und Nutmutter nicht mehr gegeneinander verdrehen, siehe auch **Bild 10-6**. Die Schwierigkeit bei der Darstellung besteht hauptsächlich darin, dass genau diese Funktion auch sichtbar gemacht werden muss.

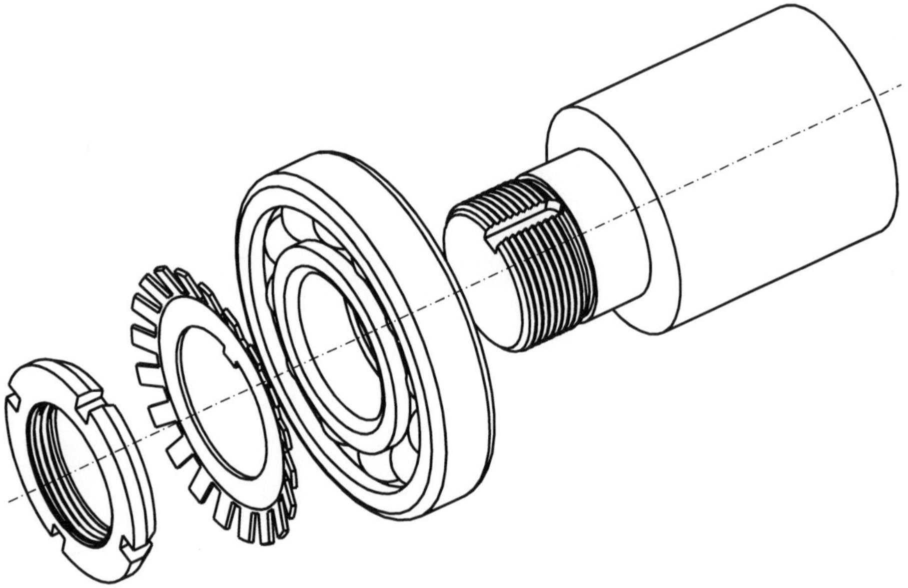

Bild 10-6 Montagereihenfolge bei Verwendung einer Nutmutter mit Sicherungsblech zur axialen Sicherung eines Wälzlagers auf einer Welle

10.2.2 Besonderheiten der Darstellung

In **Bild 10-7** sind eine Nutmutter für Wälzlager nach DIN 981 (hier mit vier Nuten am äußeren Umfang) sowie das dazugehörige Sicherungsblech Form A nach DIN 5406 dargestellt.

Für eine Auswahl dieser Nutmuttern und Sicherungsbleche sind in **Tabelle 10-3** die zugehörenden Abmessungen gegeben.

Die Bezeichnung von Nutmuttern und Sicherungsblechen folgt der mittlerweile bekannten Praxis, dass hinter die maßgebliche DIN-Nummer eine Größen-, gegebenenfalls auch Formangabe angefügt wird. So besagt die Angabe Nutmutter DIN 981 – M48 x 1,5, dass es sich um eine Nutmutter für Wälzlager nach DIN 981 mit einem metrischen Gewinde (M) des Nenndurchmessers 48 mm und 1,5 mm Gewindesteigung handelt. Die Angabe Sicherungsblech DIN 5406 – A 48 bezeichnet das dazugehörige Sicherungsblech der Form A nach DIN 5406 mit 48 mm Nenndurchmesser.

Abschließend zum Thema Nutmuttern zeigt **Bild 10-8** exemplarisch die axiale Sicherung eines Rillenkugellagers (zum Thema Wälzlager siehe auch **Kapitel 11**) auf einer Welle mittels Nutmutter und Sicherungsblech. Die Nenngrößen der Nutmuttern sind gleichgroß oder geringfügig kleiner als die Nenngrößen der Lager zu wählen, damit das Lager bequem aufgeschoben werden kann. Der Aufwand einer axialen Sicherung mit Nutmutter und Sicherungsblech ist deutlich größer als bei einer Konstruktion mit Sicherungsringen, aber nur mithilfe der Nutmutter kann eine spielfreie axiale Sicherung realisiert werden.

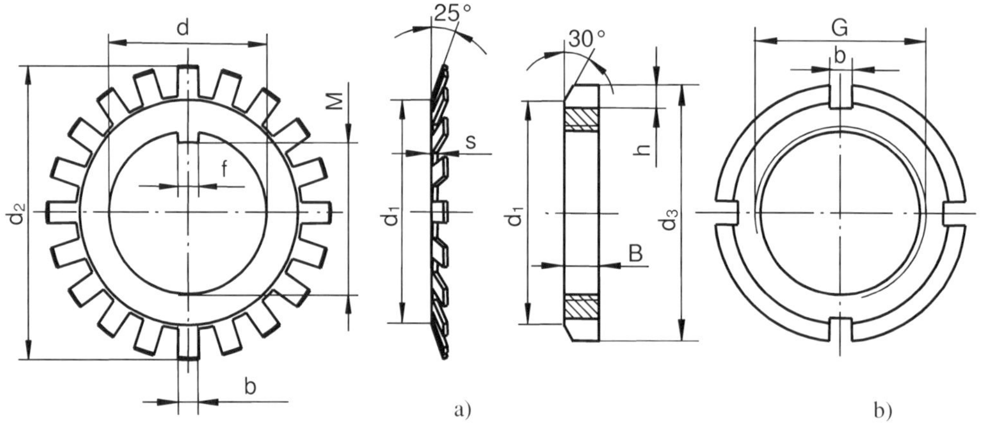

Bild 10-7 Axiale Sicherung; a) Sicherungsblech Form A nach DIN 5406; b) Nutmutter für Wälzlager nach DIN 981

Tabelle 10-3 Abmessungen für Nutmutter für Wälzlager nach DIN 981 und Sicherungsblech Form A nach DIN 5406; Bezeichnungen siehe **Bild 10-7** (Abmessungen in mm; Auszug)

G	d	d_1	d_2	d_3	B	s	b	h	f	M
M 35 x 1,5	35	44	57	52	8	1,25	5	2	6	32,5
M 40 x 1,5	40	50	62	58	9	1,25	6	2,5	6	37,5
M 45 x 1,5	45	56	69	65	10	1,25	6	2,5	6	42,5
M 50 x 1,5	50	61	74	70	11	1,25	6	2,5	6	47,5
M 55 x 2	55	67	81	75	11	1,5	7	3	8	52,5
M 60 x 2	60	73	86	80	11	1,5	7	3	8	57,5
M 65 x 2	65	79	92	85	12	1,5	7	3	8	62,5
M 70 x 2	70	85	98	92	12	1,5	8	3,5	8	66,5
M 75 x 2	75	90	104	98	13	1,5	8	3,5	8	71,5

Eine vereinfachte Darstellung von Nutmuttern und Sicherungsblechen ist nicht üblich und auch nicht genormt. Aus diesem Grunde wird im Folgenden detailliert angegeben, worauf bei der Darstellung einer axialen Sicherung mittels Nutmutter mit Sicherungsblech zu achten ist. Die Nummerierung der einzelnen Besonderheiten nimmt dabei Bezug auf die in **Bild 10-8** gegebenen Hinweise.

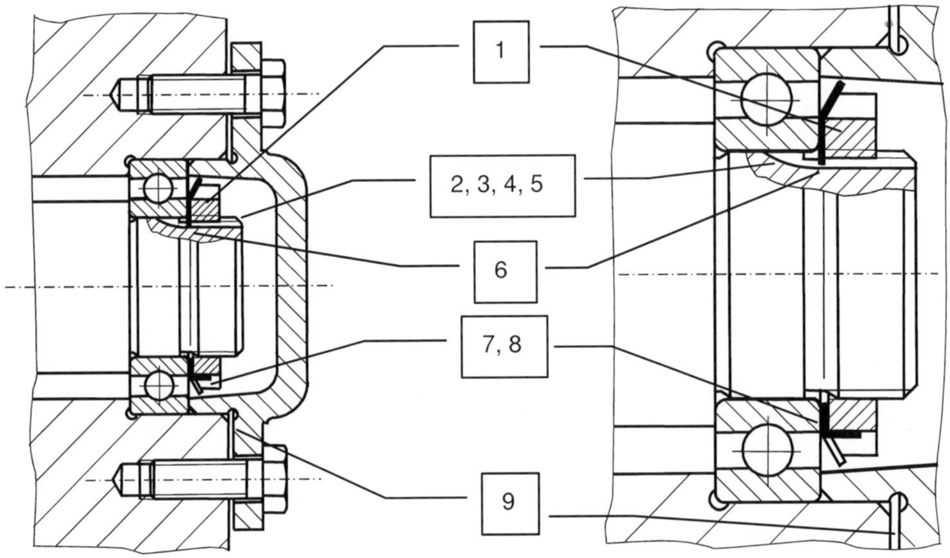

Bild 10-8 Axiale Sicherung eines Rillenkugellagers (als Festlager) mittels Nutmutter mit Sicherungsblech; rechts vergrößerte Ansicht des Lagers

1. Normalerweise hätte die Gewindedarstellung der Welle Vorrang vor der Gewindedarstellung der Nutmutter, doch hier besitzt die Welle eine Nut und der Schnitt der Nutmutter reicht über diese Nut hinaus. Aus diesem Grunde hat hier die Gewindedarstellung der Nutmutter Vorrang.
2. Die Nut in der Welle wird stets mithilfe eines Ausbruchs dargestellt. Bei der Schraffur im Ausbruch ist darauf zu achten, dass die Schraffurrichtung und die Schraffurweite mit anderen Schnitten der Welle übereinstimmen.
3. Die Position der Nut in der Technischen Zeichnung ist in der Regel oben.
4. In der Nut ist die Gewindelinie sichtbar.
5. Die Nut ist so lang, dass sie unter das Lager reicht. Damit wird sichergestellt, dass stets das Lager die axiale Begrenzung der Verschraubung ist.
6. Das Sicherungsblech wird nach dem Lager auf die Welle geschoben und zwar so, dass die innen liegende Nase (es gibt nur eine!) des Sicherungsringes in dieser Nut zu liegen kommt. Dieser Umstand wird gut sichtbar, dadurch dass das Sicherungsblech stets im Vollschnitt dargestellt ist.
7. Eine der außen liegenden Nasen wird in die unten liegende Nut der Nutmutter eingebogen. Diese Darstellung erfolgt auch dann, wenn an dieser Stelle sich in Wirklichkeit keine Nase, sondern eine Nut befindet.
8. Weitere Nasen werden in Ansicht gezeichnet.
9. Der Lagerdeckel liegt am Wälzlager auf und ist mittels Schrauben gegen das Gehäuse verspannt. Damit kann der Deckel nicht auch gleichzeitig am Gehäuse aufliegen, was durch einen Spalt zwischen Gehäuse und Lagerdeckel verdeutlicht wird.

10.3 Übungen

10.1 Warum ist der Einsatz von Elementen zur axialen Sicherung überhaupt notwendig?

10.2 In diesem Kapitel wurden als axiale Sicherungen der Sicherungsring und die Nutmutter mit Sicherungsblech ausführlich dargestellt. Welche weiteren Möglichkeiten sind gegeben, die axiale Position eines Wälzlagers auf einer Welle sicherzustellen? Nennen Sie einige Beispiele.

10.3 Nennen Sie Gründe für den Einsatz von Sicherungsringen und auch Gründe für einen Einsatz einer Nutmutter mit Sicherungsblech.

10.4 Warum ist es sinnvoll, dass die Nut für den Sicherungsring breiter ist als der Sicherungsring selbst?

10.5 Nennen Sie Beispiele, wann der Breitenunterschied zwischen dem Sicherungsring und der Nut für den Sicherungsring in der Welle für die Gesamtkonstruktion ungünstig wird.

10.6 Skizzieren Sie den Einbauzustand eines Sicherungsringes für Wellen und eines Sicherungsringes für Bohrungen. Kennzeichnen Sie die Kontaktflächen zwischen den einzelnen Bauteilen.

10.7 Wie werden Sicherungsringe in Technischen Zeichnungen dargestellt? Zeichnen Sie auf jeweils eine horizontal liegende und eine vertikal stehende Welle ein mithilfe eines Sicherungsringes fixiertes Lager.

10.8 Tragen Sie in die vorgegebene Zeichnung die entsprechenden Toleranzen ein. Gehen Sie dabei von einem Wellendurchmesser von $d_1 = 45$ mm und einem Bohrungsdurchmesser $d_1 = 62$ mm aus.

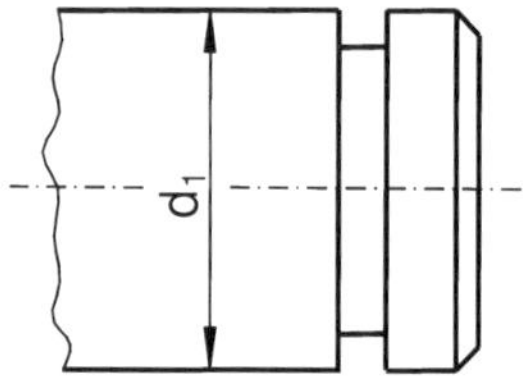

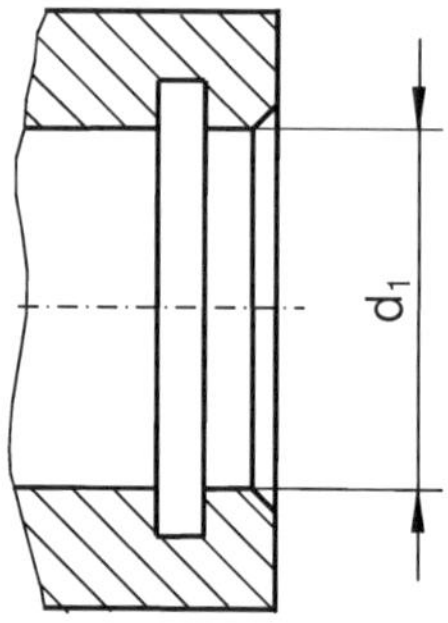

10.9 Beschreiben Sie mit eigenen Worten die Montage einer Nutmutter mit Sicherungsblech als axiale Sicherung eines Wälzlagers. Worauf ist bei der Montage besonders zu achten?

10.10 Skizzieren Sie den Einbauzustand einer Nutmutter mit Sicherungsblech. Kennzeichnen Sie die Kontaktflächen zwischen den einzelnen Bauteilen für den Montagezustand. Welche Kontaktflächen kommen hinzu, wenn sich die Nutmutter aufdrehen möchte?

10.11 Nennen Sie die Fertigungsschritte an einer Welle, die notwendig sind für den Einsatz eines Sicherungsringes. Nennen Sie die Fertigungsschritte an einer Welle, die notwendig sind für den Einsatz einer Nutmutter mit Sicherungsblech.

10.12 Im folgenden Bild sind einige Fehler eingebaut. Finden Sie diese Fehler.

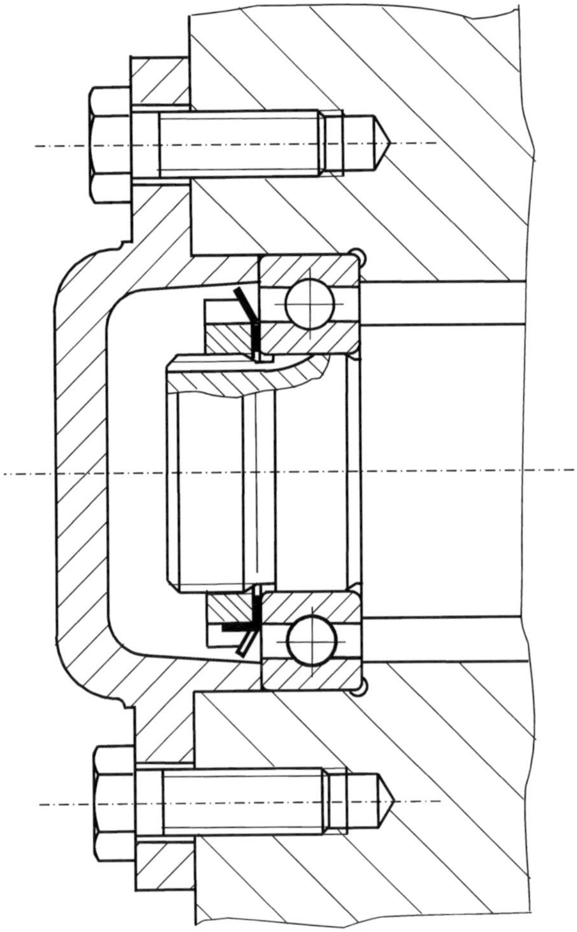

10.13 Skizzieren Sie einen Lagerdeckel (z. B. wie in der vorgenannten Aufgabe) der mithilfe eines Sicherungsringes fixiert wird. Welche Vor- und welche Nachteile hat solch ein Lagerdeckel gegenüber einem geschraubten?

11 Wälzlager

11.1 Funktion

Lager haben die Aufgabe, zwischen rotatorisch relativ zueinander bewegten Bauteilen radiale und/oder axiale Kräfte zu übertragen. In den meisten Fällen geht es darum, auf drehende Achsen oder Wellen einwirkende Radial-/Axialkräfte gegen das Gehäuse abzustützen. Wegen der Relativbewegung zwischen Lager und gelagertem Teil sind dabei Reibungskräfte zu überwinden, die es durch eine geeignete Lagerkonstruktion zu minimieren gilt.

Grundsätzlich ist bei Lagern zwischen Gleit- und Wälzlagern zu unterscheiden (**Bild 11-1**):

- Bei *Gleitlagern* findet eine unmittelbare Gleitbewegung zwischen Lager und gelagertem Teil statt. Um die Reibung zu vermindern, werden Gleitlager mit Fett oder Öl geschmiert. Auch die Verwendung besonderer Gleitmaterialien (z. B. PTFE = „Teflon") ist möglich. In schnell laufenden Gleitlagern wird die Rotation der Achse/Welle dazu genutzt, über Scherwirkungen im Ölfilm Druck aufzubauen, so dass die Achse/Welle während des Betriebs mit der Lagerschale gar nicht im Festkörperkontakt steht, sondern „aufschwimmt".
- Bei *Wälzlagern* findet über so genannte Wälzkörper, die sich zwischen Achse/Welle und dem kraftaufnehmenden Bauteil (z. B. Gehäuse) befinden, eine Abwälzbewegung statt. Ziel ist es hier, statt gleitender Reibung rollende Reibung zu bekommen, deren Betrag wesentlich geringer ist.

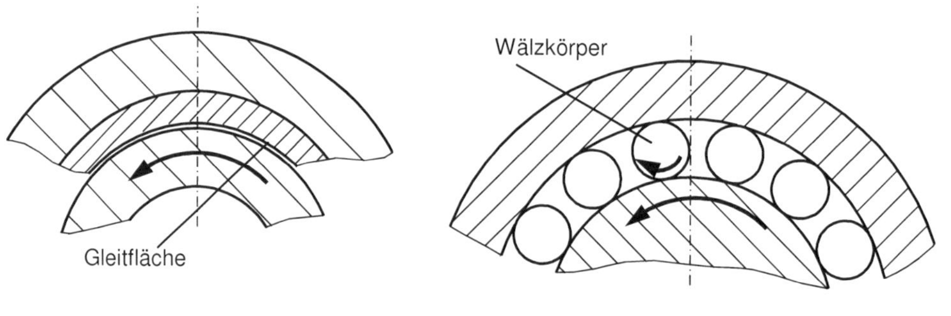

Bild 11-1 Prinzip der Gleit- und Wälzlagerung (sinnbildliche Darstellung)

Ein weiteres Unterscheidungsmerkmal von Lagern ist die Richtung der Lagerkraft. **Bild 11-2** stellt schematisch ein ausschließlich radial belastetes Lager (an dieser Stelle exemplarisch als Wälzlager ausgeführt) einem ausschließlich axial belasteten Wälzlager (hier ebenfalls auch als Gleitlager ausführbar) gegenüber. In der Praxis treten häufig kombinierte Radial- und Axialbelastungen auf. Als Unterscheidungsmerkmal zwischen Radial- und Axiallager gilt dann der Berührwinkel α, der zwischen der Lagerebene und der Richtung der inneren Kraft gemessen wird: Liegt der Berührwinkel α zwischen 0°und 45°, so handelt es sich um ein Axiallager, liegt er zwischen 45° und 90°, so spricht man von einem Radiallager.

Die folgenden Betrachtungen beschränken sich ausschließlich auf Wälzlager.

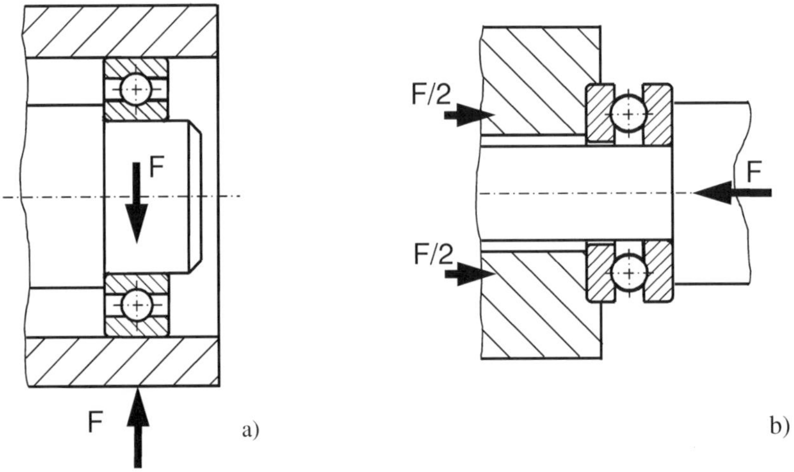

Bild 11-2 Unterscheidung von Lagern nach der Richtung der Lagerkraft; a) Radiallager; b) Axiallager

11.2 Wälzlageraufbau

Wälzlager sind einbaufertige, weitestgehend genormte Maschinenelemente. Ein Wälzlager besteht aus zwei *Rollbahnkörpern* (*Laufringen*), den dazwischen angeordneten *Wälzkörpern* und dem so genannten *Käfig*. Der Käfig verhindert eine gegenseitige Berührung der Wälzkörper und verteilt die Wälzkörper gleichmäßig am Umfang, vergleiche auch **Bild 11-3**. Dabei können die Ausführungsformen der Käfige stark unterschiedlich sein. Die Unterscheidung liegt nicht allein im Werkstoff der Käfige (z. B. Stahl, Messing, Kunststoff oder Kunststoff mit Gewebeeinlage), sondern auch im Bearbeitungsverfahren (z. B. Blechkäfig, gefräster und stegvernieteter/geschraubter Massivkäfig).

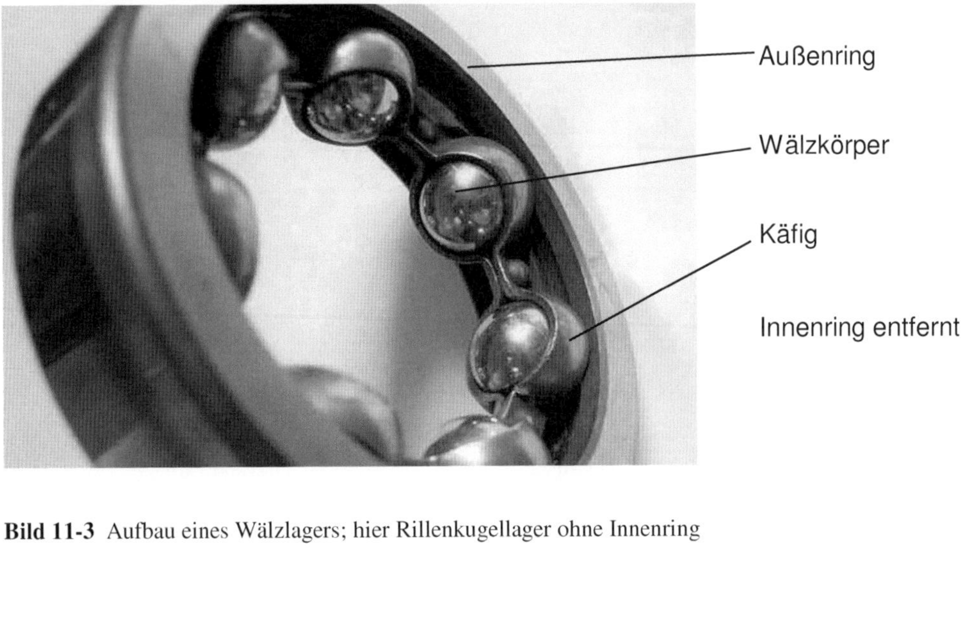

Bild 11-3 Aufbau eines Wälzlagers; hier Rillenkugellager ohne Innenring

Als Wälzkörper werden gehärtete, geschliffene und polierte Kugeln, Zylinder oder Kegel eingesetzt, siehe **Bild 11-4**. Zylinder und Kegel als Wälzkörper werden je nach ihrer Geometrie als „Rollen" oder „Nadeln" bezeichnet, ballig ausgeführte Zylinder oder Kegel nennt man auch „Tonnen". Die Form und Ausführung der Wälzkörper in einem Wälzlager gibt dem jeweiligen Wälzlager seinen Namen. So unterscheidet man zwischen Kugellagern, Zylinderrollenlagern, Nadellagern, Tonnenlagern und Kegelrollenlagern. Die Wälzkörper können zudem in den Wälzlagern in einer oder mehreren Reihen angeordnet sein. **Kapitel 11.3** gibt einen Überblick über die wichtigsten Bauformen von Wälzlagern.

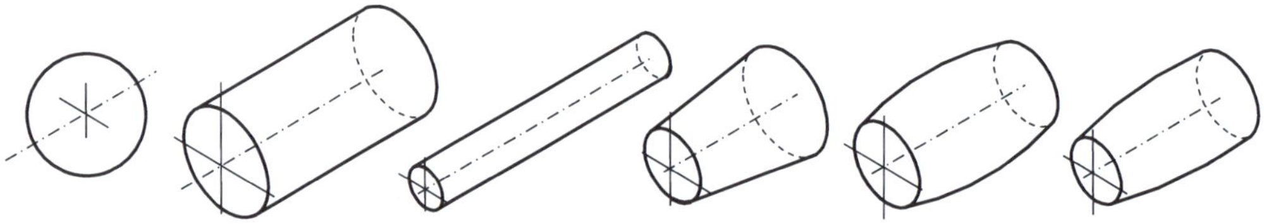

Bild 11-4 Wälzkörperformen in Wälzlagern; a) Kugel; b) Zylinder; c) Nadel; d) Kegelrolle; e) symmetrische Tonnenrolle; f) unsymmetrische Tonnenrolle

Das Bemerkenswerte bei Wälzlagern ist, dass der Wälzlageraufbau stets der gleiche ist und zwar unabhängig von den Abmessungen. Wälzlager können „von der Stange" in einer großen Abmessungsvielfalt bestellt werden. So ist ein einreihiges Rillenkugellager für einen Wellendurchmesser von d = 3 mm bis d = 340 mm direkt aus einem Katalog bestellbar. **Bild 11-5** zeigt einen Größenvergleich eines Rillenkugellagers zu einem Streichholzkopf. Wälzlager für einen Wellendurchmesser von 2,1 m sind aber ebenso lieferbar, nur eben auf Anfrage.

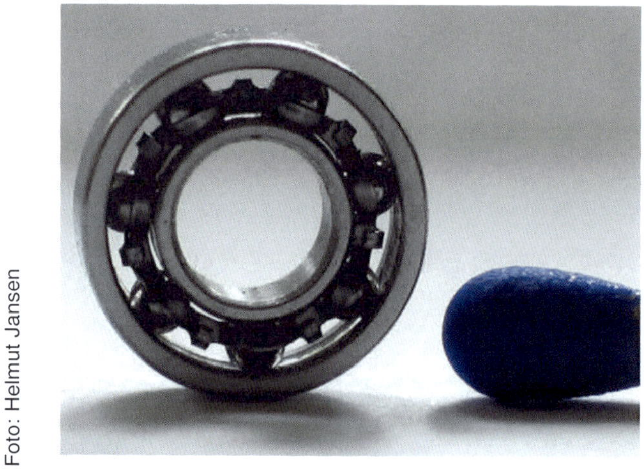

Bild 11-5 Rillenkugellager im Vergleich zu einem Streichholzkopf

Die Vielfalt beschränkt sich aber nicht nur auf die verschiedenen Abmessungen, Wälzlager können auch aus verschiedenen Werkstoffen gefertigt werden. Im Standardfall sind Wälzlager aus einem Wälzlagerstahl gefertigt. Daneben können Wälzlager auch aus Edelstählen z. B. für den Einsatz in korrosiven Medien, aus Kunststoff (z. B. Fluorkunststoff oder Phenol) z. B. für

Tieftemperaturanwendungen oder als Vollkeramiklager (z. B. SiN) z. B. für Hochtemperaturanwendungen eingesetzt werden. Hybridlager, also eine Mischform aus Stahl und Keramik (Rollbahnkörper aus Stahl und Wälzkörper aus Keramik) kombinieren die Vorteile beider Werkstoffe.

11.3 Besonderheiten der Darstellung

Wälzlager werden stets im Schnitt dargestellt, um den Innenaufbau zu verdeutlichen, denn der Innenaufbau korrespondiert mit der Funktion, die das Lager erfüllen kann. Innen- und Außenring werden dabei – obwohl es eigentlich zwei einzelne Bauteile sind – in der Regel mit gleicher Schraffur (gleiche Schraffurrichtung und gleicher Schraffurabstand) gezeichnet, vergleiche auch **Bild 4-22**. Liegen Besonderheiten, wie z. B. geteilte Ringe, vor, dann wird der kleinere Teil des Ringes abweichend schraffiert, um diese Besonderheit zu dokumentieren. Im Folgenden werden einige einzelne Bauformen ausführlich beschrieben. Beispiele für die Abmessungen von Wälzlagern werden nicht gegeben.

11.3.1 Rillenkugellager

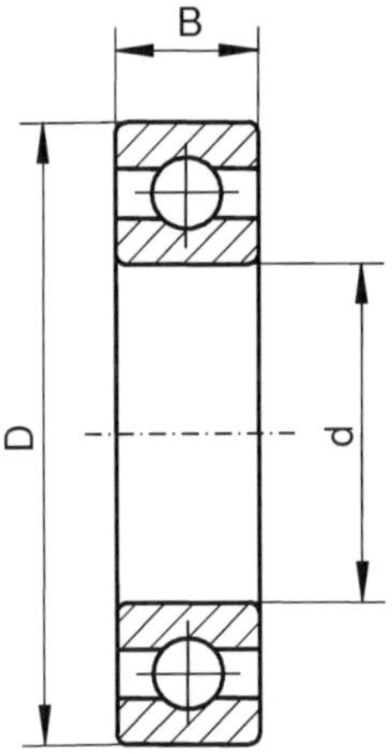

Bild 11-6 Rillenkugellager nach DIN 625

Das einreihige Rillenkugellager nach DIN 625 ist wegen seines einfachen Aufbaus, seines geringen Preises und wegen seiner vielseitigen Eignung (kann neben großen Radialkräften auch beträchtliche Axialkräfte aufnehmen) das wohl am meisten verwendete Wälzlager, **Bild 11-6**.

Kennzeichnend für dieses Wälzlager ist die symmetrische und relativ tiefe Rille im Innen- und im Außenring, in welcher die Kugeln geführt werden. Bedingt durch diese Tiefe, kann das Rillenkugellager ja die Axialkräfte aufnehmen. Aufgrund der Symmetrie können Axialkräfte aus beiden Richtungen aufgenommen werden.

Bei Erstellung einer Technischen Zeichnung mit CAD werden alle Abmessungen eines Normteiles aus einer Normteil-Bibliothek entnommen und automatisch in der richtigen Größe gezeichnet. Manche CAD-Systeme besitzen sogar Normteil-Bibliotheken, bei denen die Wälzlager automatisch mit Käfig dargestellt werden, was gar nicht notwendig wäre, denn der Käfig wird im Allgemeinen nicht dargestellt.

Bei Handzeichnungen sollten die Abmessungen aus der Norm bzw. aus dem Lagerkatalog entnommen werden. Fehlen einige Angaben, so sind diese abzuschätzen. Beispielsweise kann der Durchmesser des Wälzkörpers mit $D_W = H/2$ angenähert werden, wenn $H = (D - d)/2$ beträgt. Fehlt die Dicke des Innen- und/oder Außenringes, so setzt man $H_R = H/3$, **Bild 11-7**.

Die Rillen im Innen- und Außenring eines Rillenkugellagers weisen gegenüber den Wälzkörpern einen etwas größeren Radius auf, was aber in der Zeichnung nicht dargestellt wird. Ebenso wird sehr häufig auf die Darstellung der Mittenkreuze verzichtet.

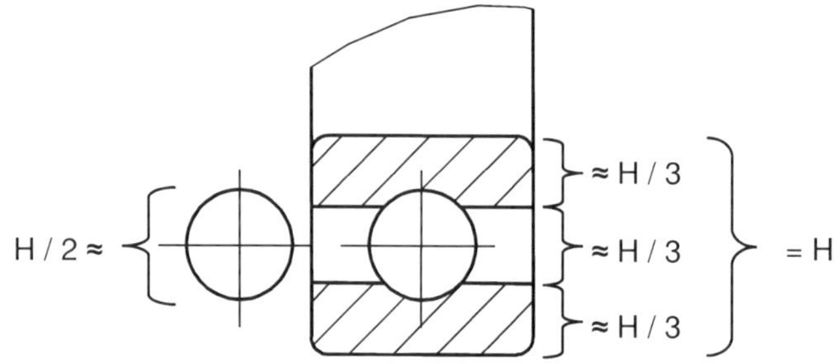

Bild 11-7 Proportionen eines Rillenkugellagers bei Handzeichnungen

In keinem Fall sollten jedoch die Radien an einem Lager fehlen (nicht nur beim Rillenkugellager), denn deren Beachtung lässt dem Konstrukteur die Möglichkeit, die Größe der verbleibenden Schulter zu kontrollieren. Die Radien können mit $R = H_R/3 = H/9$ angenähert werden.

11.3.2 Schrägkugellager

Das einreihige Schrägkugellager nach DIN 628 besitzt in jedem Ring eine niedrige und eine hohe Schulter. Damit wird der Berührwinkel α gegenüber einem Rillenkugellager deutlich verändert. Bei Regelausführung beträgt der Berührwinkel $\alpha = 40°$. Dieser Wert und auch schon die Form des Schrägkugellagers zeigen, dass das Schrägkugellager im Vergleich zum Rillenkugellager deutlich höhere Axialkräfte in der Richtung der hohen Schulter aufzunehmen vermag.

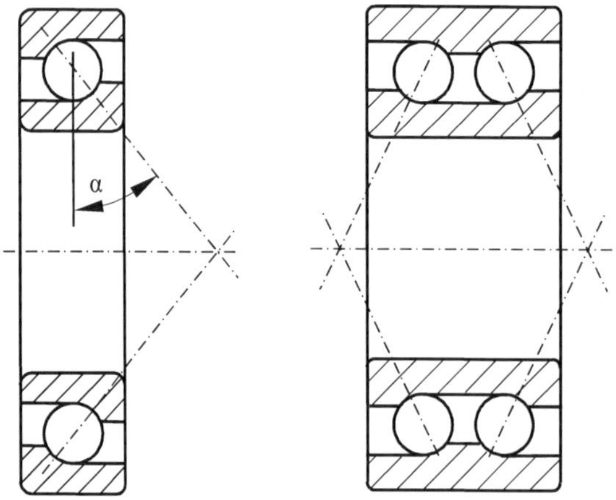

Bild 11-8 Schrägkugellager nach DIN 628; a) einreihig; b) zweireihig

Sollen Kräfte in beiden Richtungen aufgenommen werden (was ein einreihiges Schrägkugellager nicht vermag), dann müssen entweder zwei einreihige, entgegengesetzt gerichtete Schrägkugellager eingesetzt werden oder aber ein zweireihiges Schrägkugellager, siehe auch **Bild 11-8**.

11.3.3 Vierpunktlager

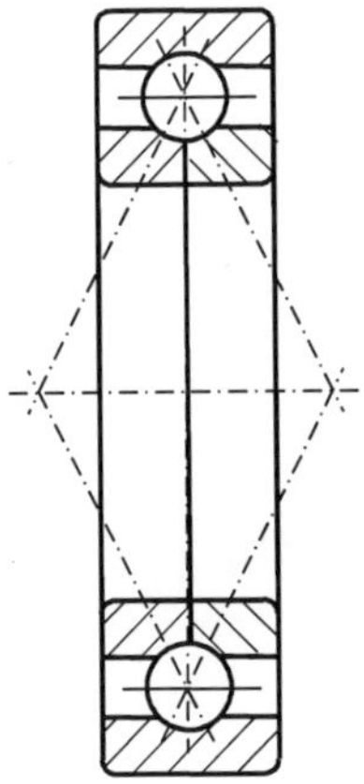

Das Vierpunktlager nach DIN 628 ist eigentlich nur eine Sonderbauform eines (zweireihigen) Schrägkugellagers, denn es wirkt zweiseitig. Die Rillen weisen keinen Radius auf, sondern sind jeweils zwei spitz zulaufende Kreisbögen, so dass sich tatsächlich vier Berührpunkte mit dem Wälzkörper ergeben. Der Innenring ist geteilt (die Schraffuren der Innenringhälften sind entgegengerichtet, um auf diese Besonderheit hinzuweisen), **Bild 11-9**. Durch diese Teilung kann eine größere Anzahl an Wälzkörpern in das Lager eingebracht werden, was wiederum die axiale Belastbarkeit steigert.

Bild 11-9 Vierpunktlager nach DIN 628

11.3.4 Schulterkugellager

Das Schulterlager nach DIN 615 ist ein zerlegbares Lager. Der Außenring ist so geformt, dass er nur eine Schulter aufweist und damit die Montage erleichtert, **Bild 11-10**. Durch die einseitige Schulter wird leider auch die Tragfähigkeit gemindert. Der Innenring ist ähnlich wie beim Rillenkugellager ausgeformt. Das Lager ist wegen der reduzierten Tragfähigkeit nur in den relativ kleinen Abmessungen bis d = 30 mm genormt.

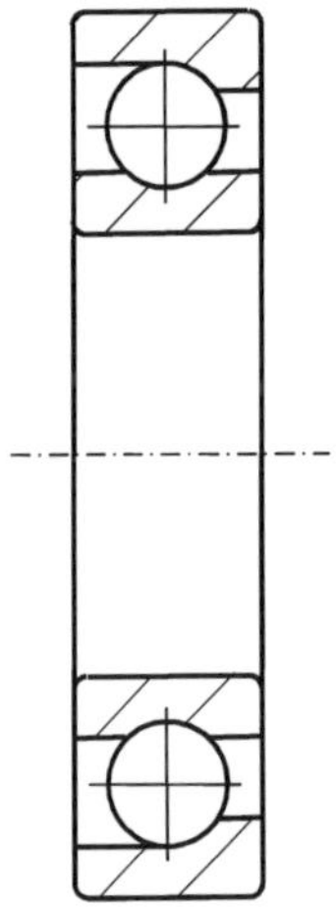

Bild 11-10 Schulterlager nach DIN 615

11.3.5 Pendelkugellager

Das Pendelkugellager nach DIN 630 ist stets ein zweireihiges Lager. Der Außenring besitzt eine hohlkugelige Laufbahn, so dass eine winkelige Wellenverlagerung und Fluchtungsfehler bis zu einer 4° Schiefstellung ausgeglichen werden können, indem der Innenring gegenüber dem Außenring verkippt.

In **Bild 11-11** ist ein Foto eines Pendelkugellagers gegeben, welches die Verkippung des Innenteils (Innenring mit Wälzkörpern und Käfig) gegenüber dem Außenring zeigt. Im Einbauzustand würde eine so große Verkippung nicht zulässig sein.

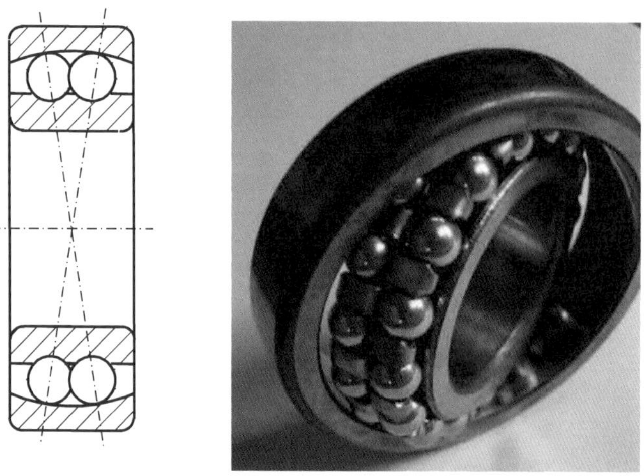

Bild 11-11 Pendelkugellager nach DIN 630

11.3.6 Zylinderrollenlager

Ein Zylinderrollenlager nach DIN 5412 besitzt im Gegensatz zu einem Rillenkugellager eine linienförmige Berührung zwischen Lagerring und Wälzkörper, wodurch die radiale Tragfähigkeit deutlich erhöht wird. Dafür kann ein Zylinderrollenlager, je nach Bauform (siehe **Bild 11-12**) keine oder nur geringe axiale Kräfte aufnehmen.

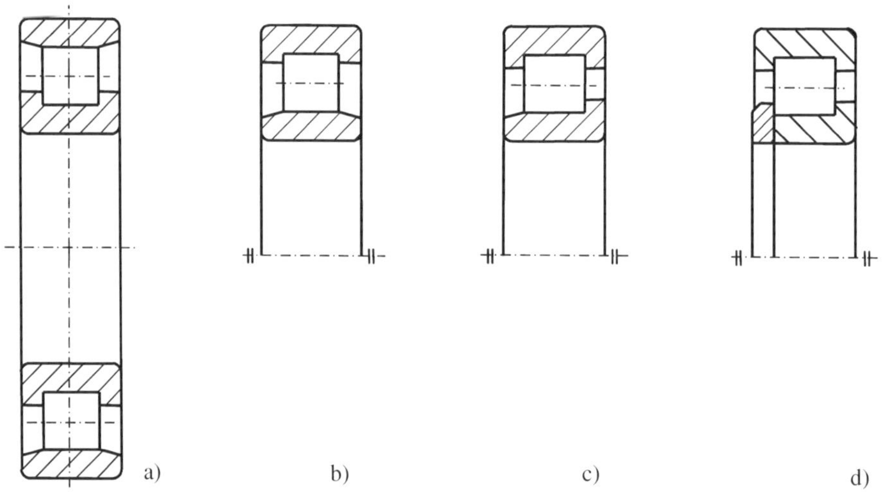

Bild 11-12 Bauformen der Zylinderrollenlager; a) Bauart N; b) Bauart NU; c) Bauart NJ; d) Bauart NUP

Dass ein Zylinderrollenlager keine Axialkräfte aufnehmen kann, kann man sich gut durch eine gedachte Verschiebung des Innen- bzw. Außenringes gegenüber dem Rest des Lagers vorstellen. Bei der Bauart N ist der Außenring und bei der Bauart NU ist der Innenring ohne Anlageschulter ausgeführt und kann deshalb gegenüber dem restlichen Lager in beiden Richtungen kraftfrei verschoben werden. Bei der Bauart NJ besitzt der Innenring nur eine Anlageschulter, so dass dieser zumindest in einer Richtung kraftfrei verschoben werden kann. Diese verschiebliche Form des Innen- bzw. Außenringes ist notwendig zur Montage des Zylinderrollenlagers (ein Einbringen der Wälzkörper wäre sonst nicht möglich), **Bild 11-13**. Diese Form fordert jedoch eine axiale Sicherung des jeweiligen „Verschieberinges".

Bild 11-13 Zylinderrollenlager der Bauart NU, der Innenring ist herausgezogen

11.3.7 Nadellager

Das Nadellager entspricht in allen seinen Bauformen einer Sonderform des Zylinderrollenlagers. Das Kennzeichen von Nadellagern ist die geringe Baugröße, die sogar durch ein Weglassen des Innen- und oder Außenringes noch weiter reduziert werden kann, **Bild 11-14**.

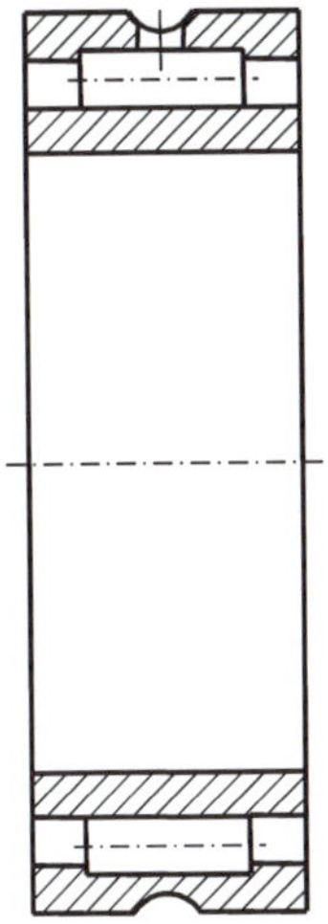

Bild 11-14 Nadellager nach DIN 617; Nadelkranz

11.3.8 Kegelrollenlager

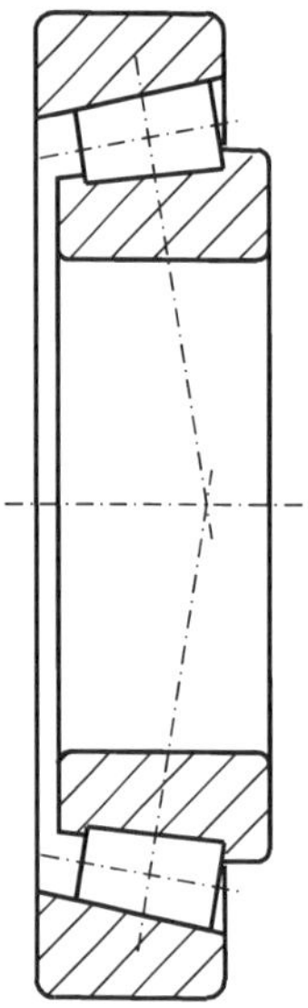

Das Kegelrollenlager nach DIN 720 besitzt Kegelmantelflächen als Rollbahnen, **Bild 11-15**. Der Außenring ist abnehmbar, wodurch ein leichter Ein- und Ausbau der Lager ermöglicht wird. Die Lager sind radial und axial hoch belastbar, allerdings können Axialkräfte nur in einer Richtung aufgenommen werden. Kegelrollenlager werden deshalb zur Aufnahme von Axialkräften in beiden Richtungen paarweise spiegelbildlich zueinander montiert. Das axiale Lagerspiel ist bei Verwendung von Nutmuttern ein- und nachstellbar.

Bild 11-15 Kegelrollenlager nach DIN 720

11.3.9 Tonnenlager, Pendelrollenlager

Das Tonnen- und das Pendelrollenlager nach DIN 635 ermöglichen den Ausgleich von Fluchtungsfehlern durch eine kugelige Rollbahn im Außenring und durch entsprechend geformte tonnenförmige Wälzkörper, **Bild 11-16**. Das (einreihige) Tonnenlager kann Winkelabweichungen von bis zu 4° (aus der Mittellage) ausgleichen. Es ist besonders dort geeignet, wo hohe stoßartige Radialkräfte auftreten, doch ist seine axiale Belastbarkeit gering. Das (zweireihige) Pendelrollenlager kann sowohl hohe radiale als auch axiale Belastungen ertragen. Dafür ist bei diesem Lagertyp die Winkeleinstellbarkeit mit 0,5° (bis maximal 2° bei geringen Lasten) gegenüber dem Tonnenlager deutlich reduziert.

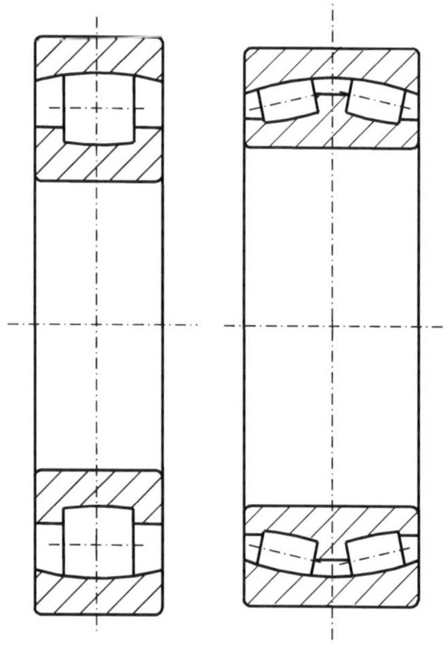

Bild 11-16 Tonnenlager und Pendelrollenlager nach DIN 635

11.3.10 Axial-Rillenkugellager

Axial-Rillenkugellager nach DIN 711 und DIN 715 sind in verschiedenen Ausführungen verfügbar, **Bild 11-17**. Ein so genanntes einseitig wirkendes Axial-Rillenkugellager besitzt eine Wellenscheibe und eine Gehäusescheibe. Die Wellenscheibe weist einen kleinen Innendurchmesser auf und sitzt damit auf der Welle, die Gehäusescheibe berührt die Welle mit ihrem Innendurchmesser nicht. In den Rillen dieser Scheiben läuft der Kugelkranz. Eine solche Konstruktion kann recht hohe Axialkräfte aufnehmen, jedoch nur in einer Richtung.

Bild 11-17 Einseitig wirkendes Axial-Rillenkugellager nach DIN 711; Wälzkörper mit Käfig

Sollen Axialkräfte in zwei Richtungen aufgenommen werden, dann müssen zweiseitig wirkende Axial-Rillenkugellager verwendet werden, **Bild 11-18**. Diese besitzen im Gegensatz zu den einseitig wirkenden zwei Gehäusescheiben und zwei Kugelkränze. Jede Seite, d. h. jeder Kugelkranz, nimmt dadurch die Kräfte in einer Richtung auf.

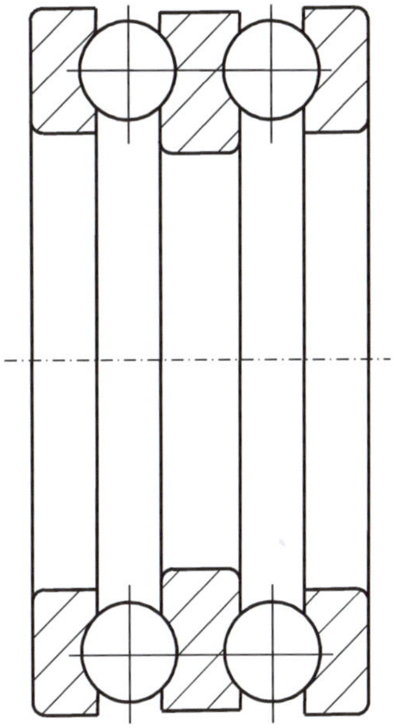

Bild 11-18 Zweiseitig wirkendes Axial-Rillenkugellager nach DIN 715

Diese beiden vorgenannten Bauformen sind nicht geeignet, eventuell auftretende Winkelfehler auszugleichen. Soll ein solcher Winkelversatz ausgeglichen werden, dann kann die in der Regelausführung plan ausgeführte Auflagefläche kugelig ausgeführt werden, **Bild 11-19**. Eine solche kugelige Gehäusescheibe gleitet dann in einer entsprechend ausgeformten Unterlegscheibe.

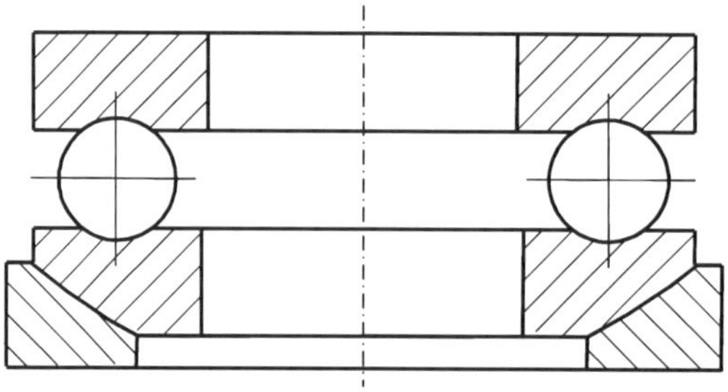

Bild 11-19 Einseitig wirkendes Axial-Rillenkugellager mit kugeliger Unterlegscheibe nach DIN 711

11.4 Kurzzeichen der Wälzlager

Wälzlager sind bezüglich der Bauformen, der Abmessungen und der Bezeichnungen umfassend genormt, was unter anderem eine universelle Austauschbarkeit sicherstellt. Nach DIN 623 ist jeder genormten Wälzlagerart eine besondere Kennziffer oder ein besonderer Kennbuchstabe zugeordnet, mit der/dem die Lagerbezeichnung beginnt. So steht z. B. die Kennziffer 6 für alle einreihigen (Radial-) Rillenkugellager, die Kennziffer 2 für alle Pendelrollenlager, die Kennziffer 3 für alle Kegelrollenlager, der Kennbuchstabe N für alle Zylinderrollenlager usw. Hinter dieser Kennung für die Lagerart steht eine Ziffernfolge, in der die Lagerbreite B, der Bohrungsdurchmesser d und der Außendurchmesser D des Lagers verschlüsselt sind. So ergibt sich beispielsweise aus der Gesamtkennzahl „6208“, dass es sich um ein einreihiges Rillenkugellager (6 . . .) aus der (Außen-) Durchmesserreihe 2 (. 2 . .), aus der Bereitenreihe 0 (hier unterdrückt) mit der Bohrungskennung 8 (. . 08) handelt. Aus den in DIN 616 niedergelegten Tabellen lässt sich hierfür ein Bohrungsdurchmesser d = 40 mm, ein Außendurchmesser D = 80 mm und eine Lagerbreite B = 18 mm ablesen.

Durch Vorsetzzeichen und Nachsetzzeichen zu diesem Kurzzeichen werden zusätzliche Angaben gemacht. Das Vorsetzzeichen (vor dem Kurzzeichen) definiert Einzelteile von vollständigen Lagern, wie z. B. Käfig oder Ringe. Das Vorsetzzeichen „K“ steht z. B. für Käfig mit Wälzkörpern. Das Nachsetzzeichen (nach dem Kurzzeichen) definiert zusätzliche Angaben z. B. über Abweichungen der inneren Konstruktion, die äußere Form, Abdichtung, Käfigausführung, Toleranzen, Lagerluft oder Werkstoff. Das Nachsetzzeichen „P6“ steht z. B. für ein Lager mit erhöhter Maß-, Form- und Laufgenauigkeit, „MA“ steht z. B. für einen Massivkäfig aus einer Kupfer-Zink-Legierung mit Führung auf dem Außenring.

In den meisten praktischen Fällen wird man sich allerdings kaum detailliert mit dieser Systematik auseinandersetzen, sondern fertig ausgewertete Maßtabellen benutzen, wie sie von allen Wälzlagerherstellern in Katalogform herausgegeben werden. Aus diesem Grunde wird hier auch nicht weiter auf diese Systematik eingegangen.

11.5 Tolerierung der Anschlussbauteile

Die Toleranzen für Wälzlager sind nach DIN 620 genormt. Für Bohrungsdurchmesser d, Außendurchmesser D und Breite B gelten grundsätzlich Minustoleranzen mit dem Nennmaß als zulässigem Höchstmaß. Mit der damit feststehenden Toleranz der Wälzlager entscheidet die Toleranz des Wellendurchmessers bzw. der Gehäusebohrung über den Sitz des Lagers. Die Ausführung des Wellendurchmessers bzw. der Gehäusebohrung ist insofern von großer Bedeutung, als dass ein Wälzlager unter Belastung tangential (parallel zur Wälzlagerachse) nicht rutschen darf. Eine solche Befestigung wird durch eine Passung realisiert. Diese Passungen werden über die entsprechenden ISO-Toleranzklassen für Achsen/Wellen und Bohrungen bestimmt. Diese Thematik ist ausführlich im **Kapitel 7** behandelt, so dass darauf nicht mehr eingegangen werden muss.

Entscheidend für die Wahl der Passung sind Art und Größe der Wälzlager, die Art und Größe der Belastung, die axiale (konstruktiv vorgegebene) Verschiebemöglichkeit von Loslagern und auch die so genannten Umlaufverhältnisse. Auf die Thematik dieser Umlaufverhältnisse wird in dem Zusammenhang Festlager-Loslager-Anordnung im **Abschnitt 11.6** eingegangen.

In der Praxis erfolgt die Wahl der Toleranz von Achse/Welle bzw. Gehäusebohrung am einfachsten nach den Vorgaben der Wälzlagerhersteller. Eine interessante Auswahl solcher Vorgaben für Radiallager ist in der **Tabelle 11-1** für Achsen/Wellen und in der **Tabelle 11-2** für die Gehäusebohrung gegeben. Weitergehende Angaben sind den Ausführungen der Wälzlagerhersteller zu entnehmen.

Tabelle 11-1 Toleranzen für Wälzlagersitze an Achsen/Wellen für Radiallager mit zylindrischer Bohrung

Belastungsart	Lagerbauart	Wellendurchmesser	Verschiebbarkeit; Belastung	Toleranz
Punktlast für Innenring	Kugellager, Rollenlager und Nadellager	alle Größen	Loslager mit verschiebbarem Innenring	g6 (g5)
			Schrägkugellager und Kegelrollenlager mit angestelltem Innenring	h6 (j6)
Umfangslast für Innenring oder unbestimmte Last	Kugellager	bis 40 mm	normale Belastung	j6 (j5)
		bis 100 mm	kleine Belastung	j6 (j5)
			normale und hohe Belastung	k6 (k5)
		bis 200 mm	kleine Belastung	k6 (k5)
			normale und hohe Belastung	m6 (m5)
	Rollenlager und Nadellager	bis 60 mm	kleine Belastung	j6 (j5)
			normale und hohe Belastung	k6 (k5)
		bis 200 mm	kleine Belastung	k6 (k5)
			normale Belastung	m6 (m5)
			hohe Belastung	n6 (n5)

Tabelle 11-2 Toleranzen für Wälzlagersitze in der Gehäusebohrung für Radiallager

Belastungsart	Verschiebbarkeit; Belastung	Betriebsbedingungen	Toleranz
Punktlast für den Außenring	Loslager mit leicht verschiebbarem Außenring	Die Qualität der Toleranz richtet sich nach der notwendigen Laufgenauigkeit	H7 (H6)
	Außenring meist verschiebbar, Schrägkugellager und Kegelrollenlager mit angestelltem Außenring	hohe Laufgenauigkeit notwendig	H6 (J6)
		normale Laufgenauigkeit	H7 (J7)
		Wärmezufuhr von der Welle	G7
Umfangslast für den Außenring oder unbestimmte Last	kleine Belastung	Bei hohen Anforderungen an die Laufgenauigkeit K6, M6, N6 und P6	K7 (K6)
	normale Belastung, Stöße		M7 (M6)
	hohe Belastung, Stöße		N7 (N6)
	hohe Belastung, starke Stöße, dünnwandige Gehäuse		P7 (P6)

Zur axialen Sicherung eines Lagerringes auf der Achse/Welle bzw. im Gehäuse reicht eine feste Passung allein allerdings nicht aus. In jedem Fall sind zusätzliche Sicherungselemente vorzusehen. Auf Achsen/Wellen können Wälzlager durch Absätze (Wellenbünde, Schultern), durch Sicherungsringe oder durch Nutmuttern axial gesichert werden, siehe hierzu auch **Kapitel 10**. Im Gehäuse kann die axiale Sicherung durch Absätze, durch (geschraubte) Gehäusedeckel oder durch Sicherungsringe erreicht werden.

11.6 Anordnung von Rillenkugellagern

Die Lagerung einer Welle muss natürlich die Rotation der Welle relativ zum Gehäuse zulassen, die durch den Betrieb der Maschine auftretenden Radial- und Axialkräfte aufnehmen und in das Gehäuse leiten. Um dies zu realisieren, gibt es unterschiedliche Konzepte, die im Folgenden kurz angesprochen werden sollen. Dabei soll vorrangig auf die Darstellung eingegangen werden, für die Auslegung der Wälzlager sei auf die weiterführende Literatur, z. B. [RoMa15], verwiesen.

11.6.1 Festlager-Loslager-Anordnung

Die Lagerung einer Achse oder Welle mit zwei Lagern wird meistens so gestaltet, dass eines der Lager als Festlager und das andere als Loslager ausgeführt ist. **Bild 11-20** zeigt anhand eines Loslagers und eines Festlagers die axiale Sicherung der Lagerringe.

Dabei ist das *Loslager* in diesem Bild am Innenring axial gesichert. Der andere Ring kann sich jeweils axial verschieben. Diese Verschiebemöglichkeit ist zeichnerisch durch einen kleinen

Abstand zwischen den Bauteilen auch darzustellen. Es ist ebenso zulässig, den Außenring des Loslagers axial zu sichern und den Innenring sich verschieben zu lassen. Welche der beiden Möglichkeiten zu wählen ist (Innenring fest oder Außenring fest) entscheiden die so genannten Umlaufverhältnisse (Punktlast, Umfangslast), auf die im Folgenden eingegangen wird.

Das *Festlager* hingegen ist sowohl am Innen- als auch am Außenring in beiden Richtungen axial gesichert. Auftretende ***Axialkräfte*** können entsprechend nur vom Festlager aufgenommen werden. Zeichnerisch wird das durch die anliegenden Bauteile (Gehäuseschulter, Gehäusedeckel bzw. Hülse, Wellenschulter, Sicherungsring) verdeutlicht. Auch eine axiale Sicherung mit Nutmutter und Sicherungsblech ist sinnvoll.

Bei der Festlegung der Los- bzw. Festlager ist allerdings zu berücksichtigen, dass einige Wälzlagerbauformen bereits in sich beidseitig axial verschieblich sind (z. B. Zylinderrollenlager der Bauform NU und N, siehe **Bild 11-12**). Solche Lager sind auch dann Loslager, wenn sowohl Innen- als auch Außenring axial fixiert sind.

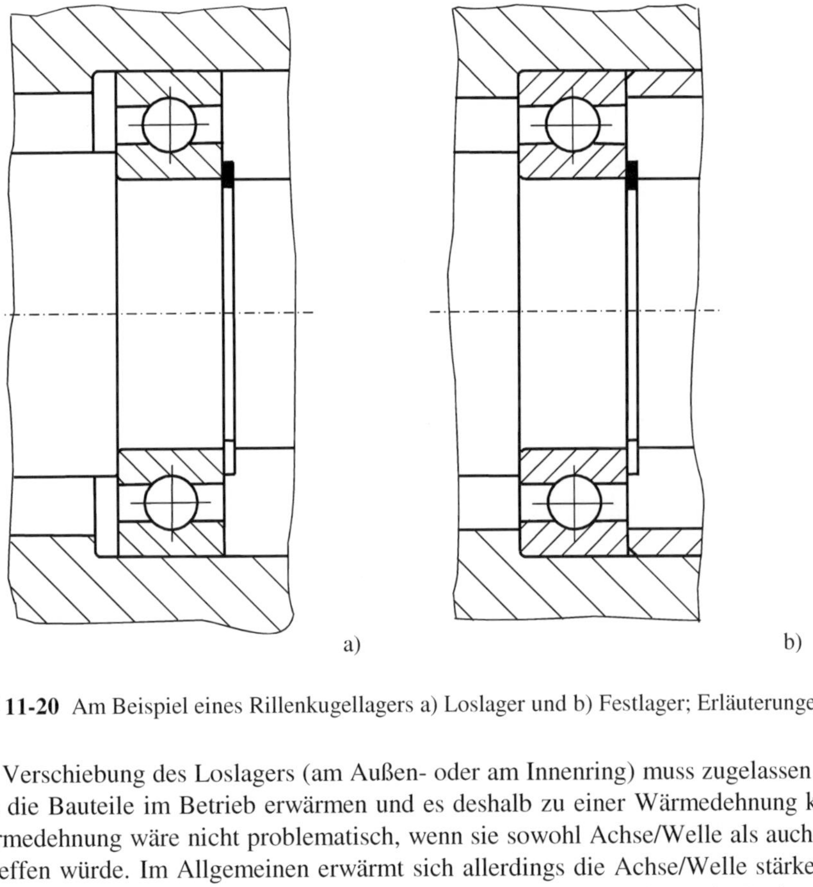

Bild 11-20 Am Beispiel eines Rillenkugellagers a) Loslager und b) Festlager; Erläuterungen siehe Text

Die Verschiebung des Loslagers (am Außen- oder am Innenring) muss zugelassen werden, weil sich die Bauteile im Betrieb erwärmen und es deshalb zu einer Wärmedehnung kommt. Diese Wärmedehnung wäre nicht problematisch, wenn sie sowohl Achse/Welle als auch das Gehäuse betreffen würde. Im Allgemeinen erwärmt sich allerdings die Achse/Welle stärker als das Gehäuse und es kommt zu einer Relativdehnung. Wären beide Wälzlager als Festlager ausgeführt, würde eine solche Relativdehnung zu einer zusätzlichen Verspannung der Wälzlager führen und diese unnötig belasten oder sogar schädigen. Diese Wärmeausdehnung zwischen Achse/Welle und Gehäuse wird durch die Verschiebung des Innen- bzw. Außenringes des Loslagers ausgeglichen. Die Entscheidung, ob beim Loslager nun der Innen- oder der Außenring axial gesichert werden muss, ist über die Umlaufverhältnisse zu klären.

Wichtig für die Wahl korrekter axialer Fixierung und korrekter Toleranzen von Achse/Welle bzw. Gehäusebohrung, siehe auch **Tabelle 11-1** und **Tabelle 11-2**, ist die Art der Belastung auf den angrenzenden Lagerring. Die Art der Belastung wird dabei unterschieden in Punktlast und Umfangslast. Eine so genannte *Punktlast* liegt vor, wenn die Lagerkraft bezogen auf den betrachteten Lagerring stets auf die gleiche Stelle wirkt. Dabei spielt es keine Rolle, ob Lagerring und Lagerkraft beide stillstehen oder gemeinsam umlaufen. Eine so genannte *Umfangslast* liegt vor, wenn die Lagerkraft relativ zum Lagerring umläuft (z. B. stillstehender Ring unter umlaufender Kraft, aber auch umlaufender Ring unter ortsfester Kraft).

Die Toleranzen für Achse/Welle und Gehäuse sollen nun so gewählt werden, dass Lagerringe mit Umfangslast fest sitzen (Übergangs- bis mittlere Übermaßpassung), da sie bei einem losen Einbau auf der Achse/Welle oder im Gehäuse sonst „wandern" würden. Für Lagerringe mit Punktlast ist auch ein loser Sitz zulässig (enge Spiel- bis weite Übergangspassung). Die axiale Sicherung der Lagerringe korrespondiert ebenfalls mit der Punkt- und Umfangslast: Bei einem Loslager wird stets der Lagerring mit Punktlast axial nicht fixiert.

11.6.2 Stützlagerung

Eine konstruktive Variante für die Ausleitung der Kräfte durch die Lager ins Gehäuse ist mit der so genannten Stützlagerung möglich. Bei dieser Variante wird die Axialkraft nicht von einem vorgegebenen Lager aufgenommen, sondern richtungsabhängig von dem einen oder von dem anderen Lager.

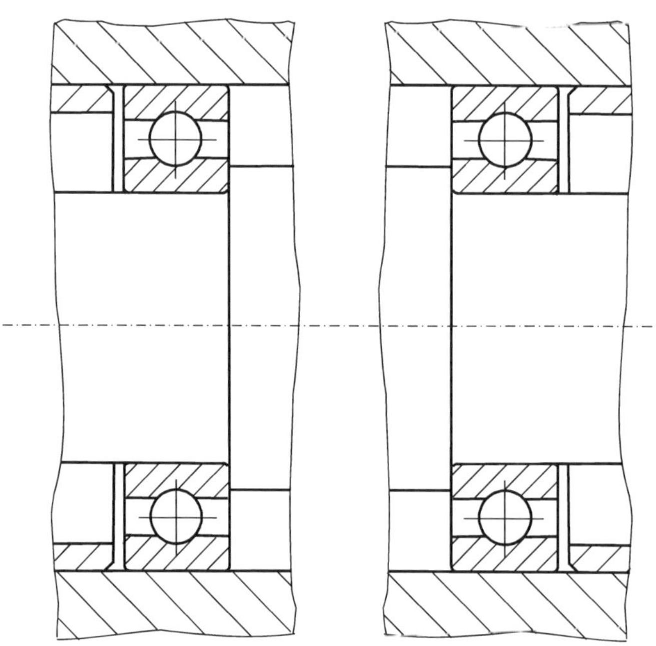

Bild 11-21 Am Beispiel eines Rillenkugellagers die beiden Seiten einer Stützlagerung; Erläuterungen siehe Text

Wird die Lagerung so wie in **Bild 11-21** dargestellt durch zwei Rillenkugellager realisiert, die ein vorgegebenes Axialspiel haben oder durch Zylinderrollenlager, die einen Längenausgleich innerhalb des Lagers realisieren können, dann spricht man von einer *schwimmenden Lagerung*. Sind Schrägkugellager verwendet, so können diese in einer O- oder X-Anordnung eingebaut werden und man spricht dann von einer *angestellten Lagerung*.

11.7 Vereinfachte Darstellung

Die detaillierte, ausführliche zeichnerische Darstellung der Wälzlager sollte nach Möglichkeit stets angewendet werden, weil nur diese bildliche Darstellung alle notwendigen Informationen zur Lagerung beinhaltet. Ist die Lagerung von untergeordneter Bedeutung oder herrschen immer wieder dieselben Lagerungsbedingungen, so kann auch eine vereinfachte Darstellung der Wälzlager nach DIN ISO 8826 sinnvoll sein.

Soll grundsätzlich in der Technischen Zeichnung ausgesagt werden, dass sich an der definierten Stelle ein Wälzlager befindet, so kann nach DIN ISO 8826-1 das Wälzlager durch ein Rechteck mit innen liegendem aufrechtem Kreuz (in breiter Voll-Linie) angedeutet werden.

Soll hingegen differenziert werden, welche Lagerbauart Verwendung finden soll, dann kann nach DIN ISO 8826-2 durch eine symbolische Darstellung eine Angabe der Lastrichtung und die Einstellbarkeit des Lagers angedeutet werden, siehe **Bild 11-22**. Dabei gibt jeweils die lange gerade oder gebogene Voll-Linie die Achse des Wälzelementes an und die kurze Voll-Linie die Anzahl der Reihen und damit die Lage der Wälzelemente an.

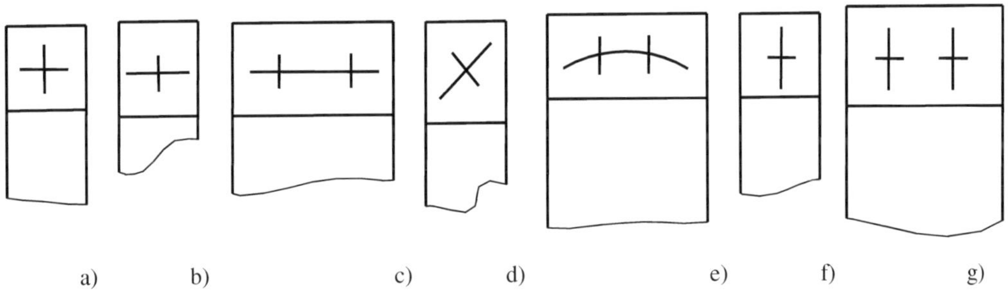

Bild 11-22 Vereinfachte Darstellung von Wälzlagern nach DIN ISO 8826; a) Wälzlager allgemein; b) Radial-Rillenkugellager oder Zylinderrollenlager (einreihig); c) Radial-Rillenkugellager oder Zylinderrollenlager (zweireihig); d) Kegelrollenlager oder Schrägkugellager (einreihig); e) Pendelkugellager oder Radial-Pendelrollenlager (zweireihig); f) einseitig wirkendes Axial-Rillenkugellager; g) zweiseitig wirkendes Axial-Rillenkugellager

11.8 Übungen

11.1 Was ist der grundlegende Unterschied im Aufbau zwischen Gleit- und Wälzlagern?

11.2 Aus welchen Elementen ist ein Wälzlager aufgebaut?

11.3 Benennen Sie die Elemente eines Wälzlagers an den folgenden Zeichnungen. Um welche Wälzlagerbauformen handelt es sich?

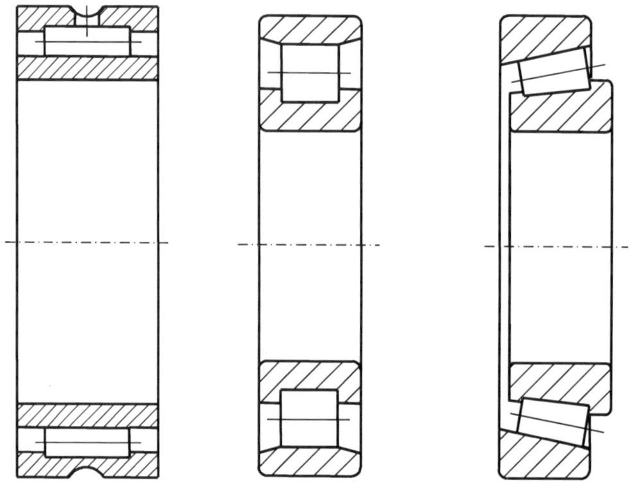

11.4 Sind die oben dargestellten Bauformen als Loslager oder als Festlager zu verwenden? Warum?

11.5 Was ist die Funktion des Käfigs?

11.6 Wälzlager werden nach der Kraftrichtung unterschieden. Welche Richtungen sind das? Kann ein Wälzlager, welches hauptsächlich für die eine Kraftrichtung konstruiert wurde, auch Kräfte in der anderen Richtung aufnehmen?

11.7 Welche Formen können die Wälzkörper annehmen? Skizzieren Sie diese.

11.8 Skizzieren Sie zu jeder Form von Wälzkörper die Form des Innen- und des Außenringes. Benennen Sie die Kraftrichtung, die diese Wälzlager aufnehmen können.

11.9 Skizzieren Sie ein Rillenkugellager als Radiallager und als Axiallager. Kann das Radiallager auch Axialkräfte aufnehmen? Kann das Axiallager auch Radialkräfte aufnehmen?

11.10 Was ist das kennzeichnende Merkmal eines Schrägkugellagers?

11.11 Was ist das kennzeichnende Merkmal eines Vierpunktlagers?

11.12 Skizzieren Sie ein Pendelkugellager. Was ist das kennzeichnende Merkmal eines Pendelkugellagers? Gibt es auch einreihige Pendelkugellager?

11.13 Skizzieren Sie ein Radial-Zylinderrollenlager mit einem verschieblichen Innenring. Was ändert sich, wenn der Außenring verschieblich sein soll?

11.14 Wie muss ein Radial-Zylinderrollenlager aussehen, welches auch (geringe) Axialkräfte übertragen soll?

11.15 Ist ein Nadellager als Axiallager möglich? Versuchen Sie eines zu skizzieren.

11.16 Welche Kräfte (aus welchen Richtungen) kann ein Kegelrollenlager übertragen? Skizzieren Sie ein solches Lager.

11.17 Welche Form haben die Wälzkörper eines Pendelrollenlagers? Skizzieren Sie ein solches Lager. Welche Kräfte (aus welchen Richtungen) kann ein solches Lager aufnehmen?

11.18 Skizzieren Sie ein zweiseitig wirkendes Axial-Rillenkugellager im Einbauzustand, also mit Welle, Gehäuse und axialer Fixierung. Verdeutlichen Sie sich den Kraftfluss in den beiden axialen Richtungen.

11.19 Was bewirkt eine kugelige Unterlegscheibe bei einem Axial-Rillenkugellager?

11.20 Zur Bezeichnung von Wälzlagern werden Kurzzeichen verwendet. Was besagen die einzelnen „Bestandteile" dieser Kennzahl?

11.21 Welche Informationen können aus den so genannten Vorsetzzeichen und Nachsetzzeichen entnommen werden?

11.22 Aus welchen Gründen darf keine Festlager-Festlager-Anordnung realisiert werden?

11.23 Warum darf keine Loslager-Loslager-Anordnung realisiert werden?

11.24 Skizzieren Sie eine Festlager-Loslager-Anordnung mit Rillenkugellagern.

11.25 Skizzieren Sie eine Festlager-Loslager-Anordnung mit Zylinderrollenlagern.

11.26 Handelt es sich bei der im **Bild 9-1** gegebenen Lagerung in beiden Fällen um eine Festlager-Loslager-Anordnung?

11.27 Betrachten Sie die beiden Wellen in **Bild 9-1**. Liegt eine Punktlast oder eine Umfangslast auf den Innenringen der Wälzlager? Liegt eine Punktlast oder eine Umfangslast auf den Außenringen der Wälzlager?

11.28 Mit welcher Maßtoleranz würden Sie die Lagersitze (auf der Welle und im Gehäuse) des Beispiels **Bild 9-1** realisieren, wenn die Wellendurchmesser 100 mm nicht übersteigen und man von einer normalen Belastung und normaler Laufgenauigkeit ausgehen kann?

11.29 In welchen Fällen kann es sinnvoll sein, eine vereinfachte Darstellung von Wälzlagern vorzunehmen?

11.30 Bei einer Festlager-Loslager-Anordnung wird häufig das Loslager mithilfe eines Sicherungsringes auf der Welle fixiert, das Festlager hingegen in der Regel mithilfe einer Nutmutter mit Sicherungsblech. Können Sie sich erklären, warum so vorgegangen wird?

11.31 Kann ein Pendelrollenlager als Festlager eingesetzt werden oder nur als Loslager?

11.32 Manchmal wird eine Kombination aus einem Kegelrollenlager mit einem Axial-Rillenkugellager verwendet, um ein „Festlager" zu realisieren. Dabei nimmt das Kegelrollenlager hauptsächlich Radialkräfte und das Axial-Rillenkugellager nur Axialkräfte auf. Versuchen Sie so eine Kombination zu skizzieren. Können Sie sich einen Anwendungsfall für solch ein „Festlager" vorstellen?

12 Dichtungen

Eine Dichtheit wird in den folgenden Fällen gefordert:

- Um Stoffverluste zu vermeiden, z. B. von Gasen in der Pneumatik oder Flüssigkeiten in der Hydraulik.
- Um eine Vermengung (Verunreinigung) verschiedener Betriebsstoffe zu vermeiden, z. B. von Getriebeöl der Schaltgetriebe mit der Hydraulikflüssigkeit der hydrodynamischen Kupplung.
- Um einen erhöhten Verschleiß zu vermeiden, z. B. als Folge mangelhaften Abschlusses gegen Schmutz, Staub und Feuchtigkeit.

Dichtungen können danach unterteilt werden, ob sie in zueinander ruhenden oder zueinander bewegten Teilen eingesetzt werden. Eine weitere Möglichkeit der Einteilung trennt Dichtungen in berührungsfreie und berührende Dichtungen. Im Allgemeinen kombiniert man diese beiden Unterteilungsmöglichkeiten, wobei der Fall der berührungsfreien Dichtung an ruhenden Bauteilen nicht realisiert ist. Im Folgenden wird also im Einzelnen auf Bauformen und ihre Darstellung in Technischen Zeichnungen der so genannten statischen Dichtungen als berührende Dichtungen an ruhenden Bauteilen und dynamischen Dichtungen als berührende Dichtungen an relativ zueinander bewegten Bauteilen eingegangen. Darüber hinaus werden auch einige Beispiele der berührungsfreien Dichtungen gegeben.

Die Nennung der Dichtungen kann im Rahmen der Thematik Technisches Zeichnen nicht vollständig sein. Einen Überblick über die verschiedenen Bauarten der Dichtungen, ihre Funktion und Benennung kann der Fachliteratur z. B. [RoMa13] oder den Katalogen der Hersteller entnommen werden. Im Folgenden werden einige, häufig genutzte Dichtungen in ihrer Funktion und Darstellung vorgestellt.

12.1 Statische Dichtungen

12.1.1 Funktion

Statische Dichtungen, gelegentlich auch als *ruhende Dichtungen* bezeichnet, verhindern den Übergang von gasförmigen, flüssigen und festen Stoffen zwischen relativ zueinander ruhenden Bauteilen. Die Dichtwirkung basiert darauf, dass es auf der Dichtfläche eine ausreichende Einbettung von Oberflächenrauheiten in den Dichtungswerkstoff gibt. Dies setzt voraus, dass zum einen der Dichtungswerkstoff weicher ist als das Bauteil, so dass die Oberflächenrauheiten des Bauteils in den Dichtungswerkstoff überhaupt eindringen können, und zum anderen, dass eine Anpresskraft vorliegt, welche die Dichtung an eine Bauteilfläche anpresst.

Als Werkstoffe für statische Dichtungen kommen also alle Elastomere (Kautschuke), Thermo plaste und auch fluorhaltige Kunststoffe in Betracht. Wenn von einem Bauteil aus Stahl ausgegangen wird, können sogar metallische Dichtungen z. B. aus Messing oder einem anderen „weichen“ Metall eingesetzt werden.

Die zur Anpassung der Dichtungsfläche an die Bauteiloberfläche notwendige Pressung kann entweder durch äußere Kräfte bei der Montage (meistens durch Schrauben) oder aber durch den Betriebsdruck erzielt werden.

Der *Runddichtring* nach DIN 3771 wird meistens nur kurz *O-Ring* genannt. Dieser wird in eine Nut definierter Größe eingebracht, siehe **Bild 12-1 a)**. Der Runddichtring kann bei kleinen Geschwindigkeiten sogar auch als dynamische Dichtung genutzt werden. Zur Abdichtung von Spalten (z. B. an Flanschen) werden meistens *Flachdichtungen* verwendet, siehe **Bild 12-1 b)**. Der *Faltenbalg* nach **Bild 12-1 c)** gehört zu den so genannten *hermetischen Dichtungen*, die durch ihre besondere Form als Abdichtung auch für bewegte Bauteile zu nutzen ist.

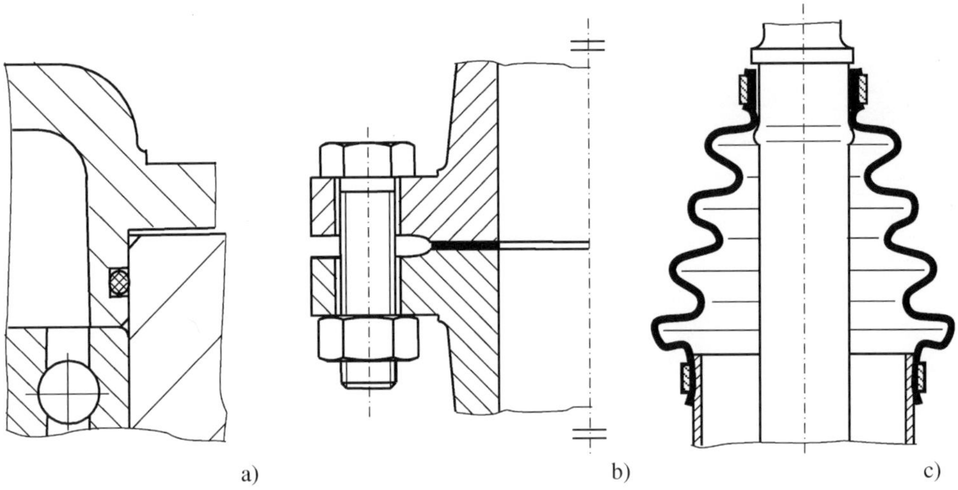

Bild 12-1 Anwendungsbeispiele für statische Dichtungen; a) Runddichtring (O-Ring); b) Flachdichtung am Flansch; c) Faltenbalg

12.1.2 Besonderheiten der Darstellung

Statische Dichtungen werden stets im Schnitt dargestellt, zum einen, um das Bauteil selbst und zum anderen, die Dichtung in ihrer Funktion darstellen zu können. Durch die Schnittdarstellung kann dabei nicht nur die Form (der Querschnitt) der Dichtung gezeigt werden, sondern darüber hinaus durch die Art der Schraffur (siehe auch **Kapitel 4**) auch das Material, aus dem die Dichtung gefertigt wurde.

In den meisten Fällen wird es genügen, eine Dichtung aus einem Elastomer oder einem Kunststoff durch eine Kreuzschraffur zu kennzeichnen, um die „Andersartigkeit" gegenüber dem Stahl hervorzuheben. Metalldichtungen können natürlich ihre 45°-Schraffur behalten, es sei denn, dass als Werkstoff das Nichteisenmetall explizit betont werden soll. Häufig wird jedoch ohnehin der Fall auftreten, dass – wie bereits in **Bild 12-1** geschehen – die Dichtung gegenüber den anderen Bauteilen so dünn ist, dass die Schraffur nicht ausgeführt wird, sondern der Schnitt geschwärzt wird. In solchen Fällen ist es besonders wichtig, dass der Werkstoff der Dichtung aus der Stückliste hervorgeht.

12.1.3 Runddichtring

Da der *Runddichtring* die wohl am häufigsten eingesetzte statische Dichtung darstellt, soll an dieser Stelle ausführlicher auf dessen Darstellung eingegangen sein, **Bild 12-2**. Er wird zur Abdichtung von flüssigen als auch gasförmigen Medien genutzt.

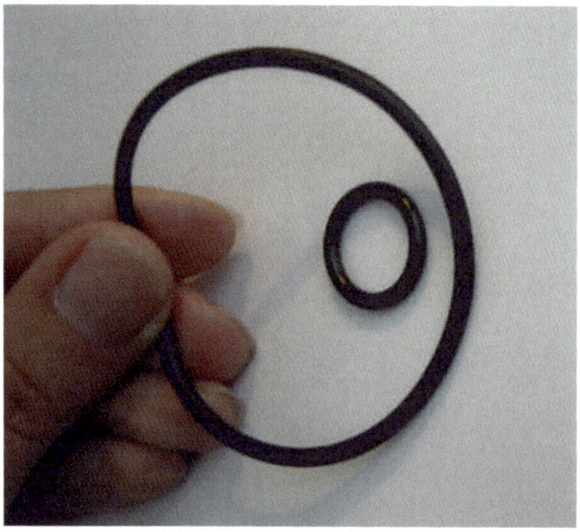

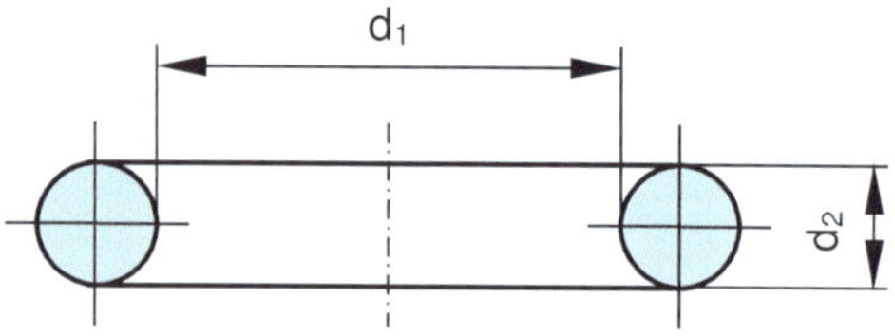

Bild 12-2 Runddichtring nach DIN 3771

Runddichtringe sind in einer großen Vielfalt von Abmessungen verfügbar. Direkt aus dem Katalog sind z. B. Abmessungen zwischen d_1 = 1,5 mm mit d_2 = 0,6 mm bis d_1 = 731 mm mit d_2 = 10 mm oder d_1 = 685 mm mit d_2 = 20 mm lieferbar. Einem Innendurchmesser d_1 sind in der Regel mehrere Querschnittsdurchmesser d_2 zugeordnet. Sondergrößen sind zusätzlich auf Anfrage erhältlich. In der Bezeichnung ist zu nennen: O-Ring Norm – Innendurchmesser d_1 x Querschnittsdurchmesser d_2 – Sortenmerkmal – Werkstoff, also z. B. O-Ring DIN 3771 – 13,2 x 1,8 – N – NBR70.

Runddichtringe sind in verschiedenen Werkstoffen erhältlich, der je nach Anwendungsfall (druckabhängig) ausgewählt wird. Häufig sind Runddichtringe aus Gummi bzw. Elastomer gefertigt. Bei diesem Werkstoff wird zwischen verschiedenen Härten unterschieden, weshalb diese Härte dann auch jeweils bei der Bezeichnung des Runddichtringes genannt werden muss.

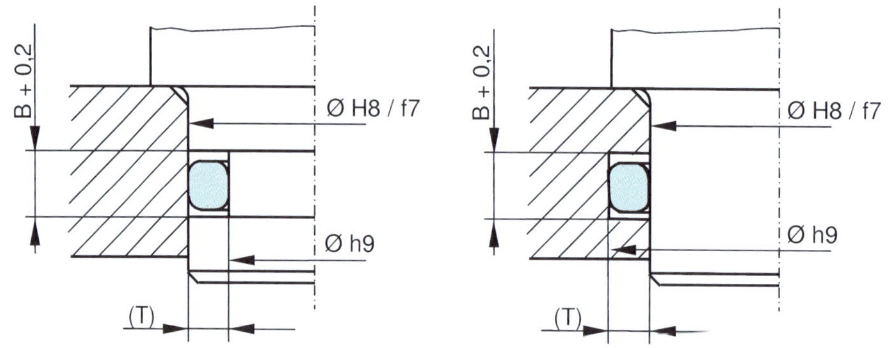

Bild 12-3 Einbauvorschriften und Darstellung des Einbauzustandes bei radialer Verformung

Die Dichtwirkung des Runddichtringes (O-Ringes) beruht auf axialer bzw. radialer Verformung des runden Querschnittes im eingebauten Zustand. Deshalb muss der Einbauraum entsprechend ausgeformt sein. Durch die elastische Verformung des Runddichtringes entsteht die zur Abdichtung notwendige Anpresskraft, die durch den Mediumsdruck zusätzlich unterstützt werden kann. Diese elastische Verformung wird bei einem montierten Runddichtring auch stets dargestellt.

In **Bild 12-3** sind die Einbauvorschriften für einen radialen Einbau in eine Rechtecknut genannt. Neben einem solchen radialen Einbau (radialer Verformung) ist auch ein axialer Einbau (axiale Verformung) in eine Rechtecknut möglich. Darüber hinaus sind als Aufnahmeräume für einen Runddichtring Nuten in Dreieckform zulässig, doch sollten die Rechtecknuten vorgezogen werden.

Tabelle 12-1 Nutmaße einer Rechtecknut für Runddichtring bei radialer Verformung, Bezeichnungen siehe **Bild 12-3**

d_2 [mm]	T [mm]	B [mm]
2	1,5	2,6
4	3,15	5,2
6	4,95	7,8
8	6,75	10,4
10	8,65	13
12	10,6	15,6

In der **Tabelle 12-1** ist eine Auswahl der vom Hersteller geforderten Nutmaße für einen Einbau mit radialer Verformung angegeben. Die Nutmaße beziehen sich stets nur auf den Querschnittsdurchmesser d_2. Weitere Einbaumaße sind den Herstellerkatalogen oder weiterführender Literatur zu den Maschinenelementen [RoMa13] zu entnehmen.

12.2 Dynamische Dichtungen

12.2.1 Funktion

Dynamische Dichtungen verhindern den Übergang von gasförmigen, flüssigen und festen Stoffen zwischen relativ zueinander bewegten Bauteilen. In der Regel bestehen diese Dichtungen aus einem Kunststoff, der z. B. mithilfe einer Feder auf das bewegte Bauteil gepresst wird. Dabei muss bei flüssigen Medien an der Gleitfläche (= Dichtfläche) ein Film des Mediums vorhanden sein. Dieser Film ist notwendig, um durch eine Schmierwirkung schnellem Verschleiß vorzubeugen. Er führt allerdings auf längere Zeit gesehen zu geringen Leckverlusten.

Im Folgenden werden einige häufig angewendete dynamische Dichtungen im Zusammenhang mit den Besonderheiten ihrer Darstellung angesprochen.

12.2.2 Radial-Wellendichtring

Eine der häufigsten Elemente zur Abdichtung von rotierenden Wellen gegenüber von stehenden Gehäusen ist der so genannte *Radial-Wellendichtring* nach DIN 3760, RWDR oder WDR genannt. Solche Radial-Wellendichtringe bestehen in der Regel aus einem Kunststoffkörper, wobei der Kunststoff nach dem abzudichtendem Medium auszuwählen ist (in der Darstellung meist geschwärzt), einem metallischen Versteifungsring (in der Darstellung schraffiert) und einer Feder (in der Darstellung durch zwei kleine konzentrische Kreise symbolisiert), welche die Dichtlippe gegen das rotierende Bauteil anpresst, **Bild 12-4**.

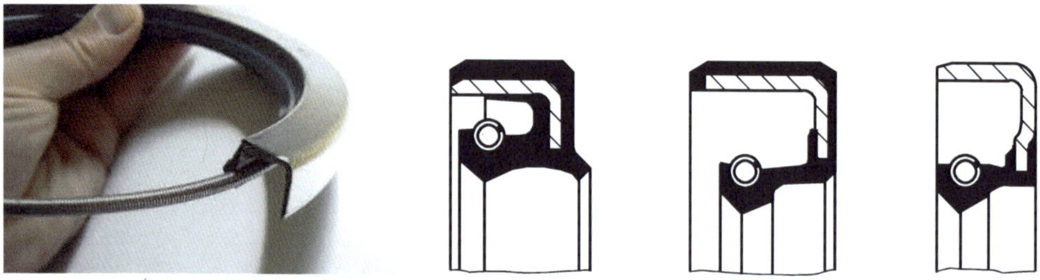

Bild 12-4 Beispiele für Bauformen von Radial-Wellendichtringen nach DIN 3760

Die Radial-Wellendichtringe sind sehr zuverlässige Dichtungen, sie bedürfen allerdings bei der Montage einiger Vorkehrungen, um die empfindliche Dichtlippe nicht zu beschädigen und im Betrieb einen einwandfreien Lauf zu gewährleisten. In **Bild 12-5** sind die notwendigen Vorkehrungen dargestellt, sie betreffen hauptsächlich die Gestaltung der Welle.

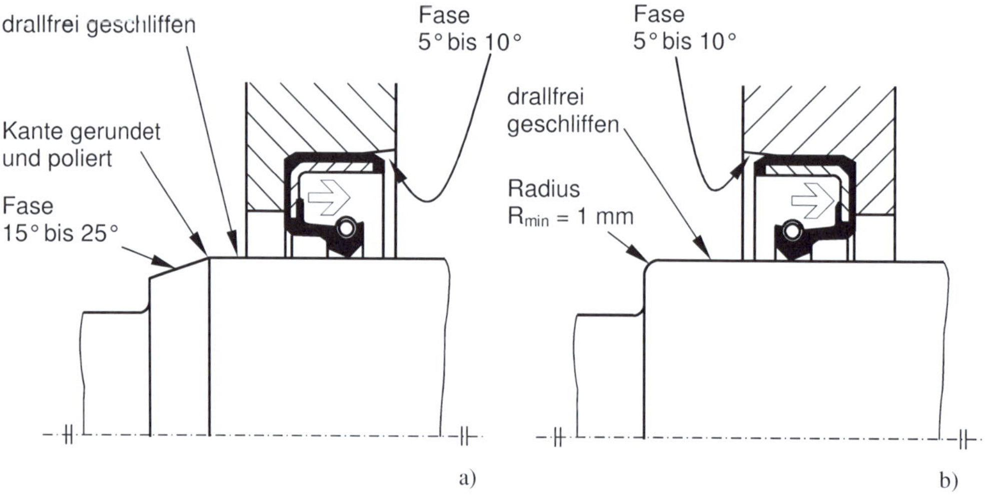

Bild 12-5 Einbaurichtlinien für Radial-Wellendichtringe; a) Montage in Richtung Stirnseite; b) Montage in Richtung Bodenseite; ⇨ zeigt Einbaurichtung relativ zur Welle

Ein Radial-Wellendichtring kann von zwei Seiten montiert werden. Soll der Radial-Wellendichtring mit der Dichtlippe voran auf eine Welle geschoben werden, dann muss diese Welle eine Fase aufweisen, deren Neigung zwischen 15° und 25° liegen muss. Die sich ergebende Kante ist zu runden und zu polieren, damit eine Beschädigung der Dichtlippe ausgeschlossen ist. Wird der Radial-Wellendichtring mit der Dichtlippe nach hinten auf die Welle geschoben, dann genügt es, die Welle mit einem Radius von mindestens R = 1 mm zu versehen. Günstiger ist es natürlich, auch in diesem Fall eine Fase anzubringen. Im Gehäuse ist für eine genügend breite Aufnahme des Radial-Wellendichtringes zu sorgen und ebenfalls eine Fase zur leichteren Montage anzubringen. Hier sollte die Anfasung der Bohrung zwischen 5° und 10° liegen.

Über diese Maßnahmen hinaus benötigt der Radial-Wellendichtring zum einwandfreien Betrieb eine Durchmessertoleranz der Gehäusebohrung von H8, eine Durchmessertoleranz der Welle von h11 und eine Rundheitstoleranz der Welle nach IT 8 (im Allgemeinen: „drallfrei geschliffen"). Als Oberflächenrauheiten für die untere und obere Grenze sind zugelassen: für die Welle Ra = 0,2 bis 0,8 μm (Rz = 1 bis 4 μm; Rmax = 6 μm); für die Gehäusebohrung maximal Rmax = 25 μm. Die Oberflächenrauheit der Welle ist in diesem Fall auch nach unten hin begrenzt, weil eine zu glatte Oberfläche die Dichtlippe des Radial-Wellendichtringes zu heiß laufen lassen würde.

Die Benennung erfolgt nach dem Schema: Wellendichtring DIN 3760 – Bauform Wellendurchmesser d_1 x Gehäusedurchmesser d_2 x Breite B – Werkstoff des Elastomerteils, also z. B. Wellendichtring DIN 3760 – A 25 x 40 x 7 NB.

12.2.3 Filzring-Dichtung

Der *Filzring* nach DIN 5419 besitzt im nicht montierten Zustand einen rechteckigen Querschnitt. Die Nut im Gehäuse bzw. in einem Deckel hingegen besitzt eine konisch zulaufende Nut (7° Seitenwinkel), so dass der Ring bei der Montage zusammengedrückt wird und dadurch im Betriebszustand gegen die Welle presst, **Bild 12-6**. Bei der Montage wird der Filzring geölt. Dieses Öl kann dann bei Bedarf abgegeben werden und verbessert die Notlaufeigenschaften. Der Ring liegt im Nutgrund nicht auf, damit eine Wärmedehnung noch möglich ist. Dieser Abstand wird in Technischen Zeichnungen durchaus dargestellt.

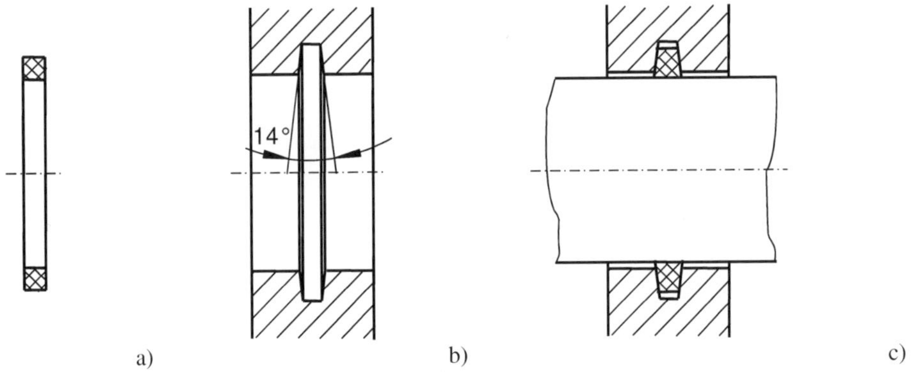

Bild 12-6 Filzringdichtung; a) einzeln; b) Nut für Filzringdichtung; c) Darstellung des Einbauzustandes

Die Benennung erfolgt nach dm Schema: Filzring DIN 5419 – Wellendurchmesser d_1 – Filzhärte, also z. B. Filzring DIN 5419 – 40 – M5.

12.2.4 Federnde Abdeckscheiben

Federnde Abdeckscheiben dienen zur Abdichtung von Wälzlagern bei Fettschmierung. Eine Seite der Abdeckscheibe wird zwischen Lager-Innenring und Wellenschulter bzw. Buchse, **Bild 12-7 a)** oder zwischen Lager-Außenring und Gehäuseschulter bzw. Lagerdeckel, **Bild 12-7 b)** eingespannt. Die andere Seite der Abdeckscheibe ist zum Lager hin umgebogen und liegt auf der Stirnfläche des Lagerrings federnd auf. Im Betrieb arbeitet sich diese Dichtkante in die Stirnfläche des Lagerringes ein und bildet dadurch eine sehr feine Rille, die die Dichtwirkung fördert.

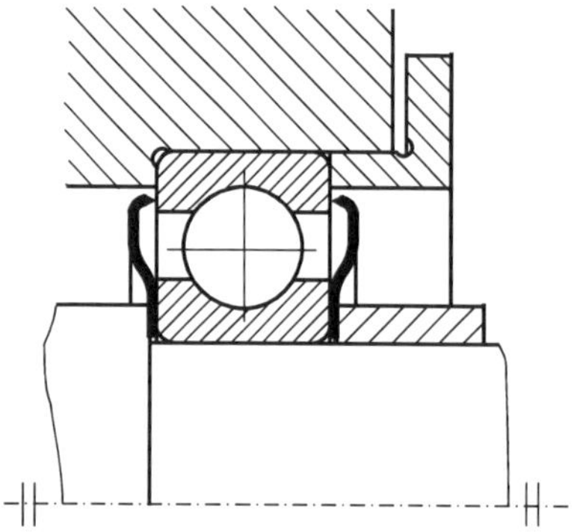

a)

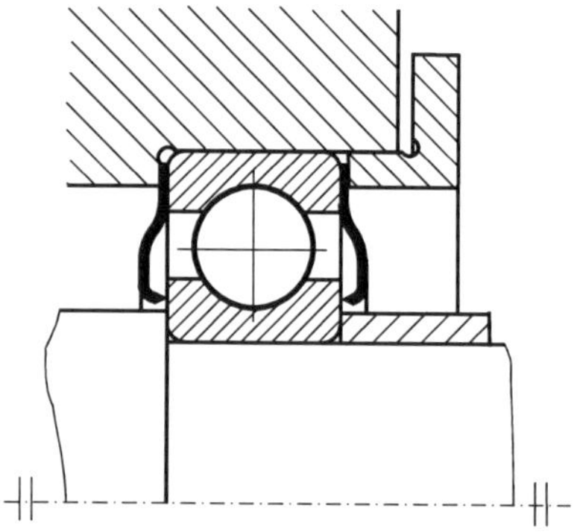

b)

Bild 12-7 Federnde Abdeckscheiben; a) innen gespannt; b) außen gespannt

Federnde Abdeckscheiben sind stets aus metallischem Material, doch so dünn, dass eine Schraffur nicht dargestellt werden kann und die Abdeckscheiben in Technischen Zeichnungen geschwärzt erscheinen.

12.2.5 Abdichtung bei Längsbewegungen

Zur Abdichtung axial bewegter Teile werden hauptsächlich Stopfbuchsenpackungen oder Formdichtungen verwendet.

Unter einer *Stopfbuchsenpackung* nach DIN 3780 kann man sich in einen Ringraum geschichtete („gestopfte") Elemente vorstellen, siehe auch **Bild 12-8**, die natürlichen Ursprungs, aus Kunststoff oder auch metallisch sein können. Kombinationen sind auch möglich. Diese Elemente können in einer besonderen Form geschichtet oder auch geflochten sein. Durch ein Ringelement (die so genannte Brille) zusammengedrückt und mithilfe von Schrauben verspannt, üben die Stopfbuchsenpackungen eine Pressung auf die Dichtfläche aus. Stopfbuchsenpackungen können nicht nur für translatorische (axiale) Bewegungen, sondern auch für derhende Bewegungen oder deren Kombination verwendet werden.

Durch ihre Verschiedenartigkeit werden Stopfbuchsenpackungen meistens nicht im Detail dargestellt, sondern entweder vereinfacht (gekreuzt) oder schlicht schraffiert. Wegen dieser Vereinfachung ist es aber besonders wichtig, dass die genaue Herstellerbezeichnung in der Stückliste auftaucht. Gegebenenfalls kann in der Zeichnung noch ein Montagehinweis gegeben sein.

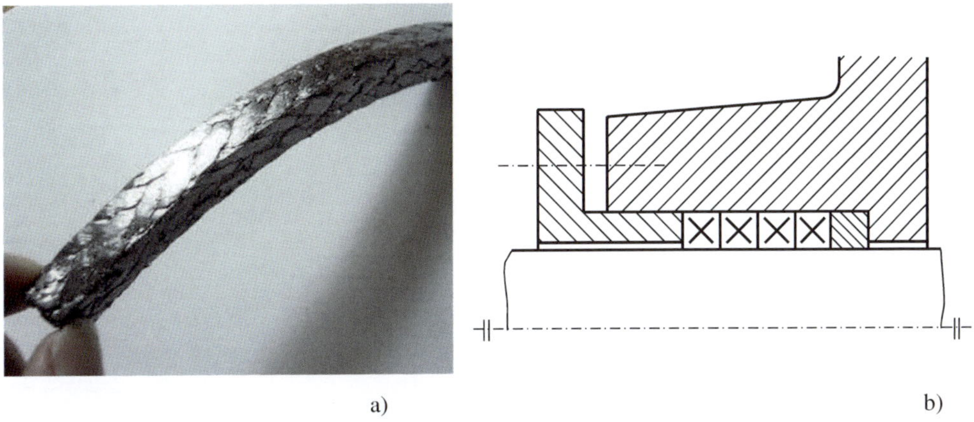

Bild 12-8 Stopfbuchsenpackung; a) Beispiel: geflochtene Stopfbuchsenpackung aus Graphit und Draht für einen Einsatz bei hohen Temperaturen; b) Darstellung des Einbauzustandes

Formdichtungen sind zu unterteilen in Lippendichtungen und Kompaktdichtungen, **Bild 12-9**. Die *Lippendichtungen* arbeiten ähnlich wie die in **Abschnitt 12.2.2** bereits vorgestellten Radial-Wellendichtringe: Eine Dichtlippe ist gegen die Dichtfläche vorgespannt oder wird gegebenenfalls mit einer Feder dagegen gedrückt. *Kompaktdichtungen* hingegen sind selbst radial verpresst und üben so eine Pressung auf die Dichtfläche aus.

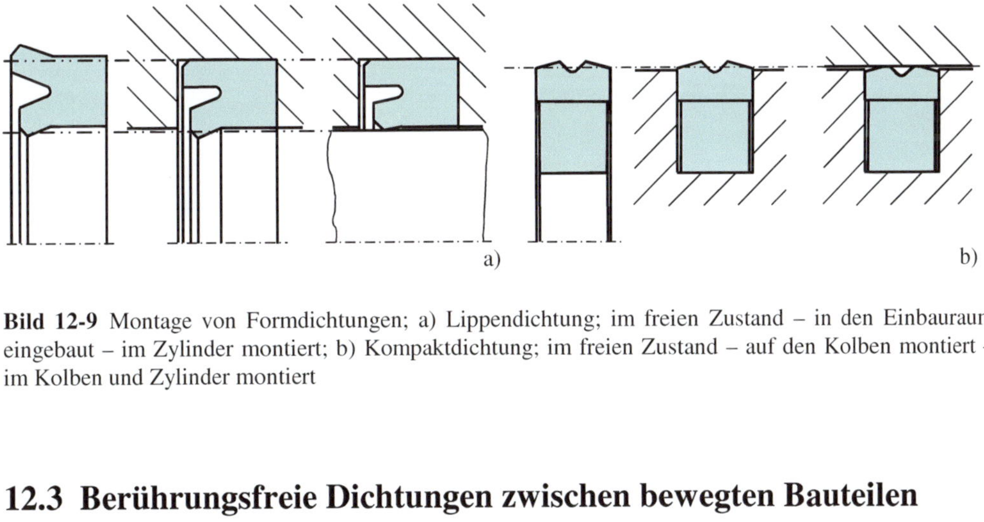

Bild 12-9 Montage von Formdichtungen; a) Lippendichtung; im freien Zustand – in den Einbauraum eingebaut – im Zylinder montiert; b) Kompaktdichtung; im freien Zustand – auf den Kolben montiert – im Kolben und Zylinder montiert

12.3 Berührungsfreie Dichtungen zwischen bewegten Bauteilen

12.3.1 Funktion

Die *berührungsfreien Dichtungen* nutzen die Dichtwirkung eines engen Spaltes aus. Aufgrund der Berührungsfreiheit sind sie praktisch verschleiß- und reibungsfrei und damit theoretisch von unbegrenzter Lebensdauer. Berührungsfreie Dichtungen werden deswegen gerne zur Abdichtung von Achsen und Wellen mit einer hohen Drehzahl eingesetzt. Die Ausführungsform des Spaltes ist wesentlich für die Wirksamkeit der Abdichtung verantwortlich.

Existiert kein Druckunterschied zwischen den beiden Seiten der Dichtung, spricht man von einer Schutzdichtung, ist ein Druckunterschied vorhanden, dann wird von einer Strömungsdichtung gesprochen.

12.3.2 Schutzdichtungen

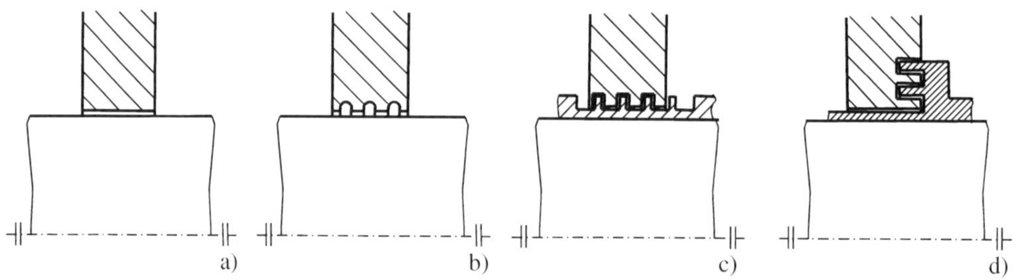

Bild 12-10 Beispiele für Ausführungsformen von Schutzdichtungen; a) Spaltdichtung; b) Rillendichtung; c) axiale Labyrinthdichtung; d) radiale Labyrinthdichtung

Berührungsfreie *Schutzdichtungen* werden hauptsächlich zum Schutz fettgeschmierter Lager vor Schmutzeintritt von Außen verwendet. Etwas Fett gelangt im Betrieb in den Spalt oder wird speziell von Außen eingepresst und verbessert die Dichtwirkung. Die Dichtwirkung bei einer Rillendichtung ist besser als die einer Spaltdichtung, weil das Fett sich in den Rillen besser halten kann. Die Schutzwirkung von Labyrinthdichtungen ist am besten, weil die mit Fett gefüllten Gänge eine Verunreinigung wirksam verhindern, **Bild 12-10**.

Aufgrund der vielfältigen Konstruktionsmöglichkeiten von Schutzdichtungen ist bei der zeichnerischen Darstellung darauf zu achten, dass die konstruktiven Details erkennbar sind. Berührungsfreie Schutzdichtungen sind in der Regel aus Stahl hergestellt und damit im Schnitt und in einfacher 45°-Schraffur zu zeichnen.

12.3.3 Strömungsdichtungen

Existiert ein Unterschied zwischen dem Druck im Gehäuse und dem Außendruck, dann sind so genannte *Strömungsdichtungen* zu verwenden. Gegenüber berührenden Dichtungen ist in jedem Fall mit einer Leckmenge zu rechnen, doch berührende Dichtungen kommen bei schnell laufenden und unter Umständen mit einer hohen Temperatur belasteten Bauteilen, wie z. B. Dampfturbinen, nicht zum Einsatz. Die Leckmenge ist stark abhängig von der Spalthöhe, weshalb diese Spalte mit 0,1 bis 0,2 mm auch sehr klein gewählt werden. In der Regel sind bei hohen Druckdifferenzen keine einfachen Spaltdichtungen, sondern *Labyrinthdichtungen* zu verwenden, die das durchströmende Medium verwirbeln und dadurch besser „abbremsen".

In **Bild 12-11** ist ein Beispiel für eine Labyrinthdichtung gegeben. Unschwer zu erkennen ist, dass bei dieser Bauform ein zweigeteiltes Gehäuse notwendig ist.

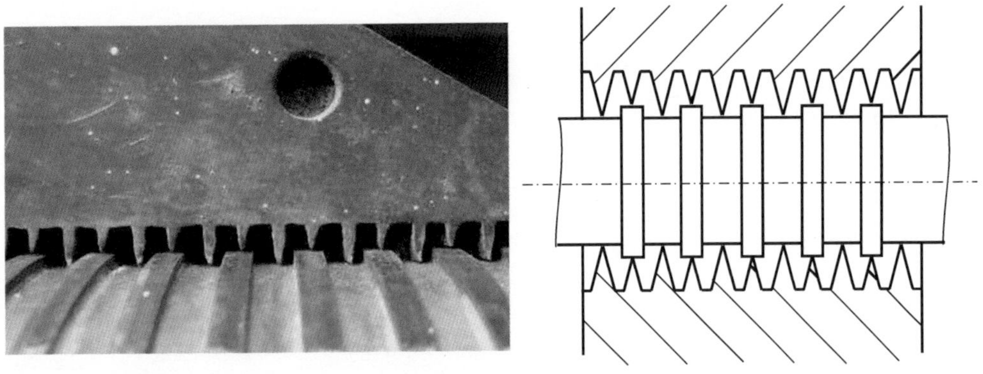

Bild 12-11 Beispiel für eine Labyrinthdichtung in einer Turbine

12.4 Vereinfachte Darstellung

Eine detaillierte Darstellung einer Dichtung ist einer vereinfachten Darstellung stets vorzuziehen. Eine vereinfachte Darstellung kann niemals den Informationsgehalt, der zum Verständnis der Funktion der gesamten Baugruppe, Maschine oder Anlage notwendig ist, vermitteln. Sind alle Funktionen allerdings klar und die Dichtung von untergeordneter Bedeutung, so kann eine vereinfachte Darstellung der Dichtung nach DIN ISO 9222 sinnvoll sein.

Soll grundsätzlich in der Technischen Zeichnung ausgesagt werden, dass sich an der definierten Stelle eine Dichtung befindet, so kann nach DIN ISO 9222-1 die Dichtung durch ein Rechteck mit innenliegendem Diagonalkreuz (in breiter Voll-Linie) angedeutet werden, siehe hierzu auch **Bild 12-12 a)**. Das Diagonalkreuz berührt die Linien des Rechteckes dabei nicht. Die Dichtungsrichtung kann durch einen Pfeil angegeben werden, siehe auch **Bild 12-12 b)**.

Soll hingegen die genaue Dichtungsbauart angegeben sein, dann kann nach DIN ISO 9222-2 eine symbolische Darstellung der Dichtelemente gegeben werden. Zum Beispiel können Radial-Wellendichtringe vereinfacht ohne und mit Schmutzlippe dargestellt werden. Bei den Lippendichtungen werden die Dichtlippen durch die schrägen Linien angedeutet, siehe auch **Bild 12-9 a)**. Die Labyrinthdichtung wird ebenfalls stark vereinfacht und ohne Angabe der Anzahl der Dichtkammern symbolisch dargestellt.

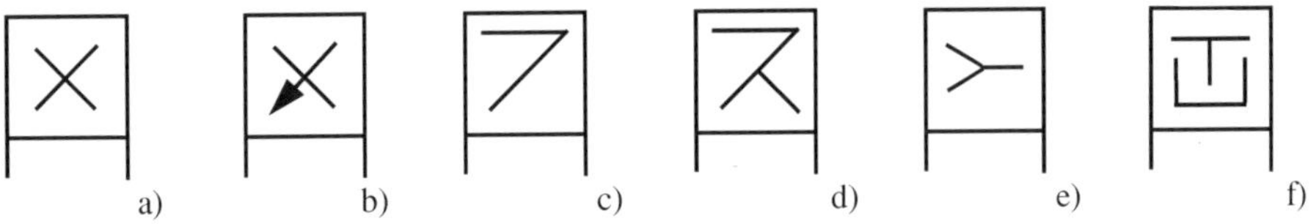

Bild 12-12 Beispiele für die vereinfachte Darstellung von Dichtungen nach DIN ISO 9222; a) Dichtung allgemein; b) Dichtung allgemein mit Angabe der Dichtungsrichtung; c) Radial-Wellendichtring ohne Schmutzlippe; d) Radial-Wellendichtring mit Schmutzlippe; e) Lippendichtung; f) Labyrinthdichtung

12.5 Übungen

12.1 Nennen Sie Gründe für den Einsatz von Dichtungen.

12.2 In welche Gruppen können Dichtungen untergliedert werden?

12.3 Wie funktionieren statische Dichtungen?

12.4 Aus welchen Werkstoffen können statische Dichtungen hergestellt sein?

12.5 Was ist bei der Darstellung des Einbauzustandes bei einem Runddichtring oder einem Filzring zu beachten?

12.6 Mithilfe eines Faltenbalgs können relativ zueinander bewegte Teile abgedichtet werden. Gehören die Faltenbälge deswegen zu den dynamischen Dichtungen?

12.7 Dichtungen werden in der Regel im Schnitt dargestellt, um den Querschnitt in der Zeichnung darzustellen. Mit welcher Schraffur sind die Dichtungen zu zeichnen?

12.8 Skizzieren Sie einen Radial-Wellendichtring und kennzeichnen Sie die Funktion der einzelnen Elemente.

12.9 Was ist bei der Montage eines Radial-Wellendichtringes zu berücksichtigen? Was kann/muss im Vorfeld bereits von der Konstruktion bedacht worden sein?

12.10 Zeichnen Sie ein Wellenelement, auf das ein Radial-Wellendichtring aufgezogen werden soll. Tragen Sie alle notwendigen Fertigungsvorgaben ein.

12.11 Zur Abdichtung welcher Medien werden Radial-Wellendichtringe eingesetzt?

12.12 Zur Abdichtung welcher Medien werden Filzring-Dichtungen eingesetzt?

12.13 Was begrenzt den Einsatz von Filzring-Dichtungen?

12.14 Für welche Einsatzfälle werden federnde Abdeckscheiben verwendet?

12.15 Nennen Sie Möglichkeiten zur Abdichtung von Längsbewegungen.

12.16 Was ist der Unterschied zwischen Schutzdichtungen und Strömungsdichtungen?

12.17 Skizzieren Sie eine Labyrinthdichtung im Einbauzustand.

12.18 Bei einer Labyrinthdichtung als Strömungsdichtung kann die Welle nicht axial montiert bzw. demontiert werden. Wie erfolgt stattdessen die Montage bzw. Demontage?

12.19 Welche Dichtungen sind im Folgenden dargestellt?

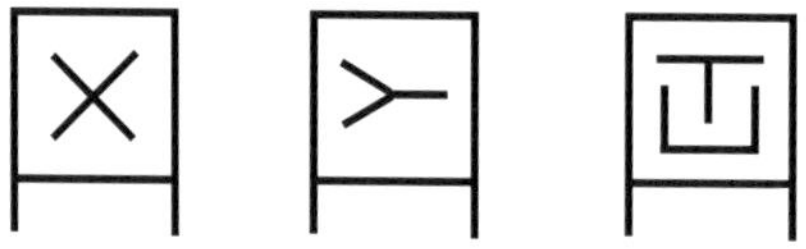

12.20 Skizzieren Sie die vereinfachte Darstellung eines Radial-Wellendichtringes.

12.21 Welche Vorteile besitzen im Lager integrierte Dichtungen gegenüber außerhalb des Maschinenelements Lager angeordneten?

12.22 Welche Vorteile besitzen Dichtungen, die außerhalb des Maschinenelements Lager angeordnet sind, gegenüber im Lager integrierten Dichtungen?

13 Zahnräder

Die meisten Getriebe-Anwendungen beschränken sich auf *Zahnradgetriebe*[1]; deshalb wird in diesem Kapitel ausschließlich auf die Darstellung von Zahnrädern eingegangen. Die Darstellung der übrigen Getriebearten erfolgt entsprechend den bereits zu Beginn erläuterten Regeln.

Bild 13-1 Zahnrad aus einem Uhrwerk im Vergleich zu einem Streichholzkopf

Der Einsatz von Zahnrädern ist sehr vielseitig. Er beginnt (wenn man die Mikrosystemtechnik auslässt) bei einem Uhrwerk, siehe **Bild 13-1**, und endet noch lange nicht bei einem Getriebe in einer Windkraftanlage. Die Unterteilung der Zahnradgetriebe erfolgt nach einer Kombination aus der Grobgestalt der Zahnräder (z. B. Zylinder, Kegel) und der Position der Wellen (parallel, sich schneidend, sich kreuzend), so wie in **Bild 13-2** verdeutlicht. Entsprechend dieser Systematik wird auf die Darstellung der Zahnräder eingegangen. Darüber hinaus ist bei einem Zahnrad die Form der Zähne wichtig für die Kraftübertragung, worauf hier nicht näher eingegangen sei.

Im Folgenden werden zunächst an einem Stirnradgetriebe die wichtigsten Kenngrößen einer Verzahnung erläutert. Anschließend wird allgemein auf die Regeln der Darstellung von Zahnrädern eingegangen, um danach einzeln auf die verschiedenen Bauformen sowie deren Sonderformen einzugehen und deren Darstellung explizit zu behandeln. Abschließend sind einige Forderungen zur Fertigung angegeben.

Gleich vorneweg sei gesagt, dass es eine „vereinfachte Darstellung" der Zahnräder nicht gibt, weil die normgerechte Darstellung bereits die vereinfachte Darstellung ist. Eigentlich müsste man sagen, dass eine ausführliche Darstellung von Zahnrädern nicht normgerecht ist.

---

1 Bei Kettentrieben können ebenfalls Zahnräder eingesetzt werden, worauf hier jedoch nicht weiter eingegangen sei.

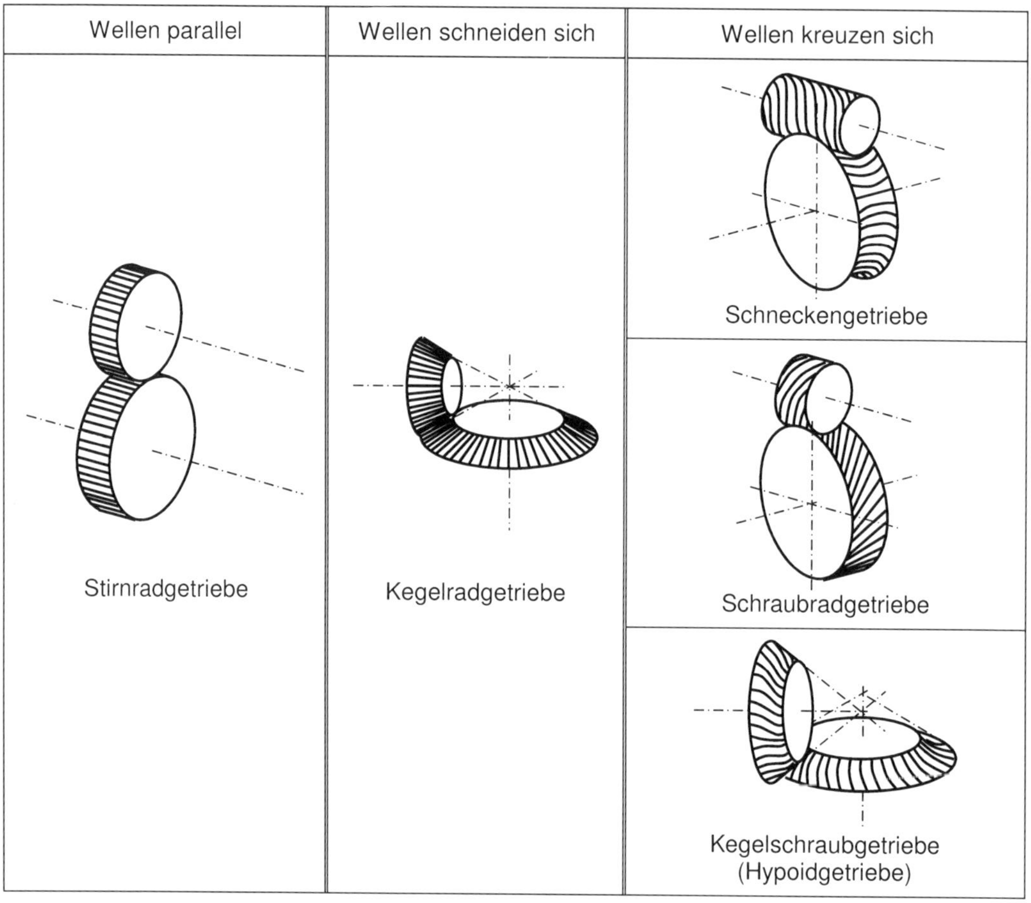

Bild 13-2 Bauarten der Zahnradgetriebe

13.1 Kenngrößen einer Verzahnung

Neben der Form der Zahnräder und der Stellung der Wellen (nach **Bild 13-2**) ist auch die Form der Zahnflanken für die Verzahnung relevant. Es sind verschiedenste *Zahnformen* möglich, doch in der industriellen Praxis am weitesten verbreitet ist die so genannte *Evolventenverzahnung*. Im Folgenden beziehen sich die Erklärungen also ausschließlich auf diese Evolventenverzahnung, obwohl viele der Aussagen auch für andere Flankenprofile gültig sind.

Die durchgängige Mess- und Systematisierungsgröße für Verzahnungen ist der *Modul* m. Der Modul m ist zunächst eine fiktive Größe, die als das Verhältnis von Teilkreisdurchmesser d und Zähnezahl z definiert ist. Der Modul m ist somit eine von der Zähnezahl eines Zahnrades unabhängige Größe, die überdies den Vorzug hat, dass ganze Zähnezahlen, „glatte" Teilkreisdurchmesser und „glatte" Modulwerte zusammengehören. Natürlich müssen in einer Zahnradpaarung die Verzahnungen beider Räder von der gleichen Art sein. Unter anderem heißt dies, dass beide Räder den gleichen Modul besitzen müssen. Der Größeneinfluss des Moduls ist auch daran erkennbar, dass z. B. die Kopfhöhe h_a des Zahnes definiert ist zu $h_a = m$. Die Fußhöhe h_f des Zahnes ist definiert zu $h_f = m + c$, wobei das Kopfspiel c als ein Bruchteil des Moduls m angegeben wird, z. B. $c = 0{,}1 \cdot m$. Einige Kenngrößen fasst **Bild 13-3** zusammen.

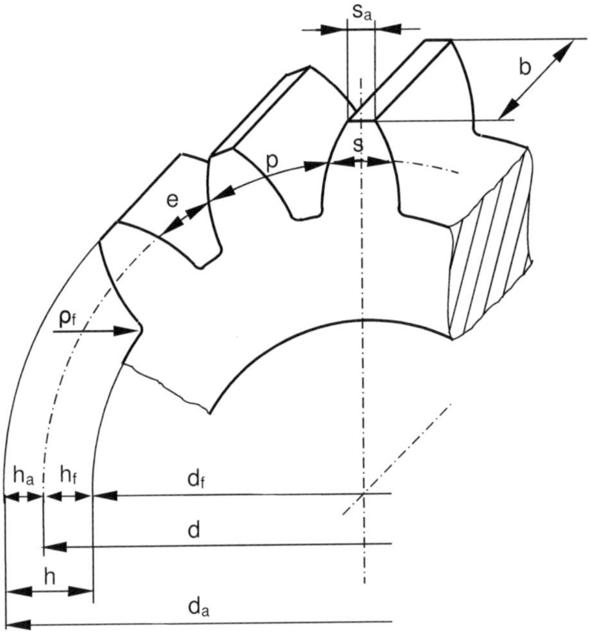

d = Teilkreisdurchmesser
d_f = Fußkreisdurchmesser
d_a = Kopfkreisdurchmesser
p = Teilung
e = Lückenweite
b = Zahnbreite
s = Zahndicke
s_a = Zahndicke am Kopf
h = Zahnhöhe
h_f = Fußhöhe
h_a = Kopfhöhe
ρ_f = Fußrundung
z = Zähnezahl
m = Modul

Bild 13-3 Größen und Bezeichnungen am Zahnrad, hier ein Ausschnitt aus einem geradverzahnten Stirnrad; Modul und Zähnezahl sind nicht eingezeichnet

Der Modul ist nicht beliebig wählbar. DIN 780 gibt Standardwerte vor (m = 0,05 mm bis 70 mm), wobei die Werte der Reihe I gegenüber denen der Reihe II zu bevorzugen sind.

13.2 Darstellung von Zahnrädern

Die Darstellung von Zahnrädern in Technischen Zeichnungen wird nach DIN ISO 2203 vorgenommen. Da es vom Aufwand her völlig unakzeptabel wäre, Verzahnungen zeichnerisch exakt darzustellen, werden einzelne Zahnräder unter Beachtung der folgenden Regeln symbolisch gezeichnet.

- In der Ansicht erscheint jedes Zahnrad wie ein bis zur Kopffläche reichendes ganzes Teil ohne Zähne.
- In Schnitten von Zahnrädern, die normalerweise nur parallel zur Radachse vorgenommen werden (so genannte Achsschnitte), werden die Zähne ungeschnitten dargestellt. Die Schraffurbegrenzung ist demzufolge stets durch die Fußfläche des Zahnrades definiert. In Vollschnitten werden zwei einander gegenüber liegende ungeschnittene Zähne gezeichnet, und zwar auch dann, wenn das Zahnrad eine ungerade Zähnezahl besitzt.

- In jedem Falle wird die Bezugsfläche des Zahnrades, die im Falle von Stirnrädern eine Zylinderfläche mit Teilkreisdurchmesser ist, durch eine schmale strichpunktierte Linie in die Zeichnung eingetragen. *Hinweis*: In Ansichtsdarstellungen ist diese strichpunktierte Linie das einzige Zeichnungsmerkmal, das ein ungezahntes scheibenförmiges Bauteil von einem Zahnrad unterscheidet!
- Sofern eine Notwendigkeit dazu besteht, kann in Ansichten von Zahnrädern die Fußfläche zusätzlich eingetragen werden. Dies geschieht mittels einer schmalen Voll-Linie.
- Zähne werden nur dann explizit gezeichnet, wenn es unbedingt erforderlich ist, beispielsweise um die Lage der Zähne relativ zu anderen Formelementen zu verdeutlichen. In der Regel werden auch in diesen Fällen nur maximal zwei Zähne dargestellt.
- Schräg- oder Pfeilverzahnung eines Zahnrades kann, muss aber nicht, in einer zur Radachse parallelen Ansicht durch drei schmale Voll-Linien der entsprechenden Form und Richtung verdeutlicht werden.

Zahnräder, die mit anderen Zahnrädern im Eingriff stehen, werden zeichnerisch im Wesentlichen nach den gleichen Regeln behandelt wie einzelne Zahnräder. Gegenseitige Verdeckungen der Verzahnungen werden normalerweise nicht berücksichtigt, allerdings mit Ausnahme der folgenden zwei Fälle:

- Liegt ein Zahnrad in der gewählten Ansicht vollständig vor einem anderen, so wird das hinten liegende Zahnrad als verdeckt betrachtet.
- Sind beide Zahnräder im Achsschnitt dargestellt, so wird wahlweise eine der beiden Verzahnungen als „vorne liegend“ und die andere Verzahnung teilweise verdeckt angenommen. Üblich ist es, das Ritzel, also das kleinere Zahnrad, „vorne liegend“ zu zeichnen.

Im Folgenden wird auf die normgerechten Darstellungen von Stirnrädern, Kegelrädern und Schneckenrädern einzeln eingegangen.

13.2.1 Darstellung von Stirnrädern

Wie die Systematik nach **Bild 13-2** bereits zeigt, besitzen *Stirnräder* in der Regel parallel zueinander verlaufende Wellen. Damit sind Stirnräder normalerweise zylindrisch[1]. Diese Definition verlangt allerdings nicht, dass Stirnräder stets außenverzahnt sein müssen. **Bild 13-5** zeigt die normgerechte Darstellung auch eines innenverzahnten Radpaares. Eine weitere Sonderform stellt die Zahnstange dar, die als ein Zahnrad mit einem unendlich großen Radius gedacht werden kann, **Bild 13-6**. Alle folgenden Darstellungen richten sich nach den bereits am Anfang dieses Abschnitts aufgestellten Regeln.

In **Bild 13-4 a)** ist in der Vollansicht zusätzlich angedeutet, dass es sich bei diesem Zahnrad um ein schräg verzahntes Zahnrad handelt. Neben einer Schrägverzahnung können auch Pfeilverzahnungen oder auch Bogenverzahnungen auftreten. Wie oben bereits erwähnt, ist eine solche Kennzeichnung in der Zeichnung nicht verpflichtend aber stets hilfreich. Die jeweiligen Steigungen müssen jedoch immer aus den Fertigungsunterlagen zu entnehmen sein.

---

1 Eine Ausnahme bilden Beveloidräder, deren Außenform durch eine spezielle Verzahnung kegelstumpfförmig ist.

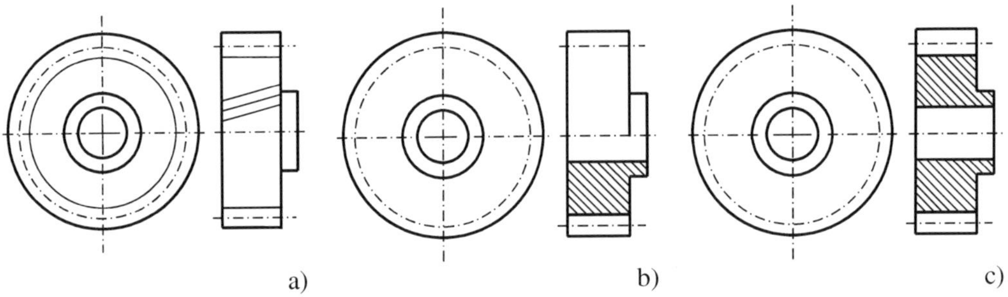

Bild 13-4 Zeichnerische Darstellung eines Stirnrades; a) ungeschnittene Ansicht; b) Halbschnitt; c) Vollschnitt

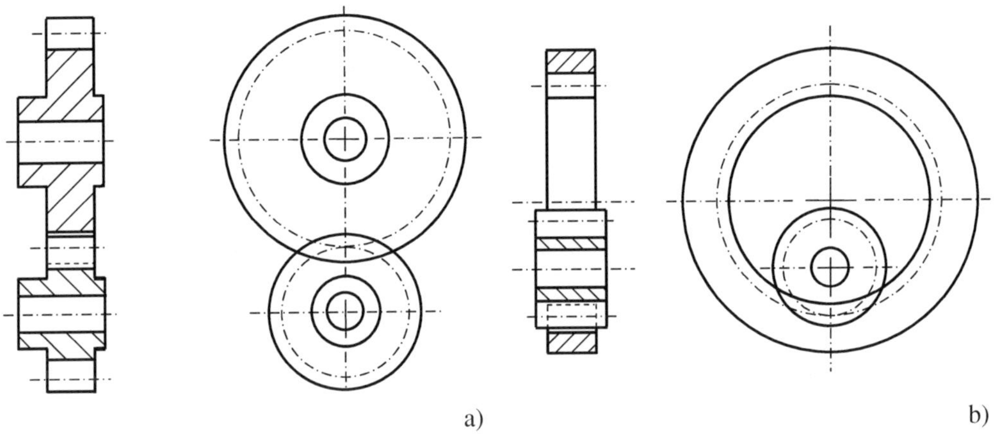

Bild 13-5 Zeichnerische Darstellung von Stirnradpaaren, hier im Vollschnitt; a) Außenverzahnung; b) Innenverzahnung

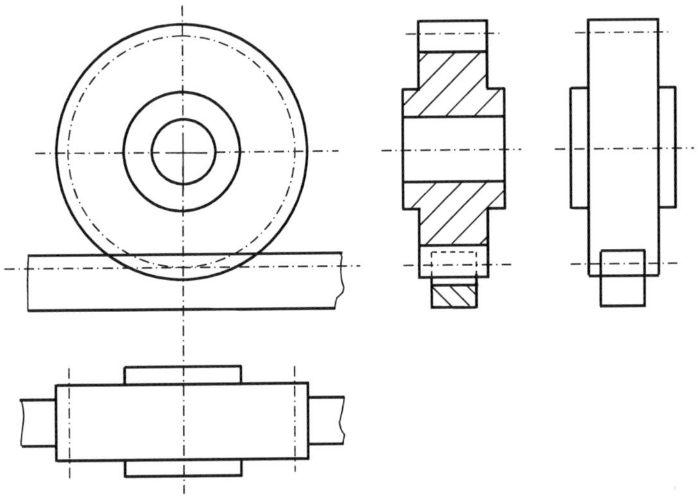

Bild 13-6 Zeichnerische Darstellung von Stirnrad mit Zahnstange in drei Ansichten; die Seitenansicht ist hier einmal im Vollschnitt und einmal in der ungeschnittenen Ansicht dargestellt; in der Draufsicht verdeckt das Rad die Zahnstange

13.2.2 Darstellung von Kegelrädern

Bei der zeichnerischen Darstellung von *Kegelrädern* gelten dieselben Regeln wie bereits am Anfang des Abschnitts erarbeitet. In Vorderansicht wird das Kegelrad wie ein Vollkörper ohne Zähne dargestellt. Das Unterscheidungsmerkmal zu einem Vollkörper bildet die Strichpunktlinie des Teilkreisdurchmessers. In der Seitenansicht ist zu erkennen, dass aufgrund der kegelförmigen Form der Zähne der Teilkreisdurchmesser keine einheitliche Größe ausweist und damit die Position des Teilkreisdurchmessers in der Vorderansicht zunächst unklar ist, **Bild 13-7**. Zur Berechnung der Kegelräder wird jedoch der mittlere Teilkreisdurchmesser herangezogen, so dass es nur sinnvoll sein kann, genau diesen Teilkreisdurchmesser in der Vorderansicht darzustellen.

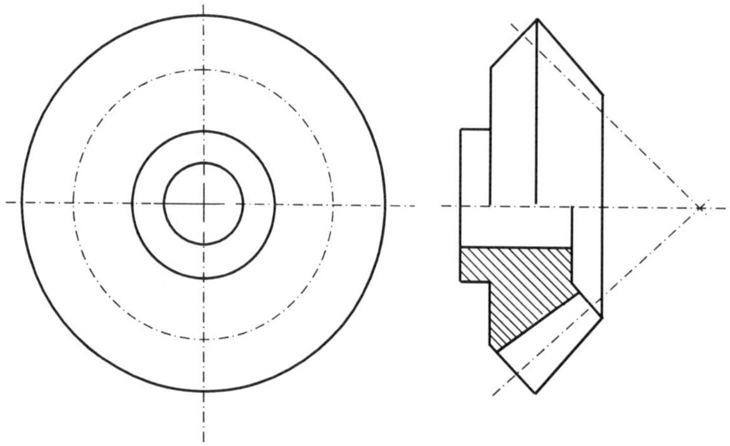

Bild 13-7 Zeichnerische Darstellung eines Kegelrades in Vorder- und Seitenansicht

Bei der Darstellung eines Kegelradpaares ist wie bei anderen Zahnraddarstellungen darauf zu achten, dass das kleinere Rad (Ritzel) vor dem Großrad (bei Kegelrädern: Tellerrad) liegt, wenn die Räder im Halbschnitt gezeichnet sind, **Bild 13-8**.

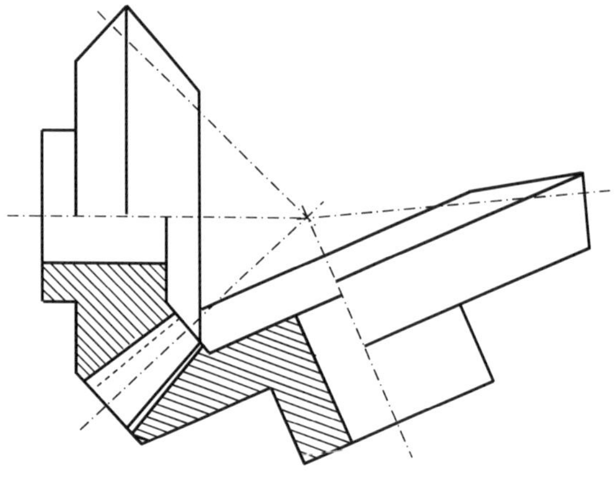

Bild 13-8 Zeichnerische Darstellung von Kegelrädern; hier Kegelradpaar im Halbschnitt

13.2.3 Darstellung von Schnecke und Schneckenrad

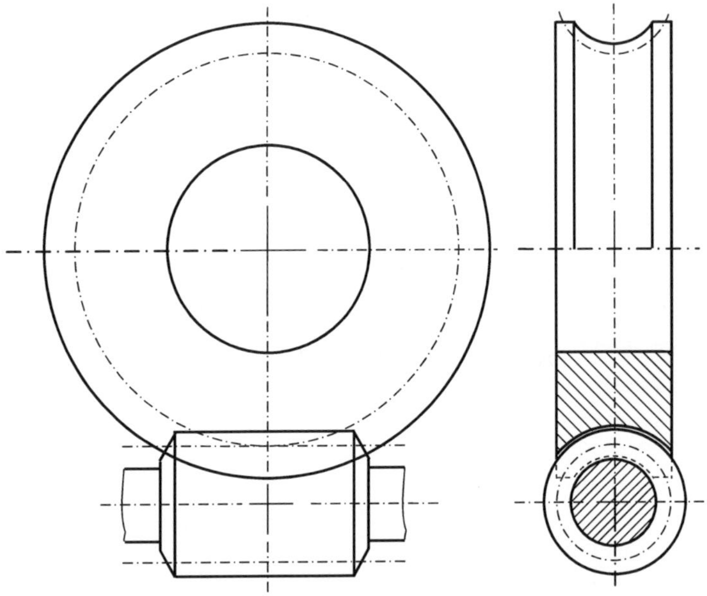

Bild 13-9 Zeichnerische Darstellung eines Schneckenantriebes

Die Darstellung eines *Schneckengetriebes* erfolgt analog zu den am Anfang des Abschnittes dargelegten Regeln. Das im Halbschnitt „vorne" liegende Rad ist die Schnecke; das Schneckenrad wird verdeckt, **Bild 13-9**.

13.3 Angaben zur Fertigung von Zahnrädern

Ähnlich wie bei Gewinden (**Kapitel 8**), bei Schweißverbindungen und bei Wälzlagern (**Kapitel 11**) gilt auch für Verzahnungen und Zahnradgetriebe ein besonderes Toleranzsystem, weil eine Charakterisierung der „Güte" dieser Maschinenelemente besondere Messgrößen erfordert. Für Stirnverzahnungen werden die Grundlagen des Toleranzsystems durch DIN 3961 festgelegt. Kern des Verzahnungstoleranzsystems ist die Definition einer Stufung von 12 Verzahnungsqualitäten. Verzahnungsqualität 1 kennzeichnet dabei die höchste, praktisch kaum herstellbare Genauigkeit, Verzahnungsqualität 12 steht für die gröbste Genauigkeitsklasse. Die überwiegende Mehrzahl der Zahnradgetriebe besitzt Verzahnungen der Qualitäten 5 bis 8.

Ausgehend von den Verzahnungsqualitäten geben dann DIN 3962 und DIN 3963 für Stirnradverzahnungen die zulässigen Abweichungen der maßgeblichen Größen an. Für Kegelräder gilt in analoger Weise DIN 3965.

Ähnlich wie beim ISO-Toleranzsystem wird auch hier davon ausgegangen, dass die erzielbare Herstellgenauigkeit auch von der Absolutgröße des jeweiligen Bauteils (Zahnrades) abhängt. Deswegen sind die zu einer Verzahnungsqualität gehörenden Toleranzen nach dem Teilkreisdurchmesser d oder nach der Zahnbreite b gestuft. Im Einzelnen beziehen sich die in DIN 3962 und DIN 3963 angegebenen Toleranzen auf Profilabweichungen, Teilungsabweichungen,

Rundlaufabweichungen, Zahndickenschwankungen, Flankenlinienabweichungen (Form und Verlauf der Zahnflanke über der Zahnbreite) und Wälzabweichungen.

Die DIN 3967 („Getriebe-Passsystem") stellt schließlich eine Ergänzung aller bisher genannten, sich mit den Toleranzen an Verzahnungen und Getrieben befassenden Normen dar. In dieser Norm geht es darum, zusätzlich zu den in DIN 3961 bis DIN 3964 einzeln erfassten Parametern und ihrem (teils unklaren) Zusammenspiel Gesamtabweichungen für die Zahndicken und daraus resultierend für das Flankenspiel einer Stirnradpaarung im fertig montierten Zustand zu erfassen. Der Sinn besteht darin, bestimmte Kleinst-Flankenspiele mit Sicherheit nicht zu unterschreiten (wichtig z. B. im Hinblick auf Wärmedehnungen) und gleichzeitig bestimmte Größt-Flankenspiele mit Sicherheit nicht zu überschreiten (wichtig z. B. im Hinblick auf die Stoßbelastung bei wechselnder Lastrichtung).

Das Getriebe-Passsystem nach DIN 3967 gibt zu diesem Zweck für jedes Zahnrad einer Paarung über einen Kennbuchstaben das obere Zahndickenabmaß und über eine zugeordnete Kennzahl die Zahndickentoleranz („Streubreite") vor, woraus sich das untere Zahndickenabmaß errechnen lässt (oberes Zahndickenabmaß minus Zahndickentoleranz). Das Getriebe-Passsystem ähnelt in dieser Hinsicht dem ISO-Toleranzsystem, allerdings werden zur Vermeidung von Verwechselungen völlig andere Kennzahlen benutzt. Über eine relativ komplizierte Rechnung kann aus dem oberen und dem unteren Zahndickenabmaß unter Berücksichtigung der sonstigen spielverändernden Einflüsse (in erster Linie Achsabstandabweichungen, Verzahnungsabweichungen, Lage-, Form- und Maßabweichungen angrenzender Bauelemente) das zu erwartende Kleinst- und Größt-Flankenspiel errechnet werden.

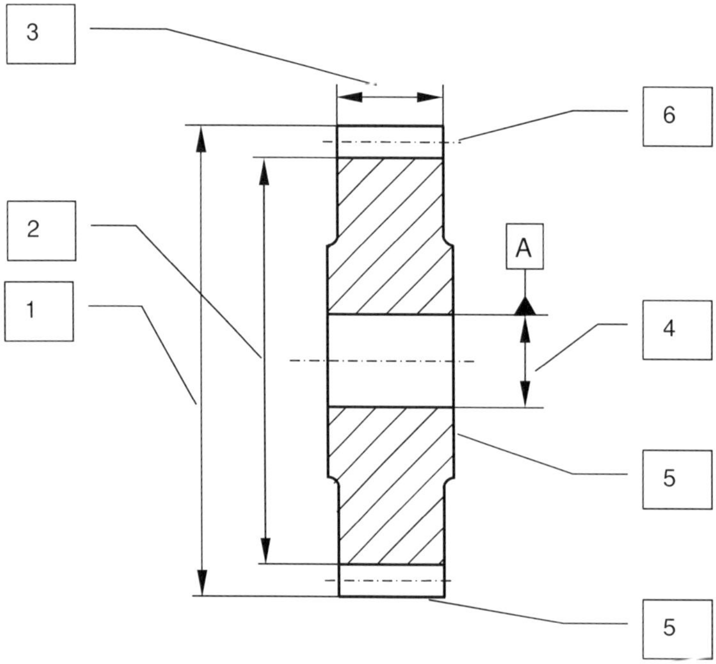

Bild 13-10 Notwendige Maße und Kennzeichen in der (Einzelteil-) Zeichnung von Stirnrädern nach DIN 3966-1

DIN 3966 gibt nun unter Berücksichtigung der zuvor erläuterten Zusammenhänge vor, welche Angaben in der Einzelteilzeichnung eines Zahnrades erforderlich sind, um das betreffende Zahnrad für die Herstellung eindeutig zu beschreiben. **Bild 13-10** zeigt nach DIN 3966-1, welche Maß-, Toleranz- und Oberflächenangaben für Stirnrad-Evolventenverzahnungen direkt an der bildlichen Darstellung des Zahnrades gemacht werden müssen. Es sind dies im Einzelnen:

1. Der Kopfkreisdurchmesser ist bei Bedarf auch mit den Abmaßen anzugeben.
2. Der Fußkreisdurchmesser ist anzugeben, wenn nicht die Zahnhöhe angegeben ist, bei Bedarf ebenfalls mit Abmaßen.
3. Die Zahnbreite ist zu definieren.
4. Die Bezugselemente sind zu definieren. Bei einem außenverzahnten Stirnrad kann auf die Bohrung bezogen werden, bei einer Ritzelwelle wird auf die Wellenachse bezogen, bei einer Innenverzahnung wird auf den Außendurchmesser des Hohlrades bezogen. Die Durchmesser sind mit einer Toleranz zu versehen.
5. Von dem Bezugselement aus können die notwendigen Lagetoleranzen angegeben werden, wie z. B. Rundlauf- und Planlauftoleranzen.
6. Die Oberflächenkennwerte der Zahnflanken sind anzugeben; das Symbol wird dafür auf die Strichpunktlinie des Teilkreisdurchmessers gesetzt. Gegebenenfalls sind auch die Oberflächenkennwerte für die Zahnfuß- und Fußrundungsflächen anzugeben.

Neben den üblichen Angaben im Schriftfeld der Zeichnung (z. B. Werkstoff, Allgemeintoleranzen) gehört zur Einzelteilzeichnung eines Zahnrades stets auch noch eine besondere Tabelle, aus der diejenigen Größen hervorgehen, die das Verzahnwerkzeug, die Einstellung der Verzahnmaschine oder die Prüfung der Verzahnung betreffen. Diese Tabelle steht in den meisten Fällen neben der Zeichnung auf dem Zeichenblatt, sie kann der Zeichnung jedoch auch separat beigefügt werden. Als Angaben für ein Stirnzahnrad sind mindestens erforderlich:

- Außenverzahnung/Innenverzahnung
- Modul, z. B. m = 3 mm
- Zähnezahl, z. B. z = 45
- Bezugsprofil, z. B. nach DIN 867
- Schrägungswinkel, z. B. $\beta = 0°$
- Profilverschiebungsfaktor, z. B. x = 0,5
- Verzahnungsqualität, z. B. 8 e 26
- Abstand im Gehäuse mit Abmaßen, z. B. a = 100,5 ± 0,027 mm
- Angaben zum Gegenrad, wie Zähnezahl und/oder Sachnummer.

13.4 Übungen

13.1 Entsprechend welcher Systematik können Zahnräder unterteilt werden? Welche Merkmale von Zahnrädern spielen bei dieser Unterteilung eine Rolle?

13.2 Nennen Sie einige Kenngrößen einer Verzahnung.

13.3 Durch welche Angabe wird ersichtlich, was für eine Zahnform ein Zahnrad aufweist?

13.4 Wird die Zahnform in einer Technischen Zeichnung dargestellt?

13.5 Skizzieren Sie ein einzelnes außenverzahntes Stirnrad in drei Ansichten und anschließend ein Stirnradpaar ebenfalls in drei Ansichten. Wann sind die Zahnräder verdeckt zu zeichnen?

13.6 Welches Rad wird bei einer Darstellung einer Zahnradpaarung im Halbschnitt als „vorne liegend" gezeichnet?

13.6.1 bei einem außenverzahnten Stirnradpaar?

13.6.2 bei einem innenverzahnten Stirnradpaar?

13.6.3 bei einem Zahnrad mit Zahnstange?

13.6.4 bei einem Kegelrad?

13.6.5 bei einer Schnecke mit Schneckenrad?

13.7 Versuchen Sie das im Folgenden gegebene Zahnrad zu bemaßen und fügen Sie sinnvolle Toleranzen und Oberflächenkennwerte an.

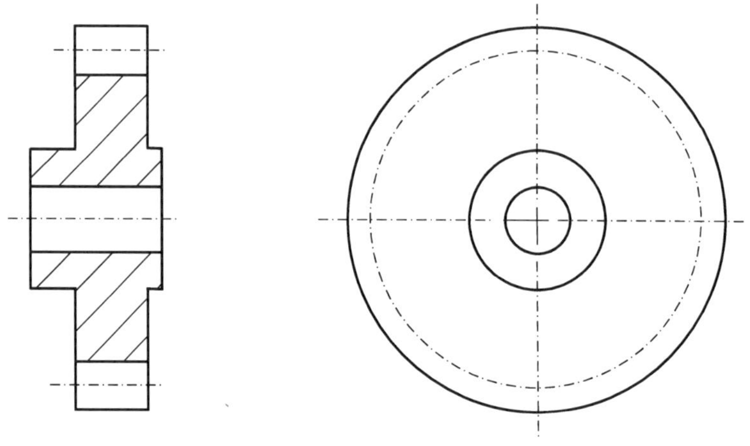

13.8 Welche Angaben sollten die zeichnerische Darstellung eines Zahnrades ergänzen?

14 Beispiel Spiralkegelgetriebe

Dieses praxisorientierte Kapitel führt an das Lesen und Verstehen von komplexeren Technischen Zeichnungen heran. Entsprechend ist dieses Kapitel mehr als Übung konzipiert und nicht wie die vorhergehenden Kapitel als Erläuterung mit anschließenden Übungsfragen. Somit steht die Herangehensweise für das Erschließen solcher komplexen Zeichnungen im Vordergrund und nicht die Funktion oder Erstellung. Dennoch muss aus didaktischen Gründen am Anfang die Betrachtung der Funktion stehen.

14.1 Gesamtfunktion

In **Bild 14-1** wird die Gesamtzeichnung eines Spiralkegelgetriebes dargestellt. Wenn sich uns die Funktion dieses Getriebes nicht gleich erschließt, so ist das auf Grund der Komplexität nicht verwunderlich. Mit Fragen kann man sich aber relativ einfach die Funktionsweise erarbeiten. Diese Fragen müssen dabei gar nicht speziell für Getriebe konzipiert sein, sie sind recht allgemein gehalten, so dass sie – vielleicht leicht abgewandelt – auch für andere komplexere Zeichnungen genutzt werden können.

Versuchen Sie die folgenden Fragen eigenständig zu beantworten, bevor Sie in die Antwort (kursiv gedruckt) schauen. Die Fragen und Antworten sind aufeinander aufgebaut, deswegen ist die Antwort auch immer gleich mit angegeben.

- Was ist – ganz allgemein – die Funktion eines Getriebes?

  Man unterscheidet grundsätzlich Übertragungs- und Führungsgetriebe. Übertragungsgetriebe dienen dazu, Leistung, also Drehmoment und Drehzahl, weiterzuleiten und gegebenenfalls zu wandeln. Führungsgetriebe dienen zum Führen von Punkten eines Körpers auf definierten Bahnen.

- Liegt mit dem Spiralkegelgetriebe ein Übertragungs- oder ein Führungsgetriebe vor?

  Auffällig sind in der Zeichnung zunächst einmal die drei aus dem Gehäuse herausschauenden Wellenenden mit Passfeder. Dies spricht sehr für eine Übertragung von Drehmoment und Drehzahl, also für ein Übertragungsgetriebe.

- Noch vor dem Blick in die Stückliste: Wo liegt vermutlich der An- bzw. der Abtrieb?

  Die drei Wellenenden können sich unmöglich unabhängig voneinander bewegen. Wenn man genau hinschaut, dann kann man erkennen, dass die beiden horizontal liegenden Wellenenden zu einer Welle gehören, also ein Bauteil sind. Ein Antrieb an beiden Wellenenden ist unmöglich, an einem Ende nur bedingt sinnvoll, weil das andere Ende sich nur einfach gleichsinnig mitdrehen würde. Ein Antrieb an der vertikal liegenden Welle würde einen Abtrieb über die horizontal liegende Welle und ihre beiden Wellenenden erlauben.

- Wie sind die beiden Wellen gelagert? Gibt es eine Festlager-Loslager-Anordnung?

  Die Antriebswelle (16) ist mit zwei Schrägkugellagern (43, 44) gelagert, die Abtriebswelle (20) mit zwei Rillenkugellagern (45). Es liegt keine Festlager-Loslager-Anordnung vor.

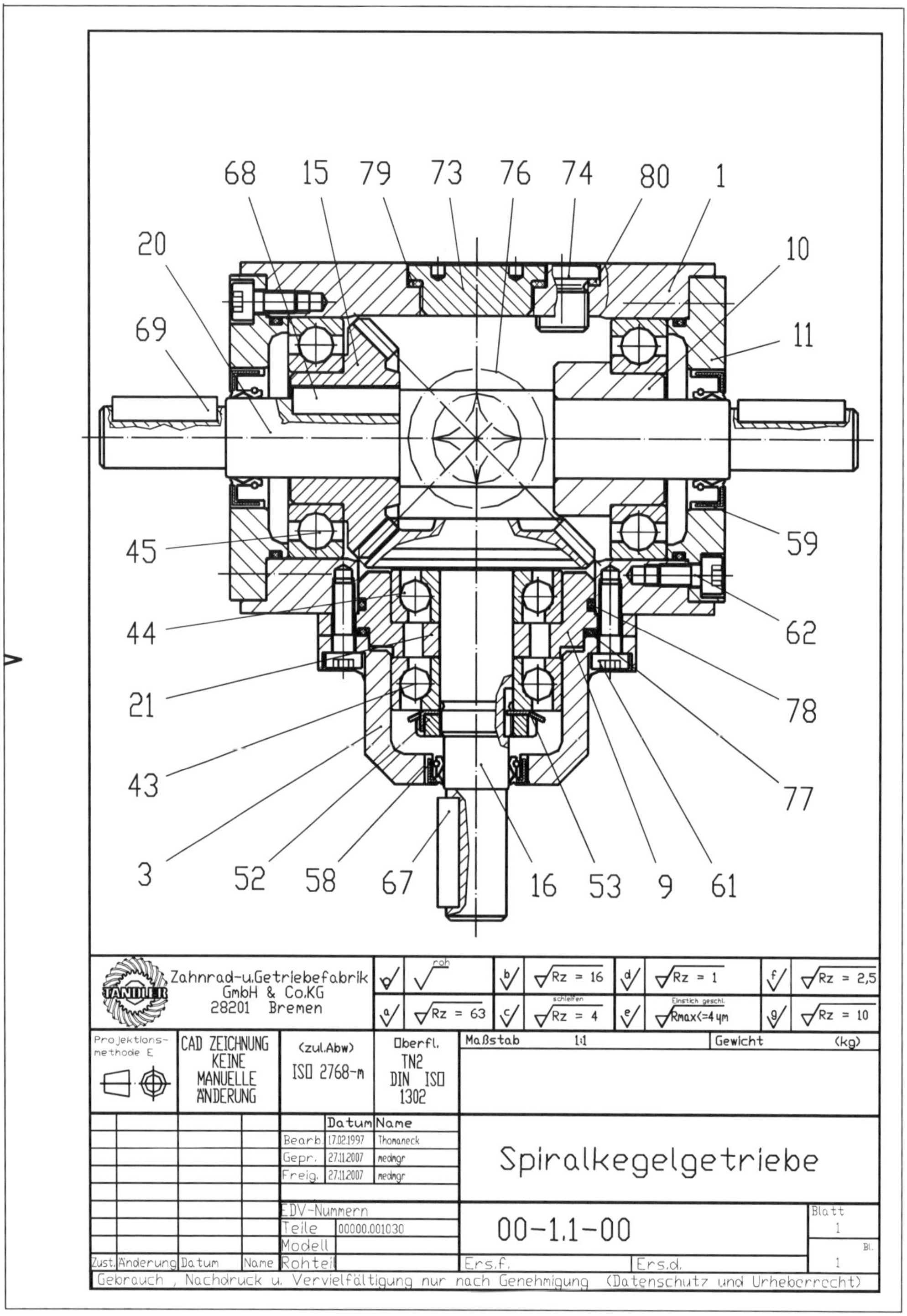

Bild 14-1 Spiralkegelgetriebe

- Wie groß könnte das Verhältnis zwischen An- und Abtriebsmoment sein?

  Das Wellenende der Antriebswelle (16) ist im Durchmesser gleich groß wie das Wellenende der Abtriebswelle (20). Auch scheinen der Kegel von Ritzel (16) und Tellerrad (15) gleich zu sein. Dies spricht dafür, dass gleich große Drehmomente übertragen werden. Und dies spricht wiederum dafür, dass wechselweise der Abtrieb nach links oder nach rechts erfolgen darf.

Dieses Getriebe dient also hauptsächlich dazu, Drehmoment und Drehzahl um 90° umzulenken und weniger die Größe des Drehmoments zu ändern. Schauen wir doch mal, was der Hersteller in seinem Katalog angibt. Im Folgenden ein Auszug:

TANDLER Spiralkegelgetriebe sind für alle Arten rotierender Bewegungsumlenkung oder Abzweigung geeignet, sie sind in jeder Lage und Stellung einsetzbar.

Für die geräuscharme Richtungslenkung rotierender Bewegungen bei hohen Drehzahlen und Drehmomenten, für alle Drehrichtungsumlenkungen und spielarme Steuer- sowie Regelvorgänge. Wobei in Folge besonderer konstruktiver Maßnahmen die Drehrichtungseingabe rechts oder links, also beliebig erfolgen kann. Des Weiteren sind in sämtlichen sechs Flächen Gewindebohrungen zum Befestigen der Getriebe angebracht.

Bild 14-2 Ansichten eines „aufgeschnittenen" Spiralkegelgetriebes nach **Bild 14-1**: a) Ansicht von der nicht aufgeschnittenen Seite, Antriebswelle oben, ein Abtriebswellenende rechts; b) Aufgeschnittene Seite: Ritzelwelle mit Wälzlagern; c) Gesamtansicht von vorne; d) Detailansicht von Ritzel und Tellerrad.

Damit haben wir mit diesem speziellen Spiralkegelgetriebe ein universell einsetzbares Getriebe vorliegen. Solch vielseitig einsetzbaren Baugruppen oder Aggregate machen allerdings einen theoretischen Zugang, der rein über die Zeichnung erfolgt, nicht gerade einfach. Wenn Bauteile mehrere Funktionen übernehmen können, dann ist eine eindeutige Zuordnung schwierig. Im Folgenden wird deshalb anhand der Montage des Spiralkegelgetriebes genauer betrachtet, welche Eigenschaften und Funktionen die Einzelteile zusätzlich aufweisen müssen.

14.2 Montage

In **Bild 14-3** ist die Explosionszeichnung[1] des Spiralkegelgetriebes mit dazugehöriger Stückliste in **Tabelle 14-1** dargestellt. Vielleicht werden einige Einzelteile der Baugruppe Spiralkegelgetriebe so auch erst verständlich. Da auf die Normteile später nicht mehr explizit eingegangen wird, werden diese zuerst kurz erwähnt. Dies erfolgt hier wiederum in der Frage-Antwort-Reihenfolge. Die Antworten sind kursiv gedruckt.

- Welche Normteile finden sich in der Explosionszeichnung?

  Es gibt Schrauben, Muttern, Dichtungen, Passfedern, Wälzlager, Sicherungen. Wenn Sie Schwierigkeiten haben, das eine oder andere Normteil zu erkennen, dann schauen Sie in den vorhergehenden Kapiteln nach, wie diese dargestellt werden.

- Geben Sie die Positionsnummern der einzelnen Normteilgruppen an.

  Schrauben: 61, 62, 74; Muttern: 52; Dichtungen: 58, 59, 77, 78, 79, 80; Passfedern: 67, 68, 69; Wälzlager: 43, 44, 45; Sicherungen: 53.

- Wie werden die Bauteile Mutter (52), Wälzlager (43, 44, 45) und Sicherung (53) genauer bezeichnet?

  Die Mutter (52) wird normgerecht als Nutmutter bezeichnet, als Wälzlager sind Rillenkugellager (45) und Schrägkugellager (43, 44) eingesetzt, die Sicherung (53) ist ein Sicherungsblech.

- Bezeichnen Sie die eingebauten Dichtungen genauer.

  Die mit Positionsnummer 77, 78, 79,80 bezeichneten Dichtungen werden Runddichtringe oder O-Ringe genannt. Die mit Positionsnummer 58 und 59 bezeichneten Dichtungen werden als Radialwellendichtringe bezeichnet.

- Die Abtriebswelle ist mit zwei identischen Wälzlagern (Positionsnummer 45) gelagert. Die Schrägkugellager der Abtriebswelle hingegen haben unterschiedliche Positionsnummern (43, 44). Worin unterscheiden sich diese Wälzlager?

  Die Rillenkugellager (45) haben keine Einbaurichtung, die Schrägkugellager (43 bzw. 44) aber wohl. Die beiden Schrägkugellager sind identisch, nur in einer unterschiedlichen Richtung eingebaut. Vielleicht haben Sie bereits festgestellt, dass die Bezeichnungen dieser Lager in ***Bild 14-1*** *und* ***Bild 14-2*** *vertauscht sind?*

---

1 Explosionszeichnungen unterliegen nicht der strengen Normung, der sonst Technische Zeichnungen unterliegen. Häufig gehen sie in den Bereich der Repräsentationsgraphik und werden in 3D-Ansicht dargestellt. Die hier in **Bild 14-3** wiedergegebene Zeichnung nutzt zur Wiedergabe der Einzelteile die technische Darstellung.

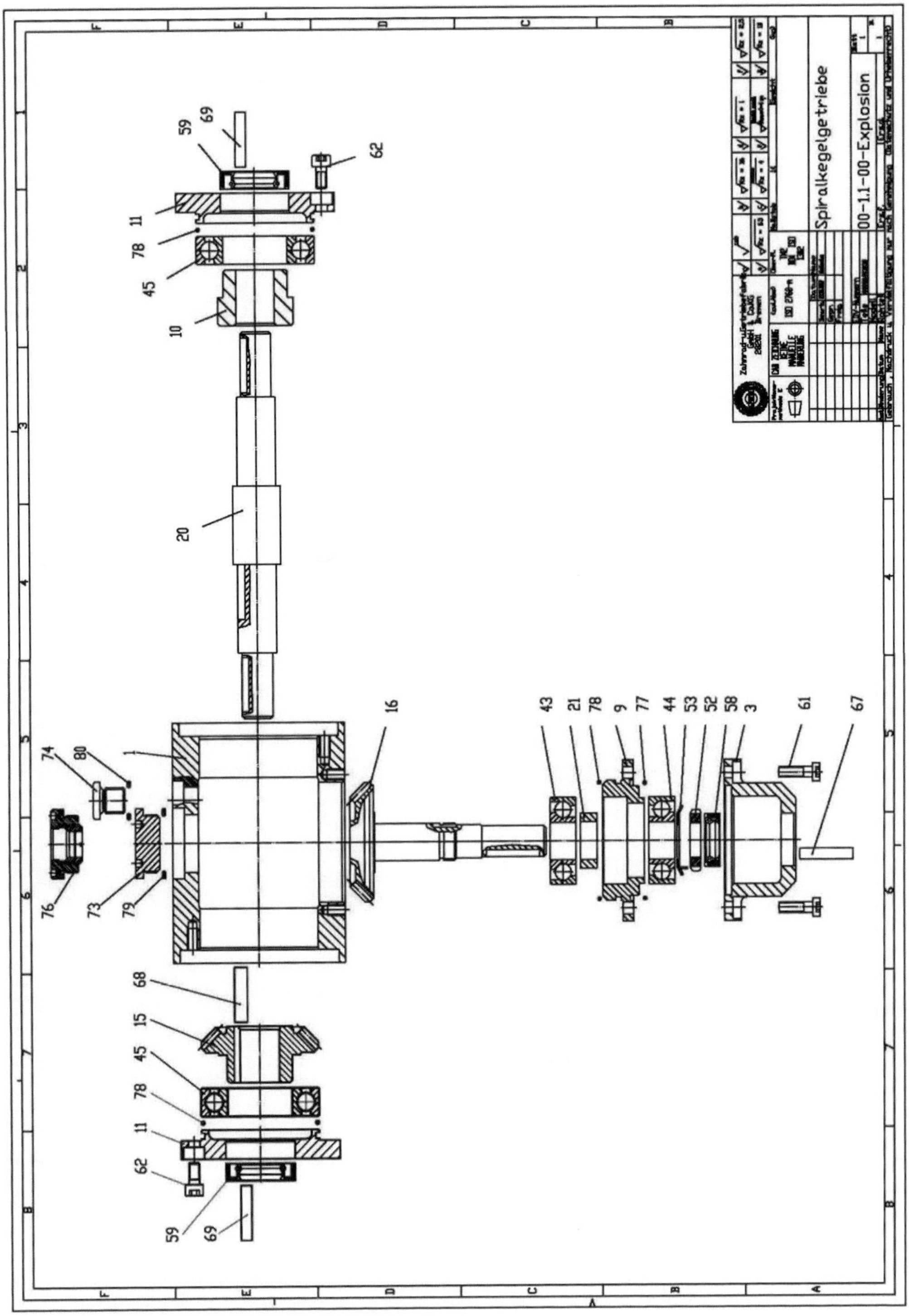

Bild 14-3 Spiralkegelgetriebe, Explosionszeichnung

Tabelle 14-1 Stückliste zum Spiralkegel-Standardgetriebe

Pos.	Teile-Nr.	Anz.	Einh.	Bezeichnung	Werkstoff/Größe
1	40.100.000.010	1	Stck.	Gehäuse	EN-GJL-250 (GG25)
3	40.300.000.010	1	Stck.	Flanschlager	EN-GJL-250 (GG25)
9	40.900.000.010	1	Stck.	Lagerhalter	EN-GJL-250 (GG25)
10	81.000.000.010	1	Stck.	Lagerring	16 Mn Cr 5 (1.7131)
11	41.100.000.010	2	Stck.	Abtriebsdeckel	EN-GJL-250 (GG25)
14	21.400.000.010	1	Stck.	Radsatz kompl.	00-1.1-15/16
15	41.500.000.010	1	Stck.	Tellerrad	16 Mn Cr 5 (1.7131)
16	41.600.000.010	1	Stck.	Ritzel	16 Mn Cr 5 (1.7131)
20	42.000.000.010	1	Stck.	Abtriebswelle	C 60
21	82.100.000.010	1	Stck.	Distanzring	St 35.8
43	8W.7203.B	1	Stck.	Schrägkugellager	7203 B (SQ47)
44	8W.7203.B	1	Stck.	Schrägkugellager	7203 B (SQ47)
45	8W.6006.C3	2	Stck.	Rillenkugellager	6006 C3 (SQ47)
52	8WM.KM.3	1	Stck.	Wellen-Mutter	St
53	8SB.MB.3	1	Stck.	Sicherungsblech	St
58	8R.15X.24XDP	1	Stck.	Radial-Wellendichtring	NBR / WAS 15X24X7
59	8R.18X.32XCP	2	Stck.	Radial-Wellendichtring	NBR / WAS 18X32X6
61	8MZ..5X16E	4	Stck.	Zylinderschraube	M 5X16 DIN 6912-8.8 (Kanban-System)
62	8MZ..5X10B	8	Stck.	Zylinderschraube	M 5X10 DIN 6912-8.8 (Kanban-System)
67	8P..5X.5X25A	1	Stck.	Passfeder	A 5X5X25 DIN 6885
68	8P..6X.6X25A	1	Stck.	Passfeder	A 6X6X25 DIN 6885
69	8P..5X.5X25A	2	Stck.	Passfeder	A 5X5X25 DIN 6885
73	8FB.3473/1	2	Stck.	Verschlussschraube	FB 3473/1 (R 3/4")
74	8MV.12X1.5A	6	Stck.	Verschlussschraube	M 12X1,5 DIN 908
76	8MO.R.3/4	1	Stck.	Oelauge mit Dichtung	Messing / R 3/4 ZOLL F 240
77	8OR.50X2.0	1	Stck.	O-Ring	NBR / OR 50X2,0
78	8OR.50X2.0	3	Stck.	O-Ring	NBR / OR 50X2,0
79	8OR.24X3.0	2	Stck.	O-Ring	NBR / OR 24X3,0
80	8OR.11X2.5	6	Stck.	O-Ring	NBR / OR 11X2,5

- Überlegen Sie anhand der Explosionszeichnung nach **Bild 14-3**, wie die Montagereihenfolge der Einzelteile sein sollte. Lassen Sie sich dazu Zeit und überlegen Sie auch, ob es vielleicht sinnvoll sein könnte, zunächst Unterbaugruppen zu bilden und diese dann anschließend zur Gesamt-Baugruppe zusammen zu fügen.

*Sicherlich haben Sie gleich erkannt, dass die Bauteile an der Antriebswelle (in **Bild 14-3** von oben nach unten gelesen: 16, 43, 21, 78, 9, 77, 44, 53, 52, 58, 3) eine sinnvolle*

Unter-Baugruppe bilden, siehe auch ***Bild 14-4****. Eine weitere Unter-Baugruppe bilden die Bauteile an der Abtriebswelle (in* ***Bild 14-3*** *von links nach rechts gelesen: 59, 11, 78, 45, 15, 68, 20, 10, 45, 78, 11, 59).*

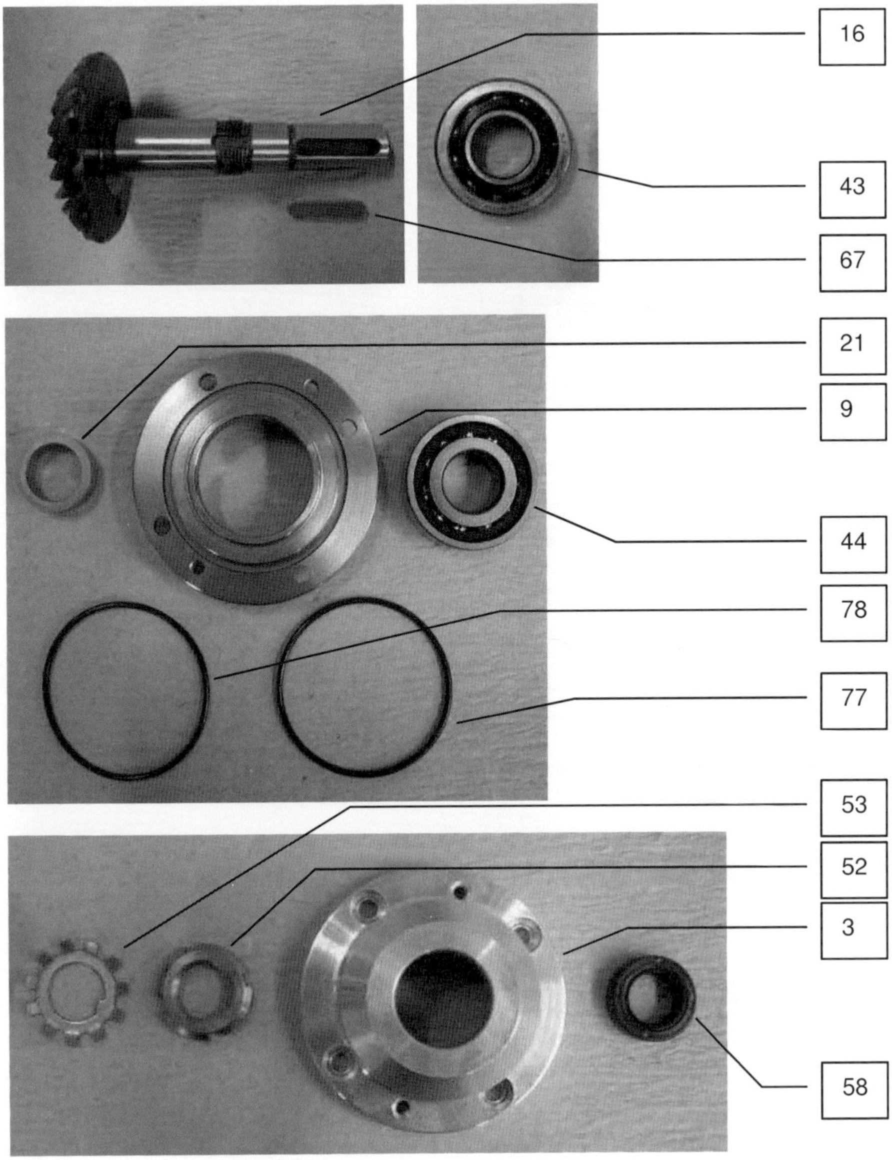

Bild 14-4 Bauteile der Unter-Baugruppe Antriebswelle

- Überlegen Sie sich nun die Reihenfolge der Montage der Unter-Baugruppe Antriebswelle. Versuchen Sie dabei nicht in die nachfolgenden Bilder zu schauen.

Zuerst muss auf die Antriebswelle (16) das erste Schrägkugellager (43) bis zum Ritzel aufgeschoben werden, diesem schließt sich der Distanzring (21) an. Danach wird der Lagerhalter (9), der bereits die Runddichtringe (77, 78) enthält, auf die Welle aufgeschoben. Danach folgt das zweite Schrägkugellager (44). Dieses Schrägkugellager wird mithilfe von Sicherungsblech (53) und Nutmutter (52) verspannt. Am Ende wird das Flanschlager (3) aufgeschoben.

Bild 14-5 Montagereihenfolge der Unter-Baugruppe „Antriebswelle": a) das Schrägkugellager und der Distanzring sind aufgeschoben; b) der Lagerhalter ist aufgeschoben; c) das zweite Schrägkugellager und die Nutmutter mit Sicherungsblech sind aufgeschoben; d) das Flanschlager ist aufgeschoben.

- Welche Bauelemente werden durch die Montage der Wellen-Mutter (52) verspannt?

  Die Wellen-Mutter verspannt auf der Ritzelwelle (16) die Bauteile: Sicherungsblech (53), Innenring des Schrägkugellagers (43), Distanzring (21) und den Innenring des Schrägkugellagers (44), der sich wiederum an einer Schulter der Ritzelwelle (16) anlehnt.

- In **Tabelle 14-1** sind die einzelnen Bauelemente durch numerisch aufsteigende Positionsnummern gekennzeichnet. Allerdings fehlen einige Nummern. Was könnte der Grund dafür sein?

  Zunächst einmal muss man feststellen, dass alle Bauteile mit einer Positionsnummer versehen sind. Es fehlen also keine Bezeichnungen. Für das Fehlen einiger Positionsnummern kann es nun verschiedene Gründe geben. Zum einen kann das historisch bedingt sein, wenn z. B. Teile ersetzt oder verändert und dann mit einer neuen Positionsnummer bezeichnet wurden. Zum anderen kann es sein, dass vorausschauend einige Lücken bei den Positionsnummern gelassen wurden, damit spätere Änderungen oder Ergänzungen eingefügt werden können. Diese Variante erscheint wahrscheinlicher.

- Können Sie ein Schema bei der Wahl der Positionsnummern erkennen?

  Es wurde weitgehend von Außen nach Innen nummeriert. Die Nummerierung beginnt mit der Positionsnummer 1 beim Gehäuse. Die weiteren Nummern 3, 9, 10 und 11 bezeichnen ebenfalls Teile, die zum Gehäuse gerechnet werden können, wie Flanschlager, Lagerhalter, Lagerring und Deckel. Danach sind die Zahnräder sowie die Welle gelistet. Dahinter kommen Normteile wie Wälzlager, Dichtungen, Schrauben.

- Bei der Stückliste in **Tabelle 14-1** ist als Einheit stets „Stück" genannt. Welche anderen Einheiten könnte es denn geben?

  Es könnte z. B. eine Ölfüllung als Raummaß in Litern oder als Masse in kg angegeben sein. Grundsätzlich sind alle SI-Einheiten zulässig und möglich, die auch in DIN 1301-1 gelistet sind.

14.3 Einzelteile

Betrachten wir nun einige ausgewählte Einzelteile aus der Baugruppe „Spiralkegelgetriebe". Versuchen Sie auch hier die folgenden Fragen eigenständig zu beantworten, bevor Sie in die Antwort (kursiv gedruckt) schauen.

- Das Einzelteil Lagerhalter aus der Gesamtzeichnung des Spiralkegelgetriebes ist in **Bild 14-6** wiedergegeben. Finden Sie dieses Bauteil in der Gesamt- (**Bild 14-1**) bzw. in der Explosionszeichnung (**Bild 14-3**) und identifizieren Sie die Bauteile, mit denen dieses Einzelteil sich berührt.

  Das Einzelteil Lagerhalter besitzt die Zeichnungsnummer 00-1.1-9. Diese Nummerierung erleichtert hier das Finden des Lagerhalters in der Gesamtzeichnung. In der Explosionszeichnung kann man sich einen Überblick verschaffen, wie dieses Bauteil aussieht. Vielleicht hilft auch die Ansicht in ***Bild 14-2 c)*** *und* ***d)****. Wer Schwierigkeiten hat, das Bauteil in der Gesamtzeichnung zu erkennen, der kann der Schraffur folgend das Bauteil farbig kennzeichnen. Vorsicht: wenn Sie den Lagerhalter farbig kennzeichnen, achten Sie darauf, dass Sie nicht auch den Distanzring (21) mit kennzeichnen. Hinweis: Die Schraffur, die für das Bauteil Lagerhalter verwendet wurde, darf mit derselben Schraffurrichtung und demselben Schraffurabstand in dieser Zeichnung nicht wieder verwendet werden, allerdings sind die Schraffen der Bauteile Lagerhalter und Distanzring recht ähnlich.*

  Das Bauteil Lagerhalter berührt folgende Bauteile:

  - *1- Gehäuse*
  - *3 – Flanschlager*
  - *43 – Schrägkugellager*
  - *44 – Schrägkugellager*
  - *77 – O-Ring*
  - *78 – O-Ring*

  Hinweis: Der Lagerhalter berührt die Zylinderschrauben (61) nicht, denn diese werden durch eine Bohrung geführt.

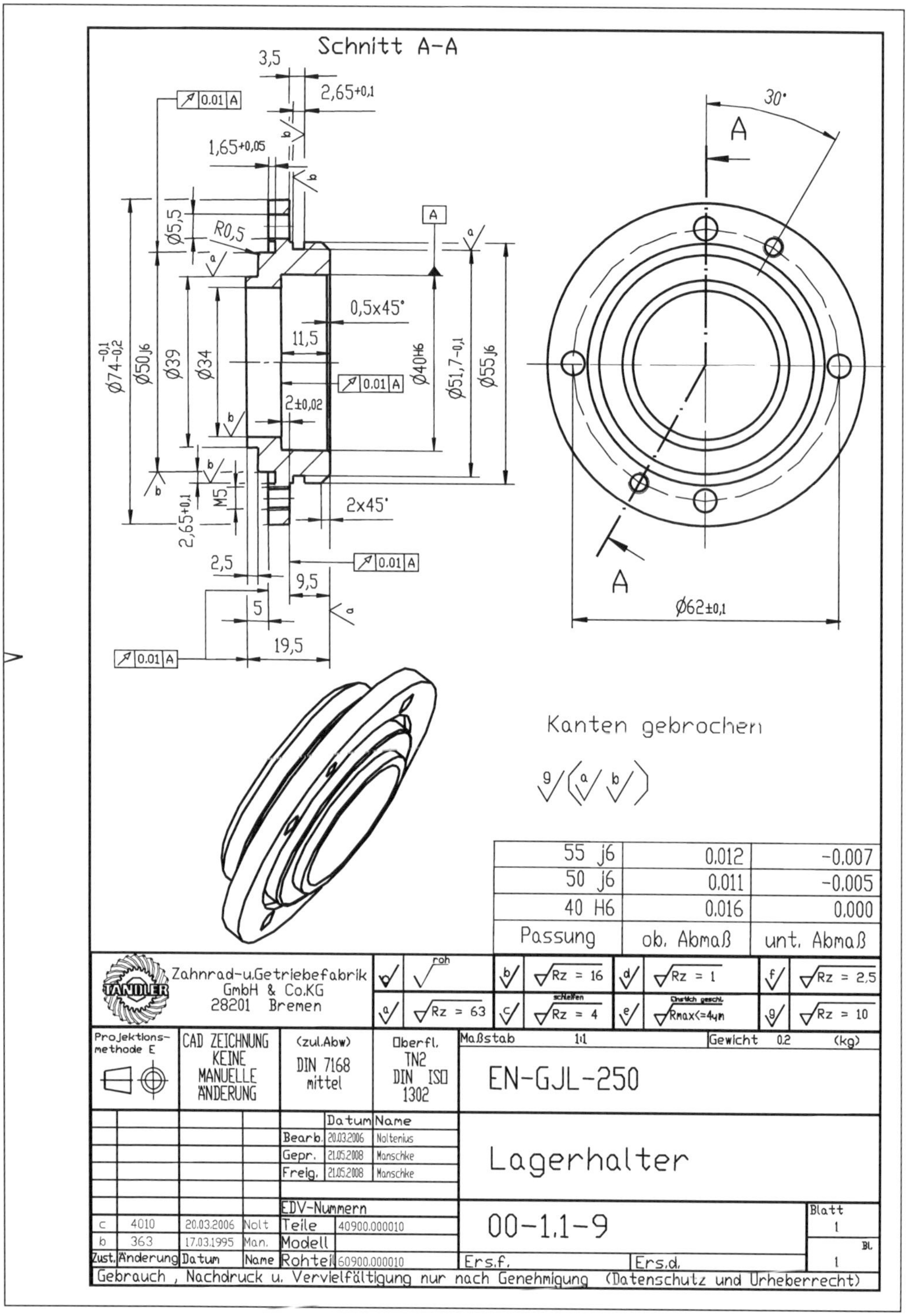

Bild 14-6 Lagerhalter

- Wenn die vier Zylinderschrauben (61) durch Bohrungen geführt werden, wieso sind auf dem Umfang des Lagerhalters dann zwei Gewindebohrungen M5 vorgesehen? Siehe hierzu auch **Bild 14-4**.

  Diese Gewindebohrungen dienen nicht zur Befestigung, sondern zur Demontage des Lagerhalters. Wenn der Lagerhalter abgezogen werden soll, dann können zwei M5-Schrauben das Loslösen vom Gehäuse erleichtern. Es sind zwei Schrauben vorgesehen, damit der Lagerhalter bei der Demontage nicht verkantet. Diese Funktion spielt beim Zusammenbau keine Rolle und wird deshalb in der Gesamtzeichnung nicht berücksichtigt.

- Als nächstes sollen die Durchmesserangaben, die für den Lagerhalter vorgesehen sind, näher betrachtet werden. Skizzieren Sie dazu den Lagerhalter aus freier Hand und tragen Sie die Durchmessermaße inklusive der Toleranzen ein. Die Angaben zu den Nuten für die O-Ringe sowie die Angaben zu den Schraubenbohrungen sollen hier nicht berücksichtigt werden.

  Wir finden die folgenden Maßangaben vor; der Größe nach aufgelistet: ∅ 34, ∅ 39, ∅40 H6, ∅50 j6, ∅55 j6, ∅74 -0,1/-0,2. Alle Maßangaben in Millimetern.

- Wieso sind zu den Durchmessern ∅ 34 und ∅ 39 keine Toleranzen vorgesehen?

  Für diese Flächen ist auch ohne direkte Nennung eine Toleranz definiert, nämlich die im Zeichnungsschriftfeld genannte Allgemeintoleranz „DIN 7168 mittel“. Diese Norm ist mittlerweile durch die DIN ISO 2768 ersetzt, welche für die gegebenen Durchmessermaße ein Grenzabmaß von ± 0,3 mm nennt. Diese relativ große Toleranz ist vertretbar, weil diese Flächen keine Berührung mit anderen Bauteilen haben und damit keine Funktion besitzen.

- Welche Passung (Press-, Übergangs- oder Spielpassung) ist durch das Maß ∅ 40 H6, definiert und warum?

  Die Angabe ∅40 H6 definiert noch keine Passung, allerdings ist diese Fläche als äußere Kontaktfläche für das Schrägkugellager vorgesehen. Da die Welle sich dreht und der Lagerhalter steht, ist von einer Punktbelastung für den Außenring des Schrägkugellagers auszugehen und damit von einer zulässigen Spielpassung für diese Fläche. Tatsächlich ist die Toleranzfeldlage des Außenringes des Schrägkugellagers so definiert, dass sich mit der Kombination ∅40 H6 der Hülse eine Spielpassung ergibt.

- Welche Passung (Press-, Übergangs- oder Spielpassung) ist durch das Maß ∅ 50 j6 und ∅ 55 j6 definiert und warum?

  Eine Tolerierung mit j6 spricht für eine Übergangspassung, die durch Kombination mit der Tolerierung H7 ein Schiebesitzteil erzeugt, das einfach von Hand montierbar ist. Eine Sicherung gegen Verdrehen ist durch die Zylinderschrauben gegeben. Die Durchmesser ∅50 und ∅55 sind als Übergangspassung toleriert, weil über diese Flächen eine Zentrierung des Lagerhalters und des Flanschlagers realisiert wird.

- Wieso besitzt die Maßangabe ∅ 74 -0,1/-0,2 ausschließlich negative Abmaße?

  Die durch diese Maßangabe definierte Fläche ist ein Außenmaß. Bei einem Außenmaß kann Material abgetragen werden, bis eine definierte Toleranz erreicht ist. Deswegen ist häufig bei Außenmaßen das obere Abmaß Null. Hier soll aber aller Voraussicht nach durch die beiden negativen Abmaße ein Überstand über das Flanschlager verhindert werden.

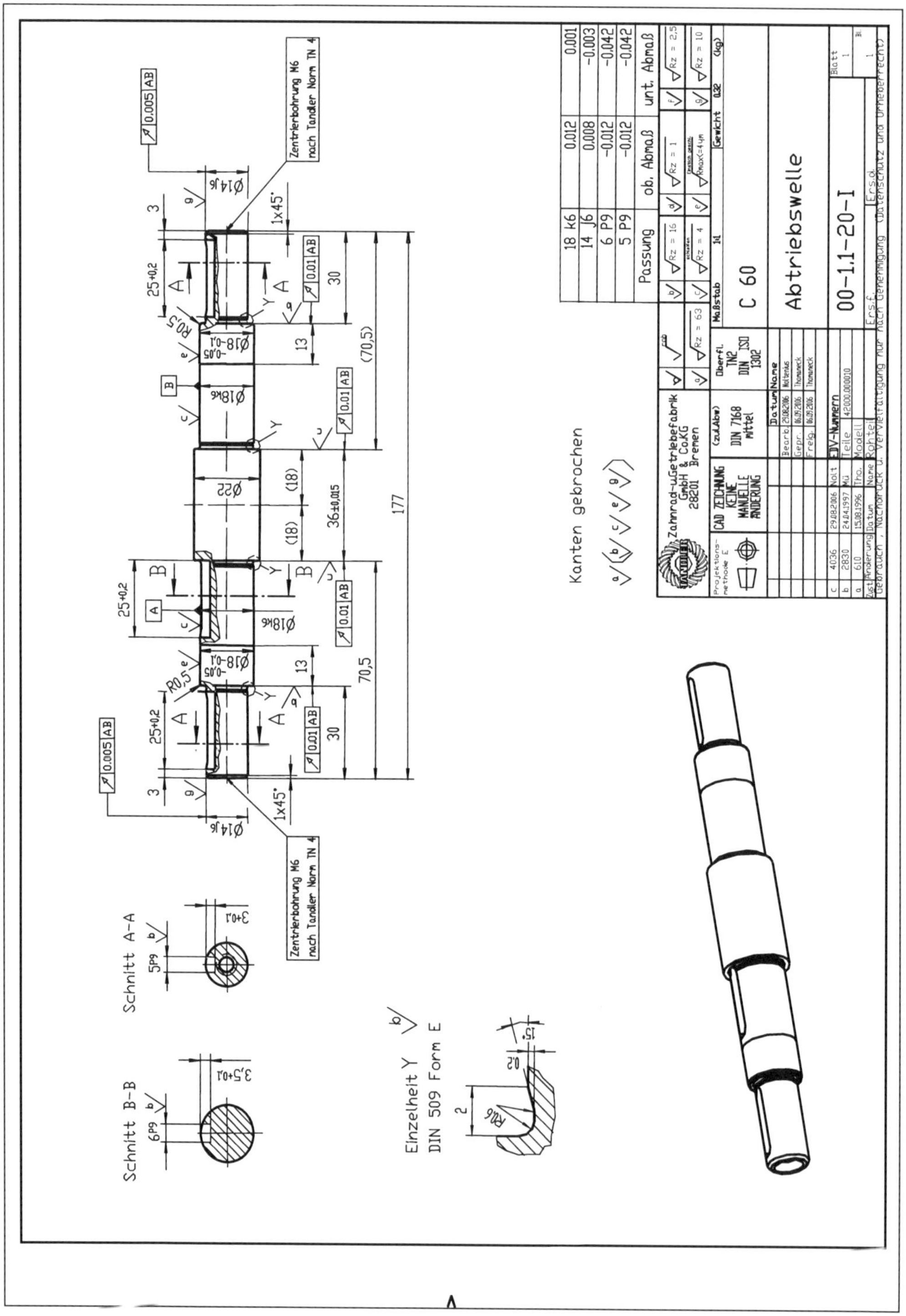

Bild 14-7 Abtriebswelle

- Als nächstes sollen die Längenangaben, die für den Lagerhalter vorgesehen sind, näher betrachtet werden. Skizzieren Sie dazu den Lagerhalter aus freier Hand und tragen Sie die Längenmaße für die äußeren Abmessungen inklusive der Toleranzen ein. Die Angaben zu den Nuten für die O-Ringe sowie die Fase sollen hier nicht berücksichtigt werden.

  Es ergeben sich die Abmessungen 19,5 als Gesamtmaß, 2,5 und 5 von der einen Seite und 9,5 von der anderen Seite, alle Angaben in Millimeter.

- Welche minimale/maximale Dicke ergibt sich bei Ausnutzung dieser Maßtoleranzen (also ohne Berücksichtigung der Planlauftoleranz) für den Schraubenflansch, der in der gegebenen Zeichnung nicht bemaßt ist?

  Die Abmessungen 19,5 / 2,5 / 5 / 9,5 sind nicht explizit mit einer Toleranz versehen. Das bedeutet, dass für die Maße Allgemeintoleranzen gelten. Im Zeichnungsschriftfeld ist dies auch mit „DIN 7168 mittel" spezifiziert. Diese Norm soll zwar nicht mehr für Neukonstruktionen verwendet werden, ist in der Praxis allerdings noch in Gebrauch. Nach der aktuell gültigen DIN ISO 2768-m ergeben sich hierfür die folgenden Grenzabmaße: 5 ± 0,1; 9,5 ± 0,2; 19,5 ± 0,2. Damit ergibt sich als
  minimale Dicke (in Millimeter): 19,5-0,2-(5+0,1)-(9,5+0,2) = 4,5
  maximale Dicke (in Millimeter): 19,5+0,2-(5-0,1)-(9,5-0,2) = 5,5

- Betrachten wir nun ein anderes Bauteil: die Technische Zeichnung der Abtriebswelle (20) ist in **Bild 14-7** wiedergegeben. Benennen Sie mithilfe der Gesamtzeichnung alle Bauteile, welche die Abtriebswelle berühren.

  Bezogen auf die Gesamtzeichnung von links nach rechts: Passfeder (69), Radial-Wellendichtring (59), Passfeder (68), Tellerrad (15), Lagerring (10), Radial-Wellendichtring (59), Passfeder (69).

- Überlegen Sie sich nun die Reihenfolge der Montage der Unter-Baugruppe Abtriebswelle und deren Montage in das Gehäuse.

  Auf der linken Seite der Abtriebswelle (20) wird zunächst die Passfeder (68) eingelegt, dann das Tellerrad (15) aufgeschoben, siehe auch ***Bild 14-8****, auf das Tellerrad wird anschließend das Rillenkugellager (45) aufgeschoben, in* ***Bild 14-8*** *noch nicht dargestellt. Zu sehen ist bisher nur die für die Lageraufnahme vorbereitete Fläche am Bauteil Tellerrad (15), wie ein Vergleich mit der Zeichnung zeigt.*

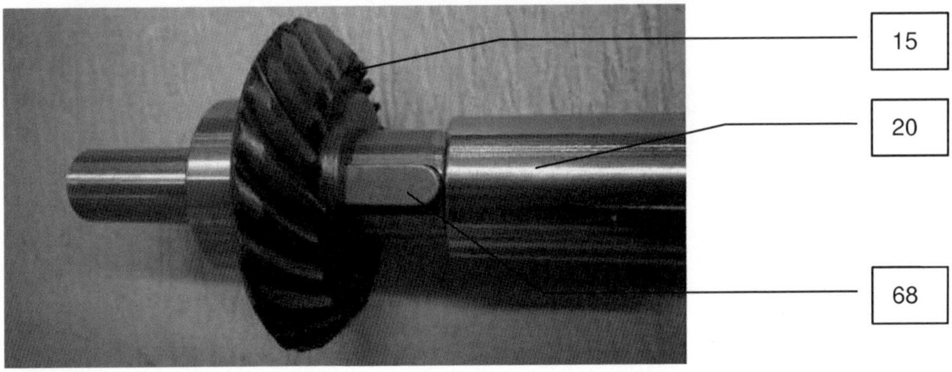

Bild 14-8 Montage der linken Seite; das Tellerrad (15) ist noch nicht bis zur Schulter durchgeschoben

Auf der rechten Seite der Abtriebswelle wird zunächst der Lagerring (10) und darauf das Rillenkugellager (45) aufgeschoben, siehe auch **Bild 14-9**.

Bild 14-9 Unterbaugruppe Abtriebswelle (20) mit montiertem Tellerrad (15) mit Passfeder (68) – hier verdeckt, Lagerring (10) sowie Rillenkugellagern (45),

*Die Unterbaugruppe nach **Bild 14-9** wird dann in das Gehäuse eingeschoben und anschließend die Unterbaugruppe der Antriebswelle montiert.*

Bild 14-10 Spiralkegelgetriebe fast vollständig montiert; zu sehen sind Gehäuse (1), Abtriebsdeckel (11), Abtriebswelle (20), Zylinderschraube (62), Flanschlager (3), Lagerhalter (9), Ritzel (16)

- Auf die Abtriebswelle wird von zwei Seiten eine Hülse aufgeschoben. Auf der einen Seite ist dies das Tellerrad (15) auf der anderen Seite ist es der Lagerring (10). Beide beteiligten Durchmesser sind mit ∅ 18 k6 angegeben. Warum ist aber nur eine Seite mit einer Passfeder versehen?

  Die Angabe ∅ 18 k6 spricht für eine Übergangspassung für Haftsitzteile. Diese Passung H7/k6 (System Einheitsbohrung) eignet sich zur Übertragung von Drehmomenten bei mittleren Belastungen. Dies genügt, um die Umfangslast des Wälzlagers aufzunehmen, nicht aber um das gesamte vom Getriebe umzulenkende Drehmoment zu übertragen. Aus diesem Grund wird das Tellerrad noch mit einer Passfeder ausgestattet.

15 Repetitorium

In diesem Kapitel wird stichwortartig alles für das Technische Zeichnen Relevante genannt und damit das Grundwissen dieses Buches in kompakter Form wiederholt. Überschriften gliedern die Sammlung der Stichpunkte, so dass man zu dem jeweiligen Gesichtspunkt zunächst auch mal selbst überlegen und anschließend erst in die Lösung schauen kann.

Es soll das Bauteil 3 aus dem Spiralkegelgetriebe aus **Kapitel 14** näher betrachtet werden. Hierzu ist in **Bild 15-1** mithilfe einer CAD-Darstellung die Form dieses Bauteils wiedergegeben. Überlegen Sie, bevor Sie weiterblättern, wie Sie dieses Bauteil darstellen würden und was die wesentlichen Angaben in der Technischen Zeichnung wären. Vielleicht machen Sie sich ja eine Skizze. Berücksichtigen Sie dabei die folgenden Fragen:

- Welche Ansichten sind darzustellen? – Anzahl, Art und Position
- Welche Bemaßung muss angegeben werden und wo positioniert man sie am besten?
- Welche Oberflächenbeschaffenheit ist sinnvoll und wo kann sie platziert werden?
- Welche Toleranzen müssen eingehalten werden, damit die Funktion sichergestellt ist, die Bearbeitung allerdings nicht zu kostspielig wird?
- Welche ergänzenden Angaben sind notwendig bzw. wünschenswert?

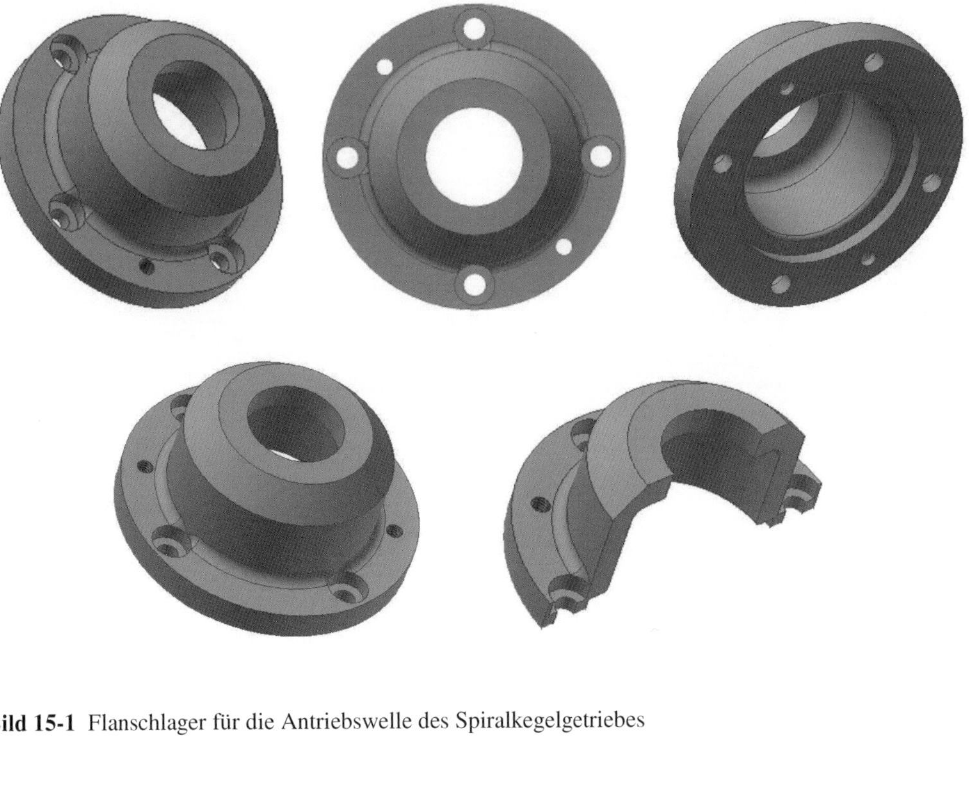

Bild 15-1 Flanschlager für die Antriebswelle des Spiralkegelgetriebes

15.1 Anzahl, Art und Position der Ansichten

Das Flanschlager, das ist das Bauteil Nr. 3 nach **Bild 14-1,** ist in einer Einzelteilzeichnung darzustellen. Dazu ist zunächst zu entscheiden, wie viele und welche Ansichten für die Darstellung sinnvoll sind. Das Ziel ist eine übersichtliche Darstellung, was für so wenige Ansichten spricht, wie nur möglich. Das Ziel ist aber auch eine vollständige Wiedergabe aller Einzelheiten zu realisieren, was für eine ausführliche Wiedergabe mit vielen Ansichten spricht.

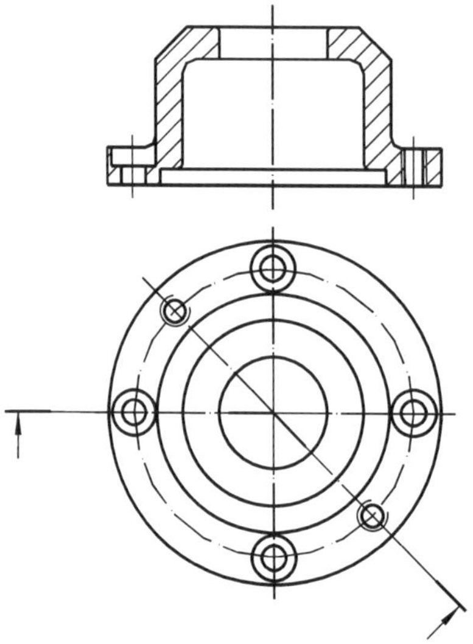

Bei diesem Beispiel genügen zwei Ansichten: Eine Vorder- und eine Draufsicht. Die Vorderansicht ist als Vollschnitt realisiert, sie zeigt entsprechend alle relevanten Geometrien, auch die innen liegenden. Der zweiten Ansicht, hier als Draufsicht ausgeführt, sind die Anzahl, Art und Position der Bohrungen zu entnehmen.

Entscheidet man sich für eine Zeichnung im Querformat, dann kann diese Anordnung der Ansichten um 90° gedreht als Vorder- und Seitenansicht erscheinen, was für die Fertigungszeichnung eines Dreh- oder Rotationsteils natürlich die bessere Lösung wäre.

Bild 15-2 Ansichten des Flanschlagers

Der Schnitt der Vorderansicht ist hier so ausgeführt, dass sowohl die Senkbohrung für die Zylinderschrauben mit Innensechskant, als auch die Gewindebohrung im Schnitt erscheinen, obwohl sie nicht in einer Ebene liegen. Dies wird durch das Aufklappen der Schnittebenen, in denen diese Bohrungen liegen, möglich. Wäre dieser Kunstgriff nicht erlaubt, dann wäre zur Darstellung der Gewindebohrungen eine eigene bzw. zusätzliche Ansicht erforderlich.

Grundsätzlich könnte die zweite Ansicht (hier als Draufsicht ausgeführt) auch als Untersicht ausgeführt werden. Solch eine Ausführung wäre allerdings nicht ganz optimal, weil der Durchmesser der Senkung in der Senkbohrung dann nicht dargestellt werden könnte. Alternativ könnte dieser Durchmesser natürlich auch durch eine Strichlinie gezeigt werden, dann müssten aber alle verdeckten Kanten in dieser Zeichnung erscheinen, was nicht zur Übersichtlichkeit beiträgt.

15.2 Bemaßung

Für die Bemaßung des Flanschlagers genügt die Angabe der Längen- und Durchmessermaße. Dabei benötigen die Längenmaße keine weiteren Zusätze, die Durchmessermaße sind durch das Durchmesserzeichen Ø und Radien durch das **R** gekennzeichnet. Eine Angabe der Einheit ist bei einer Bemaßung in Millimeter nicht notwendig (siehe DIN 406).

Wichtig ist beim Eintragen der Maße allerdings die Leserichtung. Diese erfolgt stets so, dass man die Bemaßung von unten und von rechts lesen kann.

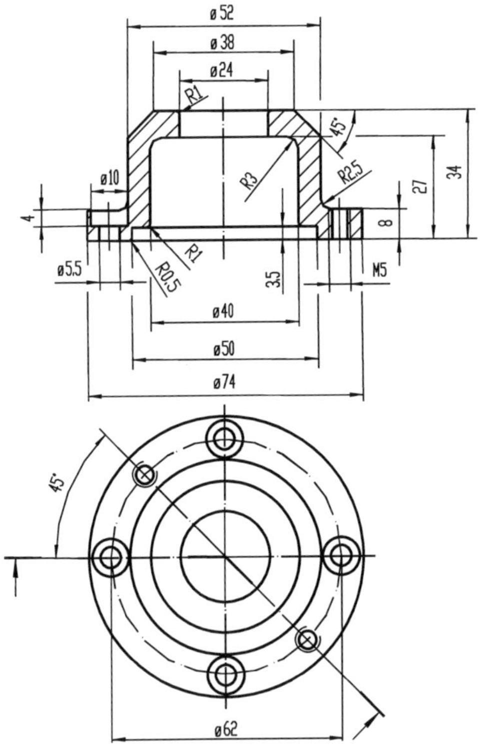

Bild 15-3 Bemaßung des Flanschlagers

Ebenso wichtig ist, dass kein Maß doppelt angegeben ist. Soll ein Maß zusätzlich erscheinen, dann kann es in Klammern gesetzt werden, um zu zeigen, dass es nicht maßgeblich, sondern nur ergänzend ist.

Eine Beschriftung des Schnittverlaufes ist hier nicht zwingend erforderlich, weil die Darstellung hier eindeutig ist.

15.3 Oberflächenbeschaffenheit

Die Entscheidung, wo welche Oberflächenbeschaffenheit sinnvoll ist, richtet sich nach der Funktion, die die betreffende Fläche erfüllen muss. Hierzu schaut man sich am besten alle Kontaktflächen in **Bild 14-1** an, die das Bauteil Flanschlager aufweist. Alle funktionslosen Oberflächen können eine grobe Oberflächenbeschaffenheit erhalten, wenn keine Anforderungen an die Optik gestellt werden.

Für die vorhandene Einzelteilzeichnung hat man sich für die Oberflächenkenngröße Rz entschieden. Entsprechend wäre für das Beispiel Flanschlager als gröbste Oberflächenbeschaffenheit ein Rz von über 100 µm möglich. Aufgrund der Sichtbarkeit vieler Oberflächen fordert man hier aber MRR Rz 63 für alle funktionslosen Oberflächen. Diese Eigenschaft fordert man der Einfachheit halber auch für die innen liegenden funktionslosen Oberflächen.

Als weitere Oberflächenbeschaffenheit ist MRR Rz16 genannt. Diese Oberflächenbeschaffenheit kommt für die Dichtfläche zur Anwendung, denn der Flansch wird über einen O-Ring gedichtet. Der Einfachheit halber wird die gesamte Fläche dann mit dieser Oberflächenbeschaffenheit versehen, denn eine Unterteilung der Fläche für mehrere Oberflächenbeschaffenheiten würde mehr Kosten als Einsparungen verursachen. Diese Oberflächenbeschaffenheit wird auch für die Flächen gefordert, an denen der Kopf der Zylinderschrauben mit Innensechskant anliegt.

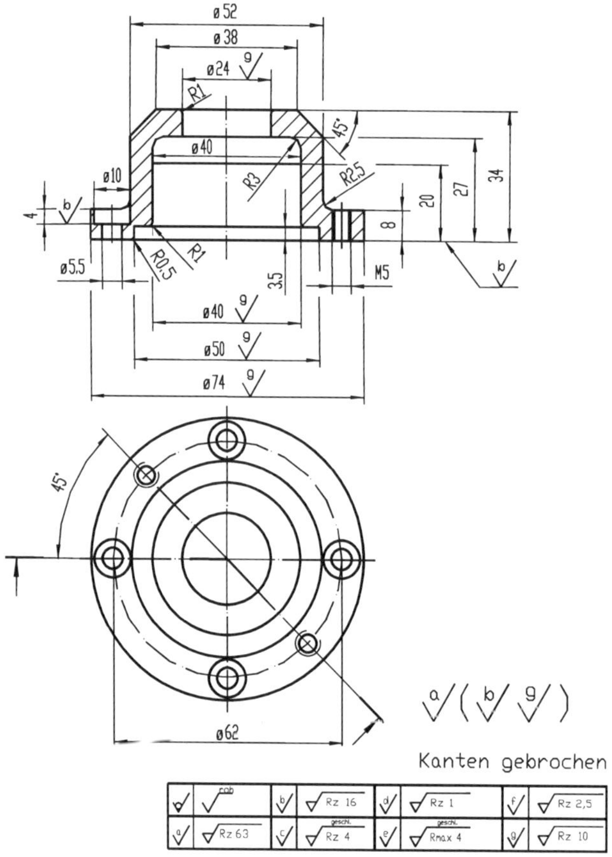

Bild 15-4 Angabe der Oberflächenbeschaffenheiten für das Flanschlager

Alle weiteren Oberflächen sind mit der Oberflächeneigenschaft MRR Rz 10 angegeben. Dies sind der Lagersitz, der Sitz für den Radial-Wellendichtring, die Zentrierung und ein Außenmaß.

Die Innenfläche des Flanschlagers, wo das Lager zu liegen kommt, ist unterteilt. Dazu wird die Bemaßung angepasst. Dies ist hier sinnvoll, weil diese feine Bearbeitung nur auf der Fläche, auf der das Lager tatsächlich sitzt, notwendig ist und eine Bearbeitung des Radius sowie der Anschlussfläche unnötig und aufwendig wäre. Die feine Bearbeitung des Außenmaßes ist aus der Anordnung für den Laien dergestalt nicht direkt zu erkennen und ist an dieser Stelle montagebedingt zu erklären.

Als eine Vereinfachung der Zeichnung ist hier eine Tabelle erstellt, welche in das Schriftfeld integriert, für alle Zeichnungen der Firma verwendet werden kann. Diese Tabelle enthält quasi die Übersetzung der vereinfachten Angabe über das Grundsymbol und einen Kennbuchstaben. Dadurch wird eine übersichtliche Darstellung der Forderungen erleichtert.

Die Angabe des Kantenzustandes ist hier nicht nach DIN ISO 13715 vorgenommen, sondern als Text „Kanten gebrochen“ hinzugefügt, weil eine genauere Spezifizierung der Gratrichtung nicht erforderlich ist.

15.4 Tolerierung

Wie zuvor bei der Oberflächenbeschaffenheit ausgeführt, richtet sich auch die Angabe der Toleranzen nach der Funktion einer Werkstückfläche. Eine feine Bearbeitung der Oberfläche ist nur bei Einhaltung der Abmessungen sinnvoll und umgekehrt. Im Folgenden wird auf die unterschiedlichen Tolerierungsformen wie Passungen, Form- und Lagetoleranzen, Allgemeintoleranzen und sonstige Toleranzen einzeln eingegangen.

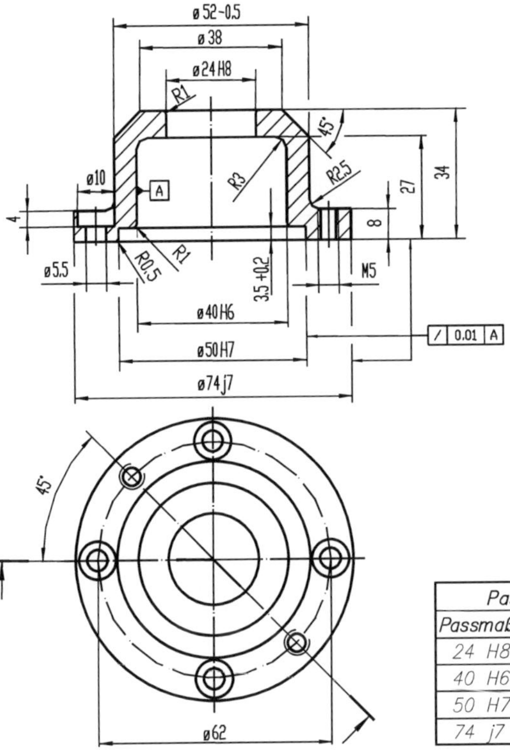

Passungstabelle		
Passmaß	ob.Abmaß	unt.Abmaß
24 H8	+0.033	0
40 H6	+0.016	0
50 H7	+0.025	0
74 j7	+0.018	−0.012

Bild 15-5 Angabe der Toleranzen für das Flanschlager. Der Übersichtlichkeit halber sind in dieser Zeichnung die Oberflächenangaben herausgenommen.

15.4.1 Passungen

Die wichtigsten Maßtoleranzen werden mithilfe der ISO-Toleranzkurzzeichen angegeben, denn bei Paarung zweier Bauteile ist die standardisierte Angabe über die Lage und Größe des Toleranzfeldes zu bevorzugen. Dies ist hier für die Funktionsflächen

- Ø 24 H8 – Sitz des Radial-Wellendichtringes
- Ø 40 H6 – Wälzlagersitz
- Ø 50 H7 – Zentrierung
- Ø 74 j7 – Außenmaß

durchgeführt. Bei den Außenmaßen ist nach dem System Einheitsbohrung eine Spielpassung angewendet worden. Für das Innenteil ist eine Übergangspassung realisiert. Die Toleranzgrade sind mit 6 bis 8 im mittleren Bereich gewählt.

Um die Fertigung zu vereinfachen, ist eine Tabelle eingefügt, welche alle Passmaße mit ihren oberen und unteren Abmaßen enthält und die in der fertigen Zeichnung später am Schriftfeld andockt.

15.4.2 Form- und Lagetoleranzen

Bei diesem Werkstück sind ausschließlich Lagetoleranzen vorgegeben und zwar über die Lauftoleranz. Ausgehend von der Sitzfläche des Wälzlagers sind die Funktionsflächen Zentrierung, Dichtsitz und Außenfläche toleriert. Dazu ist auf der Fläche für den Wälzlagersitz ein Bezugsdreieck positioniert, welches in der Angabe der Lagetoleranz referenziert wird. Die gekrümmten bzw. planen Flächen erfordern entsprechend einen Rundlauf bzw. Planlauf.

Der Einfachheit halber ist eine Angabe der Lagetoleranz für alle drei Flächen vorgenommen worden.

15.4.3 Allgemeintoleranzen

Damit sowohl jedes Maß als auch jede Form und Lage eine Tolerierung bekommt, ohne dass explizit eine Toleranz genannt ist, werden Allgemeintoleranzen angegeben. Hier gilt es auszuwählen, wie grob diese Tolerierung sein darf. Dabei ist die Angabe „mittel" mit Referenz auf die DIN ISO 2768 ausgeführt und umfasst daher sowohl die Maß- als auch die Form- und Lagetoleranzen.

Die normgerechte vereinfachte Angabe der Allgemeintoleranzen wäre hier sonst „ISO 2768-mK".

15.4.4 Sonstige Toleranzangaben

Ist eine Angabe über ISO-Toleranzkurzzeichen oder Allgemeintoleranzen nicht praktikabel, dann wird eine Maßtoleranz als Abmaß hinter die Maßzahl geschrieben. In der Zeichnung nach **Bild 15-5** sind zwei Abmessungen so toleriert: ∅ 52 –0,5 und 3,5 +0,2.

Das Maß ∅ 52 würde über die Allgemeintoleranzen nach ISO 2768 mittel eine Toleranz von ±0,3 mm erhalten, die Angabe räumt also eine größere Toleranz ein. Die Angabe eines positiven Abmaßes ist hier unnötig, weil es sich um ein Außenmaß handelt.

Das Maß 3,5 würde über die Allgemeintoleranzen nach ISO 2768 mittel eine Toleranz von ±0,1 mm erhalten. Also ist hier ebenfalls eine größere Toleranz eingeräumt als über die Allgemeintoleranzen. Die Angabe eines negativen Abmaßes ist hier unnötig, weil es sich um ein Innenmaß handelt.

15.5 Ergänzende Angaben

Zusätzliche Angaben zum Werkstück sind notwendig, siehe auch **Bild 15-6**. Diese sind im Allgemeinen im Schriftfeld zusammengefasst:

- Benennung des Bauteils, hier Flanschlager
- Maßstab der Darstellung, hier 1:1
- Zeichnungsnummer, hier 00-1.1-3-I
- Werkstoff, hier EN-GJL-250
- Bearbeitername und Bearbeitungsdatum
- Name des Prüfenden und Datum der Prüfung/Freigabe
- Eigentümer der Zeichnung, hier Tandler Zahnrad- und Getriebefabrik GmbH & Co KG
- Anzahl der Blätter aus der die vorliegende Zeichnung besteht, hier 1

Weitere Angaben ergänzen die Informationen und erleichtern die Bearbeitung des Bauteils:

- Projektionsmethode, hier Projektionsmethode 1
- Hinweis(e) auf Normen, hier DIN ISO 1302 und ISO 2768
- Zu verwendende Rohteile
- Änderungsverlauf der Zeichnung

In **Bild 15-7** sind dann in der vollständigen Einzelteilzeichnung alle Informationen zusammengefasst.

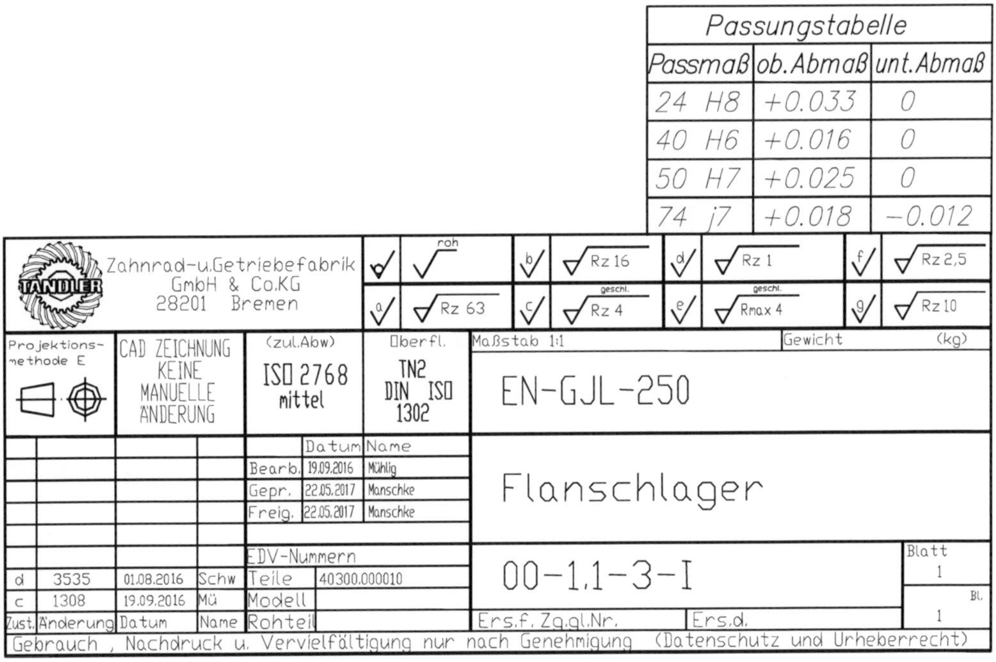

Bild 15-6 Erweitertes Schriftfeld für das Bauteil Flanschlager

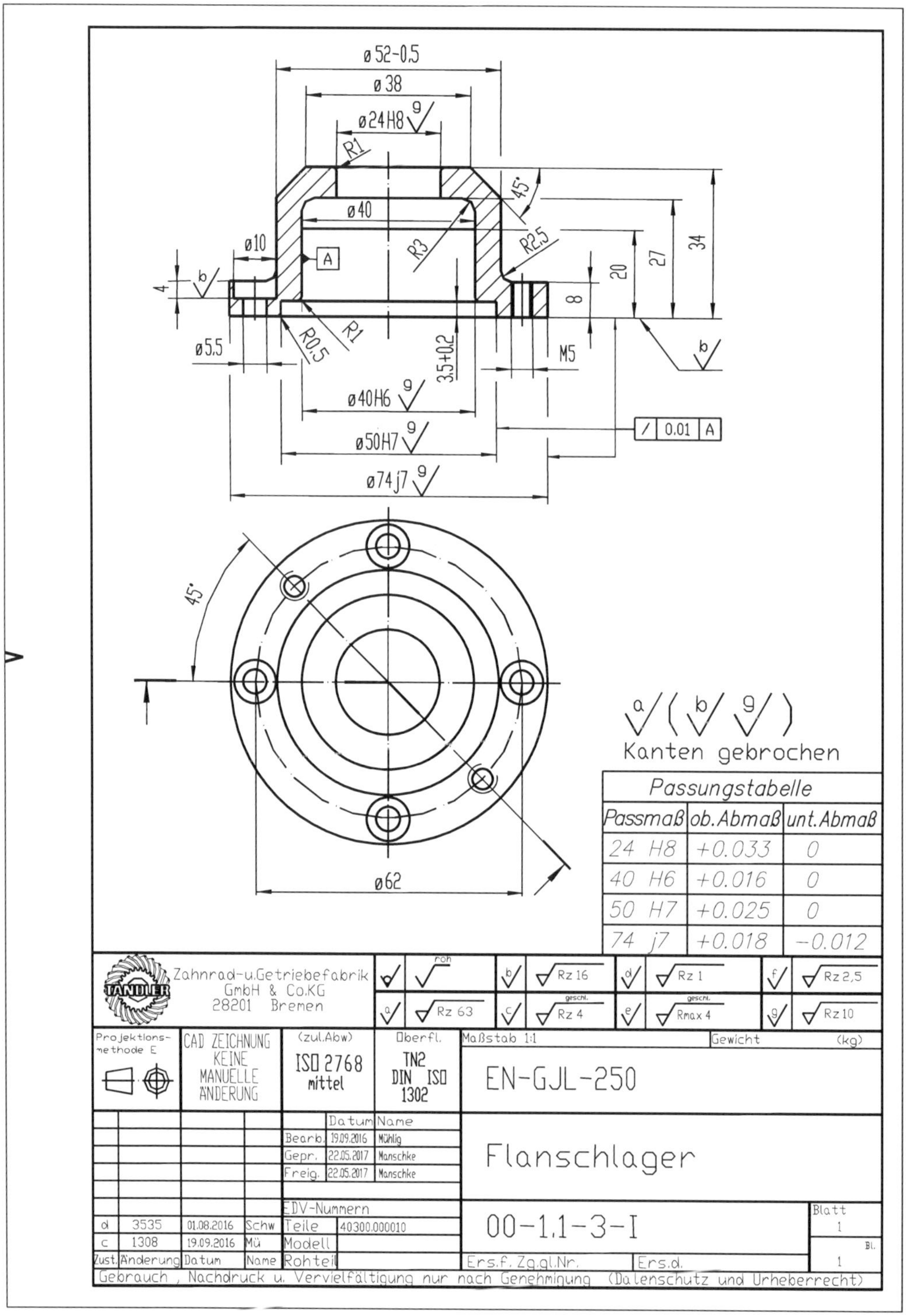

Bild 15-7 Einzelteilzeichnung des Flanschlagers

Literaturverweise

[Jor12] Jorden, Walter: Form- und Lagetoleranzen; Handbuch für Studium und Praxis. München: Carl Hanser Verlag, 2012

[RoMa15] Wittel, Herbert; Muhs, Dieter; Jannasch, Dieter; Voßiek, Joachim: Roloff/-Matek Maschinenelemente: Normung, Berechnung, Gestaltung. Wiesbaden: Springer-Vieweg, 2015

[Rug13] Ruge, Jürgen; Wohlfahrt, Helmut: Technologie der Werkstoffe. Wiesbaden: Springer-Vieweg, 2013

[Vaj09] Vajna, Sàndor; Weber, Christian; Bley, Helmut; Zeman, Klaus: CAx für Ingenieure; Eine praxisbezogene Einführung, Berlin: Springer-Verlag, 2009

[Wei15] Weißbach, Wolfgang; Dahms, Michael; Jaroschek, Christoph: Werkstoffkunde: Strukturen, Eigenschaften, Prüfung. Wiesbaden: Springer-Vieweg, 2015

Sachwortverzeichnis

Im Folgenden sind die im Text genannten Sachworte und Fachbegriffe aufgelistet und mit einem Seitenverweis versehen. Diese Verweise referieren in der Regel auf diejenigen Stellen, an denen der entsprechende Fachbegriff definiert oder erklärt wird. Werden diese Begriffe im Text als neue Begriffe eingeführt, dann sind diese Stichworte kursiv geschrieben.

Printed in Poland
by Amazon Fulfillment
Poland Sp. z o.o., Wrocław

14810974R00176